U0547850

中国北方植物种子图鉴（第一卷）

Seed Atlas of Northern China (I)

王召明　常秉文　主编

科学出版社
北　京

内 容 简 介

《中国北方植物种子图鉴》共四卷，介绍了中国北方草原带、森林带、荒漠、草甸等群落中的主要建群种、优势种、伴生种的种子，珍稀濒危、特有植物和其他具有生态、经济价值的植物种子，以及青藏高原高寒草原部分植物的种子。本书为第一卷，共收录了37科333种（包括变种），其中裸子植物5科9属19种，被子植物32科145属314种（包括变种）；通过种子实体全景深堆叠显微原色照片，对每一种植物的果实（种子）及胚的形态进行了展示说明，并对果实与种子形态特征做了详细的描述，还对植物地理分布与生态生物学特性、主要应用价值方面做了简要介绍。

本书在快速与准确地鉴别植物种子和植物种质资源管理、保护、利用方面具有重要意义，适用于从事植物种子研究、生产、贸易、海关进出口检验等相关工作的人员参考，也可供草业、畜牧业、生态环境建设行业、林业与相关行业工作的人员及植物爱好者参考。

图书在版编目（CIP）数据

中国北方植物种子图鉴. 第一卷 / 王召明, 常秉文主编. -- 北京 : 科学出版社, 2024. 8. -- ISBN 978-7-03-079138-2

Ⅰ. Q948.52-64

中国国家版本馆CIP数据核字第2024QF8755号

责任编辑：马　俊　闫小敏 / 责任校对：郑金红
责任印制：肖　兴 / 装帧设计：北京美光设计制版有限公司

科学出版社 出版
北京东黄城根北街16号
邮政编码：100717
http://www.sciencep.com
北京华联印刷有限公司 印刷
科学出版社发行　各地新华书店经销
*
2024年8月第　一　版　开本：889 × 1194　1/16
2024年8月第一次印刷　印张：44
字数：1 460 000

定价：698.00元

（如有印装质量问题，我社负责调换）

《中国北方植物种子图鉴》
（第一卷）

编辑委员会

主　编

王召明　常秉文

副主编

赵来喜　张　林　郝治满　王　伟

参编者

郑丽娜　樊佳悦　杨红艳　刘亚玲　李倩倩　吕艳芳

审核者

赵利清　毛培胜　王六英　邢　旗

序一

呈现在读者面前的是由蒙草生态环境（集团）股份有限公司王召明正高级工程师、常秉文研究员和赵来喜研究员等完成的关于我国北方植物种子的著作。

我国地域辽阔、气候多样、风俗各异，社会经济条件也不尽相同。人们习惯将不同的区域分为北方、南方和东部、中部、西部等，而地理学家则将全国分为北方、南方、西北和青藏高原四大区域。我理解的该书所指的北方，涵盖了除秦岭—淮河一线以南、青藏高原以东区域的所有国土。这一区域土地面积和人口分别占全国的75%和45%，草地面积占全国85%以上，从海拔不及百米、坦荡辽阔的东北平原，到海拔1000～2000 m、丘陵起伏的黄土高原和内蒙古高原，再到平均海拔4000 m以上、被称为地球第三极的青藏高原。这辽阔的区域，既有莽莽林海、无际草原，也有浩瀚沙漠和宛若明珠的湿地，多姿多彩的植物与迥然不同的立地条件，形成的复杂多样的生态系统，既具有为我们提供食物、纤维和清洁水源等供给功能，也具有固碳、固氮、清新空气和维持生物多样性等调节与支持功能，并具有提供休憩、运动、旅游等文化服务的功能，是人类赖以生存和国家得以发展的重要基础。

当前，人类面临的重大挑战之一是解决人类对美好生活不断增长的需求和自然资源日益短缺的矛盾。联合国曾提出，要发挥未被充分利用的植物的作用。所谓“未被充分利用的植物”指的是在局部地区被当地民众作为食物、纤维、能源等利用的乡土植物。这些具有重要经济价值的植物应被鼓励在全球适宜的范围内利用、推广，以满足人类之需。

人类面临的另一重大挑战是生物多样性的丧失。随着人口不断增加、全球气候变化、森林砍伐、草原开垦、城镇面积不断扩大、环境污染加剧，生物多样性丧失日趋严重。有学者估计，全球每天丧失的物种达数十种之多。另外，人们追求农作物的高产，作物种植种类和品种日益集中，人类70%的食物仅来自7种主要农作物，大量优异的地方品种和基因在不断消失。因此，实施生物多样性保育，拯救濒危物种，实现资源的永续利用，是我们这代人责无旁贷的义务。

我国是世界上生物多样性丰富度最高的国家之一。经过几代学者百余年的不懈努力，现在已基本查明了我国现有的植物资源，共301科3408属31 142种，并逐一被记载在包括80卷126册的《中国植物志》中。20世纪80年代启动，历时十年完成的全国草原资源普查，也初步明确了我国草原分布有9700余种植物，其中牧草有6900余种。这是我国植物学研究和草业科学研究的重大成就，为认识植物、保护植物、利用植物提供了重要的参考。这些资源为促进社会和经济发展，增进人类福祉奠定了重要的基础。

党的二十大报告提出的“提升生态系统多样性、稳定性、持续性”“加快实施重要生态系统保护和修复重大工程”“实施生物多样性保护重大工程”，对我们的工作提出了新的要求。无论是生物多样性保育，还是生态系统保护和修复，都需要首先认识植物。

《中国植物志》《中国高等植物图鉴》等著作的出版，为我们提供了植物分类重要的参考和工具。植物的鉴定，常常需要根、茎、叶、花和果实的完整标本，然而对于在一线工作的人员来说，获得这些资料尚有一定困难。

该书为通过种子识别植物提供了有力的支持。种子是每种植物的重要识别特征，其形态、色泽、重量基本保持稳定，且易于保存和携带，是鉴别植物的重要途径之一。

种子是植物的繁殖器官，是生命的浓缩体，也是优异基因的重要载体。“春种一粒粟，秋收万颗子。”种子是重要的生产资料。白居易的名诗：“离离原上草，一岁一枯荣。野火烧不尽，春风吹又生。”生动地反映了植物生命的顽强，但在这生生不息的背后，则是种子在植被更新中发挥着重要作用。种子也是重要的生活资料，为人类提供了食物，为加工、酿造、纺织等工业提供了重要的原材料。因此，无论从哪个角度看，认识植物、认识种子都是至关重要的。

不久前，该书作者邀请我为其撰写序言，我欣然允诺，并得以阅读样书。怀着先睹为快的心情，我匆匆浏览了全书，掩卷长思，感想颇多。这是一部由企业家担纲完成的著作，通篇反映了企业家求真、求实、重效果的特点。

第一，资料翔实。该书的照片均为作者的第一手资料。作者重点以近30年在我国北方广袤的森林、草原、湿地、沙漠等生态系统采集和保存的植物种子为对象，在深入研究的基础上，对每种种子进行拍摄，并根据实践所得，加以文字描述。

第二，内容丰富。该书不但描述了每种种子的形态特征，如形状、大小、千粒重、颜色、附属物、采集地的生境、生育期及其来源植物的分布区域与自然繁殖方式等，而且介绍了每种植物和种子的经济价值，包括饲用、药用、食用、水土保持价值等，使读者对每种种子有较为全面的了解。

第三，实用性强。该书堪称图文并茂，既有种子又有种子的胚的照片，而且文字描述通俗易懂。读者按图索骥，可以较为容易地初步识别所采集的种子，明确其所属植物的分类地位。

我与主编王召明相识多年，也曾多次应他之邀到蒙草生态环境（集团）股份有限公司去学习、考察。王召明是我国草业领域不断回馈社会、重视科技创新的优秀企业家之一，1997年毕业于内蒙古林学院（现内蒙古农业大学），毕业后即创办草业企业，并使之逐步发展为现在的蒙草生态环境（集团）股份有限公司。该公司专门从事利用乡土草进行退化草地修复工作，采集和保存了大量的乡土草种质资源，并努力加以应用。该书第一和第二卷的主编之一常秉文，1984年毕业于内蒙古农牧学院（现内蒙古农业大学），曾长期担任内蒙古牧草种子质量监督检验测试中心副主任，在种子质量检验、评价等方面具有丰富的经验。该书第三和第四卷的主编之一赵来喜，1986年毕业于中国农业科学院，获农学硕士学位，在中国农业科学院草原研究所长期从事牧草种质资源研究，曾主持国家科技基础条件平台“牧草植物种质资源标准化整理、整合及共享试点”项目。多年的生产、科研与服务实践，使该书主编们深刻体会到一线工作人员的所需所求。

该书可作为在一线从事草业、畜牧业、生态环境建设行业、林业及相关行业工作的科研、生产、推广人员的重要参考书，也可供相关领域的研究生学习。目前，我国的草业科学和草产业步入快速发展时期，科技成果和相关著作不断涌现。但关于草地植物学基础研究的著作尚不太多，我熟悉的有内蒙古农业大学陈世鐄先生等撰写、吉林大学出版社出版的《中国北方草地植物根系》，内蒙古农业大学宛涛先生等撰写、科学出版社出版的《内蒙古植物花粉形态》，以及即将由科学出版社出版的该书。这些成果反映了我国在草业科学基础研究方面的进展，可喜可贺，也反映了我国草业科技队伍薪火相传、不断壮大的兴旺景象。祝贺该书的出版，感谢作者卓有成效的努力！

南志标

中国工程院院士

兰州大学草种创新与草地农业生态系统全国重点实验室

2024年6月

前言

种子是植物高度进化的产物，是裸子植物和被子植物进行基因遗传与世代繁衍所特有的生殖器官。正是有了种子，种子植物在自然界才能实现其生物学特性和性状的代际传递、繁衍不息。成熟的种子具有比较稳定的形态特征和完备的内部结构，以及为适应生存、传播而形成的休眠机制和繁殖方式。研究种子形态结构特征，不仅对正确识别和鉴定植物种类，控制外来有害植物，提高乡土种子开发利用水平，保证生态建设及环境绿化、美化水平，发展林草产业具有重要的现实意义，还在植物分类学和系统进化研究，种质资源收集保存和评价等方面具有重大的实践意义。

我国北方蕴藏着丰富的生物种质资源，植物种子则是陆地植被自然更新演替的重要生命基础。目前，陆地生态系统种子多样性正遭受着人类活动、过度利用、环境变化、生境丧失等多方面的严重威胁，大量优良种质消失。因此，收集、保存植物种质资源成为一项十分重要而紧迫的任务。通过对植物种子进行研究和开发应用，了解种子形态结构、物种空间分布格局及其与动物和自然的密切联系，有助于解决目前人类所面临的生态安全、粮食安全、清洁能源、人口健康、环境优化等方面的自然与社会问题，促进野生植物种子资源的保护、利用和社会经济的可持续发展。

在多年的工作中，我们遇到的最大困难就是种子鉴定难，现有的植物志类图书对种子形态描述较少，特别是种类繁多的野生植物种子缺乏相应的对照样本种子和工具书可以参考。面对种子难鉴定、外来生物入侵难控制、退化草原生态修复适用种子缺乏、种质资源鉴定评价工作薄弱和开发应用研究不足等问题，我们重点以近30年从我国北方地区野外采集、保存的植物种子为研究对象，开展种子结构形态研究，同时进行保种扩繁、鉴定、评价等工作，从而为快速、准确鉴定种子，加强种质资源保护和开发应用，创制植物新种质和培育植物新品种提供参考依据。

《中国北方植物种子图鉴》分四卷，几乎涵盖了我国北方林区和草原区的主要群落建群种、优势种、重要伴生种等生态、经济功能性植物的种子，珍稀濒危、特有植物的种子，以及青藏高原高寒草原部分植物的种子。本书为第一卷，共收录了37科333种（包括变种）植物，其中裸子植物5科9属19种，被子植物32科145属314种；重点就每一物种的果实与种子形态特征、地理分布与生态生物学特性、主要应用价值等几个方面做了详细的描述，描述内容包括形状、大小、千粒重、颜色、附属物、采集地的生境、生育期及其来源植物的分布区域与自然繁殖方式等主要生物学特性。为方便应用，书中对种子的主要应用价值从生态、饲用、药用及其他方面做了简要介绍。植物种子及其内部结构解剖照片全部为原创，大部分为首次发表。图片数据量总计达2TB以上，为推动植物种子数字化和智能化快速鉴定提供了巨量数据储备。

本书主要作者长期从事植物种质资源收集、保存、评价、质量检验和应用研究工作，具有深厚的种质资源研究工作基础，积累了丰富的第一手资料。参加本书编写、照片拍摄、图像处理、资料收集整理等工作的还有蒙草生态环境（集团）公司研发中心的郝治满、王伟、樊佳悦、杨红艳等同志，在此对其认真、辛勤的工作表示衷心感谢。

特别感谢内蒙古大学赵利清教授、中国农业大学毛培胜教授、中国科学院昆明植物研究所杨湘云研究员、内蒙古农业大学王六英教授、蒙草生态环境（集团）公司邢旗和赵来喜研究员在本书编写过程中给予的悉心指导，他们对书稿进行了认真审阅且提出了宝贵意见。感谢国际种子检验协会种子纯度委员会［International Seed Testing Association (ISTA) Puity Technical Committee］主席王若菁博士（Dr. Ruojing Wang）在种子照片拍摄中给予的指导。兰州大学王彦荣教授生前就本书内容编写、图片要求等曾多次进行指导，在此表示深切缅怀。感谢国家林业和草原局、内蒙古自治区科学技术厅、内蒙古自治区林业和草原局、内蒙古自治区农牧业技术推广中心种业发展处等单位的大力支持。特别感谢科学出版社在本书编写和出版过程中给予的大力支持。

由于植物种类繁多，特别是北方草原植物种子的形体细小、形态多样、成熟度不一致、落粒性强，采集难度大，加之研究水平有限，书中错误诚恐难免，恳请读者提出意见和建议，以便我们今后更好地改进。

编者

2023年10月

编写说明

我国北方所处纬度较高，高原面积大，距离海洋较远，以温带大陆性季风气候和温带大陆性气候为主，有降水量少、水热不均、风大、寒暑变化剧烈的特点，多为干旱、半干旱生态区域，山地、丘陵、平原、盆地都兼有草原、森林、荒漠、草甸和沼泽，植物种类丰富、分布不均衡。其中中西部地区以草原与荒漠旱生型植物为主，主要由一年生或二年生旱生草本、多年生旱生草本和旱生或中生半灌木、灌木类组成，地方特有种的优势十分明显。

种子样本采集区以内蒙古为主，同时涉及东北的黑龙江、吉林、辽宁北部，华北的山西北部、河北北部，西北的新疆、宁夏、甘肃、陕西北部、青海和西藏北部等地区，为由东北向西南斜伸的狭长地带区域，是我国北方草原、荒漠、森林的核心区域，特色、特有植物种类多，生物多样性丰富，植物种质资源类型多样。相关内容的研究方法和编写依据说明如下。

1. 植物系统排序：裸子植物科的顺序按郑万钧先生的裸子植物分类系统进行排列，被子植物科的顺序按国内人们熟悉的大多数植物志所采用的恩格勒系统编排；属、种及种下类别按照植物拉丁名字母顺序排序。植物中文名和拉丁名以《中国植物志》为主，并参考了《内蒙古植物志》（第三版）、《新疆植物志》、《宁夏植物志》和《黑龙江省野生维管植物名录》等，部分在学名后以括注形式附加了《中国植物物种名录（2023）》中按APG IV系统调整后的植物学名。

2. 每个物种采用图文对应的方式编排：选用5～12张照片予以展示，以果序、果实、种子、胚及种子剖面全景深堆叠显微原色照片为主，并辅配植株花果或生境照片；文字部分包括物种中文名和拉丁名（APG IV系统调整后的学名同时标出）、果实和种子形态特征、种子千粒重等，同时对其采集地、自然分布情况、受保护信息以及生境、生活型及生态类型、重要生态学与生物学特性、抗逆性、繁殖方式（自然繁殖方式，不包括人工压条、扦插、组培等）、生育期（无特别指明，花果期均指其在采集地的时期）做了描述，并对种子的主要应用价值从生态、饲用、药用及其他应用等方面做了简要介绍。

3. 描述的果实是指被子植物的雌蕊经过传粉受精，包括子房或花的其他部分（花、花托等）参与发育形成的成熟器官；种子是指由胚珠经过传粉受精形成的裸子植物和被子植物特有的有性生殖器官与散布器官，由种皮、胚和胚乳三部分组成，即植物学意义上的真种子。在有的种子中，由于胚乳中的营养物质转移到子叶中，因此只有种皮和胚两部分。另外，一些植物的种子实际上就是以果实形态存在的，即成熟后干燥不开裂，含1或2或多粒种子的传播体，也称假种子或果实状种子，如藜科的种子包在胞果内，菊科的种子包在瘦果内，不开裂的核果，以及翅果、分果、坚果及禾本科的颖果等。

4. 果实和种子形态特征描述涉及的名词术语原则上统一采用分类学协会描述性术语委员会（Systematics Association Committee for Descriptive Terminology）制定的“简单对称性平面图形和立体图形名称”的描述和中国科学院植物研究所刘长江等老师所编写的《中国植物种子形态学研究方法和术语》的规范。

5. 种子形态描述主要依据从我国北方采集到的植物果实成熟后经植物分类鉴定的样本种子，每一种种子的数据采集尽可能使用了多份来源于不同区域的材料。

6. 种子形态特征代表了植物对环境的适应性策略，会影响其扩散和萌发、幼苗定居及种群分布，反映了植物功能性状与生态系统功能、生物物理过程和生物地球化学过程的密切关系，是经过长期适应性进化形成的稳定遗传性状。种子的形态、纹理和质地等功能性性状特征，是准确鉴定种子的最重要信息，有的种子只凭一个外部特征即可被识别，但多数情况下，需要结合多方面的特征信息才能正确地鉴别某一植物的种子。不同种子在形态构造上千差万别，包括形状、大小、颜色、表面纹饰、附属物、合点、种脐、种皮、胚乳及胚的类型、位置、形状、颜色、质地等。通常情况下，同一种植物果实中的种子形态相同，由于果实发育中胚珠数量不同，虽然产生的多粒种子会因位置不同、发育方式不同而发生大小、形状变化，但其功能性性状特征未改变，如两型豆地上完全花荚果和地下闭锁花荚果的种子，菊科部分植物边缘可育舌状花和中央管状花的种子，或胚珠发育过程中由挤压造成不同程度变形的种子，如豆科、报春花科、鸢尾科部分植物的种子，以及堇菜科植物春季开花和夏季闭锁花的种子等。为了便于识别和应用，我们将实用放在第一位，把种子外部形态特征作为主要描述对象，着重叙述果实和种子的形状（两端、两侧、背面、腹面）、大小、颜色、附属物及种脐、种皮、胚、胚乳等方面特征。

（1）种子形态：种子外部形态多式多样、千变万化。通常情况下，同一科属植物的种子在形态结构上具有相对的稳定性，不同种之间存在的差异主要取决于遗传特性。一般在进化系统上相距越远，种子的形态构造差别越大。这些形态特征可作为种子鉴定的主要依据。

（2）种子大小：草原不同植物的种子大小差异很大，大粒种如胡桃楸（*Juglans mandshurica*）千粒重达7080～9860 g，小粒种如柳兰（*Chamerion angustifolium*）千粒重为0.05 g，而原沼兰（*Malaxis monophyllos*）仅为0.0002 g。同一种植物不同栽培品种的种子大小变异程度通常为20%左右，同一植株不同时期花序上的种子大小也有不同程度的差别。我们以样本种子的长、宽（或直径）、厚平均值和千粒重表示其大小，大多数草原植物的种子都在毫米级，千粒重在0.5～5.0 g。

（3）种子颜色：种子的色泽是其最明显且相对稳定的遗传特征之一。由于含有各种不同的生物色素，种子呈现各种不同的颜色及斑点、斑纹。但是色泽的深浅、明暗程度会受到不同区域土壤、气候条件、成熟度、贮藏条件与保存期限的影响而发生同色系变化。草地植物的种子通常为褐色、棕色、黄色、黑色，少有白色、红色等靓丽色系。

（4）种子表面光泽：有的种子表面光滑有光泽，有的暗淡粗糙。具光泽的种子表面通常覆有蜡质、角质、胶质、糖质等，种子光亮程度与成熟度、保存环境和时间有关。种子表面粗糙及凹凸不平的原因通常是表面有穴、沟、网纹、条纹、凸起、棱脊和各种雕纹，是鉴别种子的重要遗传特征。

（5）种皮：由胚珠的珠被发育而成，是胚及胚乳外面的保护结构。一般质厚而坚硬，有的种子具外种皮、中种皮和内种皮。外种皮通常质厚、坚硬；中种皮多为较厚的石质细胞层；内种皮薄，多为膜质。不同植物种子种皮的发达程度、构造、质地不同，如禾本科、菊科种子的种皮常紧贴果皮不易分离；大多数兰科植物种子的种皮简单，为一层囊状的透明薄壁结构，与果皮明显分离；豆科植物种子的种皮较为坚硬，或外面包有角质层或蜡质层；还有的植物种子在种皮外具包被种子的肉质或膜质假种皮，如草芍药（*Paeonia obovata*）等。裸子植物种子的外种皮多为肉质，如银杏（*Ginkgo biloba*），松科植物多为膜质。不同植物种子的种皮外表通常具各种类型的纹理、凸起、毛，或特化出刺、翅、瘤等附属物结构，是鉴别种子的重要依据。

（6）胚及胚乳：胚是种子中未发育的幼态植物体，是种子最重要的组成部分，通常由子叶、胚轴、胚根组成。各类植物子叶数目不同。有的胚在种子内存在空隙，即胚腔。不同植物种子胚的类型不同，如弯曲型、抹刀型、线型、周边型、折叠型、小型、发育不全型等。有胚乳种子的胚乳通常指由受精的极核发育成的营养组织，其质地有肉质、脂质、淀粉质等，还有如藜科植物种子所具有的外胚乳，是由珠心发育而成的一薄层营养组织，而禾谷类颖果胚乳的外层多具有含糊粉粒细胞的糊粉层。胚的类型、位置、形状、颜色，子叶并合或分离，子叶与胚轴关系，胚乳有或无、多少、颜色、质地等特征也是种子鉴别的重要参考。

（7）种子附属物：种子表面具翅、刺、毛、种缨、冠毛、粉质、蜡质物等附属物，禾本科植物颖果的颖片、内稃、外稃、毛、芒、基盘等，是物种通过长期适应环境和传播进化而形成的遗传特征，比种子形状、大小及色泽更为稳定，是鉴定种子的重要辅助信息。

7. 物种的生活型、生态类型合并表示。生境、重要生态学特性、在群落中的作用、传播方式、自然繁殖方式、生育期等生态学与生物学信息，样本种子采集地、分布区及来源植物的特有性和国家保护级别、饲用价值、药用价值及其他重要应用价值等信息主要参考相关植物志、植物药志、《中国饲用植物》和各类种子植物研究文献资料，并结合作者野外调查进行了补充完善和修正。

8. 种子千粒重，原则上按照《草种子检验规程　重量测定》（GB/T 2930.9—2017）执行，但部分样本种子只以有限的数量做了检测，仅供参考。

9. 本书在编写过程中参阅了大量公开发表和未公开发表的研究资料，个别文献资料可能未能注明出处，谨此向有关作者致歉并表示感谢。

目　录

裸子植物 Gymnospermae

被子植物 Angiospermae

裸子植物 GYMNOSPERMAE

松科 Pinaceae

种子由球果中胚珠发育而成。种鳞与苞鳞分离，种鳞扁平，木质或革质，宿存或脱落，发育种鳞腹面具2粒种子，种子上端具1个膜质翅，子叶2～16。

华北落叶松 Larix principis-rupprechtii Mayr（Larix gmelinii var. principis-rupprechtii）

球果与种子形态特征

球果卵圆形，长2.0～4.0 cm，直径2.0～2.5 cm，成熟时淡褐色，有光泽；种鳞26～45，背面光滑不反曲，中部种鳞近五角状卵形，先端截形或微凹，边缘具不规则细齿；苞鳞条状矩圆形，长为种鳞的1/2～2/3，暗紫色，不露出。种子斜倒卵状椭圆形，顶端具倒卵形膜质翅并延伸至背面，上部三角状斜截，棕色至灰白色，长3.3～4.4 mm，宽2.4～2.8 mm；种脐位于基端，圆形，棕色；外种皮木质，褐色，内种皮近薄膜质，白色。胚线型，棒状，黄色，油脂质，直生于种子中央；子叶多数，指状并合，椭圆形，包围着中央圆锥形胚芽；胚根圆柱形，朝向种脐；胚乳丰富，白色，蜡质，包被胚。千粒重5.2 g。

地理分布与生态生物学特性

样本种子采自内蒙古呼和浩特市（大青山）。分布于我国内蒙古、河北北部、山西等地。我国特有种。华北地区高山针叶林带的主要森林树种。《世界自然保护联盟濒危物种红色名录》（IUCN红色名录），保护级别评定为易危（VU）。

中生落叶针叶乔木。生于海拔1400～1800 m的山地阴坡、阳坡沟谷边。极耐寒，耐旱、耐湿、耐贫瘠，对土壤要求不严。种子繁殖。花芽分化于头年6～7月，花期4～5月，球果成熟期9～10月。

主要应用价值

生态：重要的水土保持、水源涵养林木。我国华北、西北主要的防护林树种之一。

其他应用：重要的用材林和景观风景林观赏性树种。木材可作建筑、家具等用材。树干可提取树脂。树皮可提取栲胶。

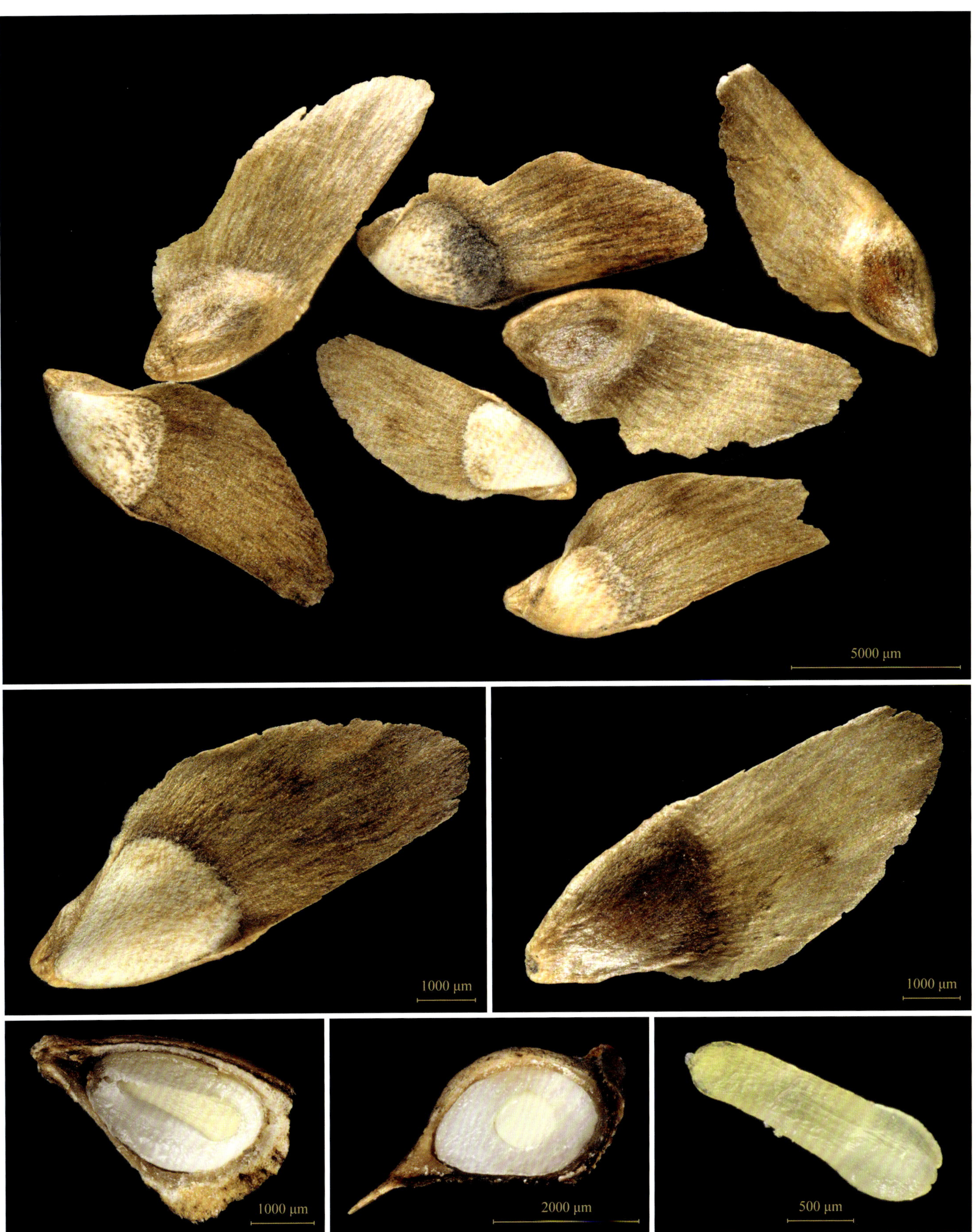

5000 μm
1000 μm
1000 μm
1000 μm
2000 μm
500 μm

青海云杉 Picea crassifolia Kom.

球果与种子形态特征

球果圆锥状圆柱形或圆柱形，长7.0～11.0 cm，直径2.2～2.8 cm，成熟前紫红色，成熟时褐色；种鳞较厚，排列紧密，中部种鳞倒卵形，先端圆形，边缘波状或全缘，微向内曲，基端宽楔形；苞鳞短小，三角状匙形。种子倒卵形，长3.8～4.1 mm，宽1.8～2.1 mm，褐色，粗糙，具暗褐色细线纹或斑；腹面稍平，基端凸，背面拱起，背腹面连接处有浅沟；具卵状矩圆形的黄色膜质翅，长约9 mm，先端钝圆，上部薄、半透明，下部稍厚；种脐位于基端，圆形，褐色；种皮木质。胚线型，棒状，黄色，油脂质，直立于种子中央；子叶多数，指状并合，圆形；胚根圆柱形，朝向种脐；胚乳丰富，白色，蜡质，包被胚。千粒重4.2 g。

地理分布与生态生物学特性

样本种子采自内蒙古阿拉善盟（贺兰山）。分布于我国青海、甘肃、宁夏、内蒙古等地。我国特有种。

中生常绿针叶乔木。生于海拔1600～3800 m的山地阴坡或半阴坡及潮湿谷地。抗旱，耐寒，适应性强，对土壤要求不严。种子繁殖。花期4～5月，球果成熟期9～10月。

主要应用价值

生态：重要的水土保持、水源涵养针叶林木。北方草原区主要的防护林树种之一。

其他应用：木材可作建筑、家具及木纤维等用材。可作为庭院观赏树种。

5000 μm
5000 μm
2000 μm
500 μm
500 μm

白杄 **Picea meyeri** Rehder et E. H. Wilson

球果与种子形态特征

球果圆柱状矩圆形，长6.0～9.0 cm，直径2.5～3.5 cm，成熟前绿色，成熟时褐黄色，微有树脂；中部种鳞倒卵形，先端圆或钝三角形，下部宽楔形或微圆，鳞背有条纹。种子倒卵圆形，长3.0～4.0 mm，宽2.0 mm左右，褐色，粗糙，表面具暗褐色线纹和细密蜂窝状网纹；基端渐窄凸尖，腹面平，背面拱起，背腹面连接处有沟；背面具延伸的倒卵状矩圆形黄色膜质翅，长7.0～9.0 mm，先端圆或偏斜，上部薄、半透明，下部稍厚，两侧及背面延伸至种体基端；种脐位于基端，圆形，黄白色；种皮木质。胚线型，棒状，黄色，油脂质，直立于种子中央；子叶多数，指状并合，椭圆形；胚根圆柱形，朝向种脐；胚乳丰富，白色，蜡质，包被胚。千粒重4.1 g。

地理分布与生态生物学特性

样本种子采自内蒙古赤峰市（克什克腾旗）。分布于我国河北、山西、内蒙古、陕西等地，北方各地有栽培。我国特有种。

中生常绿针叶乔木。生于海拔1400～1700 m的山地阴坡或半阴坡。抗旱，耐寒、耐贫瘠，适应性强，对土壤要求不严。种子繁殖。花期4～5月，球果成熟期9～10月。

主要应用价值

生态：重要的水土保持、水源涵养针叶林木。北方草原区主要的防护林树种之一。

其他应用：木材可作建筑、家具及木纤维等用材。可作为庭院观赏树种。

5000 μm
5000 μm
5000 μm
1000 μm
2000 μm

青杆 Picea wilsonii Mast.

球果与种子形态特征

球果圆柱状卵形或圆柱状长卵圆形，长5.1～8.0 cm，直径2.5～4.0 cm，成熟前绿色，成熟时黄褐色或淡褐色；中部种鳞倒卵形，长1.4～1.7 cm，宽1.0～1.4 cm，顶端圆或有急尖，有时呈钝三角形，基端宽楔形，鳞背较平滑，槽纹不明显；苞鳞匙状矩圆形，先端钝圆。种子倒卵圆形或纺锤状卵圆形，长3.8～5.1 mm，宽2.0～2.5 mm，褐色或深棕色，表面粗糙，有灰褐色线纹、花斑和细密蜂窝状网纹；背面具延伸的倒卵形黄色膜质翅，长6.0～8.0 mm，具细密脉纹，顶端偏斜，上部薄、半透明，下部稍厚；种脐位于基端，圆形，黄褐色；种皮木质。胚线型，棒状，黄色，油脂质，直立于种子中央；子叶多数，椭圆形；胚根圆柱形，朝向种脐；胚乳丰富，白色，蜡质，包被胚。千粒重5.1 g。

地理分布与生态生物学特性

样本种子采自内蒙古呼和浩特市（大青山）。分布于我国内蒙古、河北、山西、陕西、甘肃、青海等地。我国特有种。

中生常绿针叶乔木。生于海拔1400～1750 m的山地阴坡或半阴坡，常形成纯林，或与其他针阔叶树种组成混交林。喜气候温凉及土壤湿润、深厚、排水良好的微酸性环境。极抗旱，耐寒，适应性强，对土壤要求不严。种子繁殖。花期5月，球果成熟期9～10月。

主要应用价值

生态：重要的水土保持、水源涵养针叶林木。北方主要的造林树种之一，可作为荒山造林树种，也可作为森林更新树种。

其他应用：木材可作建筑、家具及木纤维等用材。可作为庭院观赏树种。

5000 μm
2500 μm
2000 μm
2000 μm
1000 μm
5000 μm

白皮松 **Pinus bungeana** Zucc. ex Endl.

球果与种子形态特征

球果卵圆形或圆锥状卵圆形，长5～7 cm，直径4～6 cm，成熟前淡绿色，成熟时淡黄褐色，有短梗或几无梗；种鳞矩圆状宽楔形，先端厚，鳞盾近菱形，有横脊；鳞脐生于鳞盾的中央，明显，三角状，顶端有刺，刺之尖头向下反曲。种子卵圆形或近倒卵形，长10～12 mm，宽5～7 mm，黄褐色至灰褐色或黑褐色，表面粗糙；具黄褐色的短膜质翅，卵形，宽4～6 mm，两侧延伸至基端，基部有关节，易与种子分离；种脐位于基端，圆形，黄白色；种皮木质。胚线型，棒状，黄色，油脂质，直立于种子中央；子叶多数，指状并合，椭圆形；胚根圆柱形，朝向种脐；胚乳丰富，黄色，脂质，包被胚。千粒重135 g。

地理分布与生态生物学特性

样本种子采自内蒙古呼和浩特市（大青山）。分布于我国山西、陕西、甘肃、青海等地，内蒙古草原区有栽培。我国特有种。

中生常绿针叶乔木。生于海拔500～1800 m地带。抗逆性较强。种子繁殖。花期5月，球果成熟期翌年10月。

主要应用价值

生态：重要的水土保持、水源涵养林木。可作为草原区城乡和庭院绿化树种。

药用：球果入药（药材名：松塔），能祛痰、止咳、平喘。

其他应用：木材可作房屋建筑、家具、文具等用材。种子可食。

10 000 μm
5 000 μm
5 000 μm
5 000 μm
5 000 μm
5 000 μm
2 000 μm

樟子松 Pinus sylvestris var. mongolica Litv.

球果与种子形态特征

球果锥状卵形或长卵圆形，稍扁，长3.0～7.0 cm，直径2.0～4.8 cm，成熟时黄绿色或灰褐色；鳞盾多呈斜方形，脊显著，肥厚隆起，鳞脐瘤状凸起，有刺或脱落。种子卵圆形或长卵圆形，长4.6～5.5 mm，宽2.0～2.3 mm，厚0.8 mm左右，黄褐色，表面具不规则褐色斑点及不规则极密波状纹线，被柔毛；基端稍尖，顶端具倒卵形膜质翅，连翅长11～15 mm，翅延伸至基端，上部斜截，背部平直；种脐位于基端，圆形，棕色。胚线型，棒状，黄色，油脂质，直立于种子中央；子叶6～7，指状并合，椭圆形；胚根圆柱形，朝向种脐；胚乳丰富，白色，脂质，包被胚。千粒重5.8 g。

地理分布与生态生物学特性

样本种子采自内蒙古呼伦贝尔市（海拉尔区）。分布于我国内蒙古大兴安岭，在内蒙古呼伦贝尔草原沙地有保存完好的母树林。蒙古国也有。

中生常绿针叶乔木。生于较干旱沙地、石砾沙土地，常形成纯林，或与其他针阔叶树种组成混交林，自然更新良好。深根性阳性树种，喜光，耐旱、耐干冷、耐瘠薄，喜沙质土壤，适应性强，在酸性、中性或钙质黄土上能良好生长，生长较快。种子繁殖。花期5月，球果成熟期翌年9～10月。

主要应用价值

生态：防风固沙、水土保持、水源涵养针叶林木。我国北方干旱半干旱草原区主要的绿化造林树种之一。

其他应用：木材可作建筑、家具、造纸等用材。树干可采割松脂。树皮可提取栲胶。

2000 μm
2000 μm
2000 μm
2000 μm
2000 μm
2000 μm
2000 μm
3000 μm

油松 Pinus tabuliformis Carr.

球果与种子形态特征

球果卵形或圆卵形，长40～90 mm，直径35～65 mm，成熟前绿色，成熟时淡橙色或灰褐色；鳞盾多呈扁菱形或菱状卵圆形，肥厚隆起或微隆起，横脊显著，鳞脐凸起有刺，刺不脱落。种子卵圆形或长卵圆形，长6～8 mm，直径4～6 mm；背面和顶端具倒卵形膜质翅，褐色，表面具灰褐色不规则斑点，背面翅宽而长，顶端翅短而窄，连翅长15～18 mm；种脐位于基端，圆形，棕色；外种皮木质，内种皮薄膜质。胚线型，棒状，黄色，油脂质，直立于种子中央；子叶8～12，指状并合，椭圆形；胚根圆柱形，朝向种脐；胚乳丰富，白色，脂质，包被胚。千粒重35.6 g。

地理分布与生态生物学特性

样本种子采自内蒙古呼和浩特市（大青山）。分布于我国吉林、辽宁、内蒙古、河北、山西、陕西、宁夏、甘肃、青海等地。我国特有种。

中生乔木。生于海拔800～1500 m的山地阴坡或半阴坡。阳性树种，耐干冷、耐贫瘠，稍耐旱，适应性强。种子繁殖。花期5月，球果成熟期翌年9～10月。

主要应用价值

生态：水土保持、水源涵养林木。我国华北、西北草原区和城市绿化主要的造林树种之一。

饲用：松针制成粉可作饲料。

药用：瘤状节或枝节入药（药材名：油松节），也入蒙药（蒙药名：那日苏），能祛风湿、止痛。花粉入药（药材名：松花粉），能燥湿收敛。松针入药，能祛风燥湿、杀虫、止痒。球果入药（药材名：松塔），能祛痰、止咳、平喘。

其他应用：木材可作建筑、家具、造纸等用材。树干可采割松脂。树皮可提取栲胶。

5000 μm
5000 μm
2000 μm
2000 μm
1000 μm
1000 μm

柏科 Cupressaceae

球果圆球形、卵圆形或圆柱形，种鳞与苞鳞合生，木质或革质，成熟时开裂，或肉质并合呈浆果状而成熟时不开裂或顶部微裂，发育种鳞腹面基部有种子1至数粒，种子无翅或周围具窄翅。

杜松 *Juniperus rigida* Sieb. et Zucc.

球果与种子形态特征

球果近圆形或椭球形，肉质，浆果状，长6～12 mm，宽6～8 mm，成熟前紫褐色，成熟时淡褐黑色或蓝黑色，常被白粉；种鳞3，合生，苞鳞与种鳞合生，仅顶端尖头分离，成熟时球果不张开或仅顶端三瓣微裂，宿存多层珠托，种子2～3粒，不开裂。种子卵圆形，长5.6～6.1 mm，宽3.5～4.0 mm，褐色；顶端尖，有4条不明显的钝棱脊，棱脊间圆拱隆起，基端具黄白色树脂槽和深褐色小凸起；种脐位于基端，圆形，黑褐色；外种皮木质，坚厚，具树脂，内种皮薄膜质。胚线型，棒状，白色，蜡质，直立于种子中央；子叶2，胚轴圆柱形，胚根圆凸，朝向种脐；胚乳丰富，白色，蜡质，包被胚。千粒重19.2 g。

地理分布与生态生物学特性

样本种子采自内蒙古巴彦淖尔市（乌拉山）。分布于我国黑龙江、吉林、辽宁、内蒙古、河北、山西、陕西、甘肃、宁夏等地。朝鲜、日本也有。

旱中生常绿小乔木或灌木。生于阔叶林区和草原区的山地阳坡或半阳坡、干燥岩石裸露山顶、山坡石缝。抗逆性强，对土壤要求不严。种子繁殖。花期5月，球果成熟期翌年10月。

主要应用价值

生态：山地水土保持、水源涵养护坡植物。可作为石砾质山地绿化和庭院绿化树种。

药用：果实入药，能发汗、利尿、镇痛。叶和果实入蒙药（蒙药名：乌日格苏图-阿日查），能清热利尿、止血、消肿、治伤、祛黄水。

其他应用：木材坚硬，耐腐力强。可作工艺品、雕刻品、家具等用材。

5000 μm
1000 μm
1000 μm
1000 μm
1000 μm
1000 μm
1000 μm

侧柏 Platycldus orientalis (L.) Franco

球果与种子形态特征

球果近卵圆形，长15～25 mm，直径10 mm左右，成熟时近肉质，蓝绿色至红褐色，被白粉；种鳞张开，木质，中间2对倒卵形或椭圆形，鳞背顶端的下方有一向外弯曲的尖头，上部一对种鳞窄长，顶端有向上的尖头，下部一对种鳞短小。种子卵圆形或卵状椭圆形，长5.8～7.1 mm，直径3.1～3.5 mm，褐色，表面密布细小纵棱及不规则黑色斑点；顶端具条带状白色瘢痕，瘢痕延伸到一侧1/3处，基端微尖，由基端至顶端具三条狭棱翅；种脐位于基端，圆形，棕色；外种皮木质，内种皮薄膜质，褐色。胚线型，长圆锥形，乳黄色，蜡质，含油脂，直立于种子中央；子叶2，并合，长椭圆形；胚轴短，胚根圆凸，朝向种脐；胚乳白色，蜡质，富含脂肪，包被胚。千粒重23.2 g。

地理分布与生态生物学特性

样本种子采自内蒙古呼和浩特市（大青山）。分布于我国吉林、辽宁、内蒙古、河北、山西、陕西、甘肃等地。越南、朝鲜、俄罗斯也有。

中生常绿乔木。生于干燥瘠薄的山坡或岩石裸露的石崖缝或黄土覆盖的石质阳坡。温带阳性树种，抗逆性强，适应性强。种子繁殖。花期5月，球果成熟期10月。

主要应用价值

生态：常绿水土保持植物。全国各地都有栽植，常作为草原区绿化树种。

药用：种子入药（药材名：柏子仁），能滋补强身、养心安神、润肠。叶和果实入蒙药（蒙药名：阿日查），能清热利尿、止血、消肿、治伤、祛黄水。枝叶入药（药材名：侧柏叶），能凉血、止血、止咳、散肿毒、生发乌发。

其他应用：木材有香气，材质细密，坚实耐用，可作建筑、造船、家具、雕刻等用材。种子含油量18%，榨油可食用。

5000 μm
1000 μm
1000 μm
1000 μm
1000 μm
1000 μm

圆柏 Sabina chinensis (L.) Ant.（Juniperus chinensis）

球果与种子形态特征

球果近圆球形，直径6～8 mm，成熟前淡紫褐色，浆果状，成熟时暗褐色或灰紫褐色，被白粉，微具光泽；珠鳞3～4对交叉对生或轮生，不开裂，有种子2～4粒。种子卵圆形或不规则倒卵圆形，长3.0～5.0 mm，宽3.0～4.8 mm，棕黄色至栗褐色，有褐色斑纹或斑突，稍具光泽，具长短不等的纵棱和树脂槽；顶端钝，基端收窄，具不规则延伸凸棱；种脐位于基端，圆形，棕色；外种皮骨质，坚硬，内种皮薄膜质。胚线型，棒状，乳白色，蜡质，含油脂，直立于种子中央；子叶2，并合，椭圆形；下胚轴和胚根长圆锥形，朝向种脐；胚乳丰富，白色，蜡质，富含脂肪，包被胚。千粒重15.6 g。

地理分布与生态生物学特性

样本种子采自内蒙古巴彦淖尔市（乌拉特前旗）。分布于我国内蒙古、河北、山西、陕西、甘肃等地，除东北外全国各地都有栽培。日本、朝鲜、缅甸也有。

中生常绿乔木。生于海拔1300 m以下草原区的山坡丛林，也进入荒漠区的山地半阳坡。喜温凉湿润气候，对土壤要求不严。种子繁殖，具深度休眠特性。花期5月，球果成熟期翌年10月。

主要应用价值

生态：常绿水土保持植物。对氯气和氟化氢抗性较强，能吸收一定数量的硫和汞，阻尘和隔音效果良好。可作为生态造林和庭院绿化观赏树种。

药用：枝叶入药，能祛风散寒、活血解毒。叶入蒙药（蒙药名：乌和日-阿日查），能清热利尿、止血、消肿、治伤、祛黄水。

其他应用：木材有香气，坚韧致密，耐腐力强，可作建筑、家具及工艺品等用材。

5000 μm
2000 μm
2000 μm
2000 μm
2000 μm
1000 μm
1000 μm

叉子圆柏 Sabina vulgaris Ant.（Juniperus sabina）

球果与种子形态特征

球果倒三角状球形或叉状球形，长5.5～8.5 mm，直径5.3～8.6 mm，成熟前蓝绿色，成熟时褐色、紫蓝色或黑色，被白粉，有种子2～5粒。种子近卵圆形或近倒卵圆形，微扁，长4.2～5.0 mm，宽3.1～4.3 mm，棕褐色，有光泽；上部钝或斜截，白色，舌状延伸至中部，下部渐窄，基端稍尖，具沟或纵脊或瘤突和树脂槽；种脐位于基端，圆形，棕色；外种皮骨质，坚硬，内种皮薄膜质，褐色。胚线型，长圆锥形，乳白色，蜡质，含油脂，直立于种子中央；子叶2，并合，椭圆形；胚轴圆柱形，胚根圆凸，朝向种脐；胚乳白色，蜡质，富含脂肪，包被胚。千粒重38.8 g。

地理分布与生态生物学特性

样本种子采自内蒙古鄂尔多斯市（乌审旗）。分布于我国山西、内蒙古、陕西、宁夏、甘肃、青海、新疆。蒙古国、中亚、欧洲也有。

旱中生常绿匍匐灌木。生于海拔1100～2800 m草原区的多石山坡或沟谷，或固定沙丘、沙地，在内蒙古毛乌素沙地草原可见密集的灌丛分布。抗逆性强，耐轻度盐碱，对环境要求不严。种子繁殖。花期5月，球果成熟期翌年10月。

主要应用价值

生态：山谷、坡地、沙地地被植物。覆盖度高，可作为防沙固沙造林树种。亦可在城市园林绿化中作为街道绿化树种。

药用：枝叶入药，能祛风湿、活血止痛。叶入蒙药（蒙药名：伊曼-阿日查），能清热利尿、止血、消肿、治伤、祛黄水。

其他应用：种子油脂可制作肥皂。

2000 μm
1000 μm
1000 μm
1000 μm
1000 μm
1000 μm

麻黄科 Ephedraceae

种子包于增厚成肉质或干燥膜质的苞片中，苞片红色、橘红色或棕褐色，含种子1～3粒；种子卵形或圆锥形，假花被发育为革质假种皮，子叶2，胚乳丰富，肉质或粉质。

木贼麻黄 *Ephedra equisetina* Bunge

球果与种子形态特征

球果具苞片3对，最上一对约2/3合生，成熟时肉质，红色，长卵圆形或卵圆形，具短梗。通常具种子1粒，包于肉质苞片内，顶端裸露，长卵形或窄长卵圆形，稍扁，长4.3～6.5 mm，宽2.5～3.0 mm，厚1.5 mm左右，红褐色至黑褐色，稍具光泽；表面具细短纵线纹和小瘤状凸起，顶端压扁窄缩成鸭嘴状，黄色，基部皱缩成多条棱槽状，基端圆，腹面扁平或中部稍拱，边缘具不明显的窄棱，背面中部隆起；种脐位于基端，圆形，稍凸，棕褐色，覆有棕黄色脐膜；外种皮革质，坚硬，内种皮黄色，薄膜质，紧贴胚乳。胚抹刀型，黄色，蜡质，直立于种子中央；子叶2，胚轴和子叶等长，胚根圆凸，朝向种脐；胚乳淡黄色，脂质。千粒重6.0 g。

地理分布与生态生物学特性

样本种子采自宁夏（贺兰山）。分布于我国河北、内蒙古、山西、陕西、甘肃、宁夏、新疆等地。蒙古国、俄罗斯也有。

旱生直立小灌木。生于干旱半干旱地区的山脊、山顶、岩壁、沙地。耐寒、耐旱、耐瘠薄。种子繁殖。花期5～6月，8～9月种子成熟。

主要应用价值

生态：固沙地被植物。可作为干旱草原区固沙配植用种。

饲用：饲用价值中等。冬季羊和骆驼乐食。

药用：茎入药，能发汗散寒、平喘、利尿，也入蒙药（蒙药名：哈日-哲日根），功能同草麻黄。生物碱含量较其他种类为高，为提制麻黄碱的重要原料。

2000 μm
1000 μm
1000 μm
500 μm
500 μm

中麻黄 Ephedra intermedia Schrenk ex C. A. Mey.

球果与种子形态特征

雌球花成熟时苞片肉质，红色，椭圆形、卵圆形或矩圆状卵圆形，长6～10 mm，直径5～8 mm，种子通常3粒，稀2粒。种子包于红色肉质苞片内，不外露，长卵形，具三棱，稍扁，长4.3～6.0 mm，宽2.2～3.5 mm，厚1.6～1.8 mm，黑色或黑褐色，顶端黄褐色，棱棕褐色，光滑，有光泽；顶端尖，基端钝；种脐位于基端，椭圆形，黄棕色；外种皮革质，内种皮膜状木栓质，浅棕色，紧贴胚乳。胚近抹刀型，橙黄色，胶质，含油脂，直立于种子中央；子叶2，并合，近三棱形；胚根圆锥形，朝向顶端；胚乳丰富，一种薄层状，白色，胶质，包被胚根，另一种橙黄色，蜡质，包被胚。千粒重4.8 g。

地理分布与生态生物学特性

样本种子采自内蒙古呼伦贝尔市（新巴尔虎左旗）。分布于我国吉林、辽宁、河北、内蒙古、山西、陕西、宁夏、甘肃、青海、新疆、西藏等地。蒙古国、俄罗斯、伊朗及中亚、西南亚也有。

旱生草本状灌木。生于干旱半干旱地区的沙地、山坡及草地。耐寒、耐旱、耐瘠薄。种子繁殖。花期5～6月，种子成熟期7～8月。

主要应用价值

生态：沙质地地被植物。可作为沙质干旱草原区生态修复配植用种。

饲用：饲用价值低。骆驼、羊少食。

药用：草质茎入药（药材名：麻黄），具发汗散寒、宣肺平喘、利水消肿功效，也入蒙药（蒙药名：查干-哲日根），能发汗、清肝、化痞、消肿、治伤、止血。

其他应用：肉质苞片可食用。

2000 μm
1000 μm
500 μm
500 μm
1000 μm

单子麻黄 *Ephedra monosperma* Gmel. ex Mey.

球果与种子形态特征

雌球花苞片3对，成熟时红棕色，肉质，最下面一对最小，膜质，基部联合，中间一对较小，合生，三角状卵形，具较窄的膜质边缘，最上面一对较大，卵形或椭圆形，长约6 mm，直径3 mm，1/2处开裂，种子1粒。种子等长于苞片或微外露于苞片，卵形或三棱状卵圆形，稍扁，长4.3～5.0 mm，宽2.8～3.1 mm，厚约1.5 mm，棕褐色至黑褐色，有光泽；表面具不等长的纵向断棱和小瘤点，腹面平或圆，背面圆拱，种脐位于基端，近圆形，黄褐色；外种皮革质，内种皮薄，黄色，紧贴胚乳。胚线型，棒状，黄白色，油脂质，直立于种子中央；子叶2，矩圆形，胚轴和胚根圆柱形；胚乳黄白色，蜡质，包被胚。千粒重2.6 g。

地理分布与生态生物学特性

样本种子采自内蒙古包头市（春坤山）。分布于我国黑龙江、河北、山西、内蒙古、青海、宁夏、甘肃、新疆、西藏等地。蒙古国、俄罗斯、巴基斯坦、哈萨克斯坦也有。

旱生草本状矮小灌木。生于海拔1800～4000 m森林草原带和草原带的石质山坡或山顶石缝，也见于荒漠区山地草原的干燥山坡。耐寒、耐旱、耐高温、耐贫瘠。种子繁殖。花期6月，种子成熟期8月。

主要应用价值

生态：地被植物。有一定的固土、防风蚀和山洪冲刷作用。

饲用：饲用价值中等。枯黄后骆驼、羊喜食全株。

药用：全草含生物碱，供药用。

2000 μm
2000 μm
2000 μm
1000 μm
1000 μm
1000 μm
1000 μm

膜果麻黄 Ephedra przewalskii Stapf

球果与种子形态特征

雌球花成熟时苞片干膜质，4～5轮，近圆形或矩圆形，长5～6 mm，直径5～6 mm，黄褐色或淡褐色，种子通常3粒，稀2粒。种子包于干燥半透明的膜质苞片内，不外露，卵形，长4.0～5.0 mm，宽2.0～2.5 mm，厚1.0 mm左右，黄棕色至红褐色，表面密被细的皱缩纵纹和横纹；上端渐窄，顶端凸尖微凹，基端圆，腹面扁平，背面拱起；种脐位于基端，圆形，黄褐色或黄白色，微凸；外种皮薄膜质，内种皮胶质，紧贴胚乳。胚近抹刀型，橙黄色，胶质，侧躺于种子中央；子叶2，分离，矩圆形；胚轴和胚根圆锥形，朝向顶端；胚乳黄色，蜡质，包被胚。千粒重2.3 g。

地理分布与生态生物学特性

样本种子采自内蒙古阿拉善盟（阿拉善左旗）。分布于我国内蒙古、宁夏、甘肃、青海、新疆等地。蒙古国、巴基斯坦也有。

超旱生灌木。生于荒漠区的石质荒漠、石质残丘或砾石质戈壁滩，水分良好地段可形成大面积群落。极耐旱，耐盐碱、耐贫瘠、耐风沙。种子繁殖。花期5～6月，种子成熟期7～8月。

主要应用价值

生态：地被植物，用于防风固沙，可作为荒漠区生态修复固沙树种。

饲用：饲用价值中等。骆驼在冬季采食，其他家畜均不食。

药用：嫩枝茎入药，能发汗、平喘、利尿。

其他利用：茎枝可制作燃料。

5000 μm
2000 μm
2000 μm
2000 μm
2000 μm
500 μm

斑子麻黄 Ephedra rhytidosperma Pachom.

球果与种子形态特征

雌球花苞片2对，成熟时深褐色，边缘膜质，表面皱褶，下面1对较小，角卵形，上面1对较大，卵形或矩圆形，1/2处开裂，种子2粒。种子卵形或长卵圆形，长于苞片，约1/3外露，长6.0～6.3 mm，宽2.3～2.8 mm，厚约1.5 mm，棕褐色，表面有黄色棱状的波段纹突或皱曲纹，基端平，顶端钝尖，中部略宽，腹面扁平，背面拱起，背面中央及两侧边缘具凸起的黄色纵棱；种脐位于基端，圆形，黄褐色；外种皮革质，内种皮薄膜质，黄色，紧贴胚乳。胚线型，棒状，黄色，蜡质，直立于种子中央；子叶2，椭圆形，胚轴和胚根圆柱形；胚乳淡黄色，脂质，包被胚。千粒重7.2 g。

地理分布与生态生物学特性

样本种子采自内蒙古阿拉善盟（贺兰山）。分布于我国内蒙古、宁夏、甘肃。国家二级重点保护野生植物。

强旱生小灌木。生于半荒漠区的山麓和山前坡地、碎石滩，可形成以斑子麻黄为建群种的草原化荒漠群落。耐旱、耐贫瘠。种子繁殖。花期5～6月，种子成熟期7～8月。

主要应用价值

生态： 地被植物。可作为半荒漠区造林树种，有固土、防风蚀和山洪冲刷作用。

饲用： 饲用价值中等。春、夏、秋季骆驼、山羊、绵羊采食嫩枝和果实，冬季缺草的日子，山羊、绵羊乐食，骆驼喜食。

药用： 植株含少量麻黄素，可作药用，有镇咳、止喘的功效。

1000 μm
5000 μm
1000 μm
2000 μm
1000 μm
1000 μm
1000 μm
2000 μm

草麻黄 Ephedra sinica Stapf

球果与种子形态特征

雌球花成熟时苞片肉质，红色，矩圆状卵形或近圆球形，长6～8 mm，直径5～6 mm，种子通常2粒。种子包于红色肉质苞片内，不外露或与苞片等长，三角状卵形，稍扁，长5.5～6.1 mm，宽2.5～3.2 mm，厚1.5 mm左右，褐色至红褐色，有光泽；表面密被细纵纹，顶端稍尖，基端略凹，腹面扁平或凹，边缘具窄棱，背面隆起成脊状，种脐位于基端，圆形，黄棕色；外种皮革质，坚硬，内种皮薄膜质，紧贴胚乳。胚近抹刀型，黄色，脂质，直立于种子中央；子叶2，近三棱形；胚轴和胚根圆锥形，朝向顶端；胚乳白色，蜡质，包被胚。千粒重6.6 g。

地理分布与生态生物学特性

样本种子采自内蒙古锡林郭勒盟（镶黄旗）。分布于我国黑龙江、吉林、辽宁、河北、内蒙古、山西、陕西、宁夏、甘肃、青海等地。蒙古国也有。

旱生草本状灌木。生于草原区的丘陵坡地、平原、沙地，为石质和沙质草原带的伴生种，局部地段可群聚。耐寒、耐旱、耐瘠薄、耐沙埋。种子繁殖。花期5～6月，种子成熟期8～9月。

主要应用价值

生态：固沙地被植物。可作为干旱草原区沙滩、沙丘生态修复配植用种。

饲用：饲用价值中等。冬季羊和骆驼乐食。

药用：茎入药（药材名：麻黄），能发汗散寒、平喘、利尿，也入蒙药（蒙药名：哲日根），能发汗、清肝、化痞、消肿、治伤、止血。根入药（药材名：麻黄根），能止汗，主治自汗、盗汗。

5000 μm

银杏科 Ginkgoaceae

种子核果状，具长梗，有三层种皮，外种皮肉质，中种皮骨质，内种皮膜质；子叶通常2，胚乳丰富。

银杏 Ginkgo biloba L.

球果与种子形态特征

球果具长梗，梗端常分两叉，通常仅一个叉端的胚珠发育成种子。种子椭圆形、长倒卵形、卵圆形或近圆球形，核果状，微扁，长2.5～3.5 cm，直径1.8～2.2 cm，成熟时黄色或橙黄色，顶端稍尖，基端稍钝，具2小乳突；外种皮肉质，有臭味，中种皮白黄色或淡黄色，壳状骨质，平滑坚硬，表面有薄蜡质层，外被白粉，边缘具2～3条纵棱脊，内种皮膜质，橙棕色至淡红棕色，常粘有中种皮的淡棕色内膜。胚线型，肉质，子叶2～3；胚乳丰富，肉质。千粒重2586 g。

地理分布与生态生物学特性

样本种子采自河北石家庄市。野生种群资源仅分布于我国浙江天目山等地区，东北、华北等地有栽培。朝鲜、日本及欧、美各国有引种栽培。第三纪最古老的孑遗植物之一。我国特有种，国家一级重点保护野生植物。

中生高大落叶乔木。生于海拔500～1000 m排水良好的地带。喜光、耐寒、耐旱，不耐涝、不耐荫蔽。对气候、土壤的适应性较强，能在高温多雨及雨量稀少、冬季寒冷的地区生长。种子繁殖。有研究表明实生苗一般在20年后才开始结实。花期3～4月，9～10月种子成熟。

主要应用价值

生态：可作为干旱草原区固沙配植用种。

药用：种子入药，有小毒，具有敛肺气、定喘咳、止带浊、解毒、缩小便功效。所含的苦内脂等对脑血栓、高血压、冠心病等有特殊的疗效。

其他应用：速生珍贵的用材树种。木材供建筑、家具、室内装饰、雕刻、绘图版等用。种子可供食用。树形优美，是重要的庭院及行道树种。

10 000 μm
5 000 μm
5 000 μm
10 000 μm
5 000 μm
5 000 μm
5 000 μm

红豆杉科 Taxaceae

种子生于杯状肉质的假种皮珠托中，坚果状，卵圆形，肉质假种皮成熟时红色，种脐明显，子叶2，胚乳丰富。

东北红豆杉 **Taxus cuspidata** Siebold et Zucc.

球果与种子形态特征

种子生于杯状或坛状的红色肉质假种皮中，顶端开口，基端具近膜质的盘状种托，含1粒种子并裸露。种子坚果状，卵圆形，长5.0～5.2 mm，直径3.7～4.0 mm，紫红色至红褐色，有光泽，表面有细密梯纹；顶端凸尖内凹成圆孔状，上部有3～4条纵钝脊，中部有1圈环形棱，下部稍收缩，周围皱缩、紫红色，基端平截；种脐位于基端，钝四方形，有时呈三角形或矩圆形，棕黄色，脐缘窄边隆起，近角处具小孔；外种皮薄壳质，中种皮近海绵质，内种皮厚膜质，黄色。胚线型，棒状，短小，白色，蜡质，埋于胚乳中部；子叶2，并合，椭圆形；胚乳淡黄色，油脂质，包被胚。千粒重45.8 g。

地理分布与生态生物学特性

样本种子采自黑龙江（牡丹江市）。分布于我国黑龙江、吉林，东北等地有栽培。日本、朝鲜、俄罗斯也有。国家一级重点保护野生植物。

中生常绿乔木。常散生于以红松为主的针阔混交林、林间草甸。喜湿润凉爽的气候环境，耐寒、耐阴、耐贫瘠。种子繁殖。花期5～6月，种子成熟期9～10月。

主要应用价值

生态：水土保持、水源涵养林木。可作为东北及华北冷凉地区造林树种，也可庭院栽培观赏。

药用：枝、叶、树皮入药（药材名：紫杉），具利尿、通经功效。

其他应用：木材可作建筑、家具、器具、文具、雕刻、箱板等用材。心材可提取红色染料。种子可榨油，假种皮味甜可食。

2000 μm
2000 μm
5000 μm
2000 μm
2000 μm
2000 μm
2000 μm

被子植物

ANGIOSPERMAE

杨柳科 Salicaceae

果实为蒴果，2～4裂；种子小型，基部附有由胎座表皮细胞形成的白色丝状长柔毛；无胚乳或有少量胚乳。

钻天柳 Chosenia arbutifolia (Pall.) A. K. Skv.（Salix arbutifolia）

果实与种子形态特征

蒴果卵形，长3.4～4.0 mm，宽1.3～1.8 mm，棕黄色，具小颗粒状凸起，成熟后2瓣裂，含种子多粒；果皮木质，与种皮相分离。种子小，长椭圆形，直或稍弯，长2.0～2.3 mm，宽0.5～0.6 mm，绿色或灰绿色，粗糙；表面有纵向线纹和颗粒，两侧具白色狭翅，顶端凸尖，下部近1/3收窄或缢缩，黑褐色，密被白色絮状长柔毛，基端锥形圆凸；种脐位于基端，凸，黄色。胚近抹刀型，黄色，蜡质，直立于种子中央；子叶2，并合，长卵形；无胚乳。千粒重0.1 g。

地理分布与生态生物学特性

样本种子采自内蒙古兴安盟（阿尔山市）。分布于我国黑龙江、吉林、辽宁、河北、内蒙古。朝鲜、日本、俄罗斯也有。

中生落叶大乔木。生于森林区和草原区的河流两岸、低湿地。耐寒、耐湿、耐阴，不耐旱。种子繁殖。花期5～6月，果期6～7月。

主要应用价值

生态：水土保持、水源涵养护堤林木。可作为河湖堤坝、沼泽周边或河滩地生态修复配植用种。

饲用：饲用价值中等。幼嫩茎叶羊采食，干枯叶牛、羊乐食。

2000 μm
1000 μm
2000 μm
500 μm
500 μm

胡杨 Populus euphratica Oliv.

果实与种子形态特征

果穗长60～100 mm；蒴果长卵形或椭圆形，长10～16 mm，直径3～5 mm，成熟时黄褐色，2裂，含种子多粒；果脐位于果实基端，果皮壳质，与种皮相分离。种子小型，长倒卵形或卵圆形，稍弯，长1.1～1.5 mm，宽0.4～0.7 mm，黄褐色，粗糙；表面有多边形网纹、棱线和乳头状毛，顶端乳突状，基端稍钝，密集的白色丝状长柔毛包裹在种子外面；种脐位于基端，圆形，棕褐色；内种皮薄膜质，淡黄色。胚近抹刀型，黄色，蜡质；子叶2，并合，椭圆形，胚轴短粗；胚乳少量。千粒重0.08 g。

地理分布与生态生物学特性

样本种子采自内蒙古阿拉善盟（额济纳旗）。分布于我国内蒙古、宁夏、甘肃、青海、新疆。蒙古国、俄罗斯、巴基斯坦、伊朗及中亚等也有。国家二级重点保护野生植物。

潜水耐盐旱中生落叶乔木。生于荒漠区的河流沿岸及盐碱湖边，也见于残丘间干谷或干河床边，为荒漠河岸林的建群种。寿命长，耐寒、耐旱、耐涝、耐盐碱、耐贫瘠，抗热、抗风沙。种子繁殖。种子寿命短，干燥种子室温保存2个月后发芽率为0，0～5℃低温保存1年后发芽率下降到35%以下，超低温密封保存3年后发芽率降为20%。花期4月下旬到5月，果期6月下旬到8月上旬。

主要应用价值

生态：河岸固沙植物。西北荒漠、半荒漠区的主要防护林造林树种。

药用：树脂入药（药材名：胡桐碱），能清热、解毒、止痛。

其他应用：木材可作家具用材，也可作建房用材和制作燃料等。胡杨碱含量50%～70%，可食用，也可作为工业原料。枯干枯根是制作观赏根雕的理想材料。

1000 μm
500 μm
2000 μm
1000 μm
200 μm
5000 μm

乌柳（沙柳） **Salix cheilophila** Schneid.

果实与种子形态特征

蒴果卵形，长3.0～3.3 mm，宽1.3～1.5 mm，暗褐色，密被柔毛，成熟后2瓣裂，含种子多粒，果皮与种皮相分离。种子长矩圆形或卵状矩圆形，长1.0～1.2 mm，宽0.2～0.3 mm，灰绿色或黄褐色，粗糙；表面有纵向线纹和颗粒，密被白色絮状长柔毛，顶端圆凸，下部稍缢缩成瓶口状，短柱形，基端平截，被绒毛，褐色；种脐位于基端中部，稍凸，白色。胚抹刀型，黄色，蜡质，直立于种子中央；子叶2，并合，长卵形；无胚乳。千粒重0.08 g。

地理分布与生态生物学特性

样本种子采自内蒙古乌兰察布市（蛮汉山）。分布于我国内蒙古、河北、山西、陕西、宁夏、甘肃、青海等地。

中生落叶灌木或小乔木。生于草原区的河流两岸、沟溪两岸、沙丘间低湿地，为河岸、沙地柳灌丛的建群种或优势种。耐阴，稍耐寒、稍耐旱，耐轻度盐碱。种子繁殖。花期4～5月，果期5～6月。

主要应用价值

生态：保水、护堤、固沙植物。可作为沼泽周边或河滩地、沙丘低地生态修复配植用种。

饲用：饲用价值中等。幼嫩茎叶羊采食，干枯叶牛、羊乐食。

药用：叶、树皮或须根入药，能解表祛风。

500 μm
500 μm
200 μm
1000 μm
1000 μm

兴安柳 Salix hsinganica Y. L. Chang et Skvortzov

果实与种子形态特征

蒴果卵形，长4.0～6.0 mm，宽1.3～1.5 mm，淡黄色，成熟时2瓣裂，含种子多粒；果皮壳质，与种皮相分离。种子长倒卵形或圆柱形，稍弯，长1.7～2.2 mm，宽0.5～0.6 mm，白绿色或黄绿色，粗糙；表面有纵向不整齐的颗粒状凸起和线纹，密被白色絮状长柔毛，近顶端褐色，顶端凸尖，灰白色，下部1/3收窄瓶口状，基端圆凸；种脐位于基端中部，圆形，凸，棕褐色。胚近抹刀型，黄色，蜡质，直立于种子中央；子叶2，并合，长卵形；胚乳少量，多集中在胚轴周围。千粒重0.1 g。

地理分布与生态生物学特性

样本种子采自内蒙古呼伦贝尔市（根河市）。分布于我国黑龙江、内蒙古。

湿中生落叶灌木。生于森林区和草原区的沼泽或较湿润山坡。耐寒性、耐湿性强。花期5～6月，果期6～7月。

主要应用价值

生态：水源涵养地被植物。可作为沼泽周边或河滩地生态修复配植用种。

饲用：饲用价值中等。幼嫩茎叶羊采食，干枯叶牛、羊乐食。

1000 μm
500 μm
500 μm
500 μm
200 μm

旱柳 Salix matsudana Koidz.

果实与种子形态特征

蒴果卵形，长3～4 mm，淡褐色，成熟时2瓣裂，含种子多粒。种子细小，长椭圆形、圆柱形或长倒卵形，长1.3～1.7 mm，宽0.6～0.8 mm，淡绿色或灰绿色至灰褐色，粗糙；表面有纵棱和纵向不整齐的颗粒状凸起，密被白色柳絮状长柔毛，顶端圆，有小钝尖，下部缢缩收窄瓶口状，基端平，衣领环状；种脐位于基端中部，圆形，凸，棕褐色。胚抹刀型，黄绿色或灰褐色，蜡质，直立于种子中央；子叶2，并合，圆柱形或矩圆形；胚根圆柱形或稍呈圆锥形；无胚乳。千粒重0.12 g。

地理分布与生态生物学特性

样本种子采自内蒙古呼和浩特市。分布于我国东北、华北和西北黄土高原。朝鲜、日本、俄罗斯也有。

中生落叶乔木。生于河流两岸、山谷、沟边，是北方平原地区最常见的乡土树种。耐寒性、耐湿性强，也耐干旱，对土壤要求不严，在干瘠沙地、低湿河滩、沟谷和弱盐碱地均能生长。种子繁殖。花期4～5月，果期5月。

主要应用价值

生态：固堤、保水、固沙、保土林木。可作为护岸、绿化、庭院及行道树树种。

饲用：饲用价值良。细枝和叶可作为牛、羊饲料。

其他应用：木材可作建筑、家具、农具等用材，也可作造纸、胶合板等原料使用。柳条可编筐，柳干可烧制木炭。花期早而长，为蜜源植物。树皮含单宁，是栲胶原料。

1000 μm
1000 μm
500 μm
500 μm

五蕊柳 Salix pentandra L.

果实与种子形态特征

蒴果长椭圆形，长5～7 mm，黄褐色，成熟时2瓣裂，含种子多粒；果皮壳质，与种皮相分离。种子长倒卵形或圆柱状，长1.4～1.7 mm，宽0.6～0.7 mm，黄绿色，粗糙；表面有纵向长皱纹和不整齐的小颗粒，被密集的白色絮状长柔毛包裹，顶端乳突状，下部1/4收窄，基端截平；种脐位于基端中部凹处，凸出，棕褐色；外种皮木质，内种皮薄膜质。胚近抹刀型，黄色，蜡质，直立于种子中央；子叶2，并合，长卵形；胚乳少量，白色，蜡质，多集中在胚轴周围。千粒重0.1 g。

地理分布与生态生物学特性

样本种子采自内蒙古赤峰市（巴林右旗）。分布于我国黑龙江、吉林、辽宁、内蒙古、河北、山西、陕西、宁夏、甘肃、新疆等地。朝鲜、蒙古国、俄罗斯也有。

湿中生灌木或乔木。生于森林带和草原带积水的草甸、沼泽地、林缘或较湿润山坡，为山地柳灌丛的建群种或优势种。耐寒、耐阴、耐水淹。花期5～6月，果期7～8月。

主要应用价值

生态：水土保持、水源涵养树木。可作为低湿地草甸、沼泽林缘生态修复配植用种。

饲用：饲用价值中等。嫩枝叶羊乐食，牛少量采食。

其他应用：木材可制作农具。开花较晚，为晚期蜜源植物。可在城市河湖畔栽培供观赏。

1000 μm
500 μm
200 μm
500 μm

胡桃科 Juglandaceae

假核果由小苞片及花被片或总苞及子房共同发育而成，坚果状卵球形或矩圆形，外包肉质外果皮，内果皮骨质，坚硬，具皱纹或无。1室，室内茎部其不完全骨质隔膜。种子2～4瓣裂，脑状；胚折叠，肉质，富含油脂，无胚乳。

胡桃楸 **Juglans mandshurica** Maxim.

果实与种子形态特征

核果4～5粒簇生，卵球形，包于黄绿色肉质外果皮中，长3.8～6.5 cm，直径3.0～4.4 cm，被黄褐色腺毛，顶端具尖头，内果皮骨质。果核卵状椭圆形，长1.8～2.5 cm，直径2.3～4.2 cm，褐色至红褐色；先端锐尖，具8条纵棱，其中2条较显著，各棱间具不规则皱曲及凹穴，横切后内果皮壁内具多数不规则空腔，种子1粒。种子脑状，皱褶；种皮膜质，褐色；种仁白色，有隔膜并具2个空腔；种脐位于基端，不规则，黄褐色。胚包围型，马蹄状，白色，油脂质；子叶2，肥厚，常2裂，船形，白色，胚根圆柱形；无胚乳。千粒重7000～9860 g。

地理分布与生态生物学特性

样本种子采自内蒙古赤峰市（宁城县）。分布于我国黑龙江、吉林、辽宁、河北、山西、内蒙古等地。朝鲜、俄罗斯也有。

中生高大落叶乔木。多生于土质肥厚、湿润、排水良好的沟谷两旁或山坡的阔叶林。喜光，耐寒，不耐贫瘠。种子繁殖。花期5月，果期10月。

主要应用价值

生态：水土保持、水源涵养林木。可作为庭院绿化树种。

药用：枝皮或干皮入药，能清热解毒、止痢、明目。

其他应用：木材可作为重要的国防工业用材，也可作建筑等用材。皮、枝、叶和外果皮含鞣质，可提取栲胶及染料。种子可食用、可榨油。树皮纤维可作造纸等原料。

5 000 μm
10 000 μm
5 000 μm
10 000 μm
10 000 μm

枫杨 Pterocarya stenoptera C. DC.

果实与种子形态特征

坚果矩圆形或长椭圆形，长5.8～8.2 mm，直径4～6 mm，黄褐色，两侧具翅，“V”形张开，窄矩圆形，长8.8～17.8 mm，宽3.3～6.2 mm，基部相连，质厚，具近于平行的脉和小疣状凸起。果体表面粗糙，有皱缩及凹凸，顶端具花柱残基，基端常有宿存的星芒状毛；果疤位于背面近基端，狭椭圆形，凹陷，周围果皮皱缩，果疤连接处呈窄脊状；外果皮革质，内果皮木质，内壁具空隙。种子卵球形，种皮厚膜质，棕褐色，有皱褶沟穴。胚折叠型，肉质，富含油脂；子叶顶部2裂，胚根短；无胚乳。千粒重85.8 g。

地理分布与生态生物学特性

样本种子采自内蒙古包头市。分布于我国辽宁、河北、甘肃、陕西等地，华北和东北有栽培。日本、朝鲜也有。

中生高大落叶乔木。生于沿溪涧河滩、阴湿山坡地的林中，现已广泛栽植作为庭院树或城乡行道树。喜光，不耐荫蔽，对土壤环境适应性强，稍耐旱，耐湿性强，但不耐水淹。种子繁殖。花期5～6月，果期8～9月。

主要应用价值

生态：水土保持、水源涵养林木。观赏性好，宜作风景树、行道树。

药用：树皮入药（药材名：枫柳皮），能杀虫、止痒、利尿消肿，有小毒。根、树叶及果实煎水或捣碎制成粉剂，可作杀虫剂。

其他应用：材质轻软，可作家具、纸浆等用材。树皮和枝皮含鞣质，可提取栲胶。种子榨油供工业用。

10 000 µm
5 000 µm
2 000 µm
2 000 µm
2 000 µm

桦木科 Betulaceae

果苞革质、木质或膜质，成熟时脱落，果序轴纤细，宿存。小坚果扁平，两侧具或宽或窄的膜质翅，花柱宿存。种子单生，种皮膜质。子叶扁平，无胚乳或胚乳极薄。

红桦 *Betula albosinensis* Burkill

果实与种子形态特征

果序圆柱形，长3～4 cm，黄褐色，疏被柔毛和树脂点；果苞中裂片矩圆状披针形，侧裂片近圆形，长为中裂片的1/3；每果苞含小坚果1～3粒，两室，不开裂。小坚果倒卵圆形，长2.5～3.4 mm，直径1.8～2.0 mm，扁平，棕黄色；上部疏被短柔毛，顶端圆凸，具2条宿存花柱，触须状鞭毛形，基端凸尖，两侧薄，中部具棱脊状凸起或圆；有膜质翅，宽窄于果，为果的1/2或3/5，上宽圆下窄凸，半透明，灰白色；果脐位于基端凸尖处，不明显。种子卵状椭圆形，长0.3～0.4 mm，宽0.2 mm左右，褐色，顶部扁柱状凸起；种皮薄膜质，紧贴胚难分离。胚抹刀型，乳白色，蜡质；胚乳薄层。千粒重0.23 g。

地理分布与生态生物学特性

样本种子采集自内蒙古赤峰市（宁城县）。分布于我国河北、内蒙古、山西、陕西、宁夏、甘肃、青海等地。

耐阴中生落叶灌木。生于山地阴湿杂木林。喜光，耐荫蔽，耐寒性、适应性强。花期5～6月，果期8～9月。

主要应用价值

生态：水土保持、水源涵养林木。观赏性好，园林造景中宜作为风景树、行道树。

其他应用：材质坚硬，花纹美丽，可作家具、枪托及细木工等用材。树皮含单宁、桦皮油及芳香油，可提制供工业用。种子榨油供工业用。

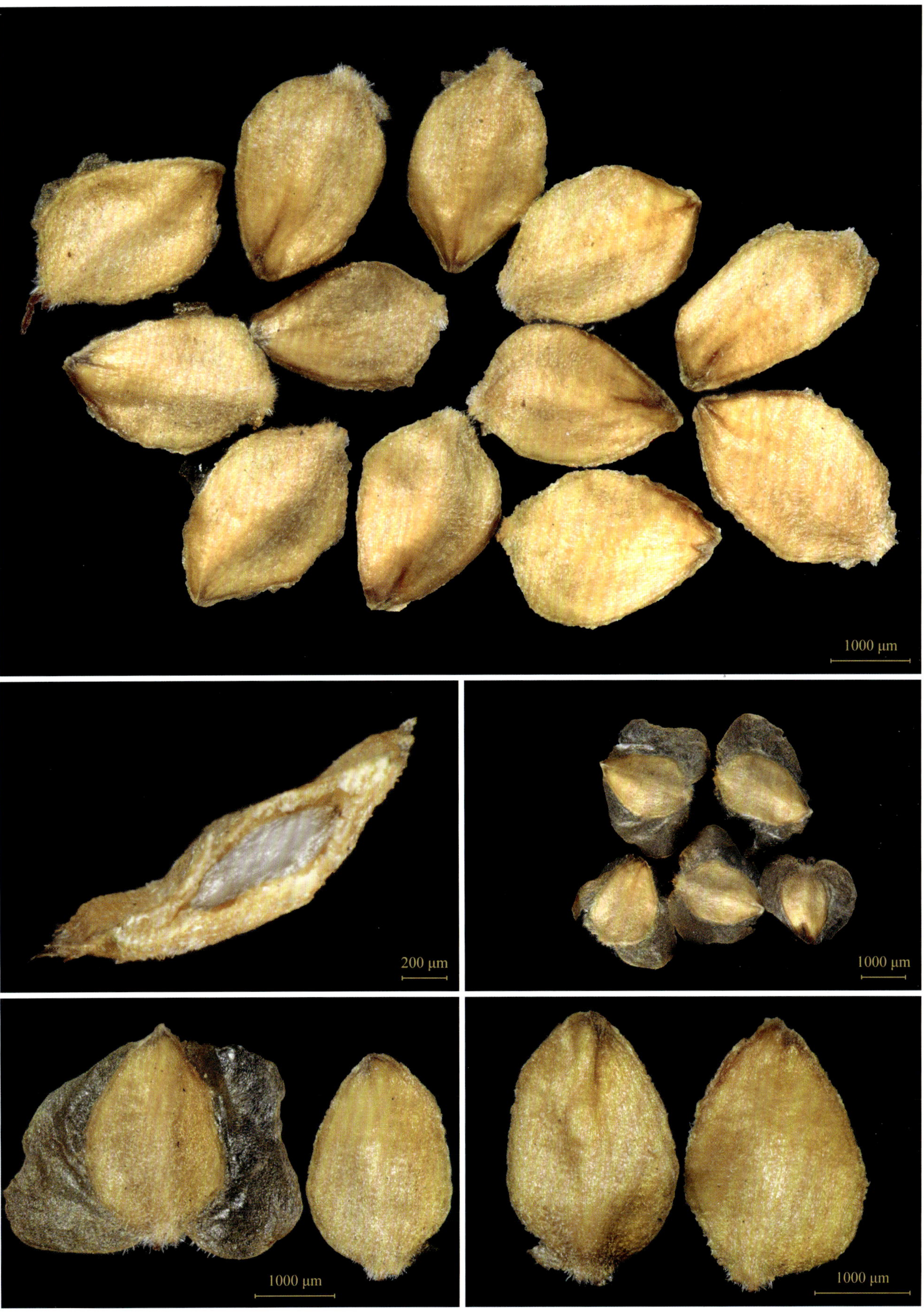
1000 μm
200 μm
1000 μm
1000 μm
1000 μm

扇叶桦 **Betula middendorfii** Trautv. et Mey.

果实与种子形态特征

果序矩圆形，长15～20 mm，黄褐色，散生褐色树脂状腺体和密集短柔毛；果苞基部楔形，裂片披针形；每果苞含小坚果2～3粒，不开裂。小坚果椭圆形，长2.2～3.0 mm，宽1.2～1.6 mm，扁平，棕黄色，无毛；顶端凸尖，具2条宿存花柱，两侧薄，中部具棱脊状凸起；有膜质宽翅，宽于果的1/3以上，半透明，灰棕白色；果脐位于基端凸尖处。种子卵状椭圆形，长0.3～0.5 mm，宽0.2 mm左右，褐色。种皮薄膜质，紧贴胚难分离。胚抹刀型，白色，蜡质，有胚腔，胚轴短；胚乳薄层，包被胚。千粒重0.24 g。

地理分布与生态生物学特性

样本种子采自内蒙古呼伦贝尔市（额尔古纳市）。分布于我国黑龙江、内蒙古。俄罗斯也有。

耐阴中生落叶灌木。生于山地落叶松林下。耐阴、耐寒、耐贫瘠，喜酸性土壤，适应性强。种子繁殖。花期5～6月，果期8～9月。

主要应用价值

生态：水土保持植物。在水土保持、水源涵养方面有重要作用。

饲用：饲用价值中等。叶片羊喜食。

其他应用：营造薪炭林的良好树种。

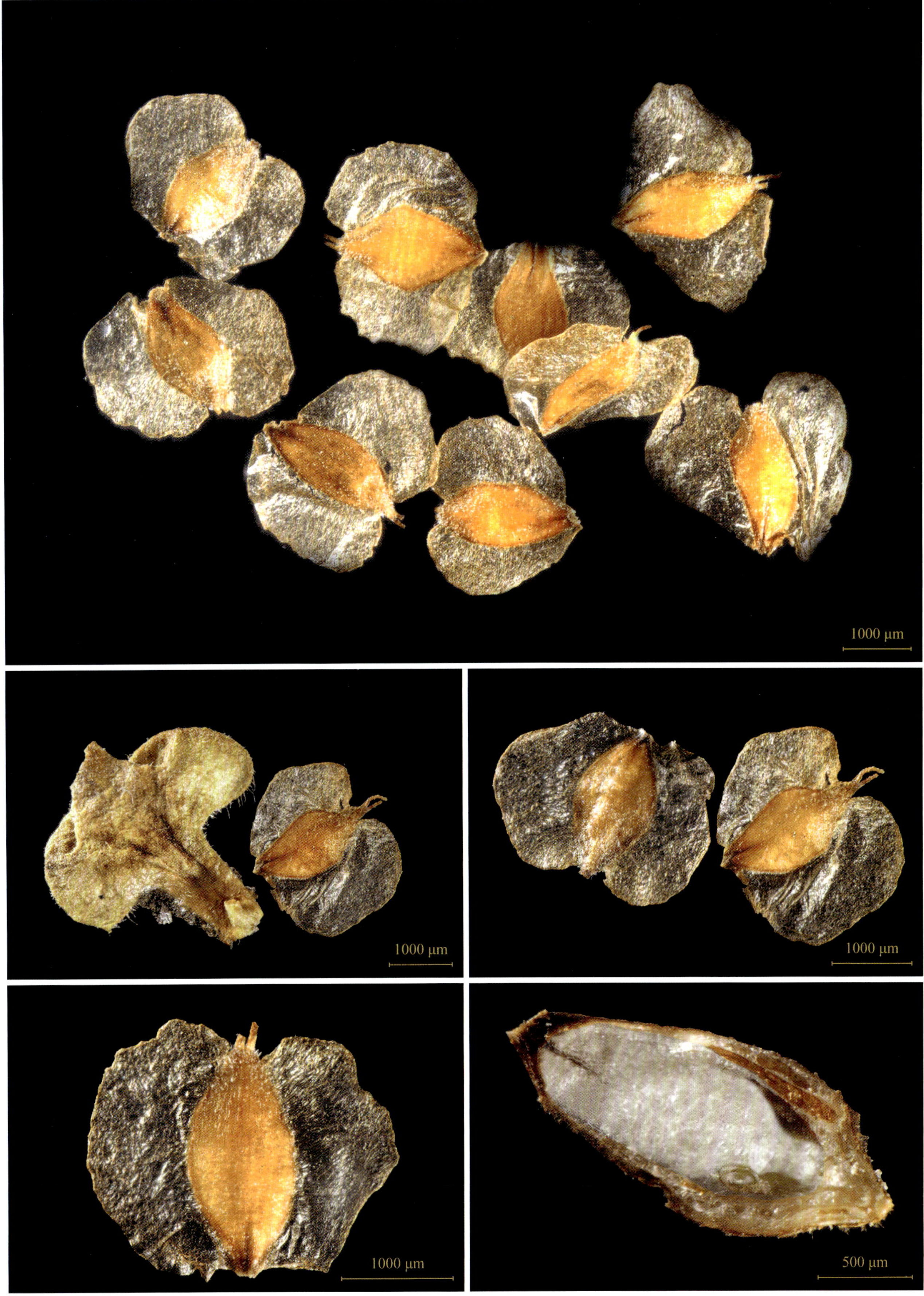
1000 μm
1000 μm
1000 μm
1000 μm
500 μm

白桦 Betula platyphylla Suk.

果实与种子形态特征

果序圆柱形，长25～45 mm，黄褐色；果苞3裂，中裂片角状卵形，两侧裂片卵形，边缘具短纤毛；每果苞含小坚果2～3粒，两室，不开裂，每室有种子1粒或败育。小坚果矩圆形或卵形，长1.6～2.8 mm，直径1.0～1.5 mm，厚0.5 mm左右，扁平，金黄色至黄棕色；两侧薄，中部凸起，疏被白色短柔毛，顶端圆凸，具2条宿存花柱，触须形鞭毛状，基端凸尖；两侧有膜质翅，宽于果的1/3，较少与之等宽，半透明，灰白色；果脐位于基端凸尖处，黄棕色，果皮薄草质。种子近三棱状长圆形，长1.2～1.8 mm，宽0.7～1.0 mm，稍扁；表面具细网纹，一侧具一纵脉，顶部呈扁柱状凸起；种皮薄膜质，紧贴胚难分离。胚抹刀型，白色，蜡质，有胚腔；子叶2，椭圆形，胚轴和胚根短圆锥形；胚乳薄层，乳白色，包被胚。千粒重0.33 g。

地理分布与生态生物学特性

样本种子采自内蒙古呼伦贝尔市（额尔古纳市）。分布于我国东北、华北、西北等地。日本、朝鲜、蒙古国、俄罗斯也有。

中生落叶乔木。生于山地落叶松林下或针阔混交林。耐阴、耐寒、耐贫瘠，喜酸性土壤，适应性强。种子繁殖，寿命2年。花期5～6月，果期8～9月。

主要应用价值

生态：水土保持林木。观赏性好，适宜作为庭院、绿地风景树。

饲用：饲用价值中等。干叶片羊喜食。

药用：树皮入药，能清热利湿、祛痰止咳、消肿解毒。

其他应用：树皮可提取桦皮油及栲胶。木材可作胶合板、火柴杆及建筑等用材。木材和叶可提取黄色染料。

5000 μm
2000 μm
500 μm
2000 μm
500 μm

榛 **Corylus heterophylla** Fisch. ex Trautv.

果实与种子形态特征

坚果单生或2～5个簇生成头状，部分包于钟状总苞内，上部外露，总苞外面具凸起的细条棱，密被柔毛和红褐色刺毛状腺体，长于坚果1倍，含种子1粒。种子（坚果）卵圆形或扁球形，长15～18 mm，宽约15 mm，淡褐色；顶端有不明显的小凸尖，基端宽阔，向上具多条纵棱至中部后不明显，棱间和种子顶端疏被细绒毛；果疤位于基端中部，椭圆形，黄褐色，表面粗糙，多条线状凸棱汇聚在中部，稍凸起；果皮壳质，坚硬，横切后具20～30个气孔；种皮深褐色，草质，紧贴果皮。胚包围型，直生，黄白色，肉质；子叶2，卵圆形，中央有空腔，肉质，胚根圆柱形；无胚乳。千粒重896～2150 g。

地理分布与生态生物学特性

样本种子采自内蒙古赤峰市（喀喇沁旗）。分布于我国黑龙江、吉林、辽宁、河北、山西、陕西、内蒙古等地。日本、朝鲜、俄罗斯也有。

中生落叶灌木或小乔木。生于夏绿阔叶林带的向阳山地及多石的沟谷两岸、林缘或采伐地，常形成灌丛。喜光，稍耐阴、稍耐旱。种子繁殖，具休眠特性。花期4～5月，果期9月。

主要应用价值

生态：水土保持树种。可作为山坡或林下水土保持树种用于造林。

饲用：饲用价值中等。叶鹿四季采食，夏季叶可作为柞蚕的饲料。

药用：种仁入药，能调中、开胃、明目。

其他应用：坚果供食用、种仁含油50%，含淀粉20%。树皮、叶和果苞含鞣质，可提取栲胶。果壳、木材可制作活性炭。

5000 μm
5000 μm
5000 μm
5000 μm

毛榛 Corylus mandshurica Maxim.

果实与种子形态特征

坚果单生或2～6粒簇生，包藏于上部缢缩成管状的果苞内，果苞较果长2～3倍，外面密被黄色刚毛兼有白色短柔毛，管顶部披针形浅裂，花序梗粗壮，密被黄色短柔毛，含种子1粒。种子（坚果）卵圆形，长20～25 mm，宽12～15 mm，黄褐色至栗褐色，顶端具小尖头；表面密被白色茸毛，顶端密被白色长硬毛；果疤位于基端，椭圆形，与坚果圆筒等大，黄褐色，线状断棱不明显，不规则沟纹收缩聚向中心，凸起处黄褐色，边缘不规则瘤状凸起；果皮横切后具约40个气孔；种皮深褐色，草质，紧贴果皮。胚包围型，直生，黄白色，肉质；子叶2，卵圆形，中央有空腔，包围着中央圆锥形黄褐色的胚芽，胚根圆柱形；无胚乳。千粒重3468～4680 g。

地理分布与生态生物学特性

样本种子采自内蒙古赤峰市（喀喇沁旗）。分布于我国黑龙江、吉林、辽宁、河北、山西、陕西、内蒙古、甘肃等地。日本、朝鲜、俄罗斯也有。

中生落叶灌木或小乔木。生于山地阔叶林带的向阳山坡，多在白桦、山杨、蒙古栎林中或林缘及多石的沟谷两岸、林缘或采伐地。喜光，稍耐阴。种子繁殖，具休眠特性。花期4～5月，果期9月。

主要应用价值

生态：水土保持树种。主要作为山坡或林下水土保持树种，也可作为护田灌木。

饲用：饲用价值中等。叶在生长季和冬季鹿乐食，羊采食，夏季可作为柞蚕的饲料；果实是野生动物特别是啮齿动物冬季的主要食物。

药用：种仁入药，能调中、开胃、明目。

其他应用：种子供食用，种仁含油50%，含淀粉20%。

5000 μm
5000 μm
5000 μm
5000 μm
5000 μm

虎榛子 Ostryopsis davidiana Decne.

果实与种子形态特征

小坚果包于纸质果苞中，常6～14粒密集成簇状的总状果序，果苞上半部延伸成管状，下半部紧包果实，先短浅4裂，裂片长达果苞的1/4～1/3，暗紫色或黄褐色，被黄褐色短柔毛，有细肋纹，一侧开裂，种子1粒。小坚果矩圆状卵圆形，稍扁，长3.0～6.3 mm，宽3.2～5.4 mm，具长的白色膜质长嘴，棕褐色或深褐色，光亮，表面有浅棕色细条纹，疏被短柔毛。种子近圆形或卵圆形，直径3.2～3.5 mm，黄褐色；种脐位于基端，圆形。胚包围型，黄色，肉质；子叶2，卵圆形，胚根圆柱形；无胚乳。千粒重1580～2160 g。

地理分布与生态生物学特性

样本种子采自内蒙古赤峰市（巴林右旗）。分布于我国辽宁、内蒙古、河北、山西、陕西、甘肃等地。俄罗斯也有。

中生落叶灌木。生于海拔800～2400 m森林草原带和草原带的山地阴坡与半阴坡及林缘，常形成密集的虎榛子灌丛，为黄土高原优势灌木。喜光，稍耐旱，耐贫瘠，不耐荫蔽。种子繁殖，带果苞当年可发芽。花期4～5月，果期6～7月。

主要应用价值

生态：水土保持植物。可作为山坡或黄土沟岸水土保持树种。

饲用：饲用价值中等。嫩枝和叶羊乐食。

其他应用：种子含油10%左右，供食用和制肥皂。树皮及叶含鞣质，可提取栲胶。

5000 μm
5000 μm
2000 μm
2000 μm
1000 μm

壳斗科 Fagaceae

果实成熟时木质化，总苞形成杯状、碗状、碟状壳斗，完全或基部包围坚果，每壳斗具1～3粒长卵形坚果，坚果浑圆或有棱角，顶端具突起柱座。种子子叶肥大，肉质，发芽时多不出土，无胚乳。

蒙古栎 **Quercus mongolica** Fisch. ex Ledeb.

果实与种子形态特征

坚果长卵形或椭圆形，长1.6～3.0 cm，直径1.2～1.8 cm，黄褐色，被细密纵纹，顶端圆，稍凹，被黄色短茸毛，单生或2～3粒集生，木质壳斗浅碗状半球形，边缘齿状，包围果实1/3～1/2，壳斗外壁苞片小，三角状卵形，背面瘤状凸起或干扁，通常含1粒种子；基端去掉壳斗后为圆形果疤，平凹，棕白色，脐环内有1圈分布均匀的针孔。种子与果同形，稍小，黄褐色；表面具纵皱缩网纹，顶部扁柱状凸起；种脐位于近基端一侧，不明显。胚包围型，黄白色，肉质；子叶2，肥厚，卵圆形；胚轴短柱形，胚根圆凸，朝向种脐；无胚乳。千粒重2000～3500 g。

地理分布与生态生物学特性

样本种子采自内蒙古呼和浩特市（大青山）。分布于我国黑龙江、吉林、辽宁、内蒙古、河北、山西、陕西、宁夏、甘肃、青海等地。日本、朝鲜、俄罗斯也有。

中生阔叶落叶乔木。生于土壤深厚、排水良好的坡地，常与山杨、白桦或黑桦混生，或生于干燥山坡，也与油松、蒙椴、色木槭等混生。喜光，耐寒、耐旱，对土壤要求不严，适应性广。种子繁殖，萌芽力强，具壳萌发。花期5～6月，果期9～10月。

主要应用价值

生态：水土保持护坡植物。北方地区天然混生林的主要水土保持树种，是生态恢复重要的树种材料。

饲用：饲用价值中等。叶羊采食；果实为野生动物特别是啮齿动物冬季的主要食物。

药用：树皮入药，能清热、解毒、利湿。果实入蒙药（蒙药名：查日苏），能止泻、止血、祛黄水。

其他应用：木材坚硬，可作建筑、器具、胶合板用材。种子含淀粉，可以酿酒。树皮、壳斗、叶均可提取栲胶。叶可喂蚕。种子油供制肥皂及其他工业用。

5000 µm
5000 µm
5000 µm
5000 µm
5000 µm
5000 µm

榆科 Ulmaceae

果实为翅果、核果或小坚果，顶端常宿的花柱，通常1室、一胚珠发育成种子。种子无胚乳或有少量胚乳，子叶扁平，折叠或弯曲。

黑弹树（小叶朴） Celtis bungeana Bl.

果实与种子形态特征

核果近球形或球状椭圆形，直径5～8 mm，成熟时蓝黑色或黑色，果柄细长；外果皮质薄，光滑，中果皮肉质，污白色，内果皮骨质，具4条较粗纵肋棱十字交叉环绕或不环绕或不明显和不规则的花雕状纹突。果核球形或椭圆形，长3.8～6.7 mm，宽4.5～5.8 mm，黄褐色；顶端圆凸，基端凸尖，壶口形，中央孔状；果疤位于基端，圆形，白色，四周隆起。去掉骨质内果皮的果仁（种子）球形，白色；种皮薄，紧贴子叶。胚折叠型；子叶2，宽大旋卷，胚根锥形；胚乳少或不明显。核果千粒重131 g。

地理分布与生态生物学特性

样本种子采自内蒙古赤峰市（喀喇沁旗）。分布于我国辽宁、河北、山西、内蒙古、甘肃、宁夏、青海、陕西、西藏等地。朝鲜也有。

中生落叶乔木。生于草原带的向阳山地、路旁、平地、灌丛或林边。喜光，稍耐阴，耐旱、耐贫瘠，对土壤适应性强。种子繁殖。花期4～5月，果期8～9月。

主要应用价值

生态：防风固土林木。树荫浓郁，适宜作为城市风景树和荒山绿化、防护林树种应用。

饲用：饲用价值中等。

药用：树干、树皮或枝条入药，能止咳、祛痰。

其他应用：木材可作建筑、家具、器具等用材。树皮纤维是造纸原料，也可代麻用。种子油可制作肥皂或作润滑油。春季嫩叶可食用。

5000 μm
2000 μm
2000 μm
2000 μm
2000 μm
2000 μm

大叶朴 Celtis koraiensis Nakai

果实与种子形态特征

核果近球形，直径10～12 mm，成熟时橙黄色或深褐色，果柄细长；外果皮质薄，光滑，中果皮肉质，污白色，内果皮骨质，具4条细纵肋棱十字交叉环绕或不环绕或不明显和不规则的花雕状纹突。果核球形或球状椭圆形，直径6.5～7.8 mm，灰色或灰褐色，具近平滑的网孔状凹陷；顶端圆或稍凸，基端圆凸，中央孔状；果疤位于基端，圆形，灰褐色，四周稍隆起。去掉骨质内果皮的果仁（种子）球形，白色；种皮薄，褐色，紧贴胚。胚折叠型，肉质；子叶2，宽大旋卷，胚根锥形；胚乳少。核果千粒重196 g。

地理分布与生态生物学特性

样本种子采自内蒙古呼和浩特市。分布于我国辽宁、河北、山西、内蒙古、甘肃、陕西等地。朝鲜也有。

中生落叶乔木。生于海拔100～1500 m的山坡、沟谷林中。喜光，耐阴、耐旱、耐瘠薄、耐轻度盐碱、耐水湿，抗风，深根性，萌芽力强，生长比较快，寿命长，适应性强。种子繁殖。花期4～5月，果期9～10月。

主要应用价值

生态：水土保持、防风林木。适宜作为北方温带荒山、平原、城市绿化和防护林树种应用。

饲用：饲用价值中等。叶可饲用，牛、羊乐食。

药用：树干、树皮或枝条入药，能止咳、祛痰。

其他应用：木材可作建筑、家具、器具等用材。树皮纤维是造纸原料，也可代麻用。能抵抗多种有毒气体，有很强的吸滞粉尘能力。果可榨油用于制作肥皂和润滑剂。

5000 μm
5000 μm
5000 μm
2000 μm

刺榆 **Hemiptelea davidii** (Hance) Planch.

果实与种子形态特征

小坚果偏斜，角卵形或斜卵圆形，长4.6～6.7 mm，宽4.0～4.2 mm，绿色至黄绿色，两侧扁，基部宿存褐色花被片和绿色细果柄，表面粗糙，顶部一侧具鸡冠状窄翅，近革质，翅端渐狭成喙状，果部隆起，疏被细小疣状凸起，边缘具薄狭边。开裂或不开裂，去翅后小坚果近心形，长约4 mm，宽约3 mm，黄褐色；果脐位于基端，种皮薄，红褐色，紧贴子叶和胚乳。胚抹刀型，匙状，白色，油脂质；子叶2，椭圆形，胚根圆柱形；胚乳少，白色，蜡质，包被胚。千粒重1.6 g。

地理分布与生态生物学特性

样本种子采自内蒙古赤峰市（喀喇沁旗）。分布于我国黑龙江、吉林、辽宁、内蒙古、河北、山西、陕西、宁夏、甘肃等地。朝鲜也有。

中生落叶小乔木或灌木。生于草原地带的固定沙丘，也常见于村落路旁、土堤、石砾河滩。喜光，耐旱、耐贫瘠，适应性强。种子繁殖。花期5月，果期10月。

主要应用价值

生态：水土保持树种。宜作固沙、水土保持和荒山造林树种。

饲用：饲用价值良。牛、羊、猪喜食叶。

其他应用：木材可作建筑、农具、器具用材。树皮纤维可作为人造棉、绳索、麻袋的原料。种子可榨油。

5000 μm
2000 μm
2000 μm
1000 μm
1000 μm
2000 μm

旱榆 Ulmus glaucescens Franch.

果实与种子形态特征

翅果宽卵圆形或椭圆形，扁平，长1.5～2.5 cm，宽1.2～1.8 cm，黄色或黄白色，顶端内凹有缺口，被毛，基端宿存花被片和果梗，果翅稍厚，厚膜质，有由基端发出延伸围绕果核隆起的肋脉，并横向发散出细小分叉脉纹，表面无毛，具黄褐色小斑点。果核（种子）位于翅果中上部，倒卵状，长7.2～8.8 mm，宽4.8～5.2 mm，厚2.0 mm左右，淡黄褐色；果脐位于基端，椭圆形，褐色；种皮膜质，光滑。胚包围型，扇状，肉质；子叶2，矩圆形；胚轴短粗，栗褐色；胚根锥形，朝向种脐；无胚乳。翅果千粒重8.6 g。

地理分布与生态生物学特性

样本种子采自内蒙古阿拉善盟（贺兰山）。分布于我国辽宁、内蒙古、河北、山西、陕西、宁夏、甘肃、青海等地。俄罗斯也有。

旱生落叶乔木或灌木。生于草原区和荒漠区的向阳山坡、山麓和沟谷等地，有时形成疏林。耐旱、耐寒、耐贫瘠，适应性强，在土层很薄区域或石缝中都能正常生长发育。种子繁殖。花期4月，果期5月。

主要应用价值

生态：水土保持树种。可作为西北地区荒山造林及防护林树种。

饲用：饲用价值良。山羊、绵羊、骆驼乐食嫩枝叶，冬季采食落叶。

其他应用：木材可作建筑、农具、器具用材。树皮纤维有黏性，可作糊料、造纸和人造棉原料用。果实可食用。种子可榨油，供食用和工业用。

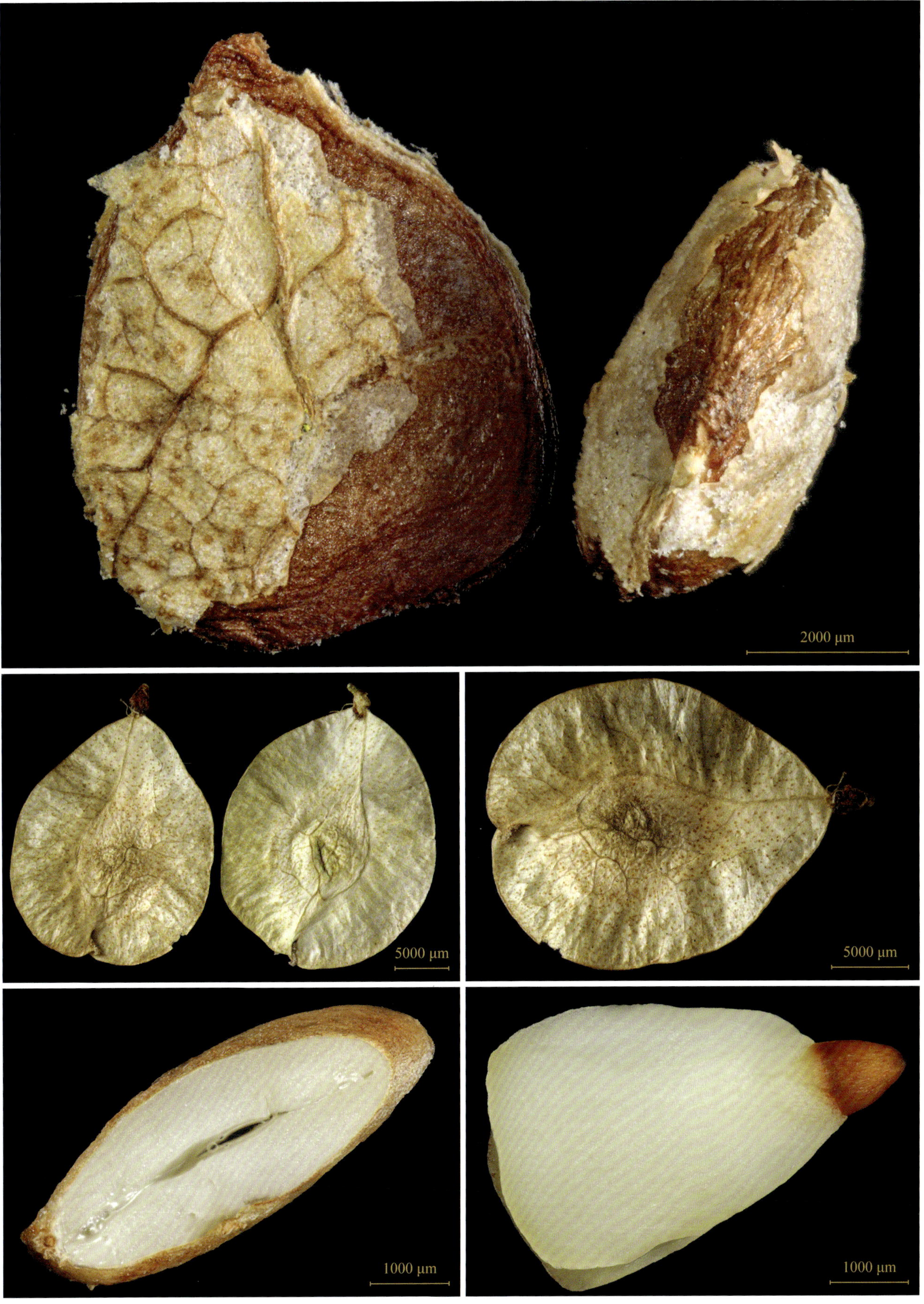
2000 μm
5000 μm
5000 μm
1000 μm
1000 μm

大果榆 Ulmus macrocarpa Hance

果实与种子形态特征

翅果宽倒卵状圆形或宽椭圆形，扁平，长2.5～3.5 cm，宽2.2～2.7 cm，暗黄褐色，顶端凹或圆，两面及边缘具柔毛，基端多少偏斜或近对称，微狭或圆，宿存花被片和果梗，被短毛，果翅稍厚，膜质，表面有隆起肋脉和细小分叉脉纹及黄褐色斑点。果核（种子）位于翅果中部，倒卵状，长7.2～7.8 mm，宽4.8～6.2 mm，淡黄色或灰褐色，边缘有浅细沟；果脐位于基端，椭圆形，褐色；种皮膜质，表面微皱，紧贴果皮不易分离。胚包围型，扇状，肉质；子叶2，斜矩形；胚轴短粗，贴生于子叶下部；胚根锥形，朝向种脐；无胚乳。翅果千粒重9.6 g。

地理分布与生态生物学特性

样本种子采自内蒙古乌兰察布市（凉城县）。分布于我国东北、华北及陕西、甘肃、青海等地。蒙古国、朝鲜、俄罗斯也有。

旱中生落叶小乔木或灌木。生于森林草原带和草原带的山坡、谷地、台地、黄土丘陵、固定沙丘及岩缝，可形成成片灌丛或矮林。喜光，耐旱、耐寒、耐盐碱，适应性强。种子繁殖。花期4月，果期5～6月。

主要应用价值

生态：水土保持树种。可作固沙、护坡树种。

饲用：饲用价值良。叶和果均为家畜所食用。

药用：果实入药（药材名：芜荑），能杀虫、消积。

其他应用：木材可作车辆、农具、家具等用材。翅果含油量高，是医药和轻工、化工业的重要原料。

5000 μm
2000 μm
2000 μm
1000 μm
1000 μm

榆树（白榆） Ulmus pumila L.

果实与种子形态特征

翅果（榆钱）近圆形或宽倒卵圆形，扁平，长1～15 cm，宽0.8～1.0 cm，熟时淡黄色或黄白色，中部微带褐色，顶端内凹有缺口，被毛，基端钝圆，花被片和果梗宿存，果翅较厚，膜质，边缘稍皱或有不规则缺刻，表面有隆起肋脉和细小分叉脉纹并沿果核（种子）两侧放射状延伸至边缘，含种子1粒。果核位于中部或稍偏上，倒卵状心形，长3.2 mm，宽2.4 mm，黄白色或灰褐色，表面微皱；果脐位于基端，扁，褐色。胚包围型，近心形，白色，肉质；子叶2，卵圆形；胚轴短，胚根圆凸，朝向种脐；无胚乳。翅果千粒重6.8 g。

地理分布与生态生物学特性

样本种子采自内蒙古呼和浩特市。分布于我国东北、河北、西北及南方各地。朝鲜、俄罗斯、蒙古国、中亚也有。

旱中生落叶乔木。生于森林草原带及草原带的山地、沟谷及固定沙地，在干草原和荒漠草原带常沿古河道两岸稀疏分布，在固定沙地组成稀树草原景观。喜光，耐旱、耐寒、耐盐碱、耐贫瘠，不耐水湿，对土壤要求不严，适应性强，生长快，寿命长，抗风保土力强，抗烟和氟化氢等有毒气体。种子繁殖。花期4月，果期5～6月。

主要应用价值

生态：防风固土、水土保持树种。可作为沙荒地、盐碱地造林树种，是城市绿化及农田和草场防护林的重要树种。

饲用：饲用价值良。叶、嫩枝及果在青鲜状态或晒干后为家畜所喜食，牛、马采食较差，羊和骆驼喜食叶。

药用：树皮、叶及翅果均可药用，能安神、利小便。

其他应用：木材可作建筑、器具用材。种子可榨油，供食用、制造肥皂及其他工业用油等。枝皮纤维坚韧，可代麻制作绳索、麻袋或作为人造棉与造纸原料。幼叶、嫩果可食。

10 000 μm
5 000 μm
1 000 μm
5 000 μm
1 000 μm

桑科 Moraceae

果实为瘦果，围以肉质变厚的花被，或藏于其内形成聚花果，或陷入发达的花序轴内形成大型的聚花果。种子小，包于内果皮中，种皮膜质，胚背倚子叶，子叶皱褶或对折或扁平。

桑 *Morus alba* L.

果实与种子形态特征

瘦果包于肉质花被内集成肉质圆柱形或长卵形聚花果（桑葚），长10～21 mm，直径6.3～12.2 mm，成熟时红色或暗紫色，有时白色，每一桑葚有小瘦果30～35粒。瘦果卵形或楔形，长2.1～2.5 mm，直径1.5～1.7 mm，黄褐色或橙黄色；表面凹凸不平，疏生茸毛，背面圆拱，腹面中部具钝棱，背腹两侧具不明显纵棱，顶端平截或钝圆，两侧向下斜削；果脐位于基端中部，圆形；果柄白色凸尖状，四周隆起或卷曲皱褶成咀状，黄色或黑褐色。胚弯曲型，白色，肉质；子叶2，长圆条形，弯曲；胚轴与子叶近等长，胚根锥形，朝向种脐；胚乳丰富。千粒重1.5 g。

地理分布与生态生物学特性

样本种子采自内蒙古呼和浩特市。原产我国中部和北部，现东北至西南各地、西北直至新疆均有栽培。朝鲜、日本、蒙古国、中亚、欧洲等也有栽培。

中生落叶乔木或灌木。生于丘陵山地、林缘、路边、居民点附近。喜温暖湿润气候，喜光，耐旱不耐涝，耐瘠薄，生态幅广，再生性强，对土壤要求不严。种子繁殖。花期4～5月，果期6～8月。

主要应用价值

生态：水土保持植物。适宜作为城市、农村绿化树种应用。食用果型生态树种。

饲用：饲用价值优良。叶马、牛、羊乐食且为养蚕的重要饲料。

药用：叶入药（药材名：桑叶），能散风热、明目。根皮入药（药材名：桑白皮），能利尿。嫩枝（桑枝）入药，能祛风湿、利关节。果穗（桑葚）入药，能补肝益肾、养血生津。

其他应用：树皮桑木纤维柔细，可作纺织原料、造纸原料。木材坚硬，可作家具、乐器、雕刻等用材。桑葚可酿酒。种子可榨油。

2000 μm
1000 μm
500 μm
500 μm
500 μm

蒙桑 Morus mongolica (Bur.) Schneid.

果实与种子形态特征

聚花果卵圆形至圆柱形，长8.5～12.5 mm，直径6～8 mm，成熟时红色至紫黑色，每一桑葚有小瘦果25～35粒，基部被宿存的黄褐色肉质苞片和花萼所包。瘦果卵圆形，长2.0～2.5 mm，直径1.3～2.0 mm，灰黄色或黄褐色至浅褐色；背面圆拱，腹面中部被一钝棱脊分成两斜面，顶端稍平或圆，基端收窄近三角状；内果皮膜质坚脆，表面有小瘤突，稍具光泽；果脐位于基端中部，圆形；果柄白色凸尖状，周边“V”形拱起，种皮薄膜质。胚弯曲型，白色，肉脂质；子叶2，长圆条形，弯曲；胚轴长为子叶的1/3，胚根锥形，朝向种脐；胚乳丰富，灰白色。千粒重1.3 g。

地理分布与生态生物学特性

样本种子采自内蒙古呼和浩特市（大青山）。分布于我国黑龙江、吉林、辽宁、内蒙古、新疆、青海、河北、山西、陕西等地。蒙古国、朝鲜也有。

中生落叶小乔木或灌木。生于海拔800～1500 m森林草原带和草原带的向阳山坡、山麓、沟谷或疏林，高3～10 m。喜光，耐荫蔽、耐寒、耐瘠薄和水湿，稍耐旱不耐涝，对土壤适应性强，抗风力强，对硫化氢、二氧化氮等有毒气体抗性很强。种子繁殖。花期5月，果期6～7月。

主要应用价值

生态：水土保持植物。适宜作为城市、工矿区及农村绿化树种应用。

饲用：饲用价值优良。叶马、牛、羊乐食。

药用：根皮、枝、叶及桑葚入药，功能同桑。

其他应用：茎皮纤维为高级造纸原料，脱胶后可作纺织原料。种子油可制作肥皂。果穗可代啤酒花（*Humulus lupulus*）用。

1000 µm
1000 µm
500 µm
500 µm
500 µm
500 µm
500 µm

大麻科 Cannabaceae

果实为核果或瘦果，圆形，包于宿存的花被内，两侧扁。种子具肉质胚乳，胚弯曲或螺旋状内卷，子叶肥厚。

大麻 Cannabis sativa L.

果实与种子形态特征

瘦果卵形或卵状椭圆形，稍扁，包裹在宿存的黄褐色苞片内，长3.6～4.5 mm，宽2.2～3.2 mm，厚2.2 mm左右；果皮坚脆壳质，灰黄色至黄褐色或灰色，光滑，成熟时表面具棕色网纹和不规则的灰黑色大理石状花纹，边缘具浅色棱线；两侧圆凸，顶端具乳头状小凸尖，基端圆或渐凸，具圆形凹陷的灰褐色果脐，周缘拱起，淡黄色。种子卵圆形，直径3.3～3.9 mm；种皮薄膜质，黄褐色或黑褐色。胚弯曲型，肉质，乳白色；子叶2，肥厚，卵形；胚根锥形，朝向顶端；胚乳少。千粒重18.6 g。

地理分布与生态生物学特性

样本种子采自内蒙古赤峰市（巴林左旗）。原产中亚。我国大部分地区有栽培，东北及内蒙古、新疆等地草原区有野生或逸生。蒙古国、中亚、欧洲也有。

一年生中生草本。生于草原带和森林带的向阳山坡、固定沙地、荒地、草原。喜光，耐寒、耐旱、耐瘠薄。种子繁殖。花期7～8月，果期9～10月。

主要应用价值

生态：地被植物。

饲用：饲用价值中等。牛、羊采食；可以青饲、青贮或者晒制干草，粉碎成草粉饲料鸡、鹅、兔、猪乐食。

药用：全草入药，能清热解毒、利尿消肿。种仁入药（药材名：大麻仁），能润肠通便、活血。

其他应用：茎皮纤维长而坚韧，可作纺织、绳索、渔网和造纸原料。种子含油30%，是制作油漆、涂料等的原料，油可制作肥皂，油渣可制作饲料。有两个亚种，火麻（*Cannabis sativa* subsp. *sativa*）生产纤维和油；印度大麻（*Cannabis sativa* subsp. *indica*）含大量树脂，是生产“大麻烟”的植物，我国及大多数国家禁止栽培。

2000 μm
2000 μm
500 μm
1000 μm
1000 μm
1000 μm

葎草 Humulus scandens (Lour.) Merr.

果实与种子形态特征

瘦果圆形，稍扁，成熟时露出苞片外，长2.6～3.6 mm，直径2.6～3.5 mm，灰黄色至暗栗色或黑褐色，粗糙，坚硬；顶端具圆柱状凸起，周缘脊状凸起，表面具灰黑色波状断续斑纹，两面凸，各有4条低平细纵棱；果脐位于基端，圆形，凸，灰褐色，周围有1圈灰白色种晕；果皮硬壳质。种子卵圆形，淡黄色至黄褐色。胚线型，肉质，陀螺状内卷，淡黄色；子叶2，条形，分离，内卷，胚轴及胚根位于外圈；胚乳少量，肉脂质，灰白色，包裹于胚外层。千粒重3.8 g。

地理分布与生态生物学特性

样本种子采自内蒙古呼和浩特市。外来入侵种，原产于东亚和东南亚地区。我国除新疆、青海外，南北各地均有分布。日本、越南也有。现已传播到欧洲、北美洲，已在当地归化。

一年生中生蔓生草本。生于沟边、荒地、废墟、路旁、林缘。分枝和再生能力强，耐寒、耐热，喜光，适应性强，适生幅度宽，抗逆性强，易繁衍成片。种子繁殖。5月可萌发出苗，雌雄株花期不一致，雄株为7月下旬，雌株为8月上中旬，9月下旬种子成熟。

主要应用价值

生态： 地被植物。可用作荒地的先锋碳汇植物。

饲用： 饲用价值中等。嫩枝叶牛、羊、兔采食；可以青饲、青贮或者晒制干草，粉碎成草粉饲料蛋鸡、鹅、兔、猪乐食。

药用： 全草入药，能清热解毒、利尿消肿。

其他应用： 茎皮纤维可作造纸原料。种子富含油脂，油可制作肥皂。果穗可代啤酒花用。嫩苗叶可食用。

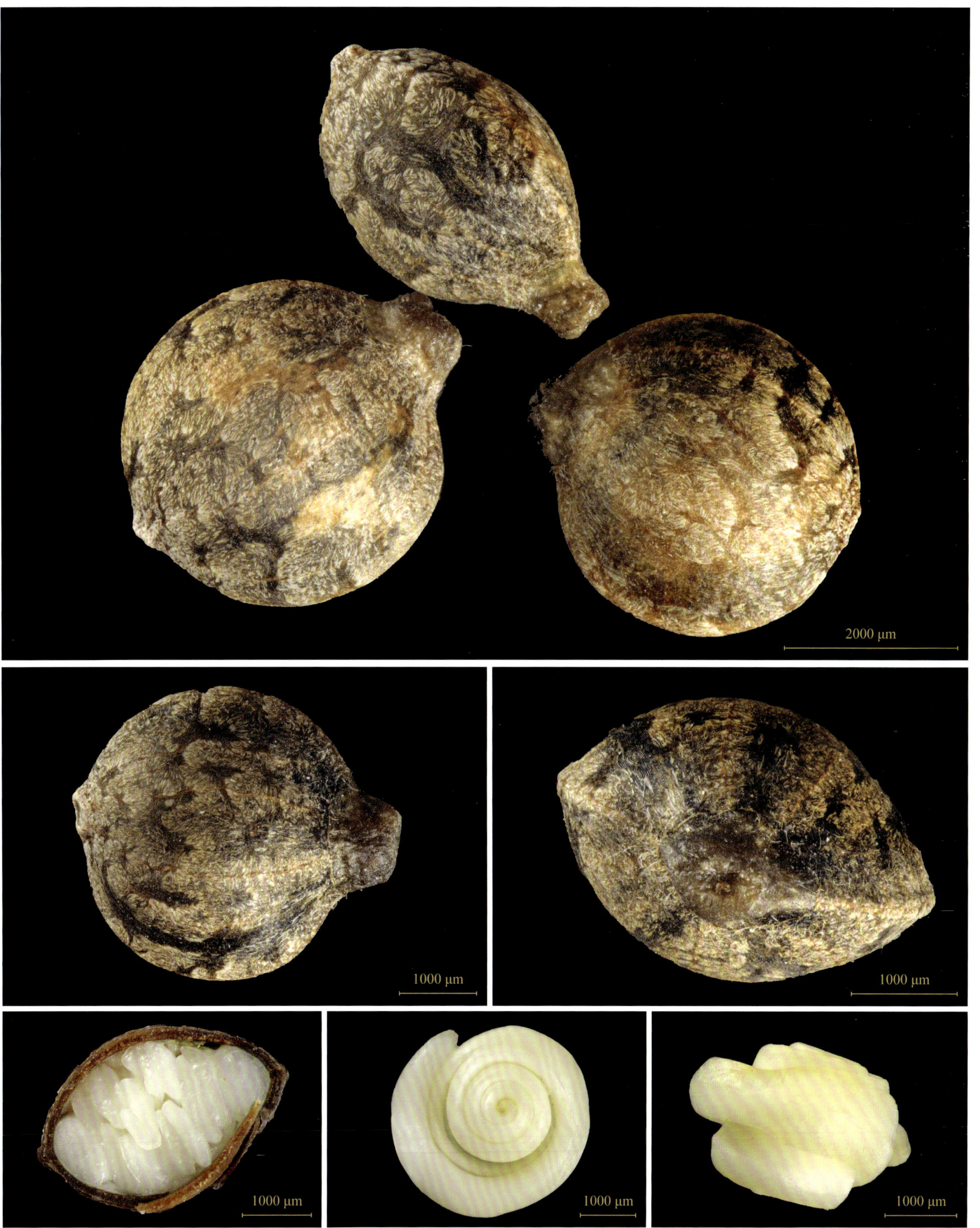
2000 μm
1000 μm
1000 μm
1000 μm
1000 μm
1000 μm

荨麻科 Urticaceae

果实为瘦果，或为肉质核果状，卵形，常包被于宿存的花被内。种子倒卵形至宽倒卵形；胚直生，子叶肉质，卵形或椭圆形，胚乳常为油脂质。

狭叶荨麻 Urtica angustifolia Fisch. ex Hornem.

果实与种子形态特征

瘦果卵形或宽卵形，扁，包于增大的花被内，长0.9～1.3 mm，宽0.8～1.0 mm，厚0.5 mm左右，棕黄色至灰棕色或灰色，两端色淡；表面近光滑或有不明显的细小疣点，顶端宿存凸尖状花柱，基端钝圆，中部两面圆拱，双凸透镜状，边缘薄棱状；果脐位于基端中部，稍凸，椭圆形，孔状。种子与果同形。胚抹刀型，直立；子叶2，卵形，分离，白色；胚根圆锥形，朝向顶端；胚乳丰富，脂质，淡黄色。千粒重1.2 g。

地理分布与生态生物学特性

样本种子采自内蒙古赤峰市（敖汉旗）。分布于我国黑龙江、吉林、辽宁、内蒙古、河北、山西等地。日本、朝鲜、蒙古国、俄罗斯也有。

多年生中生草本。生于森林带和草原带的山地林缘、沙丘灌丛、河谷溪边、湿地或台地潮湿处。耐阴、耐寒，稍耐旱，喜湿，不耐高温，再生性强，喜排水良好的湿润肥沃沙壤土环境，常形成优势种群。根茎和种子繁殖。花期6～8月，果期8～9月。

主要应用价值

生态：地被植物。

饲用：饲用价值良。青鲜时马、牛、羊、骆驼均喜食。

药用：全草入药，能祛风、化痞、解毒、温胃、解虫咬，也入蒙药（蒙药名：奥存-哈拉盖），能解毒、温胃、破痞。

其他应用：嫩茎叶可作野菜食用。茎皮纤维可作纺织原料。

2000 μm
500 μm
500 μm
500 μm

麻叶荨麻 Urtica cannabina L.

果实与种子形态特征

瘦果椭圆状卵形，扁，包于增大的花被内，长2.1～2.3 mm，宽1.2～1.5 mm，厚0.8 mm左右，淡棕色至灰棕色或灰色，表面有明显或不明显的褐色颗粒状疣点；上部渐尖，顶端宿存凸尖状花柱，基端钝圆，中部两面稍圆凸，边缘薄棱线状；果脐位于基端中部，稍凸，椭圆形，孔状。种子与果同形，紧贴果皮。胚抹刀型，肉质，直立；子叶2，卵形，分离，白色；胚根圆锥形，朝向顶端；胚乳丰富，脂质，淡黄色。千粒重1.3 g。

地理分布与生态生物学特性

样本种子采自内蒙古乌兰察布市（凉城县）。分布于我国东北、华北、西北各地。蒙古国、中亚、欧洲也有。

多年生中生草本。生于海拔800～2800 m的丘陵坡地、草原、沙丘坡、河漫滩、溪旁、路边、居民点附近。耐阴、耐寒，稍耐旱，不耐高温，再生性强，喜排水良好的湿润肥沃沙壤土环境，常形成优势种群。根茎和种子繁殖。在华北地区一般4月初返青，花期7～8月，果期8～9月。

主要应用价值

生态：地被植物。

饲用：饲用价值良。春季返青生长期骆驼乐食，嫩枝叶牛、羊、兔采食；因植株具蜇毛，花期家畜很少采食，经过青贮、蒸煮处理或加工成草粉调配饲料后各类家畜乐食。

药用：全草入药，能祛风、化痞、解毒、温胃、解虫咬，也入蒙药，功能同狭叶荨麻。

其他应用：嫩茎叶可作野菜食用。茎皮纤维可作纺织原料。

1000 μm
1000 μm
1000 μm
500 μm
500 μm
200 μm
500 μm

宽叶荨麻 *Urtica laetevirens* Maxim.

果实与种子形态特征

瘦果阔卵形，扁平，双凸透镜状，包于增大的背生花被内，长1.5～2.0 mm，宽1.2～1.5 mm，厚0.5 mm左右，淡黄色至灰黄色；中部两面稍圆鼓，有不明显颗粒状黄色疣点，边缘狭棱翅状，顶端稍钝，宿存凸尖状花柱，熟时变灰褐色，基端钝圆；果脐位于基端中部，稍凸，椭圆形，棕褐色。种子与果同形。胚抹刀型，肉质，白色，直立；子叶2，卵形，分离，白色；胚根圆锥形，朝向顶端；胚乳丰富，脂质，淡黄色。千粒重1.1 g。

地理分布与生态生物学特性

样本种子采自内蒙古阿拉善盟（阿拉善左旗）。分布于我国东北、内蒙古、山西、河北、陕西、甘肃、青海及南方等地。日本、朝鲜、俄罗斯也有。

多年生中生草本。生于海拔800～3500 m阔叶林带的山谷溪边、山坡林下阴湿处、林缘、沟边、路旁。耐寒、耐阴，不耐高温，喜排水良好的湿润肥沃沙壤土环境，局地常形成优势种群。根茎和种子繁殖。花期6～8月，果期8～9月。

主要应用价值

生态： 地被植物。

饲用： 饲用价值中等。羊采食幼嫩茎叶；经过青贮、蒸煮处理或加工成草粉调配饲料后各类家畜乐食。

药用： 全草入药，有祛风定惊、消食通便之效。

其他应用： 茎皮纤维可作纺织原料。

1000 μm
500 μm
500 μm
200 μm
500 μm
500 μm

桑寄生科 Loranthaceae

半寄生性灌木。果实为浆果，球形，外果皮革质或肉质，中果皮具黏胶质。种子贴生于内果皮，卵形，无种皮；胚圆柱状，有时具胚2～3个，胚乳丰富。

槲寄生 Viscum coloratum (Kom.) Nakai

果实与种子形态特征

浆果椭圆状卵球形或近球形，直径6.6～10.0 mm，成熟时淡黄色至橙黄色或橙红色，有光泽，半透明，顶端宿存花柱，含种子1粒；外果皮平滑，或具小瘤体，中果皮具黏胶质，内果皮壳质。种子椭圆状卵形，扁，长4.8～5.2 mm，宽4.0～4.3 mm，厚2.0 mm左右，灰绿色或黄绿色；顶端稍平，两侧微凹缺，具1～3个瘤状凸起，基端圆凸，中部稍凹，腹面稍圆拱，背面中部有一纵向浅沟。胚头型，2～3个，圆柱状，直立；胚乳丰富，肉质，暗绿色。千粒重3.1 g。

地理分布与生态生物学特性

样本种子采自宁夏（银川市）。分布于我国东北、华北、华东及陕西、宁夏、甘肃、青海等地。日本、朝鲜、俄罗斯也有。

半寄生常绿小灌木。生于阔叶林，寄生于榆、杨、柳、桦、栎、梨、李、枫杨、椴属等植物枝干上。以槲寄生果实为食的鸟类，将其果核随着粪便排出粘在树枝上，实现传播。种子繁殖，具休眠特性。花期4～5月，果期8～10月。

主要应用价值

生态：虽通过寄生吸取水分和无机物，但自身可以进行光合作用制造养分，对寄主的影响较小。果实是灰椋鸟、太平鸟、小太平鸟、棕头鸦雀等鸟类冬季的主要食物来源之一，是森林生态系统中鸟类与其他木本植物联系的纽带，成为调节森林物种多样性的重要一环。

饲用：鸟类乐食。

药用：全株入药，具补肝肾、强筋骨、祛风湿、安胎催乳、强心、降压功效。

其他应用：四季常青，是我国北方少见的常绿植物之一，有良好的观赏性。

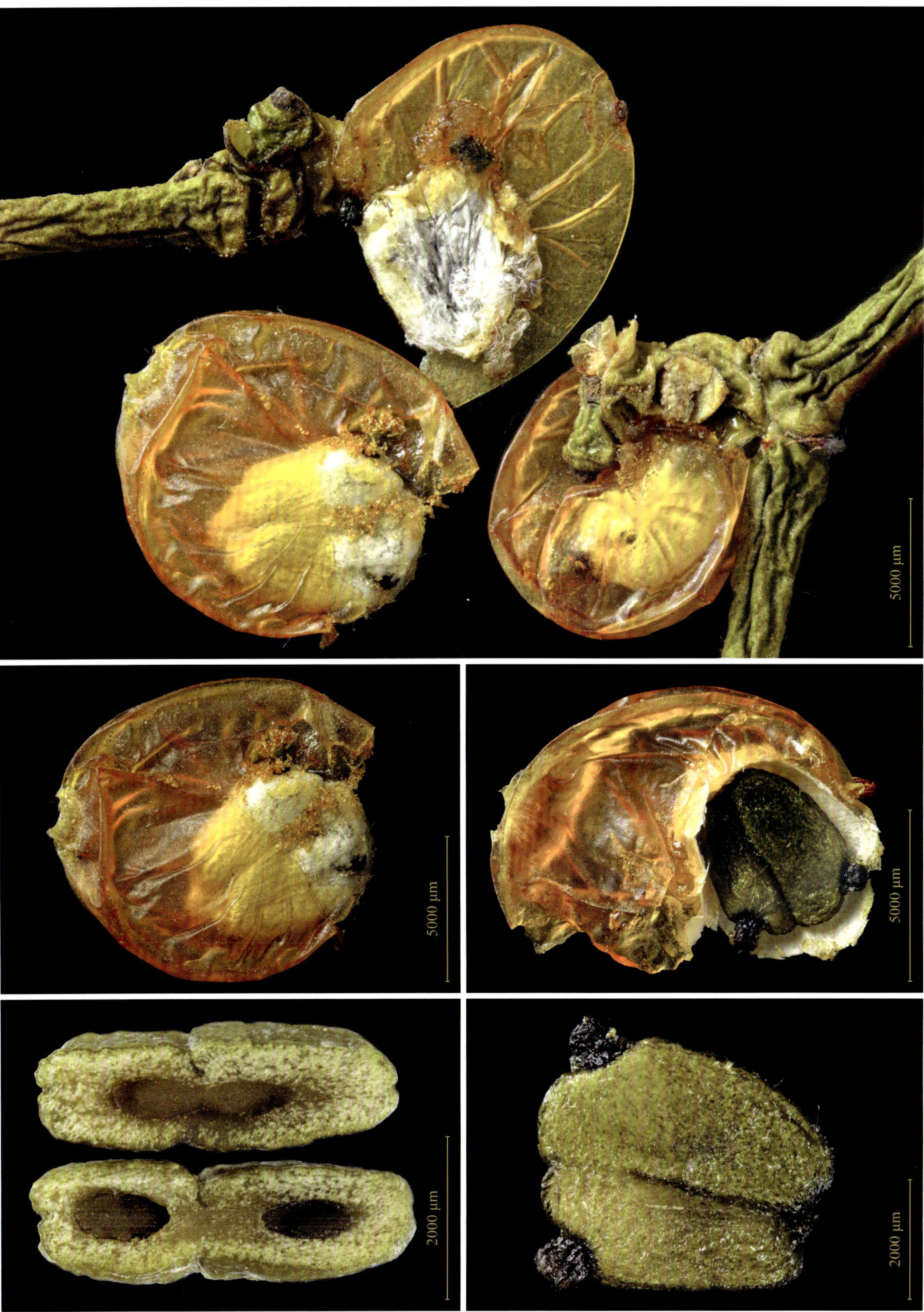
5000 μm
5000 μm
5000 μm
2000 μm
2000 μm

马兜铃科 Aristolochiaceae

蒴果蓇葖果状、长角果状或浆果状，倒卵形，室间开裂，种子多数；种子扁平，矩圆状倒卵形、钝三角形，种皮脆骨质，具皱纹或疣状凸起，边缘翅状；胚小型，胚乳丰富。

北马兜铃 *Aristolochia contorta* Bunge

果实与种子形态特征

蒴果宽倒卵形或椭圆状倒卵形，上端圆，下端宽楔形，长3.2～6.3 cm，直径2.5～3.8 cm，成熟时黄绿色至黄褐色，脉纹平滑，室间有6条棱，干枯后由基部向上6瓣开裂，果梗下垂丝状，随果开裂，种子多数。种子三角状倒梯形，扁平，长13.6～15.5 mm，宽9.6～10.2 mm，厚0.5 mm左右；顶端截形，基端具一小凸尖状种脐及种柄，腹面近三角形，海绵状纤维质，灰白色，凹入；中部种脊微凸，背面近心形；中部种仁稍鼓起，灰褐色，表面粗糙，具小疣点和褐色线纹，边缘延伸浅褐色的膜质翅，翅宽2～4 mm；种皮壳质，脆或坚硬。胚小型，埋于种仁下端；胚乳丰富，白色，脂质。千粒重7.8 g。

地理分布与生态生物学特性

样本种子采自河北（阜平县）。分布于我国黑龙江、吉林、辽宁、河北、内蒙古、山西、陕西、甘肃等地。朝鲜、日本、俄罗斯也有。

多年生缠绕中生草本。生于阔叶林带和草原带的山地林缘、灌丛、沟谷潮湿地。喜较温暖、湿润的气候和肥沃、腐殖质丰富的沙壤。耐寒、耐阴，不耐旱。种子繁殖。花期6～8月，果期9～10月。

主要应用价值

生态：地被植物。

药用：茎叶入药（药材名：天仙藤），有行气活血、止痛、利尿之效。果实入药（药材名：马兜铃），有清热降气、止咳平喘之效。根入药（药材名：青木香），有小毒，具健胃、理气止痛之效，并有降压作用。

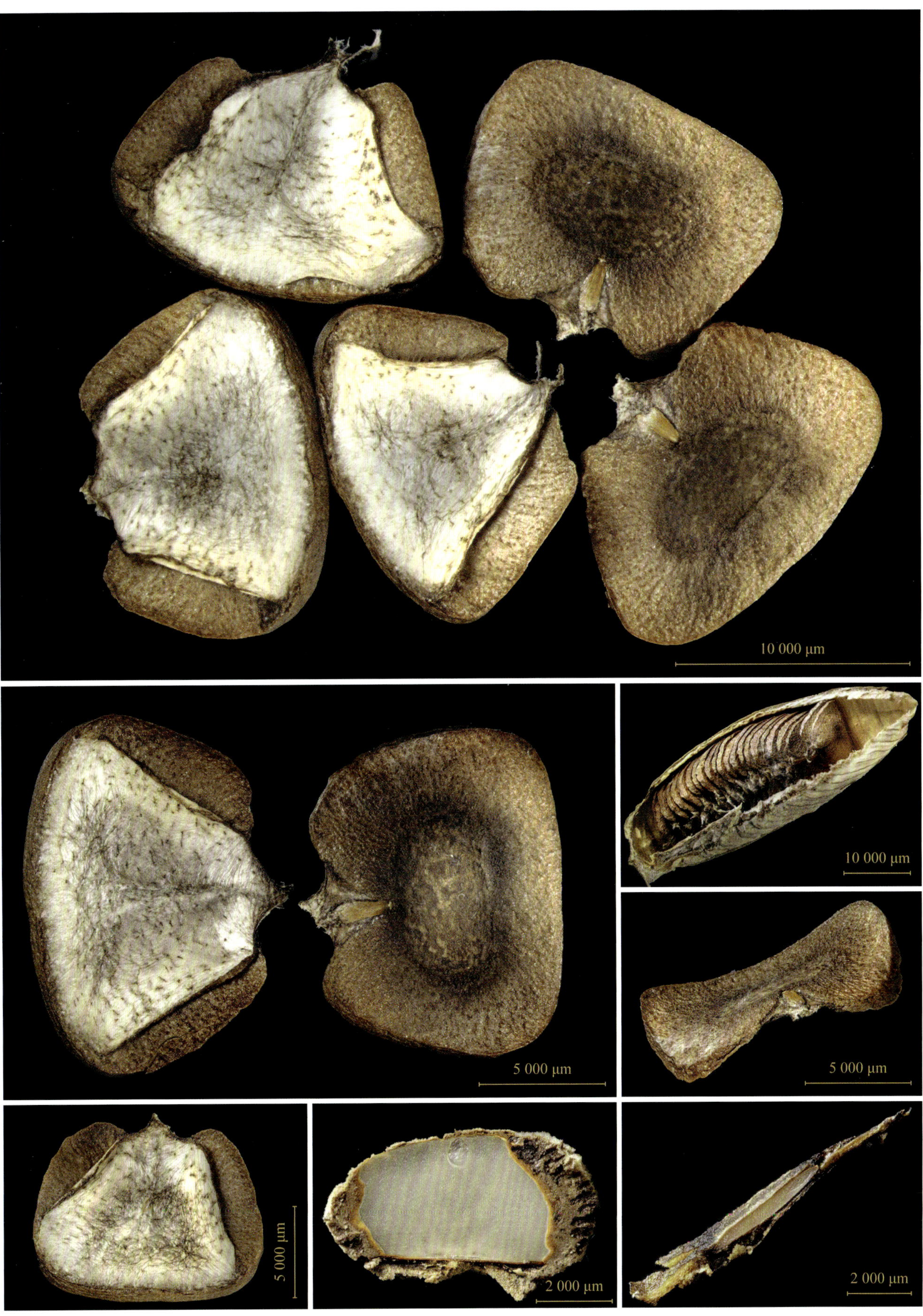
10 000 μm
10 000 μm
5 000 μm
5 000 μm
5 000 μm
2 000 μm
2 000 μm

蓼科 Polygonaceae

果实为瘦果，三棱状椭圆形、球形，双凸或扁平，有时具翅或刺，常被宿存的花被全部或部分包裹，胚乳丰富，粉质。

沙木蓼 **Atraphaxis bracteata** A. Los.

果实与种子形态特征

瘦果狭卵形或三棱状梭形，包藏于宿存的花被内，长4.5～5.0 mm，宽1.5～2.0 mm，黑褐色至黑色，表面粗涩，稍具光泽；棱角钝圆，侧棱增厚，两端皱缩渐尖，棱间圆拱，中部膨大鼓起，顶端为3棱交汇处，暗褐色，有时中心具短的花柱残基，基端被近圆形黄褐色的宿存物包裹，中心内凹。种子与果同形，果皮革质，种皮膜质。胚侧生型，长圆柱形，直立位于棱内侧种皮与胚乳之间，白色；子叶2，长卵形，顶端分离；胚轴比子叶长2倍以上，胚根急尖；胚乳丰富，颗粒状，淀粉质。千粒重5.1 g。

地理分布与生态生物学特性

样本种子采自内蒙古巴彦淖尔市（乌拉特中旗）。分布于我国陕西、宁夏、甘肃、内蒙古、新疆、青海。蒙古国也有。

沙生旱生灌木。生于海拔1000～1500 m荒漠区和荒漠化草原地带的流动、半流动沙丘中下部，常见于覆沙石质坡地、沙砾质干河床，在荒漠草原区的覆沙地上形成较大面积的优势群落。根系发达，吸水能力强，抗风蚀，耐沙埋、耐贫瘠、耐寒，抗旱。种子繁殖。在内蒙古乌兰察布市四子王旗草原4月底返青，6～8月开花，9～10月种子成熟。

主要应用价值

生态：良好的防沙固沙、先锋碳汇植物。可作为荒漠和荒漠草原沙地治理植物优选配植。

饲用：饲用价值良。夏秋季绵羊、山羊乐食枝叶，骆驼四季喜食枝叶及果实，秋冬乐食。

其他应用：荒漠区优良的蜜源植物。

1000 µm
1000 µm
1000 µm
1000 µm
500 µm
500 µm
1000 µm

圆叶木蓼（圆叶萹蓄）Atraphaxis tortuosa A. Los.（Polygonum intramongolicum）

果实与种子形态特征

瘦果宽卵形或三角状卵形，具3棱，包于宿存的黄色花被内，长3.8～5.1 mm，宽3.2～3.5 mm，灰褐色至黑褐色；表面具颗粒状小点，稍具光泽或仅棱部有光泽，棱角上部稍锐，下部增厚钝圆，棱间拱或平或稍凹，中部下鼓起，上端渐尖，基端近圆形，被黄色宿存的花被残基包裹，顶端3棱交汇处褐色。种子与果同形，果皮革质，种皮膜质；种脐位于基端中心内凹处。胚侧生型，直立于棱内侧种皮与胚乳之间，白色；子叶2，长卵形，顶端分离；胚轴比子叶长2倍以上，胚根急尖；胚乳丰富，颗粒状，淀粉质。千粒重5.8 g。

地理分布与生态生物学特性

样本种子采自内蒙古阿拉善盟（贺兰山）。分布于我国内蒙古、宁夏。蒙古国也有。

石生旱生小灌木。生于荒漠草原带的石质低山丘陵、干旱山坡。茎多分枝，球状，高50～60 cm。根系发达，吸水能力强，抗风蚀，耐旱、耐寒、耐贫瘠。种子繁殖。花期5～6月，果期8～9月。

主要应用价值

生态：地被植物。荒漠区良好的先锋固碳植物，可作为荒漠和荒漠草原沙砾石山坡地治理植物优选配植。

饲用：饲用价值优良。夏秋季绵羊、山羊乐食枝叶，骆驼四季喜食枝叶及果实，秋冬乐食。

其他应用：荒漠区优良的蜜源植物。

2000 μm
2000 μm
2000 μm
2000 μm
1000 μm
1000 μm
1000 μm

阿拉善沙拐枣 *Calligonum alashanicum* Los.

果实与种子形态特征

瘦果宽卵形或宽椭圆形，刺球状，长19.6～25.0 mm，宽18.2～26.5 mm，黄棕色至红色或棕褐色；果核长卵形，绕中轴扭转，表面具4条扭曲凸起的棱肋，沟槽稍宽，每棱肋具刺毛2～3排，刺毛等长或2倍于果核之宽，基部扁平，稍扩大，二次2～3回二歧分叉，顶部展开，伸直或互相交织，质硬不易断落；果疤位于基端，圆形，棕褐色，凸起；果皮硬木质，含1粒种子，不开裂。种子卵状四棱形，棱间具曲沟，顶部稍尖，长5～7 mm，宽3～4 mm，横切面十字花瓣状，四周狭角深凹，中上部囊状；种皮薄膜质，黄色；种脐棕黄色，稍凸。胚线型，乳白色，直立包裹于胚乳中央；子叶2，狭矩圆形；胚乳丰富，白色，颗粒状，淀粉质。瘦果千粒重160.8 g。

地理分布与生态生物学特性

样本种子采自内蒙古阿拉善盟（额济纳旗）。分布于我国内蒙古西部、甘肃。我国特有种。

沙生强旱生灌木。生于荒漠区的流动、半流动沙地和沙丘，也生于覆沙戈壁，为沙质荒漠重要的伴生种。在巴丹吉林沙漠、腾格里沙漠及阿拉善北部覆沙地有较大面积的分布，在库布齐沙漠西端的流沙地有阿拉善沙拐枣组成的稀疏群落。枝条沙埋后可萌生不定根，风蚀裸露根可萌生不定芽，生长出新的植株。具有在干旱胁迫下降低水分消耗的旱生型灌木的特征。无性繁殖和种子繁殖，休眠性强，种子不易萌发。一般4月中旬休眠芽萌发，花期5～7月，盛花期6月，8～10月果实逐步成熟。

主要应用价值

生态：固沙先锋植物，是流动沙地治理较为理想的材料。瘦果大，结实率高，果期长，易形成美丽的景观，具有很好的驯化栽培价值。

饲用：饲用价值优良。夏秋季骆驼、绵羊、山羊喜食枝叶及果实。

药用：根及带果全株入药，治小便混浊、皮肤皲裂。

其他应用：荒漠区重要的蜜源植物。

2000 μm

戈壁沙拐枣 **Calligonum gobicum** (Bunge ex Meisn.) A. Los.

果实与种子形态特征

瘦果宽卵形，刺球状，长7.0～16.8 mm，宽10～15 mm，成熟后淡黄色或黄棕色；果核长圆形，不扭转或微扭转，肋较宽，棱肋钝圆，2行刺毛排于肋缘，每行6～9枚，稍长或等长于瘦果之宽，基部扩大，稀疏分离，较粗，质脆易断落，2回二歧分叉，细弱，顶端开展；果疤位于基端，圆形，棕褐色，凸起；果皮硬角质，含1粒种子，不开裂。种子卵状四棱形，棱间具曲沟，顶部稍尖，四周钝圆，中上部囊状，长5～7 mm，宽3～4 mm；种皮薄膜质，黄色；种脐棕黄色，稍凸。胚线型，乳白色，直生于胚乳中央；子叶2，狭条形；胚乳丰富，白色，颗粒状，淀粉质。瘦果千粒重112.8 g。

地理分布与生态生物学特性

样本种子采自内蒙古阿拉善盟（阿拉善右旗）。分布于我国内蒙古、甘肃西部和新疆北部。蒙古国也有。

沙生强旱生灌木。生于荒漠带的流动、半流动沙地和沙丘、覆沙戈壁，多散生在沙质荒漠群落。种子繁殖。花期6～7月，果期7～8月。

主要应用价值

生态：固沙先锋碳汇植物。可作为流动沙地治理先锋植物配植。

饲用：饲用价值优良。夏秋季骆驼、山羊、绵羊喜食枝叶及果实。

药用：根及带果全株入药，治小便混浊、皮肤皲裂。

其他应用：荒漠区优良的蜜源植物。

10 000 μm
5 000 μm
5 000 μm
2 000 μm
1 000 μm

沙拐枣 **Calligonum mongolicum** Turcz.

果实与种子形态特征

瘦果椭圆、球形或椭圆状宽卵形，刺球状，长7.1～17.6 mm，宽6.2～15.5 mm，初期红色，成熟后黄色或棕褐色；果核窄椭圆形至宽椭圆形，表面具4条直或稍扭曲的棱，棱肋凸起或凸起不明显，沟槽稍宽或狭窄，每棱肋具刺毛2～3排，有时有1排发育不好，刺毛等长或长于瘦果之宽，细弱，质脆易折断，基部不扩大或稍扩大，互相交织，上部3～4回分叉，中部2～3回分叉；果疤位于基端，凸起或包于宿存的花被中，红棕色；果皮硬木质，含1粒种子，不开裂。种子卵状四棱形，横切面对称十字状，四周直角圆弧形凹陷，中部囊状扭曲不明显，长5～6 mm，宽2～3 mm；种皮薄膜质；种脐棕黄色，稍凸。胚线型，直立包裹于胚乳中央；子叶2，狭矩圆形，顶端圆，胚根尖；胚乳丰富，白色，颗粒状，淀粉质。瘦果千粒重145.5 g。

地理分布与生态生物学特性

样本种子采自内蒙古阿拉善盟（额济纳旗）。分布于我国新疆、内蒙古。蒙古国也有。

沙生强旱生灌木。生于荒漠带和荒漠草原带的流动与半流动沙地、覆沙戈壁、砂质或砂砾质坡地和干河床，常形成沙拐枣荒漠群落，为沙质荒漠重要的建群种，在不同的基质条件下形成稀疏的植物聚群。耐旱、耐热、耐风沙。种子繁殖。花期5～7月，果期8月。在新疆东部，8月后常出现第二次开花结果。

主要应用价值

生态： 固沙先锋碳汇植物，是荒漠区沙漠化治理较为理想的材料。有驯化栽培价值。

饲用： 饲用价值优良。夏秋季骆驼、绵羊、山羊喜食枝叶及果实。

药用： 根及带果全株入药，治小便混浊、皮肤皲裂。

其他应用： 荒漠区优良的蜜源植物。

2000 μm

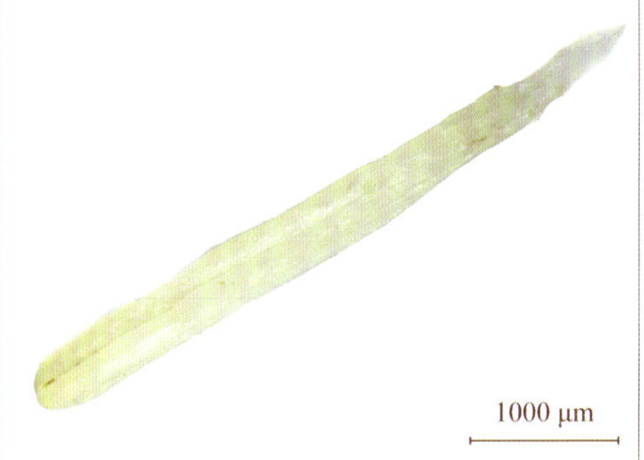

红果沙拐枣 Calligonum rubicundum Bge.

果实与种子形态特征

瘦果椭圆球形或椭圆状宽卵形，翅球状，长14.0～19.6 mm，宽14.2～18.5 mm，幼时淡绿色、淡黄色、金黄色或鲜红色，成熟时黄褐色或暗红色；果核四棱状椭圆形，表面具4条直或稍扭曲的棱，棱肋较宽，有凸起，沟槽宽而平坦，基部稍扩大，每棱肋具翅2排，近革质，较厚，质硬，有肋纹，边缘具大小不等的齿，不易折断；果疤位于基端，凸起包于翅中，红棕色；果皮硬木质，含1粒种子，不开裂。种子卵状四棱形，四周钝圆，棱间凹陷，中部囊状稍扭曲，长5～6 mm，宽2.2～3.0 mm；种皮膜质，沿槽中部内凹；种脐棕黄色，稍凸。胚长线型，直立包裹于胚乳中央；子叶2，狭矩圆形，顶端渐尖；胚乳丰富，颗粒状，淀粉质。瘦果千粒重185 g。

地理分布与生态生物学特性

样本种子采自新疆（阿勒泰地区）。俄罗斯、哈萨克斯坦也有。

沙生超旱生灌木。生于海拔450～1000 m的半固定沙丘、固定沙丘和沙地，在新疆西北部额尔齐斯河两岸形成大片群落。抗干旱，耐高温、耐风蚀、耐沙埋，不耐低湿地和盐碱，在高温、干旱的夏季常会出现假休眠现象。种子繁殖。花期5～6月，果期6～8月。

主要应用价值

生态：耐干旱、风蚀、沙埋，适应沙土、砾质戈壁等立地条件，固沙效果明显，扦插造林容易成活，是干旱、半干旱区防风固沙的优良造林树种。

饲用：饲用价值中等。骆驼喜食，夏季绵羊、山羊采食枝叶及果实，牛、马在秋季少量采食。

其他应用：枝条弯曲，皮色鲜艳，果实别具一格，可作盆景观赏。

10 000 μm
5 000 μm
1 000 μm
2 000 μm
1 000 μm

荞麦 Fagopyrum esculentum Moench

果实与种子形态特征

瘦果卵状三棱形，花被片宿存，具3锐尖棱，棱弧形，棱间圆拱，两端稍收平，顶端渐尖，基端稍钝，长6.2～6.8 mm，宽3.8～4.6 mm，暗褐色或黄褐色，表面具灰、褐色交替的斑马状条纹，光滑，稍具光泽。种子卵状三棱形，基端平，顶端尖，两棱间具弧形凹槽；种皮薄膜质，具细纹饰，棕色或黄色；种脐位于基端中部。胚扁平，曲褶于胚乳中，横切面“S”形；胚乳丰富，白色，粉质。千粒重28.2 g。

地理分布与生态生物学特性

样本种子采自内蒙古乌兰察布市（凉城县）。我国各地有栽培，多有逸生。亚洲、欧洲有栽培。

一年生旱中生草本。逸生于山区湿润荒地、路边。生育期短，60～80天，苗期生长迅速，易覆盖地面，出苗后20～25天即现蕾开花，花期长，种子成熟不一致。抗旱，耐寒、耐瘠薄，对土壤要求不严，喜冷凉，不耐高温。种子繁殖。花期6～9月，果期8～10月。

主要应用价值

生态：一年生地被植物。

饲用：饲用价值优良。营养丰富，猪、牛、羊等家畜喜食。

药用：根及全草入药，能除湿止痛、解毒消肿、健胃。种子入蒙药（蒙药名：萨嘎得），主治疮痈、跌打损伤。

其他应用：幼嫩茎叶可食用。种子可供食用。优良的蜜源植物。可作绿肥。

1000 μm
1000 μm
1000 μm
1000 μm
1000 μm
1000 μm

苦荞麦 **Fagopyrum tataricum** (L.) Gaertn.

果实与种子形态特征

瘦果长卵形或圆锥状卵形，花被片宿存，具3棱，棱间具3条纵沟，上部棱角锐利，下部钝圆，有时呈波状，表面粗糙，长4.8～6.8 mm，宽3.0～4.2 mm，灰黄色或灰褐色，有时具灰、褐色交替的条纹，无光泽。种子长卵状三棱形，基端平，顶端尖，棕褐色；种皮薄膜质，具细纹饰；种脐位于基端中部。胚折叠型，淡黄色，扁平，曲褶于胚乳中，横切面“S”形；胚乳丰富，白色，粉质。千粒重26.8 g。

地理分布与生态生物学特性

样本种子采自内蒙古乌兰察布市（凉城县）。分布于我国河北、山西、内蒙古、陕西、甘肃、青海、新疆等地。亚洲其他地区、欧洲及美洲也有。

一年生旱中生草本。生于海拔500～3900 m的田边、路旁、山坡、河谷，也进入干草原区，我国北方地区有栽培。生育期短，生长快，花期长，种子成熟不一致。抗旱，耐寒、耐瘠薄，对土壤要求不严，喜冷凉，不耐高温。种子繁殖。花期6～9月，果期8～10月。

主要应用价值

生态：一年生地被植物。

饲用：饲用价值优良。猪、牛、羊等家畜喜食。

药用：根入药，能理气止痛、健脾利湿。种子入蒙药（蒙药名：萨嘎得），主治疮痈、跌打损伤。

其他应用：种子富含淀粉供食用。优良的蜜源植物。可作绿肥。

2000 μm
1000 μm
1000 μm
2000 μm
1000 μm
1000 μm

木藤蓼（木藤首乌） Fallopia aubertii (L. Henry) Holub

果实与种子形态特征

瘦果卵形或尖卵形，包于宿存的黄色花被内，长3.2～4.0 mm，宽1.8～2.0 mm，灰褐色至黑褐色，表面被灰色小颗粒，稍具光泽；具3棱，棱角上部锐，下部增厚钝圆，棱间平或稍凹，中部拱起，两端渐尖，顶端为3棱交汇处，褐色，基端被黄色宿存物包裹。种子与果同形，果皮革质，种皮膜质，种脐位于基端中心内凹处。胚侧生型，直立于一棱内侧种皮与胚乳之间，白色；子叶2，长卵形，顶端分离；胚轴长于子叶2倍以上，胚根急尖；胚乳丰富，颗粒状，淀粉质。千粒重3.5 g。

地理分布与生态生物学特性

样本种子采自内蒙古阿拉善盟（阿拉善左旗）。分布于我国内蒙古、山西、陕西、甘肃、宁夏、青海等地。

旱中生缠绕半灌木。生于荒漠区的山地林缘、山坡草地、山谷灌丛，常以伴生种出现。喜光，稍耐荫蔽，耐寒、耐旱、耐瘠薄，对土壤要求不严，深根性。种子繁殖。花期7～8月，果期9～10月。

主要应用价值

生态：荒漠区良好的固沙碳汇植物。可作为荒漠和荒漠草原沙砾石山坡地治理植物配植。

饲用：饲用价值中等。绵羊、山羊、骆驼采食枝叶。

药用：块根入药，能清热解毒、调经止血。

其他应用：荒漠区蜜源植物。

2000 μm
2000 μm
500 μm
500 μm
1000 μm
1000 μm

卷茎蓼（蔓首乌） Fallopia convolvulus (L.) A. Love

果实与种子形态特征

瘦果椭圆形，具3棱，棱钝圆，两端尖，全部包于密被乳头状凸起和狭翅的黄绿色花被内，长3.2～4.2 mm，宽1.8～2.2 mm，黑色或黑褐色，表面密被小颗粒状纹饰，稍具光泽，横切面三角形，一边稍长。种子卵状三棱形，紧贴果皮；种皮膜质，淡黄褐色。胚抹刀型，如意状，位于两个面内侧夹角处，紧贴种皮；子叶2，宽大，宽为胚轴近2倍，但短于胚轴；胚乳丰富，颗粒状，白色近透明。千粒重3.8 g。

地理分布与生态生物学特性

样本种子采自内蒙古赤峰市（宁城县）。分布于我国东北、华北、西北、西藏及南方各地。日本、朝鲜、蒙古国、巴基斯坦、阿富汗、欧洲、非洲及美洲等也有。

一年生中生缠绕草本。生于海拔100～3500 m林区和草原区的山坡草地、山谷灌丛、沟边湿地、田边、路旁，常散生于阔叶林带的山地草甸和河谷草甸。喜光，耐阴、耐轻度盐碱，种子寿命长，自然状态下在土壤中可存活8年以上。种子繁殖。通常4月中下旬萌发出苗，花期5～8月，果期6～9月。

主要应用价值

饲用：饲用价值良。青鲜时猪、鸡、鸭喜食，牛、羊等家畜乐食；种子富含淀粉，可作家畜精饲料。

药用：全草入药，能健脾消食。

其他应用：优良的蜜源植物。可作绿肥。

1000 μm
1000 μm
1000 μm
500 μm
500 μm

齿翅蓼（齿翅首乌） Fallopia dentatoalata (F. Schmidt) Holub

果实与种子形态特征

瘦果椭圆形，具3棱，棱钝圆，两端尖，全部包于背部具齿翅的黄绿色花被内，长3.6～4.5 mm，宽2.2～2.8 mm，黑色，稍有光泽，果皮较厚，表面密被小颗粒状雕纹，横切面三角形，一边稍长。种子卵状三棱形，紧贴果皮；种皮膜质，淡黄褐色。胚抹刀型，如意状，位于两个面内侧夹角处，紧贴种皮；子叶2，宽大，宽为胚轴近2倍，等长或稍长于胚轴；胚乳丰富，颗粒状，白色近透明。千粒重4.2 g。

地理分布与生态生物学特性

样本种子采自内蒙古赤峰市（宁城县）。分布于我国黑龙江、吉林、辽宁、内蒙古、河北、山西、陕西、甘肃、青海等地。日本、朝鲜、俄罗斯也有。

一年生中生缠绕草本。生于海拔150～2800 m森林草原带和草原带的山地草甸、河谷草甸及湿地，为伴生种。喜光，耐阴、耐荫蔽、耐盐碱。花期7～8月，果期9～10月。

主要应用价值

饲用： 饲用价值良。青鲜时猪、鸡、鸭喜食，牛、羊等家畜乐食；种子富含淀粉，可作家畜精饲料。

其他应用： 蜜源植物。可作绿肥。

1000 μm
1000 μm
1000 μm
1000 μm
1000 μm
1000 μm
500 μm

狐尾蓼 Polygonum alopecuroides Turcz. ex Bess.
（Bistorta alopecuroides）

果实与种子形态特征

瘦果菱状长卵形，包于增大的花被内，干后花被片易碎；长3.0～3.3 mm，宽1.8～2.1 mm，褐色或栗褐色，具强光泽；表面具细微颗粒或光滑，3钝棱，顶端短尖，基端渐狭，棱间圆拱或稍凹陷；果皮革质，坚硬，不开裂，含1粒种子。种子与瘦果同形，种皮薄，紧贴胚乳。胚抹刀型，逗号状，位于种皮内侧边缘，黄白色半透明；子叶2，近圆形；胚轴细长弯曲，胚根稍尖；胚乳淀粉质，颗粒状，白色。千粒重4.2 g。

地理分布与生态生物学特性

样本种子采自内蒙古赤峰市（阿鲁科尔沁旗）。分布于我国黑龙江、吉林、辽宁、内蒙古。蒙古国、俄罗斯也有。

多年生中生草本。生于海拔900～2300 m针叶林地带和森林草原地带的山地河谷草甸、山地草甸、山坡草地。根状茎肥厚，块根状。耐寒，喜湿、喜光。种子和根茎繁殖。花期6～7月，果期7～9月。

主要应用价值

生态：具有较好的水土保持作用，可作为河滩、低地、矿山低洼地生态修复混播配植用种。

饲用：饲用价值中等。春秋季猪、牛、羊采食枝叶。

药用：根状茎入药，具有清热解毒、消肿、止血功效。

1000 μm
1000 μm
1000 μm
500 μm
1000 μm
1000 μm
500 μm

高山蓼 Polygonum alpinum All.（Koenigia alpina）

果实与种子形态特征

瘦果三棱状卵形，具3锐棱，长于宿存花被，干后花被片易碎，上部短尖，下部渐狭，具残留的果柄；果皮革质，坚硬，不开裂，含1粒种子。种子与瘦果同形，长3.8～4.8 mm，宽2.2～2.5 mm，黄褐色至褐色，表面光滑，有光泽，横切面正三角形，棱间常内凹。胚抹刀型，逗号状，位于种皮内侧边缘，黄白色半透明；子叶大，圆形；胚轴长于子叶，胚根钝圆；胚乳丰富，颗粒状，白色。千粒重5.4 g。

地理分布与生态生物学特性

样本种子采自内蒙古呼和浩特市（大青山）。分布于我国黑龙江、吉林、辽宁、河北、内蒙古、山西、青海、新疆。蒙古国、中亚、欧洲也有。

多年生中生草本。生于海拔800～2400 m的草原、灌丛草甸、河谷灌丛、河滩沙地、山坡草甸及林缘，常散生于森林和森林草原地带的林缘草甸、山地杂类草草甸。耐寒，喜光，稍耐旱。种子繁殖。花期6～7月，果期7～8月。

主要应用价值

生态：具有较好的水土保持作用，可作为河滩、矿山低洼地生态修复混播配植用种。

饲用：饲用价值中等。春秋季猪、牛、羊采食枝叶。

药用：全草入蒙药（蒙药名：阿古兰-希没乐得格），能止泻、清热。

1000 μm
1000 μm
1000 μm
1000 μm
500 μm

萹蓄 Polygonum aviculare L.

果实与种子形态特征

瘦果三棱状卵形，具3钝棱，包于增大的宿存花被内，顶端微露，干后花被片易碎脱落，长2.3～2.9 mm，宽1.2～2.0 mm，红褐色至黑褐色；表面粗糙，密被微颗粒状条纹，两端渐尖，顶部常稍弯向一侧，基部急收，有花被片残留，棱间圆拱或稍凹陷，棱部光滑具光泽，3个面不等宽，横切面为不等边三角形；果脐位于基端，三角形；果皮革质，坚硬。种子与瘦果同形，种皮膜质，红褐色。胚周边型，位于种皮内侧一角边缘，黄绿色，弯生成半环形；子叶2，狭椭圆形；胚轴细长、弯曲，与子叶近等长；胚乳丰富，白色，粉质。千粒重3.8 g。

地理分布与生态生物学特性

样本种子采自内蒙古呼和浩特市（和林格尔县）。全国各地均有分布。北温带广泛分布。

一年生中生草本。生于路边、田野、村舍附近、沟边湿地及河岸等地，常群生或散生，生态域较宽，为盐化草甸和草甸的伴生种，在过度利用的退化低地草甸常反复出现，有时能成为优势种。喜湿，稍耐旱，耐瘠薄、耐轻度盐碱、耐践踏，再生性强。茎直立或平卧、上升，自基部多分枝，高30～50 cm。种子繁殖。花期6～8月，果期8～9月。

主要应用价值

生态：地被植物。具有较好的水土保持作用，可作为河滩、低地、矿山低洼地生态修复混播先锋配植用种。

饲用：饲用价值优良。各类家畜乐食，夏秋季猪、牛、羊采食枝叶。

药用：全草入药（药材名：萹蓄），有通经利尿、清热解毒、祛湿杀虫功效。

1000 μm
1000 μm
1000 μm
500 μm
500 μm
500 μm
200 μm

拳参 Polygonum bistorta L.
（Bistorta officinalis）

果实与种子形态特征

瘦果三棱状椭圆形，两端尖，包于宿存的花被内，上半部露出，长3.0～3.5 mm，宽2.1～2.4 mm，棕褐色至暗褐色；表面光滑有光泽，棱线钝圆，下部棱增厚，顶端急尖，具花柱残基，棱间圆拱或稍凹；果疤位于基端。种子三棱状卵形，横切面近正三角形；种皮革质，厚，棕褐色，具种孔；种脐位于基端，圆形，褐色。胚抹刀型，于一侧贴棱直生，油脂质，黄白色半透明；子叶2，并合，卵圆形，胚轴稍弯曲；胚乳白色，粉质。千粒重4.6 g。

地理分布与生态生物学特性

样本种子采自内蒙古乌兰察布市（凉城县）。分布于我国黑龙江、吉林、辽宁、河北、内蒙古、山西、陕西、宁夏、甘肃、新疆及南方各地。日本、蒙古国、哈萨克斯坦及欧洲也有。

多年生中生草本。生于海拔800～3000 m的山坡草地、山顶草甸，常散生于森林草原带和草原带的山地林缘及草甸群落中。喜凉爽气候，耐寒、耐旱，喜光。种子和根茎繁殖，种子具休眠特性。花期5～7月，果期7～9月。

主要应用价值

生态：山地草原重要水土保持植物。可作为退化草甸、矿山低洼地生态修复混播配植用种。

饲用：饲用价值中等。春秋季猪、牛、羊采食枝叶。

药用：根状茎入药，能清热解毒、散结消肿，也入蒙药（蒙药名：莫和日），能清肺热、解毒、止泻、消肿。

1000 μm
1000 μm
1000 μm
500 μm
500 μm
200 μm

柳叶刺蓼 Polygonum bungeanum Turcz.（Persicaria bungeana）

果实与种子形态特征

瘦果微三面体状球形，直径2.8～3.5 mm，黑色或黑褐色，包于宿存的花被内，成熟时绿紫（粉）色，两侧略扁，一面凸出，先端钝圆，顶端残留短花柱；果皮厚，表面稍粗糙，有不明显的颗粒状网纹，无光泽或稍具光泽。种子与果同形，种皮薄膜质，黄色，紧贴较厚的革质果皮。胚周边型，位于种子一侧，弯生，近透明状，被白色腺毛和小腺点；子叶2，长卵状披针形，先端尖，有短柄；下胚轴发达，上胚轴不明显；胚乳块状，白色，粉质。千粒重4.3 g。

地理分布与生态生物学特性

样本种子采自内蒙古赤峰市（喀喇沁旗）。分布于我国黑龙江、吉林、辽宁、内蒙古、河北、山西、宁夏、甘肃等地。日本、朝鲜、俄罗斯也有。

一年生中生草本。生于海拔50～1700 m的山谷草地、田边、路旁湿地，散生于夏绿阔叶林区和草原区的沙质地。喜湿、温暖，不耐旱。中国农业有害生物信息系统收录杂草。种子繁殖。花期7～8月，果期8～9月。

主要应用价值

生态：地被植物。

饲用：饲用价值中等。春秋季猪、牛、羊采食枝叶。

5000 μm
1000 μm
1000 μm
1000 μm
500 μm
500 μm
1000 μm

叉分蓼 Polygonum divaricatum L.（Koenigia divaricata）

果实与种子形态特征

瘦果卵状菱形或椭圆形，长5.2～6.5 mm，宽2.8～3.3 mm，黄褐色至棕褐色，表面光滑，有光泽，具3钝棱，两端尖，露出宿存的花被片1倍左右，有时稍有扭曲，横切面正三角形；果皮革质，较厚。种子卵形，具3钝棱；种皮厚，表面密被红褐色小颗粒物；种脐位于基端，淡黄色。胚抹刀型，位于3棱交汇处，直生，肉质；子叶2，肥厚，圆形，稍长于胚轴，胚轴弯曲状；胚乳丰富，颗粒状，乳白色（空气中变为淡褐色），淀粉质。千粒重5.8 g。

地理分布与生态生物学特性

样本种子采自内蒙古锡林郭勒盟（乌拉盖）。分布于我国黑龙江、吉林、辽宁、河北、内蒙古、山西、陕西。朝鲜、蒙古国、俄罗斯也有。

多年生高大旱中生草本。生于海拔260～2100 m的山坡草地、山谷灌丛和草甸，是我国北部沙质草甸草原和山地草原重要的建群种或优势种，在山地草原可形成优势层片。适应性强，抗寒、抗旱，耐沙埋，对土壤要求不严，在沙地茎易生不定根。种子繁殖。花期6～7月，果期8～9月。

主要应用价值

生态：草原区重要地被植物。可作为沙质退化草原生态修复用种。

饲用：饲用价值中等。青鲜或干后的茎叶绵羊、山羊乐食，马、骆驼少量采食。

药用：全草及根入药，能清热消积、散瘿止泻。根及全草入蒙药（蒙药名：希没乐得格），能止泻、清热。

其他应用：根含鞣质，可提取栲胶。

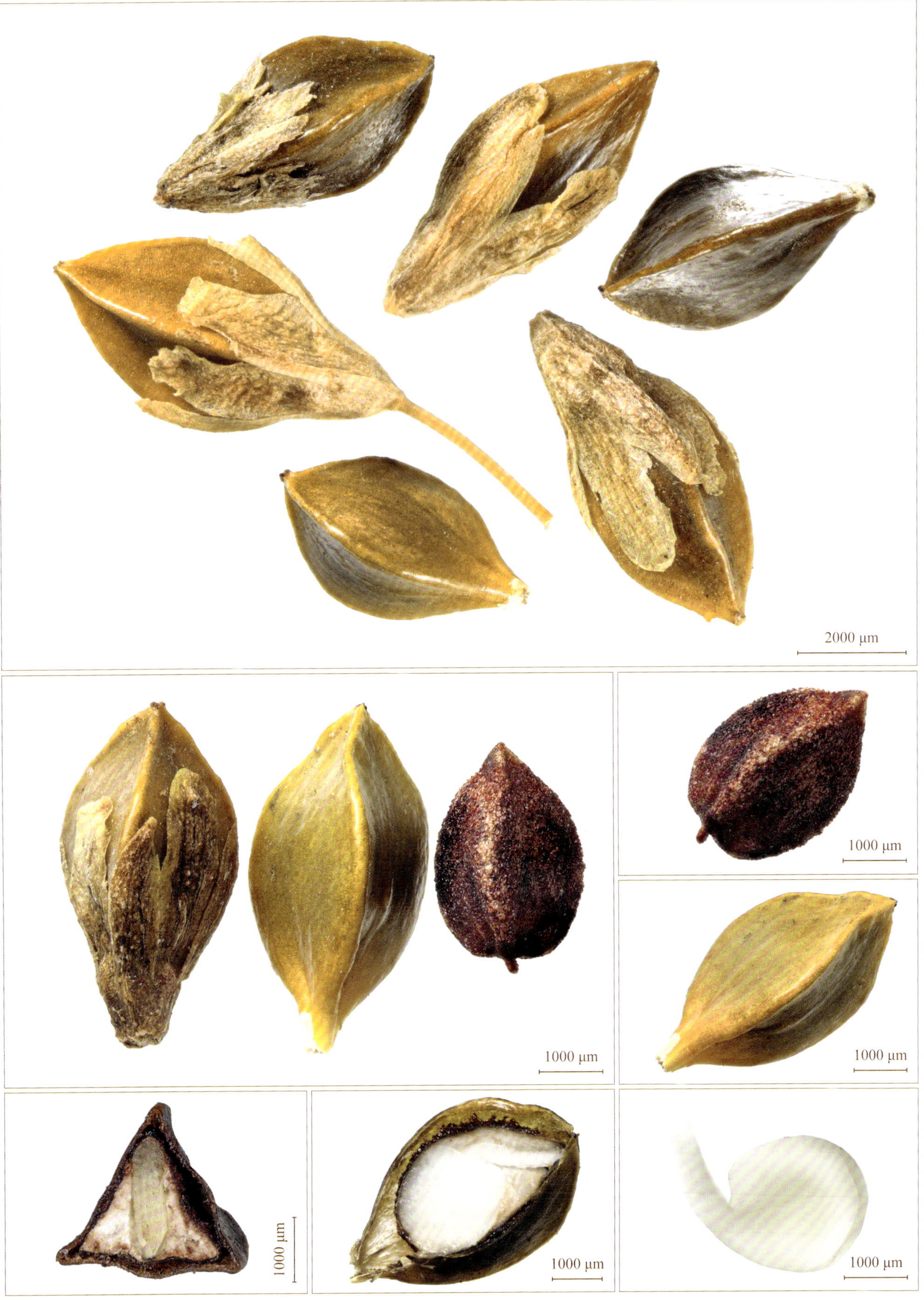
2000 μm
1000 μm
1000 μm
1000 μm
1000 μm
1000 μm
1000 μm

酸模叶蓼 Polygonum lapathifolium L.（Persicaria lapathifolia）

果实与种子形态特征

瘦果宽卵形或圆形，压扁，完全包于宿存的花被片内，花被片膜质，黄绿色，脉上部左右回折，易碎脱落；长2.0～2.3 mm，宽1.5～2.5 mm，红褐色至暗褐色，具光泽，表面具颗粒状纹或稍平滑，两侧压扁，中央稍脊状隆起，两侧稍凹陷，边缘增厚，顶端具残留的2裂外翻的花柱，基端圆形或凸起；果脐位于基端，圆环形，红褐色；果皮革质。种子与果同形，种皮暗褐色。胚抹刀型，位于种子一侧基端至顶端，沿种子内侧夹角弯生，脂质，淡黄色半透明；子叶2，并合，长卵状披针形，胚根凸尖；胚乳丰富，白色，粉质。千粒重2.5 g。

地理分布与生态生物学特性

样本种子采自内蒙古锡林郭勒盟（乌拉盖）。我国各地有分布。北非、亚洲其他地区、欧洲、北美洲也有。

一年生旱中生草本。生于森林草原带、草原带及荒漠带的低湿草甸、河谷草甸和山地草甸，常为草甸的伴生种。喜湿，对土壤要求不严，生长快，耐阴，轻度耐盐，适应性较强。无性繁殖。花期6～8月，果期7～9月。

主要应用价值

生态：田埂、沟渠和低洼地主要地被植物。中国农业有害生物信息系统收录杂草。

饲用：饲用价值良。青鲜时猪喜食，茎叶绵羊、山羊乐食，干后马、骆驼也采食一些。种子富含淀粉，各种家畜均喜食。

药用：全草入蒙药（蒙药名：乌兰-初麻孜），能利尿、消肿、祛“协日乌素”、止痛、止吐，主治“协日乌素”病、关节痛、疥、脓疱疮。

1000 μm
1000 μm
1000 μm
1000 μm
1000 μm
500 μm
500 μm

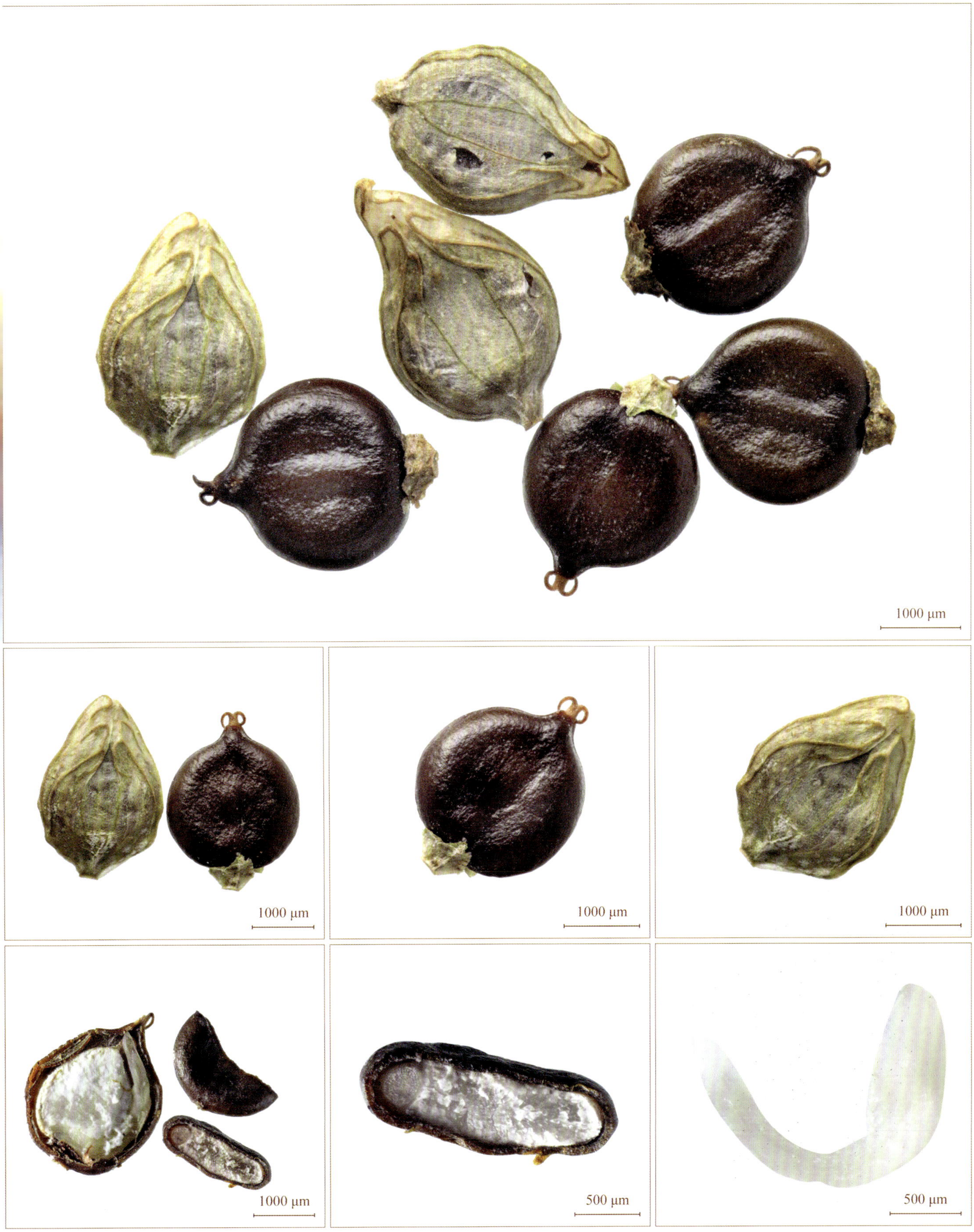

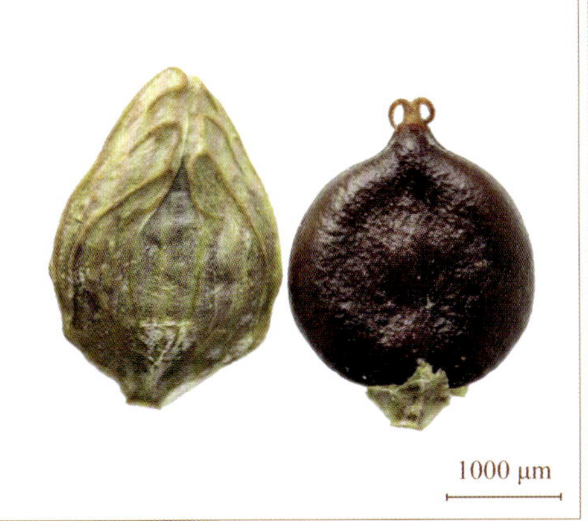

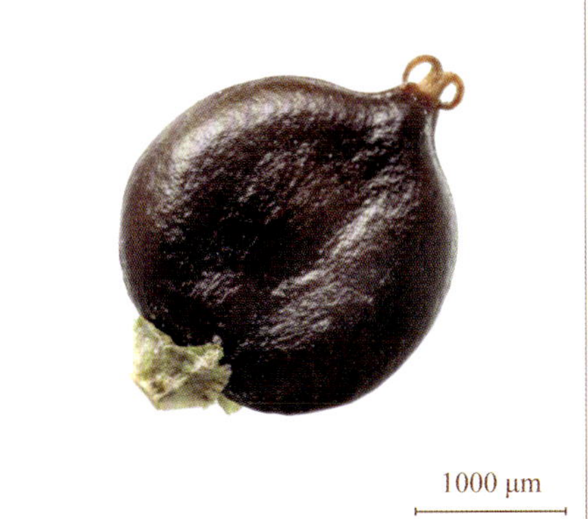

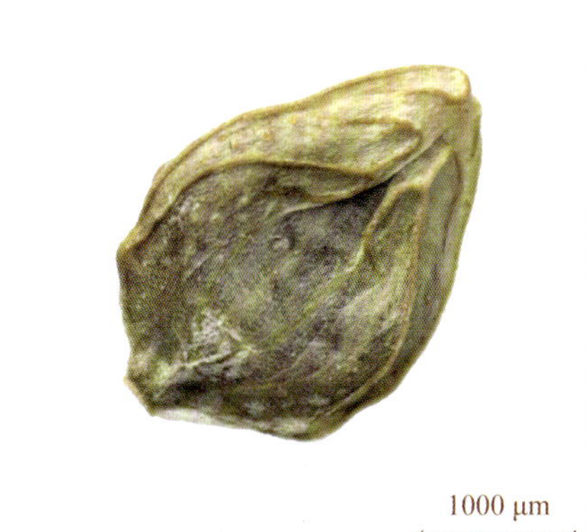

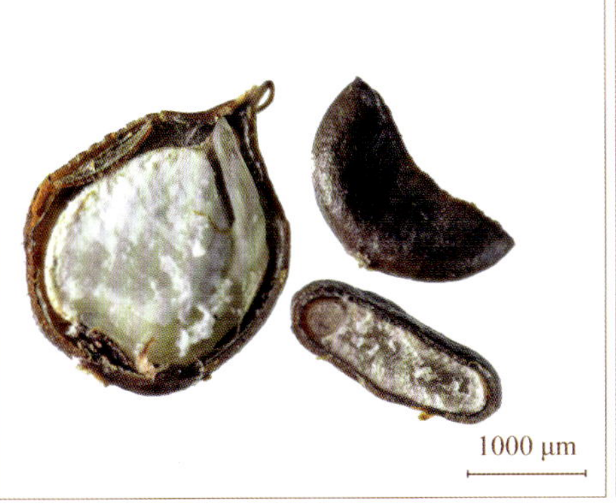

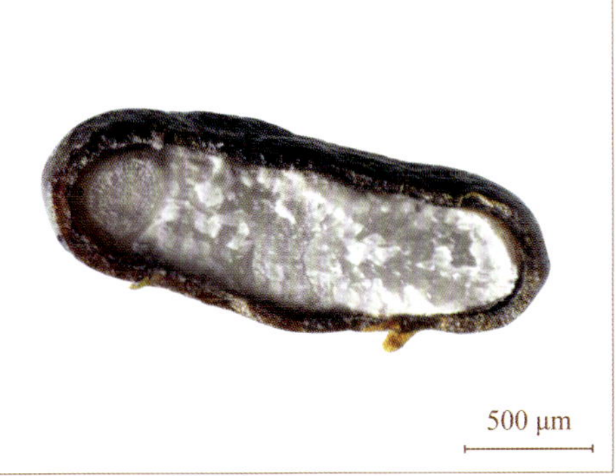

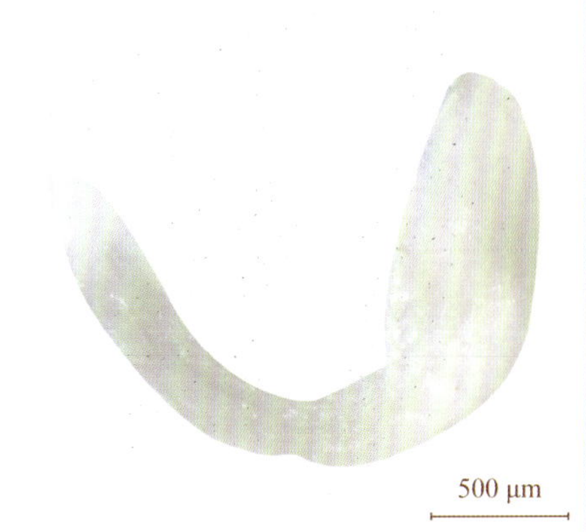

红蓼 Polygonum orientale L.
（Persicaria orientalis）

果实与种子形态特征

瘦果近圆形，扁平，包于宿存的花被内，花被片易碎，脉上部三叉状；直径3.1～3.5 mm，厚1.5～1.8 mm，暗褐色至黑色，表面光滑，密被细小颗粒，稍有光泽，顶端具花柱残留的短尖头凸起，两侧压扁，中央稍脊状隆起，两侧微凹陷，边缘圆厚，基端具短果柄；果脐位于基端，椭圆形，黄褐色。种子与果同形，切面近圆形，果皮革质，外种皮淡黄褐色，内种皮褐色。胚抹刀型，位于种皮内一侧，弯生，贴种皮环绕胚乳；子叶2，狭椭圆形，分离，长3 mm，胚轴细长；胚乳丰富，块状，白色，粉质。千粒重8.5 g。

地理分布与生态生物学特性

样本种子采自内蒙古呼和浩特市。分布于我国除西藏以外各地。亚洲其他地区、欧洲也有。

一年生高大中生草本。生于海拔30～3900 m的田边、路旁、水沟边及林缘、河岸湿地。喜湿、喜肥、喜光照，耐轻度盐碱，适应性强，在水肥充足的地方能长成高株丛。种子繁殖。花期6～9月，果期8～10月。

主要应用价值

生态： 地被植物。适于观赏，是绿化、美化庭院的优良高大观赏性草本。

饲用： 饲用价值中等。青鲜时猪、牛、羊喜食茎叶，果后期变得粗糙，马、骆驼采食；青鲜草料可作青贮饲料。

药用： 全草及果实入药，有活血、止痛、消积、利尿功效。

其他应用： 蜜源植物。

1000 μm
1000 μm
1000 μm
1000 μm
1000 μm

杠板归 Polygonum perfoliatum L.
（Persicaria perfoliata）

果实与种子形态特征

瘦果近球形，包于增大的花被内，花被片干后易碎，蓝绿色至（粉）紫褐色；直径2.5～3.2 mm，黑色，光滑，具强光泽，顶端具花柱残留的尖头，基端具残存果柄及花被片；果皮革质，壳状，坚硬，具3条不明显的细棱，不开裂，含1粒种子。种子球形，种皮薄，与果皮不易分离，黄褐色。胚弯曲型，位于种子基端埋于胚乳中；子叶2，并合，近圆形，乳黄色，胚轴细长弯曲环绕子叶；胚乳丰富，半透明，粉质。千粒重16.8 g。

地理分布与生态生物学特性

样本种子采自内蒙古通辽市（大青沟）。分布于我国黑龙江、吉林、辽宁、河北、内蒙古、山西、陕西、甘肃等地。日本、朝鲜、俄罗斯、东南亚等也有。

多年生中生蔓生草本。散生于山地林缘及河谷低湿地，为北方山地草甸和河谷草甸的伴生种。阔叶林区、草原区的河流两岸、低湿地、村边、路边等处常有生长，在低湿地能形成小居群。喜水肥，耐涝、耐寒、耐盐碱。种子繁殖。3月底至4月中旬返青，花期5～6月，果期6～7月，8月种子成熟。

主要应用价值

生态： 地被植物。

饲用： 饲用价值中等。牛、羊采食。

药用： 全草入药，能清热解毒、利尿消肿。

1000 μm

箭叶蓼 Polygonum sagittatum L.（Persicaria sagittata）

果实与种子形态特征

瘦果三棱状宽卵形，具3锐棱，紧包于宿存的褐色花被中，不外露，长2.3～3.2 mm，宽1.5～1.8 mm，紫褐色至黑褐色，稍具光泽，顶端急尖，具花柱残基，基端果柄凸出。种子与果同形，种皮黄色至黄褐色；种脐位于基端，圆形，黄色。胚抹刀型，位于基端中部，直生，贴一侧至顶端，乳白色；子叶2，肥大，三角状，并合，与胚轴等长；下胚轴较长，胚根朝向顶端；胚乳块状，白色，粉质。千粒重2.2 g。

地理分布与生态生物学特性

样本种子采自内蒙古赤峰市（宁城县）。分布于我国黑龙江、吉林、辽宁、内蒙古、河北、山西、陕西、甘肃等地。日本、朝鲜、俄罗斯也有。

一年生蔓生中生草本。生于海拔90～2200 m夏绿阔叶林带的山间谷地、河边、低湿地、沟旁、水边，散生于草原区的低湿地，为草甸的伴生种。喜湿，耐阴、耐轻度盐碱，株丛扩展快，能很快覆盖地面。种子繁殖。花期6～9月，果期8～10月。

主要应用价值

生态：山地草原区低湿地主要地被植物。

饲用：饲用价值中等。青鲜时猪、牛、羊喜食茎叶，果后期变得粗糙，马、骆驼采食；青鲜草料作青贮饲料。

药用：全草入药，能清热解毒、祛风止痒、益气明目。

其他应用：茎叶榨汁后可制作靛青色染料。

1000 μm
1000 μm
500 μm
500 μm
500 μm
500 μm

西伯利亚蓼 *Polygonum sibiricum* Laxm.（*Knorringia sibirica*）

果实与种子形态特征

瘦果三棱状卵形，包于宿存的花被内，不外露或顶端微露出，长2.2～2.8 mm，宽1.5～1.6 mm，黑褐色至黑色，有光泽；具3钝圆棱，中下部棱显著增厚，棱间稍向内凹陷，表面具不明显的线状波纹，顶端钝，具三角形黄色花柱残基，基端平截，具凸出的灰白色果柄。种子与果同形，横切面等边三角形，种皮黄褐色；种脐位于基端，圆形，黄白色。胚抹刀型，位于基端夹角，直生，贴一侧至顶端，乳白色；子叶2，肥大，卵圆形，并合，与胚轴等长，胚根朝向顶端；胚乳块状，白色，粉质。千粒重2.8 g。

地理分布与生态生物学特性

样本种子采自内蒙古乌兰察布市（化德县）。分布于我国黑龙江、吉林、辽宁、内蒙古、河北、山西、陕西、甘肃、宁夏、青海、新疆、西藏等地。蒙古国、俄罗斯、哈萨克斯坦、印度等也有。

多年生耐盐旱中生草本。广泛生于草原和荒漠地带的盐草甸、潮湿低地、河滩、路边，为沙质盐化草原和盐化草甸的优势种或伴生种，常形成小面积聚群。喜湿，耐阴、耐盐碱，稍耐旱，在土壤pH为7.5～8.5的环境中生长良好，pH为9时也能忍耐，是高富集Na、Cl、S的植物。根茎和种子繁殖。花期5～7月，果期8～9月。

主要应用价值

生态： 草原区盐化低湿地重要地被植物。适用于植被退化严重的盐化草原土壤修复。

饲用： 饲用价值中等。青鲜时骆驼、羊喜食茎叶，冬季变得粗糙，骆驼采食，马、牛不食；青鲜草可作青贮饲料。

药用： 根入药，治水肿。

1000 μm

珠芽蓼 Polygonum viviparum L.（Bistorta vivipara）

果实与种子形态特征

瘦果三棱状卵形，包于宿存的花被内，微露，长2.5～3.1 mm，宽1.8～2.0 mm，深褐色，光滑，有光泽；具3钝圆棱，中下部棱增厚，棱间圆拱或棱侧稍凹，表面具不明显的细小颗粒纹，顶端具圆形黄色花柱残基，基端具凸出的褐色果柄，边缘黄色。珠芽宽卵形，长2.5 mm，宽2.0 mm，上部收缩，先端尖，深齿裂，黄色，下部圆，红褐色。种子与果同形，横切面等边三角形，果皮革质，种皮薄膜质，黄褐色；种脐位于基端，圆形，黄白色。胚抹刀型，位于种子中部，直生，乳白色；子叶2，肥大，卵圆形，并合，短于胚轴或近等长，胚根朝向顶端；胚乳块状，白色，粉质。千粒重3.8 g。

地理分布与生态生物学特性

样本种子采自内蒙古乌兰察布市（凉城县）。分布于我国黑龙江、吉林、辽宁、河北、内蒙古、山西、陕西、甘肃、宁夏、青海、新疆、西藏等地。蒙古国、尼泊尔、印度、中亚、欧洲及北美洲也有。

多年生耐寒中生草本。生于高山带和亚高山带的平缓山顶草甸，为高寒草甸或草甸草原的优势种或亚优势种，也生长在海拔较低的河谷草甸、山地林缘草甸、山坡林下。耐寒性强，不耐旱，喜光照。根茎和种子繁殖，也能珠芽繁殖，有时未脱离母体即可发芽生长。花期6～7月，果期7～9月。

主要应用价值

生态：山地草甸重要地被植物。

饲用：饲用价值中等。青鲜时羊乐食茎叶，马、牛采食，骆驼不食。

药用：根状茎入药，能清热解毒、止血散淤，也入蒙药（蒙药名：胡日干-莫和日），能止泻、清热、止血、止痛。

其他应用：珠芽及根茎含淀粉，可食用或酿酒。根状茎可提取栲胶。

1000 μm
1000 μm
1000 μm
500 μm
1000 μm
500 μm
500 μm
500 μm

华北大黄 Rheum franzenbachii Munt.

果实与种子形态特征

瘦果三角状椭圆形或近宽卵形，具3棱，沿棱延伸增大为宽翅，具翅果长7.6～9.5 mm，宽5.5～7.8 mm；翅顶端凹陷，基端心形，3片翅呈风车状弧形弯曲，边缘薄，近种子处稍厚，近革质，表面具细密的横向脉纹，纵脉靠近翅的中部，脉线外圈棕色，里圈近果体处棕褐色（成熟前粉红色）；宿存花被片较小，内轮3片向后反折；果皮稍皱缩，黄褐色至棕褐色，无毛；果梗宿存，下部具关节。种子三棱状卵形，棱稍圆，长2.7～2.8 mm，宽1.7～1.9 mm；横切面三角形，3面各具2条浅沟槽；种皮薄膜质，褐色，与果皮贴生。胚抹刀型，偏一侧近中部直生；子叶2，扁平，长三角状，长为胚轴的2倍以上；胚根尖，朝向顶端，淡黄色；胚乳丰富，白色，粉质。千粒重20.6 g。

地理分布与生态生物学特性

样本种子采自内蒙古呼和浩特市（大青山）。分布于我国河北、内蒙古、山西等地。

多年生高大旱中生草本。生于海拔200～1100 m山地森林草原区的石质山坡、砾石质坡地、沟谷，喜生于质地疏松、排水良好的砂砾质土壤。喜寒，怕热，不耐水淹。种子繁殖。呼和浩特地区3月末返青，花期6～7月，果期8～9月，生育期190天左右。

主要应用价值

生态：山地砾石质坡地地被植物，用于保持水土，可作为破损山体、矿山坡体生态修复混播配植用种。

饲用：饲用价值一般。春夏季家畜一般不食，秋季牛、羊采食花果。

药用：根入药，能清热解毒、止血、祛淤、通便、杀虫，也入蒙药（蒙药名：奥木日特音-西古纳），能清热、解毒、缓泻、消食、收敛。我国重要的传统中药材之一。

5000 μm

1000 μm

1000 μm

1000 μm

500 μm

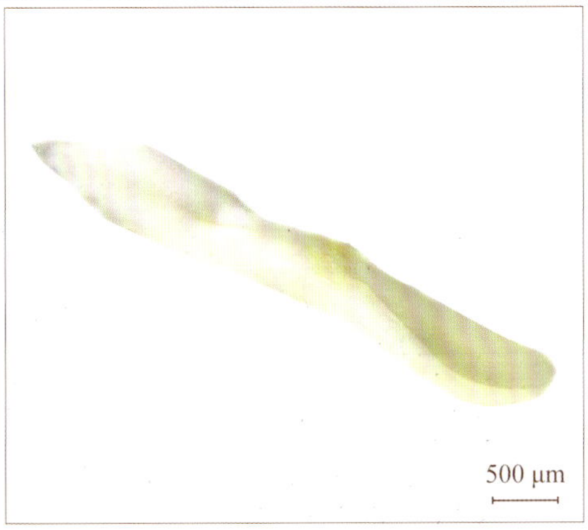

500 μm

塔黄 **Rheum nobile** Hook. f. et Thomson

果实与种子形态特征

瘦果卵形或宽卵形，长5.6～7.1 mm，宽3.5～5.6 mm，深褐色至黑褐色；顶端钝或稍尖，基端近圆形或微截形，宿存黄褐色小花被片和果梗，上部窄，下部宽；具3棱状窄翅，宽不及1 mm，稍厚，稍波状皱缩，近革质，翅棱边缘具细密的纵向脉纹，翅棱间圆阔，表面密被小瘤状凸起。种子心状卵形，黑褐色，横切面三角形；种皮薄膜质，与果皮贴生，褐色。胚抹刀型，偏一侧近中部直生；子叶2，肥厚，肉质，圆形，乳白色，长为胚轴的2倍以上，胚根凸尖；胚乳丰富，白色，粉质。千粒重24.6 g。

地理分布与生态生物学特性

样本种子采自西藏日喀则市（亚东县）。分布于我国西藏、云南。喜马拉雅山南麓各国也有。

多年生高大中生草本。生于海拔4000 m以上的高山石滩、湿草地。大型叶状的半透明互相重叠的奶黄色圆形苞叶将所有的花部器官包裹起来，能够有效地保存热量，遮挡紫外线辐射，为传粉昆虫提供舒适的活动空间。极耐寒，耐瘠薄，抗风蚀，对土壤要求不严。根茎繁殖，种子单次结实。花期6～7月，果期9月。

主要应用价值

生态：高寒高原山区植被重要组成成分。具有很强的水土保持作用，是高山不可多得的高大草本植物。

饲用：饲用价值中等。牦牛、羊采食。

药用：根茎入药（药材名：塔黄），具有泻热、导滞、消积、散淤、消肿等功效。重要的藏药植物资源。

其他应用：高寒区蜜源植物。

5000 μm

总序大黄（蒙古大黄） Rheum racemiferum Maxim.

果实与种子形态特征

瘦果椭圆形至矩圆状椭圆形，具3棱，沿棱延伸增大为宽翅，具翅果长11～12 mm，宽7.8～9.5 mm，棕褐色；翅宽2.5～3.2 mm，表面具细密的纵向线状脉纹，靠近翅缘具边缘相连的褐色脉线，边缘薄，近种子处稍厚，近革质，颜色由浅到深，种体处变淡，顶端凹陷，基端心形，深凹陷，翅基耳垂状，具宿存的棕白色小花被片和有关节的果梗；宿存花被片直立或下翻。种子三棱状椭圆形，长6～7 mm，宽3 mm，成熟前黄绿色，外围翅红色，成熟后棕色，翅棕褐色；横切面正三角形，3面各具3条浅沟槽；种皮红褐色，薄膜质，与果皮贴生。胚抹刀型，偏一侧近中部直生或弯向另一边；子叶2，扁平，矩圆形，长为胚轴的2倍以上；胚根锥形，朝向顶端，淡黄色；胚乳丰富，白色，粉质。千粒重23.5 g。

地理分布与生态生物学特性

样本种子采自内蒙古阿拉善盟（贺兰山）。分布于我国甘肃、宁夏、内蒙古西部。

多年生中旱生草本。生于荒漠草原区和草原化荒漠区的山地石质山坡、碎石坡麓、岩石缝，为山地荒漠草原的伴生种，易形成景观，喜生于质地疏松、排水良好的砂砾质土壤。喜寒，耐旱，不耐水淹。根茎和种子繁殖。在贺兰山地区4月中下旬返青，花期6～7月，果期7～8月，9月中下旬地上部开始枯萎。

主要应用价值

生态：荒漠草原区山地砾石质地重要地被植物，用于保持水土，可作为荒漠草原区破损山体、矿山坡体生态修复混播配植用种。

饲用：饲用价值一般。春夏季山羊、骆驼采食叶花果。

5000 μm
1000 μm
1000 μm
2000 μm
1000 μm

波叶大黄 Rheum rhabarbarum L.

果实与种子形态特征

瘦果卵状椭圆形或长圆状椭圆形，具3棱，边缘延伸增大为宽翅，翅果长7.8～9.2 mm，宽6.2～7.6 mm，红棕色至棕褐色；翅顶端向下凹陷，基端心形，翅基耳垂状，边缘薄，常向内卷曲，近种子处稍厚，近革质，表面具细密的横向脉纹，靠近翅缘或近中部具边缘相连的褐色纵向脉线，脉线以内颜色由浅到深，种体处暗褐色；宿存花被片较小，外轮3片直立，内轮3片向后反折。种子三棱状椭圆形，棱钝圆，长4.5～5.1 mm，宽2.5～2.9 mm；横切面三角形，3面各具2条浅沟槽；种皮黑褐色，与果皮贴生。胚抹刀型，偏一侧近中部直生；子叶2，扁平，长卵形，长为胚轴的2倍以上；胚根锥形，朝向顶端，肉质，乳黄色；胚乳丰富，白色，粉质。千粒重21.6 g。

地理分布与生态生物学特性

样本种子采自内蒙古呼伦贝尔（牙克石市）。分布于我国黑龙江、吉林、内蒙古等地。

多年生高大中生草本。生于森林草原带、针叶林区的山地石质山坡、碎石坡麓、砂砾石冲刷沟或林缘石滩，是东北山地草原的伴生种，也零星散生于山前地带的草原群落。耐寒，不耐旱、不耐水淹。种子繁殖。花期6～7月，果期8～9月。

主要应用价值

生态： 山地石砾质地地被植物，用于保持水土。

饲用： 饲用价值一般。春夏季羊采食叶花果，牛、马很少采食。

5000 µm

1000 µm

1000 µm

1000 µm

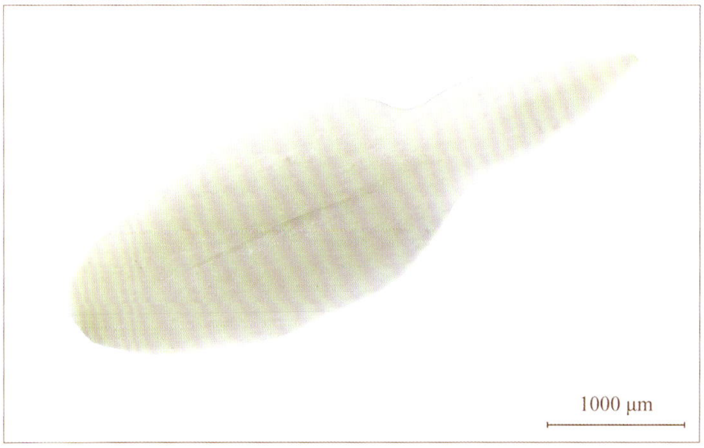

1000 µm

鸡爪大黄 **Rheum tanguticum** Maxim. ex Regel

果实与种子形态特征

瘦果矩圆状卵形至矩圆形，具3棱，沿棱延伸增大为宽翅，翅果长8.1～9.5 mm，宽7.0～7.5 mm，翅宽1.6～2.5 mm，暗棕褐色，无毛，3片翅呈风车状弧形弯曲，边缘薄，近种子处厚，近革质，表面具细密的脉纹，顶端圆或平截，翅基略心形耳垂状，边缘稍增厚，有裂齿，基端宿存花被片。种子三棱状卵形，长4.1～4.5 mm，宽3.1～3.5 mm，横切面三角形，黑褐色，表面具皱缩纹；种皮薄膜质，褐色，与果皮贴生。胚抹刀型，偏一侧近中部直生；子叶2，扁平，椭圆形，淡黄色；胚根圆锥形，朝向顶端；胚乳丰富，白色，粉质。千粒重20.6 g。

地理分布与生态生物学特性

样本种子采自甘肃甘南藏族自治州（玛曲县）。分布于我国甘肃、青海及青海与西藏交界一带。我国特有种。

多年生高大中生草本，生于海拔1600～3000 m的高山沟谷、草甸，在山地沟谷常形成小面积的聚群。极耐寒，喜温暖湿润环境。根茎和种子繁殖。花期6月，果期7～8月。

主要应用价值

生态：地被植物，用于保持水土。

饲用：饲用价值一般。春夏季家畜很少采食，秋季牦牛采食。

药用：根及根状茎入药，能清热、解毒、缓泻、消食、收敛，外敷消肿。我国特产的重要正品大黄药材之一，早在两千多年前就有记载，使用历史非常悠久。

2000 μm
1000 μm
2000 μm
1000 μm
1000 μm
1000 μm
2000 μm
1000 μm

单脉大黄 Rheum uninerve Maxim.

果实与种子形态特征

瘦果宽矩圆状椭圆形，具3棱，沿棱延伸增大为宽翅，种子完全包裹于内，翅果长13.6～15.5 mm，宽12.5～14.8 mm，棕色至棕褐色，种体处暗褐色，翅宽达5 mm，3片翅呈风车状同向弯曲，于顶端汇聚，圆或微凹，基端心形，深凹陷，翅基耳垂状，边缘薄，种子处稍厚，近革质，表面具细密的横向脉纹，靠近翅缘具边缘相连的褐色纵向脉线，脉线外圈棕色，内圈棕褐色（成熟前淡红紫色）；花被片宿存，较小，外轮3片直立，内轮3片向后反折；果皮皱缩，黑褐色果梗宿存，下部具关节。种子三棱状窄卵形，棱稍圆，长2.7～2.8 mm，宽1.7～1.9 mm；横切面三角形，3面各具2条浅沟槽；种皮薄膜质，深褐色，与果皮贴生。胚抹刀型，偏一侧近中部直生；子叶2，扁平，长椭圆状，长为胚轴的1.3倍；胚根尖，朝向顶端，淡黄色；胚乳丰富，黄白色，粉质。千粒重24.8 g。

地理分布与生态生物学特性

样本种子采自内蒙古阿拉善盟（阿拉善右旗）。分布于我国宁夏、内蒙古、甘肃、青海等地。蒙古国也有。

多年生低矮中旱生草本。生于海拔1100～2300 m荒漠草原带和荒漠带的砂砾质山坡、岩石缝隙及冲刷沟，喜生于质地疏松、排水良好的砂质土壤。耐寒、耐旱，不耐水淹。根茎和种子繁殖。花期5～7月，果期8～9月。

主要应用价值

生态：山地砂砾质地地被植物，用于保持水土，可作为荒漠草原区破损山体、矿山坡体生态修复混播配植用种。

饲用：饲用价值一般。春夏季山羊、骆驼采食叶花果。

5000 μm
1000 μm
1000 μm
1000 μm
1000 μm
1000 μm

酸模 Rumex acetosa L.

果实与种子形态特征

瘦果包于增大的花被内，外轮花被片反折，内轮花被片直立翅状，近圆形，直径3.5～4.0 mm，全缘，有明显凸起的颗粒状网脉，基端心形，膜质，基部各具一极小的长卵形或卵形小瘤。瘦果三面体状椭圆形，顶端具微翅，棱间圆拱，长2.0～2.5 mm，宽1.5 mm，暗红褐色至黑褐色；表面光滑，有纵皱纹，具光泽；果脐稍凸出，果皮革质。种子卵状三面体形，横切面近等边三角形，3棱钝圆；种皮薄膜质，褐色。胚抹刀型，倚于一边偏中位置；子叶顶端平，胚轴短于子叶，胚根钝圆；胚乳颗粒状，白色。千粒重2.2 g。

地理分布与生态生物学特性

样本种子采自内蒙古赤峰市（宁城县）。分布于我国各地。日本、朝鲜、蒙古国、中亚、欧洲也有。

多年生中生草本。生于森林区和草原区的山地林缘、草甸、草甸草原及沟边、路旁，是草甸和草甸草原常见的伴生种。喜湿，耐寒、耐轻度盐碱，生态幅宽，再生性强。种子繁殖。4月返青，花期6～7月，果期7～8月。

主要应用价值

生态：地被植物，用于保持水土，可作为退化草甸、矿山低洼地生态修复混播配植用种。

饲用：饲用价值中等。开花前各种家畜采食。

药用：全草入药，有凉血、解毒、通便、杀虫之效。

其他应用：嫩茎、叶可作为蔬菜食用。根叶含鞣质，可提取栲胶。

1000 μm

小酸模 Rumex acetosella L.

果实与种子形态特征

瘦果包于增大的花被内，内轮花被片粗糙直立，直径1.5 mm左右，暗红褐色，表面被凸起的小颗粒，具网脉，无小瘤，边缘窄翅状。瘦果三面体状宽椭圆形，长0.8～1.3 mm，宽0.7～1.0 mm，红褐色至淡褐色，表面光滑，具光泽；棱平滑钝圆，顶端稍锐，棱间圆拱；果脐三角形，稍凸出，果皮革质。种子卵状三面体形，横切面等边三角形；种皮薄膜质，褐色。胚抹刀型，倚于一边偏中位置，脂质；子叶顶端平，胚轴短于子叶，胚根钝圆；胚乳颗粒状，白色。千粒重1.1 g。

地理分布与生态生物学特性

样本种子采自内蒙古呼伦贝尔市（鄂温克族自治旗）。分布于我国黑龙江、内蒙古、河北、新疆等地。日本、朝鲜、蒙古国、中亚、欧洲也有。

多年生旱中生草本。生于草甸草原和典型草原的沙地、丘陵坡地、砾石质路边，是草甸草原的伴生种。根茎型，具不定芽。耐寒、耐旱、耐贫瘠。种子和不定芽繁殖。花期6～7月，果期7～8月。

主要应用价值

生态：地被植物。

饲用：饲用价值中等。夏秋季绵羊、山羊采食嫩枝叶。

药用：全草入药，有凉血、解毒、通便、杀虫之效。

1000 μm
500 μm
200 μm
200 μm
500 μm
500 μm

齿果酸模 Rumex dentatus L.

果实与种子形态特征

瘦果包于增大的花被内，内轮花被片3枚，三角状卵形，有凸起的网纹，长3.6～3.9 mm，宽2.8～4.1 mm，顶端锐尖，边缘具3～4对长短不等的齿刺，背面中脉下部各具一大型矩圆状卵形小瘤，海绵质，有细网纹。瘦果卵状三棱形，具3锐棱，棱缘狭翅状，两端渐尖，基部稍钝，长1.8～2.5 mm，宽1.5 mm，棕褐色，有光泽，横切面等边三角形；果脐位于基端，三角形，黄褐色，果皮革质。种子与果同形，种皮近膜质，黄色。胚线型，圆柱状，侧生，紧贴种皮倚于一面中部，白色，略弯曲；子叶2，狭椭圆形，长于胚轴，胚根锥形；胚乳丰富，条粒状，白色。千粒重2.8 g。

地理分布与生态生物学特性

样本种子采自内蒙古巴彦淖尔市（乌拉特前旗）。分布于我国河北、内蒙古、甘肃、山西、陕西及南方地区。印度、尼泊尔、俄罗斯、阿富汗、中亚及欧洲东南部也有。

一年生湿中生草本。生于草原区的河岸、湖滨低湿草甸、沟边湿地、路旁。耐阴湿、耐轻度盐碱。种子繁殖。花期5～6月，果期6～7月。

主要应用价值

生态：湿地草甸地被植物。

饲用：饲用价值中等。春夏季牛、羊采食枝叶。

药用：根叶入药，能解毒、清热、杀虫、治癣。

1000 μm

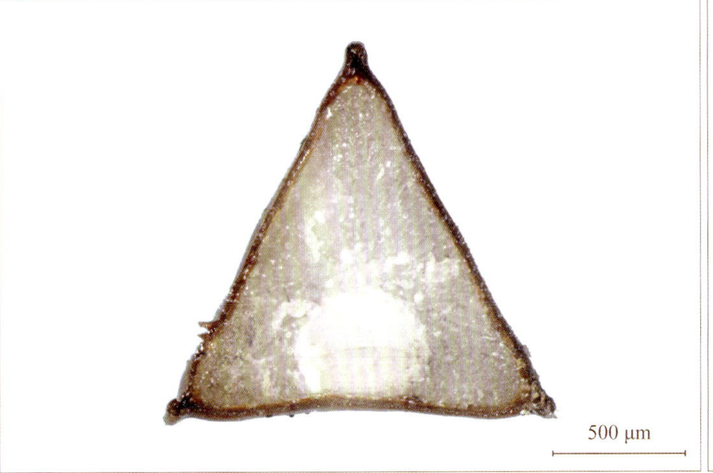

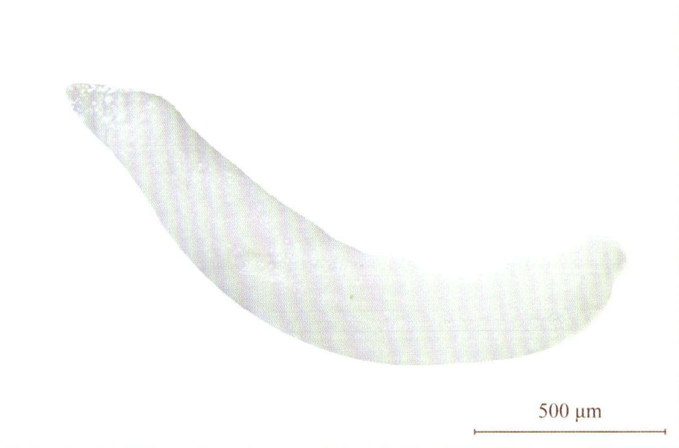

毛脉酸模 **Rumex gmelinii** Turcz. ex Ledeb.

果实与种子形态特征

瘦果包于增大的花被内，内轮花被片3枚，椭圆状卵形至宽卵形，长3.5～6.0 mm，宽3.2～4.0 mm，顶端钝，基端圆形或心形，全缘或齿状缺刻，膜质，具凸起的网脉，全部无小瘤。瘦果三棱状卵形至椭圆形，具3棱，棱急锐，窄翅状，两端尖，长3.0～3.5 mm，宽2.5～2.8 mm；果皮革质，棕褐色至黄褐色，光滑，有光泽。种子与果同形，横切面等边三角形，棱角圆；种皮薄膜质，红褐色。胚近抹刀型，圆柱状，侧生，倚于一侧中部，乳白色；子叶顶端圆，胚轴短于子叶，胚根钝；胚乳颗粒状，白色。千粒重2.8 g。

地理分布与生态生物学特性

样本种子采自内蒙古兴安盟（阿尔山市）。分布于我国东北、华北、西北各地。日本、朝鲜、蒙古国、俄罗斯也有。

多年生高大湿中生草本。多散生于森林区和草原区的河岸、林缘、草甸、水边、山谷湿地，为草甸或沼泽化草甸的伴生种。耐寒、耐盐碱、耐水淹。种子繁殖。花期5～6月，果期6～7月。

主要应用价值

生态：低地草甸地被植物，用于保持水土。

饲用：饲用价值中等。各种家畜四季采食。

药用：根入蒙药（蒙药名：霍日根-其赫），功能同酸模。

5000 μm
500 μm
500 μm
250 μm
500 μm

羊蹄 Rumex japonicus Houtt.

果实与种子形态特征

瘦果包于增大的花被内，内轮花被片3枚，宽心形，长4～5 mm，褐色，顶端渐尖，基端心形，网脉明显，边缘具不整齐的锐尖小齿，全部具超过花被片1/2长的矩圆状长卵形小瘤，瘤表面具网纹，暗红褐色。瘦果三棱状宽椭圆形或宽卵形，长2.2～2.5 mm，宽1.5～1.8 mm，暗褐色至黑褐色，棱缘颜色稍深，有光泽，两端尖，基部稍宽平，横切面等边三角形；果脐三角形，稍凸出，黑褐色，果皮革质。种子与果同形，种皮薄膜质。胚抹刀型，倚于一边偏中位置，肉质；子叶顶端平，胚轴短于子叶，胚根钝圆；胚乳颗粒状，白色。千粒重2.5 g。

地理分布与生态生物学特性

样本种子采自内蒙古呼和浩特市。分布于我国黑龙江、吉林、辽宁、内蒙古、河北、宁夏、陕西、山西等地。日本、朝鲜、蒙古国、中亚、欧洲也有。

多年生中生草本。生于草原区的沟渠、河滩、湿地、田边、路旁等处。轴根型，主根粗大。耐湿、耐寒，喜光。种子繁殖。花期6～7月，果期8～9月。

主要应用价值

生态： 地被植物。

饲用： 饲用价值低。春季绵羊采食；根有毒。

药用： 根入药，能清热凉血。

2000 μm
2000 μm
1000 μm
2000 μm
500 μm
500 μm
500 μm

刺酸模 Rumex maritimus L.

果实与种子形态特征

瘦果包于增大的花被内，内轮花被片3枚，狭三角状卵形，顶端急尖，基端截形，边缘具2～3对针状齿刺，刺长2.0～2.5 mm，全部具长圆形小瘤，小瘤长约1.5 mm。瘦果（种子）三棱状椭圆形，两端尖，具3锐棱，边缘具狭翅，长1.5～1.8 mm，宽0.8～1.2 mm，棕褐色，有光泽，横切面等腰三角形。胚近抹刀型，侧生，倚于一侧中部，紧贴膜质种皮，乳白色；子叶圆柱形，顶端圆，下胚轴到胚根锥形；胚乳丰富，颗粒状，白色。千粒重1.8 g。

地理分布与生态生物学特性

样本种子采自内蒙古兴安盟（突泉县）。分布于我国东北、华北及陕西、新疆等地。蒙古国、欧洲、北美洲也有。

一年生盐生中生草本。生于河边湿地、田边、路旁，常见于森林区和草原区的活力沿岸、湖滨盐化低地，为草甸或盐化草甸的伴生种。耐寒、耐盐碱，喜肥沃湿润土壤。种子繁殖。花期5～6月，果期6～7月。

主要应用价值

生态：盐化草甸常见地被植物，用于保持水土，可作为河滩、低地、矿山低洼地生态修复混播配植用种。

饲用：饲用价值一般。春季猪、牛、羊采食枝叶。

药用：全草入药，能杀虫、清热、凉血。

1000 μm

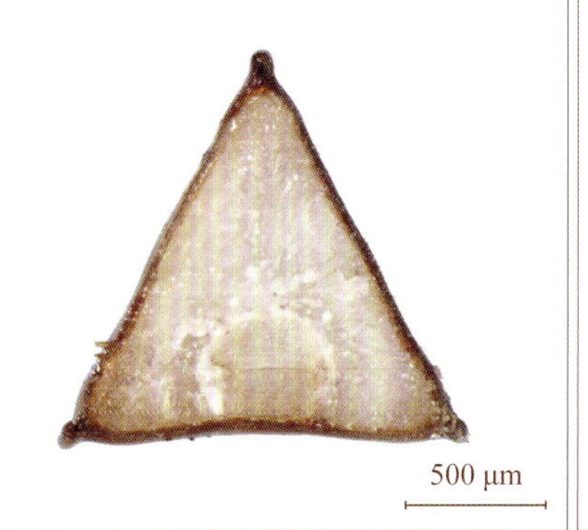

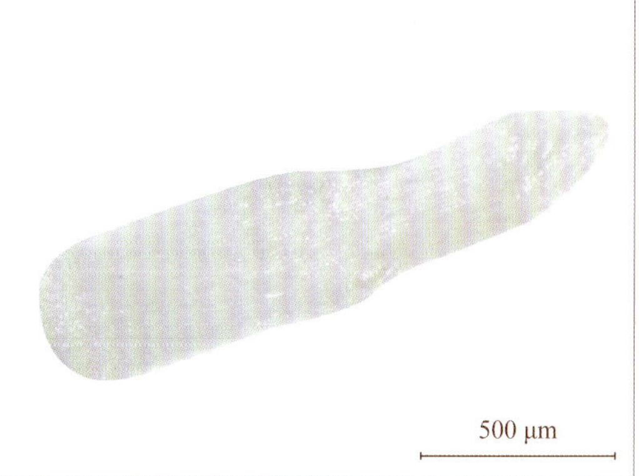

巴天酸模 Rumex patientia L.

果实与种子形态特征

瘦果卵状三棱形，包于增大的花被内，内轮花被片3枚，宽心形，膜质，长5.8～6.8 mm，宽6.1～7.0 mm，顶端钝圆，基端深心形，边缘近全缘或有不明显的细圆齿，有凸起的网纹，其中1枚具一长卵形小瘤，其余2枚无小瘤或小瘤不发育；果皮革质，棕褐色。种子卵状三面体形，具3锐棱，呈窄翅状，顶端渐尖，棕褐色，有光泽，长2.5～3.8（5）mm，宽3～3.5 mm，横切面等边三角形；果脐（种脐）三角状，位于圆形果疤中部，凸起。胚近抹刀型，圆柱形，倚于一面中部，紧贴膜质种皮，乳白色，略弯曲；子叶2，矩圆形，顶端截平，下胚轴锥形；胚乳丰富，条粒状，白色或氧化成黄棕色。千粒重3.1 g。

地理分布与生态生物学特性

样本种子采自内蒙古锡林郭勒盟（东乌珠穆沁旗）。分布于我国东北、华北、西北各地。蒙古国及中亚、欧洲也有。

多年生中生草本。生于草原区和阔叶林区的河岸、沟边、低湿地、路边，为草甸习见的伴生种，在低湿地能形成小居群。耐涝、耐寒、耐盐碱。种子繁殖。北方地区3～4月返青，花期5～6月，果期7～9月，9月种子成熟后叶片枯落。

主要应用价值

生态：地被植物，用于保持水土，可作为河滩、低地、矿山低洼地生态修复混播配植用种。

饲用：饲用价值良。春季猪、牛、羊采食枝叶；种子可作精饲料。

药用：根入药，能凉血止血、清热解毒、杀虫，也入蒙药（蒙药名：乌和日-爱日干纳），功能同酸模。

1000 μm
1000 μm
1000 μm
1000 μm
500 μm
500 μm

狭叶酸模 Rumex stenophyllus Ledeb.

果实与种子形态特征

瘦果卵状三棱形，包于增大的花被内，内轮花被片3枚，三角状心形，草质，有凸起的网纹，长3.1～3.8 mm，宽4.1～4.3 mm，顶端尖圆，基端截形或微心形，边缘具锐或钝尖小齿，各具1个不超过花被片1/2长的卵形小瘤。种子卵状三面体形，具3锐棱，长3.5～4.2 mm，宽3.2～3.8 mm，棕褐色，有光泽，顶端急尖，基端狭窄，棱缘有狭翅，横切面等边三角形，果皮革质。胚线型或近抹刀型，圆柱状，倚于一面中部，紧贴膜质种皮，白色，略弯曲；子叶顶端截平，与胚轴近等长，胚根锥形；胚乳丰富，颗粒状，白色，易在空气中氧化成红褐色。千粒重3.8 g。

地理分布与生态生物学特性

样本种子采自内蒙古呼伦贝尔市（鄂伦春自治旗）。分布于我国黑龙江、吉林、内蒙古、新疆。蒙古国及中亚、欧洲也有。

多年生湿中生草本。生于海拔200～1100 m草原区的低湿草甸。耐寒、耐盐碱。种子繁殖。花期5～6月，果期6～8月。

主要应用价值

生态： 湿地草甸地被植物。可作为河滩、低地、矿山低洼地生态修复混播配植用种。

饲用： 饲用价值一般。春季猪、牛、羊采食枝叶；种子可作精饲料。

药用： 根入药，功能同酸模。

1000 μm

藜科 Chenopodiaceae

果实为胞果，包于花被内，果皮薄膜质或革质，疏松；种子横生或直立，凸透镜状圆形、矩圆形、扁球形或近肾形；胚线型或周边型，螺旋状或环状，胚乳粉质。

沙蓬 Agriophyllum squarrosum (L.) Moq.

果实与种子形态特征

胞果圆卵形或椭圆形，扁平或背部稍凸，除基部外周围边缘具窄翅；顶端深裂成2个条状扁平的果喙，喙先端外侧有一小齿突；果皮薄膜质，光滑，无毛。种子近圆形，扁平，直径1.2～2.0 mm，厚0.2 mm，黄褐色或棕黄色，稍具光泽，表面具细颗粒状点纹，边缘有棕褐色斑点；种脐凹陷，褐色。胚周边型，环状；子叶2，长椭圆形；胚根圆锥形，褐色，厚实，尖端有钝乳突；胚乳粉质，白色，具外胚乳。千粒重1.3 g。

地理分布与生态生物学特性

样本种子采自内蒙古鄂尔多斯市（乌审旗）。分布于我国黑龙江、吉林、辽宁、河北、山西、内蒙古、陕西、甘肃、宁夏、青海、新疆和西藏。蒙古国、俄罗斯也有。

一年生沙生草本。生于流动、半流动沙地和沙丘，常见于荒漠和荒漠草原的丘间低地、砂质地和沙地草原，是沙地的先锋植物。萌发力强，发芽快，在流动沙丘上遇雨便萌发，数量随降雨量有显著变化。耐旱、耐寒、耐盐碱、耐风沙。种子繁殖。花期8月，集中而短暂，9月结实，10月种子成熟后植株开始枯黄，生育期130天左右。种子寿命5年以上。

主要应用价值

生态：地被植物。可作为流动、半流动沙地生态修复先锋混播配植用种，能迅速发挥固沙作用，减少多年生植物苗期的风沙危害。

饲用：沙区重要饲用植物。骆驼喜食，羊乐食嫩枝叶；种子可作精饲料。

药用：种子入蒙药（蒙药名：曲里赫勒），能发表解热，主治感冒发烧、肾炎。

其他应用：种子富含淀粉，在牧区种子称“沙米”，可食用。

1000 μm
1000 μm
500 μm
1000 μm
1000 μm
1000 μm

短叶假木贼 Anabasis brevifolia C. A. Mey.

果实与种子形态特征

胞果包于近半圆形膜质的花被内或外露，花被片背部有时宿存增大的黄色膜质翅。胞果卵球形至椭圆形，直径2.0～2.5 mm，黄褐色，背腹稍扁，表面密被乳头状凸起，果皮肉质。种子与果同形，直径1.5～1.8 mm，直生；种脐位于基端，圆形，稍凹；种皮膜质，黄色至暗褐色。胚线型，螺旋状，绿色或暗绿色；子叶2，并合盘绕；胚根渐尖，贴于胚外圈；无胚乳。千粒重0.8 g。

地理分布与生态生物学特性

样本种子采自内蒙古锡林郭勒盟（苏尼特右旗）。分布于我国内蒙古、宁夏、甘肃、新疆。蒙古国、俄罗斯、哈萨克斯坦也有。

强旱生小半灌木。生于荒漠区和荒漠草原带的石质残丘、砾石质戈壁、冲积扇、干旱山坡等处，为石质荒漠的建群种之一。耐旱性强，耐寒、耐轻度盐碱。种子繁殖。花期7～8月，果期9～10月。

主要应用价值

生态：防风固石、保土护坡，可作为石砾质荒漠、山坡生态修复配植用种。

饲用：饲用价值良。骆驼四季乐食，马、牛乐食嫩枝叶，山羊、绵羊少量采食。

2000 μm
2000 μm
500 μm
500 μm
500 μm
500 μm

中亚滨藜 Atriplex centralasiatica Iljin

果实与种子形态特征

胞果包藏于近半圆形或平面钟形的苞片内，苞片表面具疣状凸起或肉棘状附属物，上部边缘草质，牙齿状，长6.2～8.1 mm，宽7.2～10.2 mm。胞果宽卵形或扁圆形，两面凸起；果皮近革质，红褐色，具光泽，表面具点状纹饰，与种子贴伏或贴生。种子直立或倒立，圆形或双凸透镜形，直径2.2～3.4 mm，红褐色或黄褐色，种皮膜质。胚周边型，马蹄状弯曲，黄色，蜡质；子叶2，狭长条形，长约为胚的1/4，胚根渐尖；胚乳位于中央，块状，淀粉质。千粒重0.9 g。

地理分布与生态生物学特性

样本种子采自内蒙古鄂尔多斯市（乌审旗）。分布于我国吉林、辽宁、内蒙古、河北、山西北部、陕西北部、宁夏、甘肃、青海、新疆、西藏。蒙古国、俄罗斯也有。

一年生盐生中生草本。生于戈壁、荒地、海滨、盐土荒漠及盐碱化沙地，有时也侵入田间。在干燥的沙地是一种能将体内过多盐分排出体外的泌盐类植物，在pH为8.5～9.5的土壤上正常生长发育。抗旱，耐盐碱，具有一定的再生性，自繁能力强。种子繁殖。在黄泛区沙地生育期183天左右。花期7～8月，果期8～9月。

主要应用价值

生态：草原区和荒漠区盐化或碱化土壤及盐碱沙地常见地被植物。可作为盐碱化土地、沙地、矿山坡体等盐碱化土地生态修复配植用种。

饲用：饲用价值中等。猪、禽、牛、羊均采食，幼嫩茎叶适口性好，猪、禽喜食。

药用：带苞的果实入药，称“软蒺藜”，有清肝明目、疏肝解郁功效。

1000 μm
1000 μm
500 μm
500 μm
1000 μm
1000 μm

滨藜 Atriplex patens (Litv.) Iljin

果实与种子形态特征

胞果卵形或近圆形，扁平，包裹在2个菱形至卵状菱形的苞片内，苞片表面脉纹凸出，疏被粉粒，上半部边缘分离，锯齿状，下半部边缘合生，有时上部具疣状小凸起；果皮膜质，黄白色或浅褐色，皱褶，无光泽，与种子贴伏。种子直生，近圆形，卵形，或双凸透镜形扁平，长2.5～3.0 mm，直径2.1～2.5 mm，红褐色至棕褐色，具细点纹，先端凸尖，果脐位于一侧中部，凸尖。胚周边型，环状弯曲，黄色，蜡质；子叶2，狭长条形，胚根圆锥形，细长，先端凸尖状长出子叶；胚乳位于中央，白色，淀粉质。千粒重0.8 g。

地理分布与生态生物学特性

样本种子采自内蒙古阿拉善盟（阿拉善左旗）。分布于我国东北、华北、西北等地。蒙古国、中亚、西亚、欧洲也有。

一年生盐生中生草本。生于草原区和荒漠区的盐渍化土壤、轻度盐渍化湿地和沙地。耐旱、耐盐碱、耐贫瘠，有一定的再生性。种子繁殖。花期7～8月，果期8～10月。

主要应用价值

生态：草原区盐化土壤常见地被植物。可作为沙地、矿山坡体等盐碱化土地生态修复先锋配植用种。

饲用：饲用价值中等。猪、禽、牛、羊均乐食，骆驼喜食。

1000 μm
1000 μm
1000 μm
1000 μm
1000 μm
500 μm

西伯利亚滨藜 Atriplex sibirica L.

果实与种子形态特征

胞果卵形或近圆形，扁平，包裹在果时膨胀的木质化苞片内，表面具多数不规则的棘状凸起，长2.3～2.6 mm，黄白色或浅褐色，无光泽；果皮膜质，表面皱褶，与种子贴伏；果脐位于基端一侧，颜色较深。种子直立，扁球形，直径2.0～2.5 mm，红褐色或淡黄色，种皮薄膜质。胚周边型，马蹄状弯曲，黄色，蜡质；子叶2，狭长条形，长约为胚的1/4，胚根渐尖；胚乳丰富，位于中央，白色，淀粉质。千粒重0.9 g。

地理分布与生态生物学特性

样本种子采自内蒙古赤峰市（翁牛特旗）。分布于我国黑龙江、吉林、辽宁、内蒙古、河北、陕西、宁夏、甘肃、青海、新疆。蒙古国、哈萨克斯坦、俄罗斯也有。

一年生盐生中生草本。生于盐碱化荒漠、湖边、渠沿、河岸、农田及固定沙丘等处。耐盐碱，在我国温带、暖温带、海滨湿润地区的草原、荒漠区的盐碱土地上都能生长。种子繁殖。在内蒙古西部地区，5月种子萌发，6月中下旬开花，8～9月结实。

主要应用价值

生态：盐碱地常见地被植物。可作为盐碱化土地、低湿地、矿山沟底等盐碱化土地生态修复配植用种。

饲用：饲用价值中等。青绿时适口性差，家畜一般不食，秋后或茎叶半干时，牛、羊、骆驼均乐食；幼嫩茎叶可制作猪饲料。

药用：果实入药，有清肝明目、祛风消肿功效。

1000 μm
1000 μm
500 μm
500 μm
1000 μm
1000 μm
200 μm

轴藜 Axyris amaranthoides L.

果实与种子形态特征

胞果宽倒卵形，两侧扁，两面圆拱，长1.6～2.0 mm，宽1.2～1.5 mm，厚0.5～0.7 mm，灰黑色至灰褐色；表面具灰色和黄褐色纵向丝状细皱纹，有丝般光泽，顶端宽，有一冠状附属物，长0.45～0.6 mm，宽1.0～1.4 mm，中央凹，有时向果体两侧延伸，黄褐色，近膜质，基端稍窄，有裂口；果脐位于基部裂口凹褶处。种子倒卵形，扁平；种皮薄膜质，褐色。胚周边型，紧贴种皮，环状弯曲，黄色，蜡质；子叶2，狭条形，分离；胚轴稍长于子叶，胚根圆锥状；内胚乳丰富，位于中央，白色，团粒状，淀粉质。千粒重1.2 g。

地理分布与生态生物学特性

样本种子采自内蒙古鄂尔多斯市（乌审旗）。分布于我国黑龙江、吉林、辽宁、河北、山西、内蒙古、陕西、甘肃、青海、新疆等地。日本、朝鲜、蒙古国、欧洲、北美洲也有。

一年生中生草本。生于500～3200 m的山地阴坡或灌丛、草地，喜生于沙质土壤，常见于山坡、荒地、河边、谷地、田间或路旁，或散生于沙质撂荒地和居民点周围。对土壤要求不严，耐贫瘠。种子繁殖。花期7～8月，果期8～9月。

主要应用价值

生态： 地被植物，用于防风固沙、保持水土，是很好的拓荒植物，可作为荒地、矿山沟底生态修复配植用种。

饲用： 饲用价值中等。羊、骆驼乐食。

药用： 果实入药，有清肝明目、祛风消肿功效。

1000 µm

杂配轴藜 Axyris hybrida L.

果实与种子形态特征

胞果长椭圆状倒卵形，两侧压扁，两面圆拱，长1.6～2.2 mm，宽1.1～1.3 mm，厚0.5～0.6 mm，灰褐色；表面具深褐色和黄褐色交互的波纹，稍具光泽，顶端具2个三角状棕色附属物，中央深凹，呈两齿状，基部圆凹，不向果体两侧延伸，棕黄色或灰褐色，中部稍鼓，基端稍凸，有一小缝状豁口；果脐位于基端豁口处，点状。种子倒卵形，扁平；种皮棕褐色，紧贴果皮。胚周边型，位于种子边缘，环状弯曲，淡黄色，蜡质；子叶2，窄长条形，分离，不等长，胚根圆锥形；胚乳丰富，位于中央，白色半透明，团块状，淀粉质。千粒重1.1 g。

地理分布与生态生物学特性

样本种子采自内蒙古乌兰察布市（凉城县）。分布于我国黑龙江、内蒙古、河北、山西、甘肃、青海、新疆等地。蒙古国、俄罗斯、中亚等也有。

一年生中旱生草本。生于田边、路旁、草地及固定沙地，常见于沙质撂荒地、干河床和居民点周围。耐寒、耐瘠薄、耐旱。种子繁殖。花期7～8月，果期8～9月。

主要应用价值

生态：地被植物，用于防风固沙、保持水土，可作为荒地、矿山沟底生态修复配植用种。

饲用：饲用价值一般。骆驼采食。

1000 μm

雾冰藜 **Bassia dasyphylla** (Fisch. et C. A. Mey.) Kuntze
(**Grubovia dasyphylla**)

果实与种子形态特征

胞果卵圆形，压扁，完全包裹于花被中，花被背面中部有6个锥刺或钻状附属物，其中1个较短，三棱形，平直，坚硬，呈一平展的五角星状；表面被白色柔毛和颗粒状凸起，顶端中央宿存花柱尖，背面拱，腹面稍凹，去刺后直径1.6～1.8 mm，灰黄色，有时稍显粉红色。种子横生，近圆形，长1.3～1.8 mm，宽1.1～1.5 mm，厚0.3 mm，黄褐色；种皮薄膜质，紧贴胚。胚周边型，环状弯曲，黄色或黄绿色，蜡质；子叶2，窄条形，并合；胚根凸尖，狭锥形，朝向一侧；胚乳粉质，白色，团粒状，淀粉质。千粒重1.5 g。

地理分布与生态生物学特性

样本种子采自内蒙古乌兰察布市（凉城县）。分布于我国黑龙江、吉林、辽宁、河北、内蒙古、山西、陕西、宁夏、甘肃、青海、新疆、西藏。蒙古国、俄罗斯、中亚、西南亚也有。

一年生旱生草本。常散生或群生于草原、半荒漠和荒漠地区的沙质或沙砾质土壤，也多见于这些地区的半固定或固定沙丘、沙地、轻度盐碱地，以及村落、居民点和畜圈附近和农田、林地和撂荒地，在沙地上常可形成单优种群落。耐旱、耐寒、耐热、耐盐碱，抗风沙。为草原区典型风滚植物之一。种子繁殖。在内蒙古乌兰察布草原，4月下旬到7月上旬都可萌发，7～8月开花，9月结果后枯黄。

主要应用价值

生态：地被植物，用于防风固沙、保持水土，在沙化地和浮动的沙荒地上可作为先锋植物。

饲用：饲用价值中等。夏秋季绵羊、山羊、马采食，秋冬羊、骆驼乐食，牛通常不食。

药用：全草入药，能清热祛湿及治疗脂溢性皮炎。

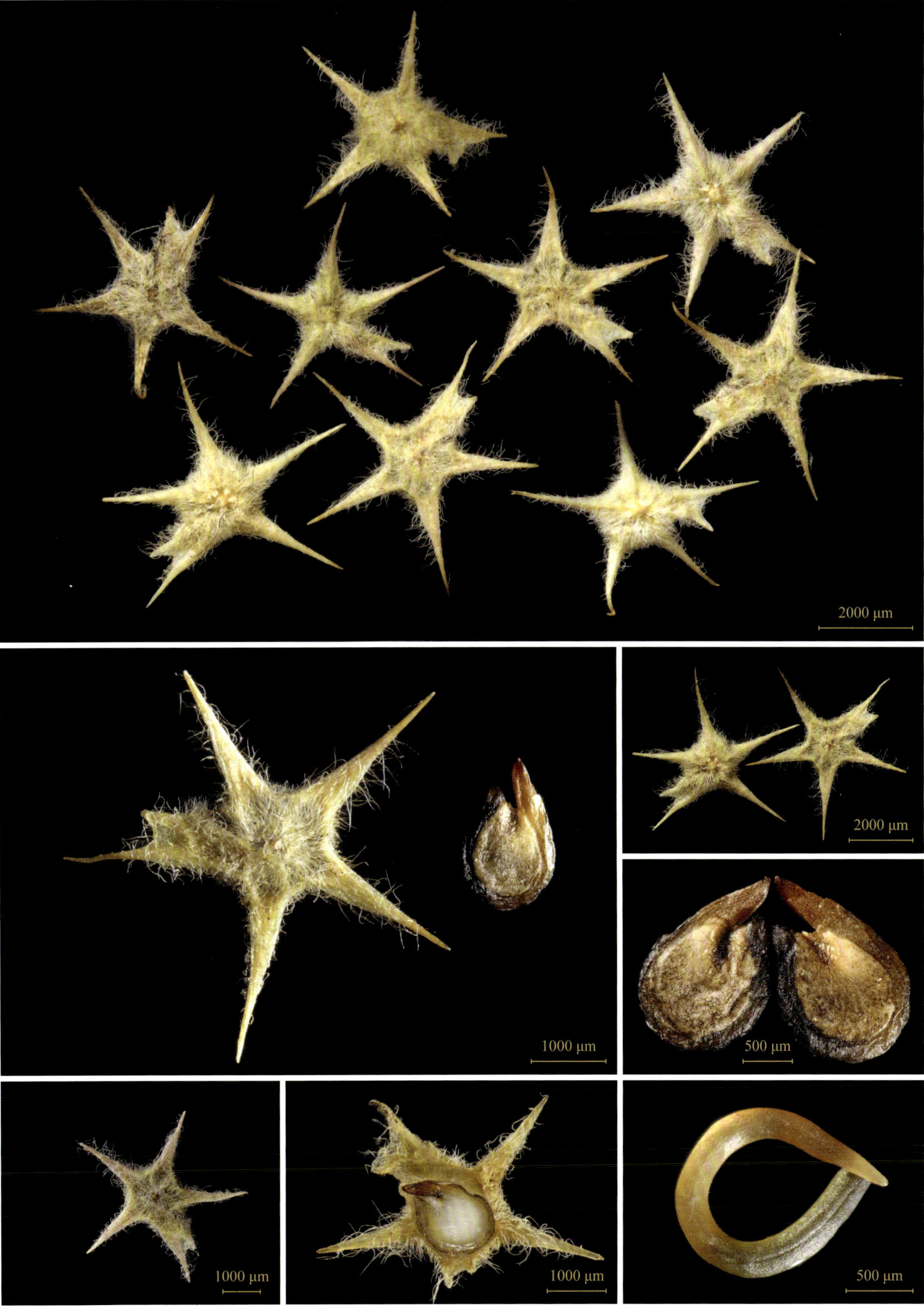
2000 μm
1000 μm
2000 μm
500 μm
1000 μm
1000 μm
500 μm

尖头叶藜 Chenopodium acuminatum Willd.

果实与种子形态特征

胞果双凸透镜形，顶部中央具花柱残基，包被于绿色龙骨状隆起成五角星样的花被内；果皮有灰白色斑点，与种子贴生。种子横生，扁圆形，两面凸，直径1.2～1.5 mm，厚0.5 mm，黑色，有光泽；外种皮壳质，表面具不明显的放射状点凸网纹，内种皮薄膜质，黄褐色；种脐位于基端平凸侧下方，圆形。胚周边型，紧贴种皮，环状弯曲，乳黄色，肉质；子叶2，贴生，狭长条形；胚根圆锥形，顶端稍凸，朝向种脐；胚乳由胚环绕于种子中央，白色，块状，淀粉质。千粒重0.5 g。

地理分布与生态生物学特性

样本种子采自内蒙古呼和浩特市（土默特左旗）。分布于我国黑龙江、吉林、辽宁、内蒙古、河北、浙江、山西、陕西、宁夏、甘肃、青海、新疆等地。日本、朝鲜、蒙古国、俄罗斯、中亚也有。

一年生中生草本。生于草原区的河岸沙质地、盐碱荒地、田边、撂荒地等处，常见于沙质退化草原。喜光，耐寒、耐旱、耐盐碱。种子繁殖。花期6～8月，果期8～9月。

主要应用价值

生态：地被植物。可作为沙化与盐碱化草原、矿山沟坡等土地生态修复先锋配植用种。

饲用：饲用价值中等。矿物质营养丰富，青鲜时骆驼采食，猪乐食，结实后山羊、绵羊乐食。

1000 μm

藜 Chenopodium album L.

果实与种子形态特征

胞果卵形或近圆形，略扁，完全包被于疏松的膜质花被内或顶端稍露，表面暗灰色；果皮薄，与种子贴生。种子横生，双凸透镜形，直径1.2～1.5 mm，黑褐色，有光泽；胚根端凸出，略内弯，边缘钝，表面具不明显的浅沟纹，周围有放射状点纹；种脐位于基端胚根下方沟内，表面平整。胚周边型，环状弯曲，黄色，肉质；子叶2，贴生，狭长条形，长为胚的1/3～1/2；胚根渐尖，朝向种脐；胚乳由胚环绕于种子中央，白色，块状，淀粉质。千粒重0.7 g。

地理分布与生态生物学特性

样本种子采自内蒙古呼和浩特市。我国各地均有分布。遍及全球温带及热带。

一年生中生草本。生于退化草原、撂荒地、农田、菜园、村舍附近或轻度盐碱化土地。生态幅宽，适应性强，对土壤要求不严，喜光，耐阴、耐寒、耐旱、耐轻度盐碱，在氮肥充足的区域能形成较大面积的种群。种子繁殖，种子产量大。生育期较长，在北方180天以上，雨季生长茂盛。花期6～8月，果期7～10月。

主要应用价值

生态：退化草原、荒地常见地被植物。可作为盐碱化土地、矿山沟坡等土地生态修复先锋配植用种。

饲用：饲用价值中等。青鲜时牛、羊、骆驼均乐食，马不食；可作青贮饲料。

药用：全草及种子入药，具有清热、利湿、止泻痢、止痒、杀虫功效。

其他应用：茎叶青鲜时可食用。

1000 μm

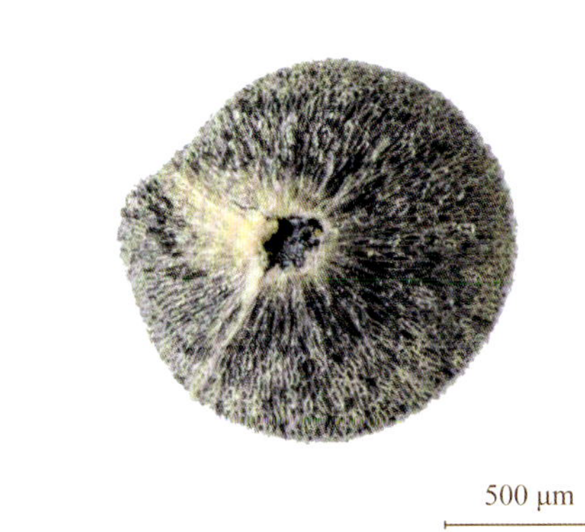

烛台虫实 Corispermum candelabrum Iljin

果实与种子形态特征

胞果倒卵形或宽椭圆形，长3.2～4.2 mm，宽2.1～2.5 mm，被星状毛，黄色或黄褐色；上部宽圆形，基部窄，近圆形或楔形，顶端急尖，具直立果喙，长0.5 mm，喙尖二裂分叉，背面凸，中央压扁，腹面扁平或凹入，边缘具狭翅，新鲜时较宽，成熟后逐渐变窄，为果核的1/10～1/8，翅缘具不规则细钝齿，不透明。果核（种子）椭圆形，顶端圆形，基端楔形，边缘1圈颜色较深，平滑或具不规则分布的泡状凸起和褐色斑点；果脐近圆形，位于基端凹处，黄色；果皮薄，草质。胚周边型，环状包围胚乳，乳黄色，蜡质；子叶2，窄长条形，并合；胚根圆锥形，朝向种脐；内胚乳丰富。千粒重1.3 g。

地理分布与生态生物学特性

样本种子采自内蒙古赤峰市（翁牛特旗）。分布于我国辽宁、河北、内蒙古等地。我国特有种。

一年生沙生中旱生草本。生于半固定沙丘或河边沙滩，常见于草原区半固定沙地及沙化草原。耐寒、耐旱、耐贫瘠，喜疏松沙质土壤。花期6～7月，果期8～9月，10月以后变得质脆而随风滚动传播种子。

主要应用价值

生态：地被植物，用于防风固沙、保持水土，可作为沙地生态修复先锋配植用种。

饲用：饲用价值中等。干枯后绵羊、山羊采食，马偶尔采食。

1000 μm

兴安虫实 Corispermum chinganicum Iljin

果实与种子形态特征

胞果矩圆状椭圆形或倒卵形，长2.2～3.7 mm，宽1.5～2.0 mm，米黄色或黄绿色或灰褐色，无毛，稍光亮；上部宽圆，下部窄圆或近心形，背面凸起，中央稍微压扁，腹面扁平，顶端具二裂喙尖，短粗，长0.5 mm左右，四周具明显窄翅，翅宽0.55～0.68 mm，全缘或具细齿，浅黄色不透明。果核椭圆形，背面具不规则分布的泡状凸起和深褐色斑点；果脐近圆形，位于基端凹陷处，黄色；果皮薄，草质，不开裂，含1粒种子。胚周边型，乳黄色，蜡质；胚乳丰富，白色半透明，胶状淀粉质。千粒重1.4 g。

地理分布与生态生物学特性

样本种子采自内蒙古锡林郭勒盟（镶黄旗）。分布于我国黑龙江、吉林、辽宁、河北、内蒙古、宁夏、甘肃。蒙古国、俄罗斯也有。

一年生沙生旱生草本。常见于半固定沙地及沙丘间低地及沙化草原，也生于半流动沙地。耐寒、耐旱、耐贫瘠，浅根性风滚植物，喜疏松沙质土壤。种子繁殖。花期6～7月，果期7～8月，生育期120天左右。

主要应用价值

生态：地被植物，用于防风固沙、保持水土，可作为沙地生态修复先锋配植用种。

饲用：饲用价值中等。青绿时骆驼采食，干枯后喜食，绵羊、山羊在青绿时采食较少，秋冬采食，马偶尔采食，牛不食。

1000 μm

绳虫实 Corispermum declinatum Steph. ex Steven

果实与种子形态特征

胞果矩圆状椭圆形，长3.2～4.1 mm，宽1.5～2.2 mm，无毛，浅黄色；上端圆形，中部以上较宽，基端圆楔形，背面凸，中央稍扁平，腹面扁平或稍凹入，顶端急尖，果喙直立，长0.5 mm，喙尖二裂，为喙长的1/3左右，四周具窄翅，翅宽为果核的1/8～1/3，全缘或具细齿，不透明。果核窄倒卵形，黄色或黄褐色，平滑或具不规则分布的泡状凸起和深褐色斑点；果脐近圆形，位于基端凹陷处，黄色；果皮薄，草质，与种皮贴生。胚周边型，乳黄色，蜡质；胚乳丰富，白色，淀粉质。千粒重1.2 g。

地理分布与生态生物学特性

样本种子采自内蒙古锡林郭勒盟（锡林浩特市）。分布于我国辽宁、河北、山西、内蒙古、陕西、甘肃、青海、新疆。蒙古国、俄罗斯、哈萨克斯坦也有。

一年生沙生中旱生草本。生于沙质荒地、田边、路旁和河滩，常见于固定沙地及沙化草原。浅根性风滚植物，喜疏松沙质土壤，是沙化草原、沙地灌木草原及撂荒地早期群落中的优势种或主要伴生种之一。种子繁殖。花期6～7月，果期8～9月，10月以后变得质脆而随风滚动传播种子。

主要应用价值

生态： 地被植物，用于防风固沙、保持水土，可作为沙地生态修复先锋配植用种。

饲用： 饲用价值中等。青绿时骆驼采食，干枯后喜食，秋冬季绵羊、山羊采食，马偶尔采食，牛不食。

其他应用： 种子可食用。

1000 μm

毛果绳虫实 Corispermum declinatum var. tylocarpum (Hance) C. P. Tsien et C. G. Ma (Corispermum tylocarpum)

果实与种子形态特征

胞果矩圆状椭圆形，长3.2～4.1 mm，宽1.5～2.2 mm，浅黄色至黄褐色，被星状毛；上部圆形，中部以上稍宽，基部圆楔形，背面凸，中央稍扁平，腹面扁平或稍凹入，顶端急尖，果喙直立，长0.5 mm，喙尖二裂，为喙长的1/3左右，四周具窄翅，翅宽为果核的1/8～1/3，全缘或具细齿，不透明。果核窄倒卵形，黄褐色，平滑或具不规则分布的泡状凸起和深褐色斑点；果脐位于基端凹陷处，近圆形，黄色；果皮薄，草质，与种皮贴生。胚周边型，蜡质，乳黄色；胚乳丰富，白色，淀粉质。千粒重1.2 g。

地理分布与生态生物学特性

样本种子采自内蒙古阿拉善盟（阿拉善左旗）。分布于我国辽宁、河北、山西、内蒙古、陕西、甘肃、青海、新疆等地。蒙古国也有。

一年生沙生旱生草本。生于草原区和荒漠区的固定沙地、沙丘和沙质荒地，也常见于沙化草原。浅根性风滚植物，喜疏松沙质土壤。种子繁殖。花期6～7月，果期8～9月。

主要应用价值

生态：地被植物，用于防风固沙、保持水土，可作沙地生态修复先锋植物配植。

饲用：饲用价值中等。青绿时骆驼采食，干枯后喜食，秋冬季绵羊、山羊采食，马偶尔采食，牛不食。

1000 μm

1000 μm

1000 μm

500 μm

500 μm

500 μm

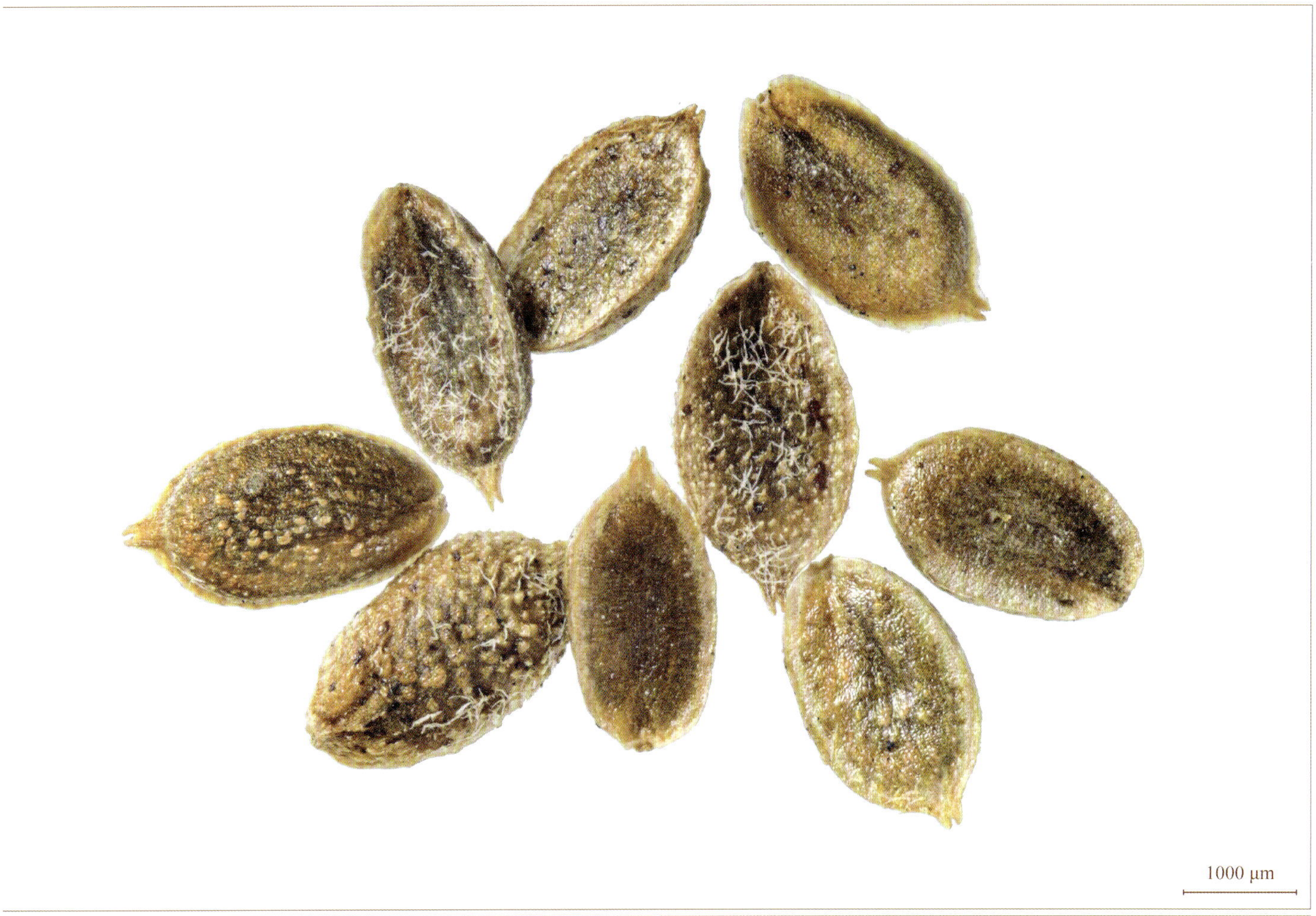

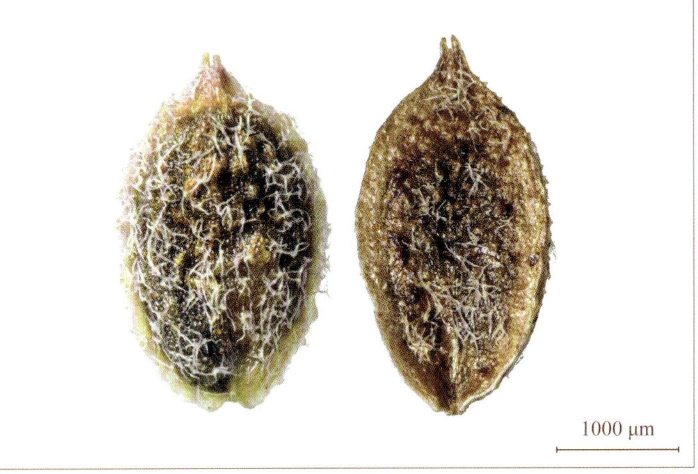

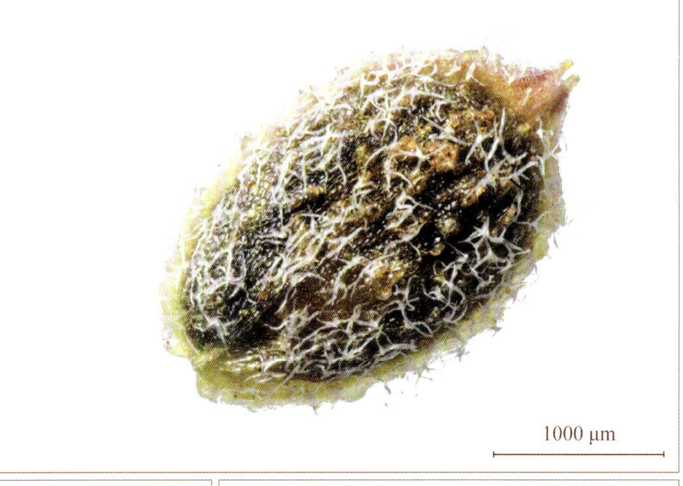

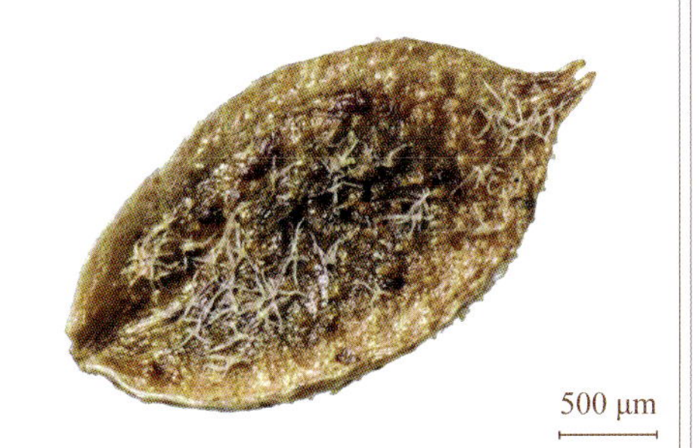

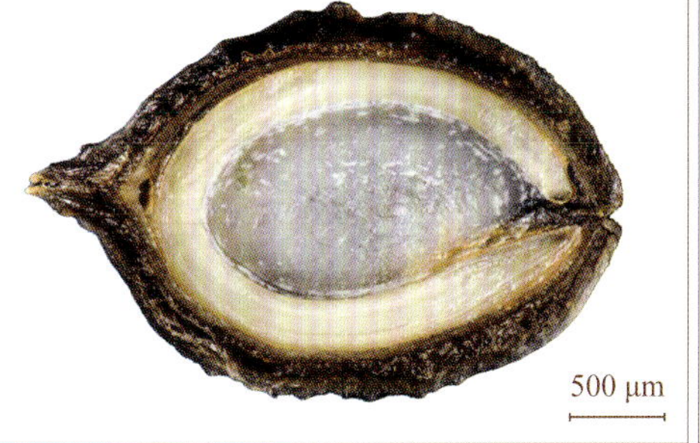

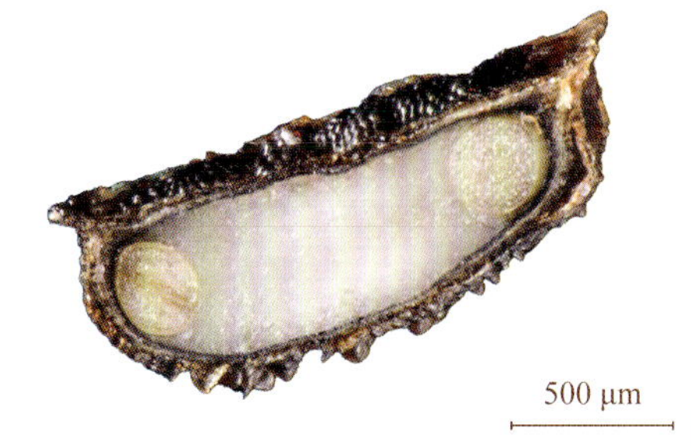

辽西虫实 **Corispermum dilutum** (Kitag.) Tsien et C. G. Ma

果实与种子形态特征

胞果倒宽卵形，长3.7～4.5 mm，宽2.5～4.2 mm，黄色或黄绿色，光滑无毛；顶端具分叉的二裂喙尖，果喙长约0.8 mm，喙尖为喙长的1/3～1/2，四周翅较宽，为0.6～1.0 mm，边缘具不规则细钝齿，黄褐色不透明，基端心形或近心形，背面凸，腹面凹入。果核倒卵形，顶端圆形，基端楔形，长3.2～3.9 mm，宽2.3～2.5 mm，腹面和背面具少数不规则分布的泡状凸起和黑褐色斑纹；果脐位于基端凹处，黄白色；果皮薄，草质。胚周边型，乳黄色，内胚乳丰富。千粒重1.2 g。

地理分布与生态生物学特性

样本种子采自内蒙古赤峰市（巴林左旗）。分布于我国内蒙古科尔沁沙地。我国特有种。

一年生沙生旱生草本。生于草原区的沙地、半固定沙丘，常见于草原区半固定沙丘底部及沙化草原。浅根性风滚植物，喜疏松沙质土壤。种子繁殖。花果期7～9月。

主要应用价值

生态：地被植物，用于防风固沙、保持水土，可作为沙地生态修复先锋配植用种。

饲用：饲用价值良。骆驼、绵羊、山羊四季乐食，骆驼喜食。

1000 μm

毛果辽西虫实 Corispermum dilutum var. hebecarpum Tsien et C. G. Ma

果实与种子形态特征

胞果倒宽卵形，长3.7～4.3 mm，宽2.5～4.0 mm，黄色或黄绿色，两面被星状毛；顶端圆形，具钝角状缺刻，果喙直立，喙尖二裂分叉，为喙长的1/3～1/2，四周翅较宽，边缘具不规则细钝齿，基端楔形或近心形，背面凸起，腹面凹入。果核倒卵形，长3.2～3.6 mm，宽2.3～2.4 mm，黄褐色不透明，腹面和背面具少数不规则分布的泡状凸起和黑褐色斑纹；果脐位于基端凹处，黄白色；果皮薄，草质。胚周边型，乳黄色；子叶2，并合，狭椭圆形；胚乳丰富。千粒重1.2 g。

地理分布与生态生物学特性

标本种子采自内蒙古赤峰市（翁牛特旗）。分布于我国内蒙古科尔沁沙地。我国特有种。

一年生沙生旱生草本。生于草原区的沙地、半固定沙丘，常见于草原区半固定沙丘底部及沙化草原。种子繁殖。花期6～8月，果期8～9月。

主要应用价值

生态：地被植物，用于防风固沙、保持水土，可用于沙地生态修复先锋配植用种。

饲用：饲用价值良等，骆驼、绵羊、山羊四季乐食，骆驼喜食。

1000 μm

长穗虫实 *Corispermum elongatum* Bunge

果实与种子形态特征

胞果矩圆状椭圆形，长3.2～4.2 mm，宽2.5～3.0 mm，光滑无毛；顶端具浅而宽的缺刻，果喙短，直立，长0.7 mm左右，先端渐尖，四周具宽翅，翅宽0.45～0.68 mm，为果核的1/6～1/2，顶端比侧边宽近1倍，边缘具不规则细齿或波状，黄绿色半透明，基端圆楔形，背面凸起，中央扁平，腹面凹入，被柔毛或脱落。果核长2.7～3.3 mm，宽约2.0 mm，顶端圆形，基端楔形；果脐近圆形，位于基端凹陷处，黄色；果皮薄，草质。胚周边型，乳黄色，蜡质；子叶2，窄长条形，并合；胚根圆锥形，朝向种脐；胚乳丰富，白色半透明，胶状淀粉质。千粒重1.2 g。

地理分布与生态生物学特性

样本种子采自内蒙古锡林郭勒盟（正蓝旗桑根达来镇）。分布于我国黑龙江、吉林、辽宁、内蒙古、宁夏。蒙古国、俄罗斯也有。

一年生沙生旱生草本。生于草原区的沙地、固定沙丘或海滨沙地。浅根性风滚植物，喜疏松沙质土壤，耐旱、耐寒。种子繁殖。花果期7～9月。

主要应用价值

生态：地被植物，用于防风固沙、保持水土，可作为沙地生态修复先锋配植用种。

饲用：饲用价值中等。青绿时骆驼采食，干枯后喜食，绵羊、山羊秋冬采食。

1000 μm
500 μm
1000 μm
1000 μm

蒙古虫实 Corispermum mongolicum Iljin

果实与种子形态特征

胞果广椭圆形至矩圆状椭圆形，完全包被于具宽膜质边和被星状毛的苞片中，长1.8～3.0 mm，宽1.1～1.6 mm，厚0.5 mm左右，黄绿色或黄褐色至黑褐色，稍具光泽；表面无毛或具星状毛，顶端近圆形，果喙短，喙尖为喙长的1/2，基端圆或近楔形，边缘具浅黄色窄翅。果核（种子）与果同形，表面具空泡状或瘤状凸起，背面圆拱，腹面稍凹入；果脐位于基端，近圆形，黄色；果皮薄，草质，与膜质种皮贴生。胚周边型，环状包围胚乳，乳黄色，蜡质；子叶2，狭长条形；胚根圆锥形，朝向种脐；胚乳丰富，白色半透明，胶状淀粉质。千粒重1.0 g。

地理分布与生态生物学特性

样本种子采自内蒙古赤峰市（阿鲁科尔沁旗）。分布于我国内蒙古、宁夏、甘肃、新疆。蒙古国、俄罗斯也有。

一年生沙生旱生草本。生于草原带至荒漠带的砂砾质戈壁、固定沙丘或半固定沙地草原及沙化草原。浅根性风滚植物，喜疏松沙质土壤，耐寒、耐旱、耐贫瘠。花期6～7月，果期8～9月。

主要应用价值

生态：地被植物，用于防风固沙、保持水土，可作为沙地生态修复先锋配植用种。

饲用：饲用价值优良。骆驼、羊全年乐食，羊、马采食干草。

1000 μm
1000 μm
500 μm
500 μm
500 μm
200 μm

碟果虫实 *Corispermum patelliforme* Iljin

果实与种子形态特征

胞果圆形或近圆形，碟状或盆状，直径2.3～5.0 mm，黄绿色至黄褐色，扁，有光泽；表面具细小颗粒纹，光滑无毛，顶端微缺，果喙短而不明显，背面平坦或凸起，腹面凹入或深或浅，果翅极窄，边缘向腹面反卷，呈碟状或盆状，四周黄色，中部黄绿色或黄褐色。种子与果同形，直立；果脐位于基端凹处，近圆形，黄色；果皮薄，与种皮贴生。胚周边型，圆环状包围胚乳，乳黄色，蜡质；子叶2，细长，分离；胚根圆锥形，向下；胚乳丰富，白色半透明，淀粉质。千粒重1.7 g。

地理分布与生态生物学特性

样本种子采自内蒙古阿拉善盟（乌兰布和沙漠）。分布于我国宁夏、内蒙古、甘肃、青海。蒙古国也有。

一年生沙生旱生草本。生于荒漠地区的流动和半流动沙丘及砾质戈壁，常见散生于流动沙丘或干燥的沙丘间低地。典型的夏雨性一年生植物，对荒漠地区的植被恢复具有直接作用。耐旱、耐贫瘠，抗风沙，生长迅速。种子繁殖，萌发存在休眠特性，在干冷环境中能储藏较长时间。在内蒙古乌兰布和沙漠边缘，4月下旬到7月均可萌发出苗，花期6～8月，果期8～10月。

主要应用价值

生态： 地被植物，用于防风固沙、保持水土，可作为沙地生态修复先锋配植用种。

饲用： 饲用价值良。骆驼、绵羊、山羊四季乐食，冬季马采食；种子可作精饲料。

1000 μm

宽翅虫实 Corispermum platypterum Kitag.

果实与种子形态特征

胞果矩圆形，长3.8～4.5 mm，宽3.5～4.5 mm，黄色；顶端下陷成锐角状缺刻，果喙直立，长1.2 mm左右，喙尖极短，不足果喙的1/4，基端圆楔形或心形，四周具宽1 mm的薄翅，顶端宽于侧边，半透明，弯向腹面，全缘或边缘具不规则细齿，背面凸起，中央扁平，腹面凹入，光滑无毛。果核椭圆状倒卵形，长2.8～3.5 mm，宽2.0～2.3 mm，黄褐色，具褐色斑点，顶端圆形，基端楔形；果脐近圆形，位于基端凹陷处，黄色；果皮薄，草质。胚周边型，环状包围胚乳，乳黄色，蜡质；子叶2，狭条形，分离，长是胚轴和胚根的2倍以上；胚根圆锥形，朝向种脐；胚乳丰富，白色半透明，胶状淀粉质。千粒重1.5 g。

地理分布与生态生物学特性

样本种子采自内蒙古赤峰市（翁牛特旗）。分布于我国吉林、辽宁、内蒙古、河北等地。

一年生沙生旱生草本。生于草原区的湿润沙地、半固定沙丘，常见于沙化草原和草甸。浅根性风滚植物，喜疏松沙质土壤，耐寒、耐旱、耐轻度盐碱。种子繁殖。花期7～8月，果期8～9月，10月以后变得质脆而随风滚动传播种子。

主要应用价值

生态：地被植物，用于防风固沙，可作为荒漠沙地生态修复先锋配植用种。

饲用：饲用价值良。骆驼、羊四季乐食，骆驼喜食，牛采食。

5000 μm
1000 μm
1000 μm
1000 μm
1000 μm
1000 μm
1000 μm
1000 μm

华虫实 Corispermum stauntonii Moq.

果实与种子形态特征

胞果宽椭圆形，长3.5～4.1 mm，宽2.5～3 mm，无毛，黄绿色或黄褐色，边缘颜色较重；顶端圆形，果喙直立短粗，略超出翅，基端近心形，背面凸起，中央压扁，腹面稍凹入或扁平，四周果翅较宽，为果核的1/4～1/3，边缘具不规则细齿，具纵纹，较薄，浅黄色半透明。果核椭圆形，光亮，背面具少量大小不一的泡状凸起和红褐色小斑点；果脐近圆形，位于基端凹陷处，黄色；果皮薄，草质。胚周边型，环状，乳黄色，蜡质；子叶2，长条形；胚根圆锥形，朝向种脐；胚乳丰富，白色，胶状淀粉质。千粒重1.6 g。

地理分布与生态生物学特性

样本种子采自内蒙古赤峰市（翁牛特旗）。分布于我国黑龙江、辽宁、河北、内蒙古。我国特有种。

一年生沙生旱生草本。生于草原区的沙地、沙质荒地，常见于固定沙地、沙丘间低地及沙化草原。浅根性风滚植物，喜疏松沙质土壤，耐旱、耐寒、耐贫瘠。种子繁殖。花果期7～9月。

主要应用价值

生态：地被植物，用于防风固沙、保持水土，可作为沙地生态修复先锋配植用种。

饲用：饲用价值中等。干枯后绵羊、山羊采食，马偶尔采食，牛不食。

1000 μm
1000 μm
1000 μm
500 μm
500 μm

刺藜 Dysphania aristatum L.（Teloxys aristata）

果实与种子形态特征

胞果卵圆形或扁球形，包裹于薄膜质花被中，成熟后花被片脱落；果皮表面皱缩，与种子贴生。种子横生，侧扁圆形，直径0.7～1.0 mm，光滑，稍有光泽；顶基扁，底面稍弧状内凹，周边截平或具棱；种皮薄膜质，紫褐色至黑褐色；种脐位于底面中心至边缘种脐带一侧，条形，有白色屑状物覆盖。胚周边型，环状包围胚乳，淡黄色半透明；子叶2，离生，狭长条形，长约为胚的1/2，胚根顶端钝圆；胚乳丰富，白色，块状，淀粉质，外胚乳颗粒状。千粒重0.5 g。

地理分布与生态生物学特性

样本种子采自内蒙古呼和浩特市（清水河县）。分布于我国东北、华北、西北等地。日本、朝鲜、蒙古国、中亚、欧洲、北美洲也有。

一年生中生草本。生于草原区、荒漠区的退化和沙化草原、沙质荒地等处，为农田杂草，常见于高粱、玉米、谷子田间和苜蓿草地，喜生长在沙质土壤。喜光，耐旱、耐瘠薄。种子繁殖。花期8～9月，果期9～10月。

主要应用价值

生态：退化草地地被植物。可作为沙化矿山沟坡等土地生态修复配植用种。

饲用：饲用价值中等。青鲜时牛、羊、骆驼均采食。

药用：全草及种子入药，具有祛风止痒功效。

其他应用：春季青鲜时可食用。

1000 μm
1000 μm
100 μm
500 μm
200 μm

菊叶香藜 Dysphania schraderiana (Roemer et Schultes) Mosyakin et Clemants

果实与种子形态特征

胞果扁球形，不完全包裹于宿存的花被内，常顶端裸露，直径0.5～1.0 mm，厚0.4 mm左右，红褐色至黑褐色，有光泽；果皮薄膜质，半透明，与种子贴生，易剥离。种子扁球形，横生，周边钝；种皮硬壳质，顶端和基端稍扁平，表面具颗粒放射状网纹；种脐位于腹面中部或稍偏，边缘一侧具浅豁口，白色，带状，与腹面种脐连接。胚周边型，半环状包围胚乳，淡黄色；子叶2，并合，长条形，胚根顶端钝圆；胚乳丰富，白色，淀粉质。千粒重0.5 g。

地理分布与生态生物学特性

样本种子采自内蒙古乌兰察布市（察哈尔右翼后旗）。分布于我国辽宁、河北、内蒙古、山西、陕西、甘肃、青海等地。亚洲其他地区、欧洲、非洲也有。

一年生中生草本。生于沙质草地、固定沙地、田边、沟岸、撂荒地，喜生于疏松、潮湿的沙质土壤。种子繁殖。花期7～9月，果期9～10月。

主要应用价值

生态：地被植物。可作为沙化土地、矿山沟坡等土地生态修复先锋配植用种。

饲用：饲用价值中等。青鲜时牛、羊采食。

药用：全草入药，主治喘息、痉挛、偏头痛等。

1000 μm

200 μm

200 μm

200 μm

200 μm

500 μm

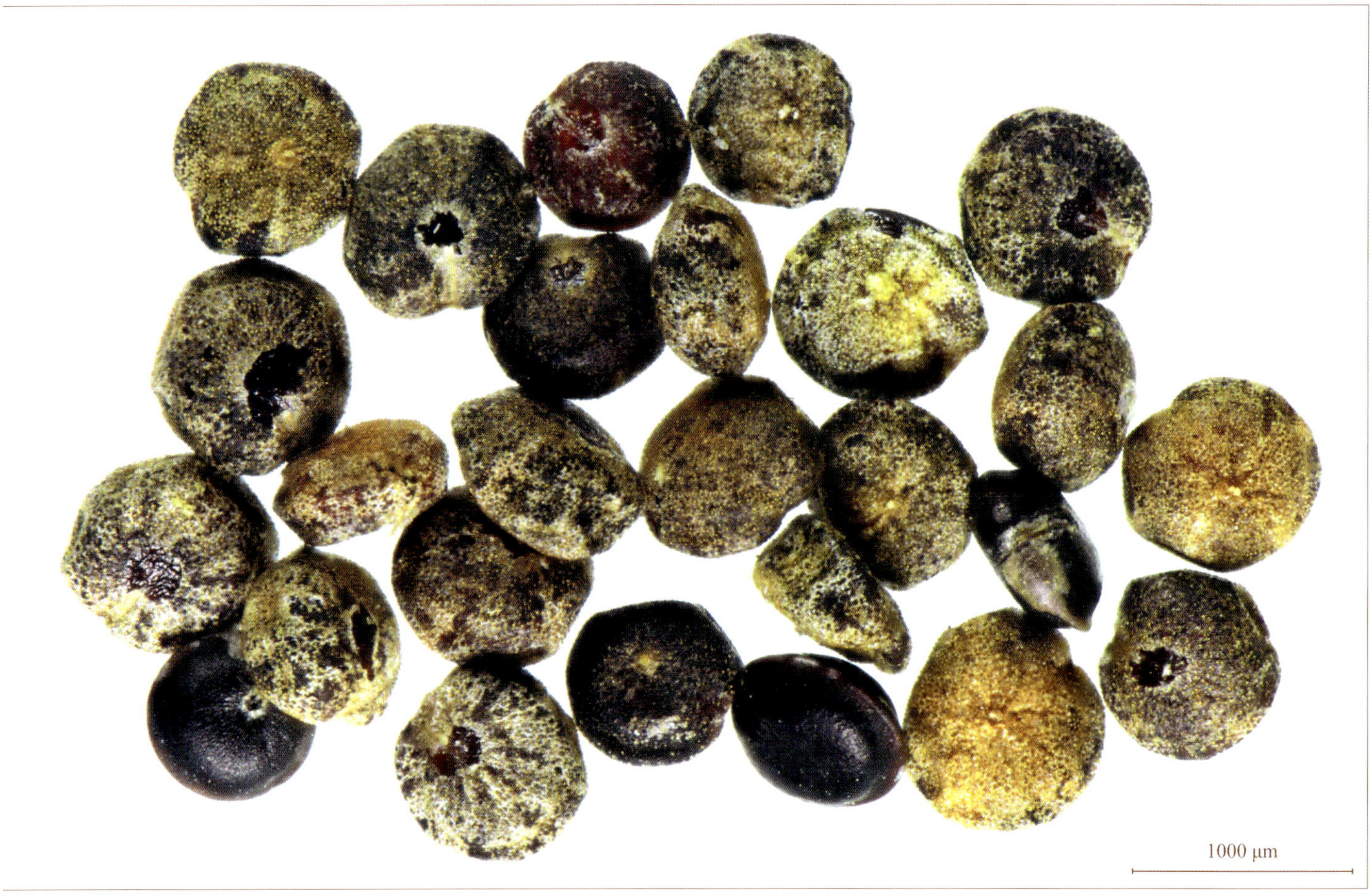

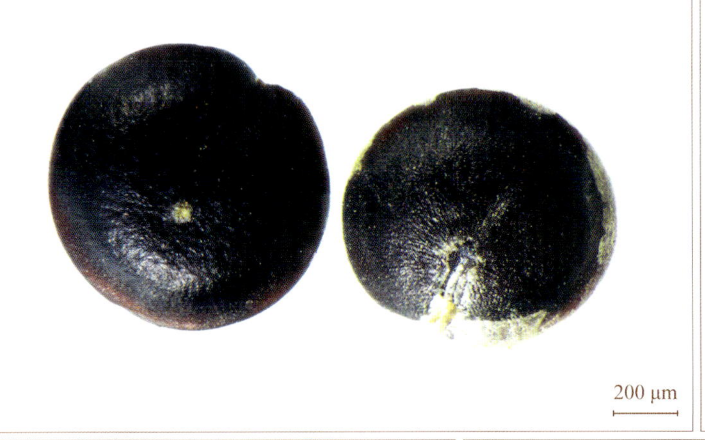

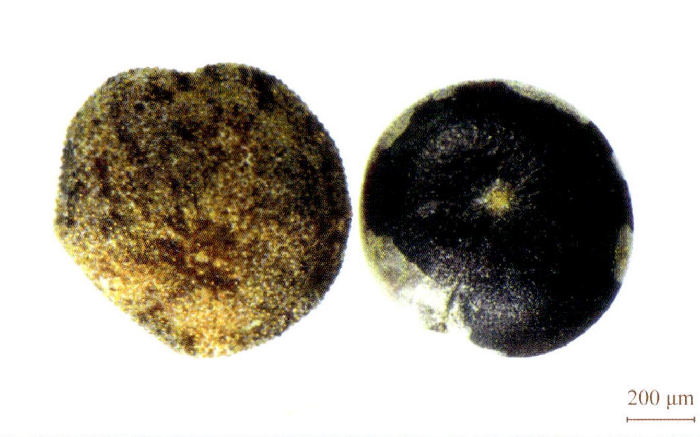

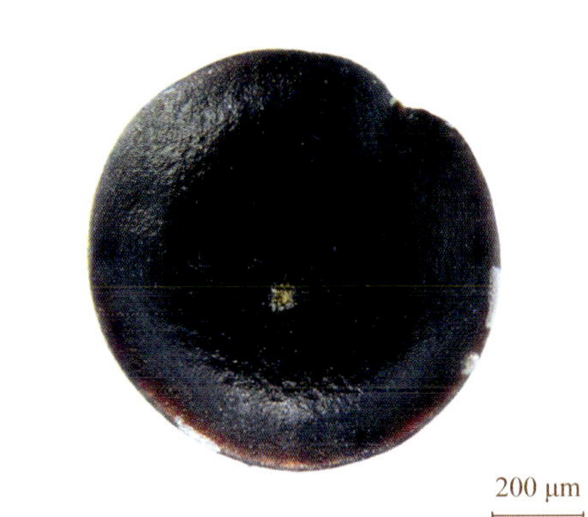

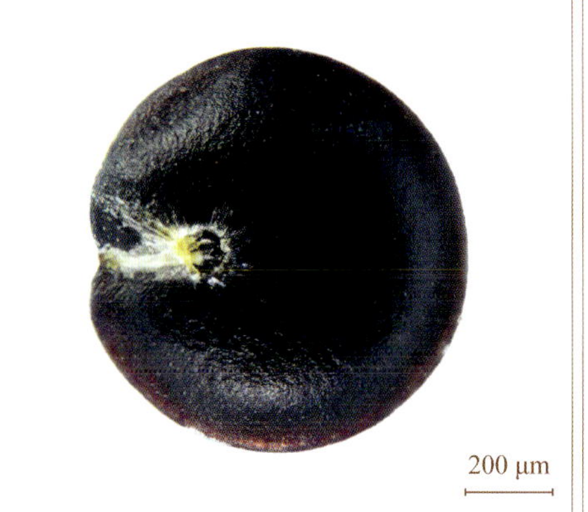

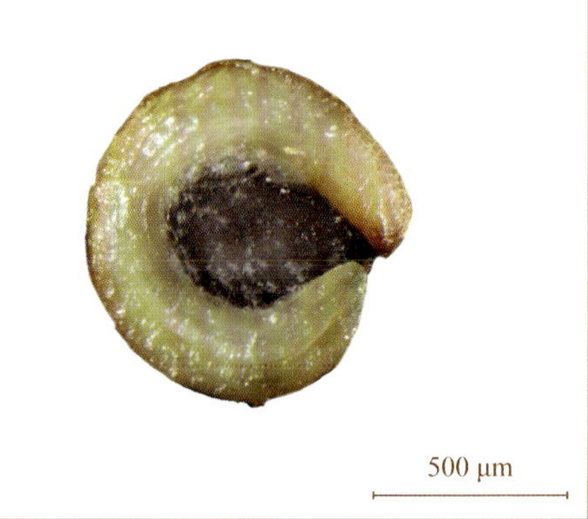

盐生草 **Halogeton glomeratus** (M. Bieb.) C. A. Mey.

果实与种子形态特征

胞果球形或扁卵球形，直径1.1～1.5 mm，灰黄褐色，包于膜质或增厚的革质花被内，具多数明显的纵向脉纹，花被背部近顶部生翅或无翅而花被增厚成革质；果皮常有泌盐斑，与种子贴伏易分离。种子直生，扁圆形，直径1.0～1.3 mm；种皮薄膜质，暗褐色。胚线型，陀螺状盘旋，长15 mm左右，黄绿色，肉质；子叶2，并合，卷曲于中部，绿色，短于胚轴；胚轴围绕子叶盘旋，胚根圆锥形，渐尖，向下；无胚乳。千粒重1.2 g。

地理分布与生态生物学特性

样本种子采自内蒙古阿拉善盟（阿拉善右旗）。分布于我国甘肃、内蒙古、青海、新疆、西藏。蒙古国、俄罗斯、中亚也有。

一年生盐生强旱生草本。生于荒漠区的山脚、戈壁滩、洪积扇及平原的砾质盐碱荒漠，常见于西部轻度盐渍化的黏壤土、沙砾质和沙质戈壁滩。抗旱，耐盐、耐贫瘠。种子繁殖。花果期7～9月。

主要应用价值

生态：干旱荒漠带重要地被植物，用于防风固沙、保持水土，是荒漠区盐碱地生态修复的重要先锋植物之一。获取耐盐和抗旱基因的野生植物资源。据研究，盐生草对环境重金属具有富集作用，这对重金属污染的土壤修复具有一定意义。

饲用：饲用价值良。骆驼四季喜食，青鲜时羊采食，牛、马采食较差，干枯或制成干草，各种家畜均喜食，是荒漠平原区砾石戈壁环境中的重要牧草之一。

1000 μm
1000 μm
500 μm
500 μm
1000 μm
500 μm
500 μm

梭梭 Haloxylon ammodendron (C. A. Mey.) Bunge

果实与种子形态特征

胞果扁球形，背腹压扁，直径2.2～2.6 mm，厚1.1～1.5 mm，黄褐色至黑褐色，成熟前背部具横生增大的翅状膜质花被片；果皮疏松，肉质，不与种子贴生，表面放射状皱缩，背面圆拱，顶端微凹，腹面边缘内卷，中部平凹。种子横生，直径2.1～2.5 mm；种皮薄膜质，黄绿色至棕褐色或黑褐色。胚线型，螺旋状，黄绿色或暗绿色；子叶2，并合，盘绕3～3.5圈，呈腹面平背面凸的圆盘状；胚根渐尖，贴于胚外圈；无胚乳。千粒重3.3 g。

地理分布与生态生物学特性

样本种子采自内蒙古乌海市（乌兰布和沙漠）。分布于我国宁夏、甘肃、青海、新疆、内蒙古。俄罗斯、中亚也有。

盐生超旱生灌木或小乔木。生于荒漠区的湖盆低地、固定和半固定沙丘、砂砾质戈壁低地、盐碱土荒漠、河边沙地等处，喜生于轻度盐渍化、地下水位较高的固定、半固定沙地，在沙漠地区常形成大面积居群，是我国西北干旱荒漠区固沙先锋树种。耐干旱、耐寒、耐盐碱、耐风蚀、耐沙埋，喜光，不耐荫蔽。种子繁殖，具有2次休眠特征，发芽快，发芽率高，正常储藏3年后发芽率降至38%以下。花期6～8月，果期9～10月。

主要应用价值

生态：荒漠和半荒漠地区极其重要的防风固沙植物，是干旱荒漠区固沙先锋树种，适用于半固定、流动沙地造林。

饲用：嫩枝叶为骆驼和牛、羊的良好饲料，骆驼常年喜食。

其他应用：中药材肉苁蓉的寄主，可在树根部接种肉苁蓉生产名贵中药材。木材材质坚硬，可作燃料。

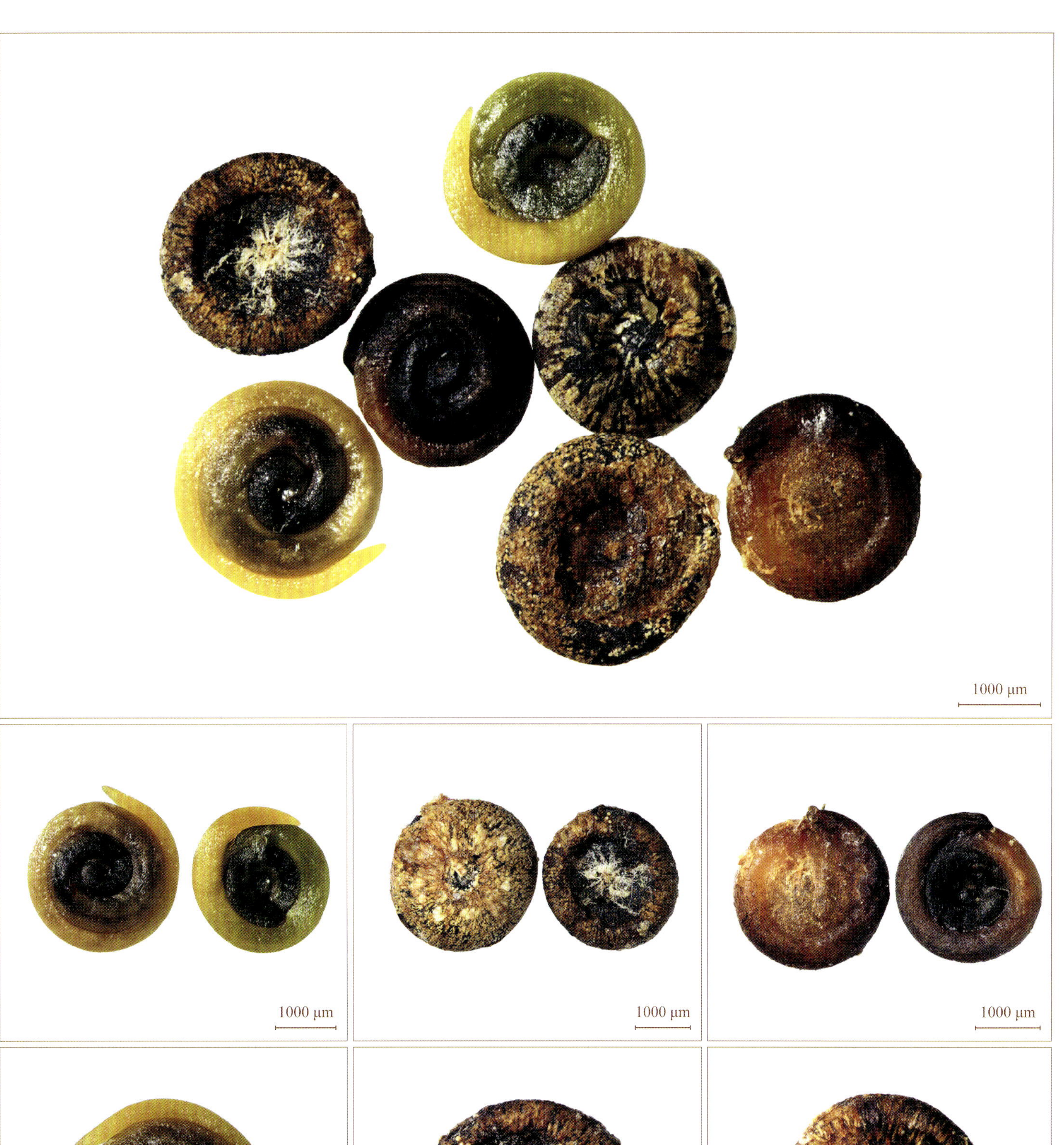
1000 μm
1000 μm
1000 μm
1000 μm
1000 μm
1000 μm
1000 μm

尖叶盐爪爪 Kalidium cuspidatum (Ung.-Sternb.) Grub.

果实与种子形态特征

胞果圆形或近卵圆形，两侧扁，直径1.2 mm，先端略尖，包藏于上部扁平盾状的合生花被中，盾片长五角形，具狭窄的翅状边缘；果皮膜质，不与种皮连合。种子近圆形，直径1 mm左右，黄棕色或淡红褐色，密被乳头状小凸起，近基端一侧平或稍斜截；种脐位于基端一侧连接胚乳处，暗棕褐色。胚周边型，马蹄状，黄色，肉质；子叶2，分离，圆柱形，短于胚轴；胚根圆凸，向下；胚乳颗粒状，白色。千粒重2.5 g。

地理分布与生态生物学特性

样本种子采自宁夏（银川市）。分布于我国河北、宁夏、甘肃、内蒙古、陕西、新疆。蒙古国也有。

盐生旱生小灌木。生于温带草原区和荒漠区的丘陵、山坡、洪积扇边缘的盐土和盐碱土，在湖盆外围、低地盐碱滩常形成单一群落，有时也进入盐化草甸和荒漠草原带局部的盐渍化低地。极耐盐碱，在20 cm土层含盐量达10%～30%、地表有盐结皮的地方能良好生长，但不能忍受长期的淹没或过度的湿润。生长缓慢，耐旱、耐贫瘠，再生性强。种子繁殖。4月下旬至5月上旬返青，7月上旬至8月上旬开花，9～10月结实，10月至11月初枯黄。

主要应用价值

生态：干旱半干旱荒漠带和盐碱化草原区重要地被植物，用于防风固沙、泌盐保水，可用于荒漠区和荒漠草原区盐碱地修复改良。

饲用：饲用价值中等。青嫩时骆驼采食，山羊偶尔采食，干枯或制成干草后骆驼乐食，马、驴、山羊和绵羊少量采食；富含粗蛋白质和粗灰分，对冬季放牧家畜具有重要意义。

1000 μm
500 μm
500 μm
1000 μm
100 μm
200 μm
1000 μm
500 μm
500 μm

盐爪爪 **Kalidium foliatum** (Pall.) Moq.

果实与种子形态特征

胞果卵形或卵圆形，直径1.1 mm，黄褐色，稍有光泽，包藏于合生花被内，花被上部扁平盾状，盾片宽五角形，周围有狭窄的翅状边缘，海绵质，果皮膜质。种子卵圆形或肾形，直立，直径1 mm左右，黄色或黄褐色，两侧压扁，密生乳头状小凸起，先端略尖，近基端一侧斜截；种皮近革质，种脐位于基端一侧连接胚乳处，暗棕褐色。胚周边型，马蹄状，肉质；子叶2，圆柱形；胚根圆凸，向下；内胚乳颗粒状，白色。千粒重2.5 g。

地理分布与生态生物学特性

样本种子采自内蒙古阿拉善盟（阿拉善左旗）。分布于我国黑龙江、河北、内蒙古、宁夏、甘肃、青海、新疆。蒙古国、中亚、欧洲也有。

盐生旱生小半灌木。生于草原区和荒漠区的盐湖边、盐碱地，散生或群集，在湖盆外围、盐渍化低湿地和盐化沙地上常成为建群种或优势种，有时也见于砾石荒漠的低湿处和胡杨林下。种子繁殖。4月中旬返青，8～9月开花，10月种子成熟，生育期150～180天。

主要应用价值

生态：荒漠带和盐化荒漠区重要地被植物，用于防风固沙、保持水土，是荒漠区盐碱地修复改良的理想植物之一。

饲用：饲用价值中等。秋末至春季返青前骆驼喜食，羊、马少量采食，牛很少采食，干枯或制成干草后骆驼乐食，马、驴、山羊和绵羊少量采食，冬季是骆驼的主要饲草。

1000 μm
500 μm
200 μm
1000 μm
500 μm
500 μm
1000 μm
500 μm

黑翅地肤 Kochia melanoptera Bunge
（Grubovia melanoptera）

果实与种子形态特征

胞果完全包裹于花被中，花被片背面中部棱脊延伸成5个长短不等的刺状附属物，其中3个较大，两侧膜质翅状，具黑褐色或紫红色脉；果皮厚膜质，表面被白色柔毛和小颗粒状凸起，背部拱，棱脊顶端中央宿存花柱残基，腹面中部稍凹；脱去花被后胞果卵形，压扁，长2.0～2.2 mm，宽1.8～2.0 mm，红褐色至黑褐色。种子横生，卵形；种皮膜质，黄褐色，紧贴胚。胚周边型，环状弯曲，黄色或黄绿色，蜡质，子叶2，分离，线型；胚根狭锥形，凸尖；胚乳白色，淀粉质。千粒重1.2 g。

地理分布与生态生物学特性

样本种子采自内蒙古阿拉善盟（阿拉善右旗）。分布于我国新疆、青海、甘肃、宁夏、内蒙古。蒙古国、俄罗斯、哈萨克斯坦也有。

一年生旱中生草本。生于荒漠草原带和荒漠区的砾石质地、河床黏壤土等处，散生或群聚，多雨年份可形成季节性层片。耐旱、耐盐碱、耐贫瘠，抗风沙。种子繁殖。花果期7～9月。

主要应用价值

生态：地被植物。可作为荒漠区生态修复先锋植物配植。

饲用：饲用价值中等。夏秋季绵羊、山羊、马采食，骆驼乐食。

2000 μm
1000 μm
500 μm
500 μm
500 μm
500 μm
500 μm

木地肤 Kochia prostrata (L.) Schrad.（Bassia prostrata）

果实与种子形态特征

胞果扁球形，直径1～5 mm，黑褐色，上下压扁，包于5枚膜质花被片内，外被横生的厚的圆齿状短翅；果皮厚膜质，与种子离生，棕褐色，密被白色棉毛，顶面中央具圆形花柱残基，底面中央为圆形果脐。种子卵形，横生，长1.5～2.0 mm，宽1.2～1.8 mm，橄榄褐色或黑褐色，稍有光泽。胚周边型，马蹄状，肉质；子叶2，并合，肥厚，与胚根相邻，稍歪斜，表面皱褶，胚根锥形；胚乳少，粉质。千粒重1.1 g。

地理分布与生态生物学特性

样本种子采自内蒙古锡林郭勒盟（镶黄旗）。分布于我国黑龙江、辽宁、内蒙古、河北、山西、陕西、宁夏、甘肃、新疆、青海、西藏。欧洲至中亚也有。

旱生小半灌木。生于荒漠草原和典型草原的沙质山坡、沙地、砂砾质荒漠等处。生态变异幅度较大，在内蒙古小针茅草原中常成为优势种或重要伴生种，也进入草原化荒漠群落。抗旱，耐风沙、耐寒、耐热、耐贫瘠、耐盐碱，返青早，生长快，生长期长，再生性好。种子繁殖，遇到干旱、高温天气会出现夏季休眠现象。3月底至4月初返青萌发新枝，6月下旬现蕾，7月开花，8月至9月底结实，生育期达240天左右。

主要应用价值

生态： 干旱半干旱草原和荒漠区重要地被植物，用于防风固沙、保持水土。

饲用： 饲用价值优良。青嫩时各类家畜喜食，干草羊、牛、马、骆驼乐食，具有很好的驯化栽培潜力。

药用： 全草及果实入药（药材名：地肤子），能清热利湿、祛风止痒。

1000 μm
1000 μm
500 μm
200 μm
500 μm
1000 μm

地肤 Kochia scoparia (L.) Schrad.
（Bassia scoparia）

果实与种子形态特征

胞果扁球形或近倒卵形，上下压扁，包于5枚膜质花被片内，外被横生的卵形短翅，灰绿色或浅棕色，顶面中央具圆形花柱残基，底面中央为圆形果脐，背面中心有5条微凸起的点状果梗痕及放射状脉纹；果皮薄膜质，与种子离生。种子横生，倒卵形，长1.5～2.2 mm，宽1.1～1.5 mm，棕褐色，表面粗糙，无光泽。胚周边型，马蹄状，肉质；子叶2，并合，肥厚，与胚根相邻，稍歪斜，表面具小颗粒状凸起，短于胚轴，胚根锥形；胚乳白色，淀粉质。千粒重1.1 g。

地理分布与生态生物学特性

样本种子采自内蒙古呼和浩特市。我国各地均有分布。亚洲其他地区、欧洲、非洲、南美洲、北美洲也有。

一年生中生草本。生于草原区的撂荒地、路旁、田边、村边，散生或群生。抗旱，耐寒、耐风沙、耐轻度盐碱，适应性强，生长期长。种子繁殖。花期6～7月，果期8～10月，生育期180天左右。

主要应用价值

生态：干旱半干旱草原带退化草地、撂荒地常见地被植物。

饲用：饲用价值优良。青嫩时各类家畜喜食，干草牛、羊、马、骆驼乐食，花期刈割加工成草粉，猪、鸡、鸭、鹅均喜食。

药用：全草及果实入药（药材名：地肤子），能清热利湿、祛风止痒。

其他应用：幼苗可作蔬菜食用。植株秋冬季易变红，观赏性好。

1000 μm
500 μm
500 μm
1000 μm
500 μm
500 μm
1000 μm
1000 μm

碱地肤 Kochia sieversiana (Pall.) C. A. Mey.
（Bassia scoparia）

果实与种子形态特征

胞果倒卵形或近扁球形，上下压扁，包于5枚膜质花被片内，外被横生的卵圆形厚短翅，花被下有较密的锈色柔毛，整个果实呈棉毛状，顶面中央具圆形花柱残基，底面中央为圆形果脐，背面中心有5条微凸起的点状果梗痕及放射状脉纹；果皮薄膜质，与种子离生。种子横生，近卵圆形，长1.5～2.2 mm，宽1.1～1.5 mm，棕褐色至绿褐色或黑褐色，表面粗糙，稍具光泽。胚周边型，马蹄状，肉质；子叶2，肥厚，并合，与胚根相邻，稍歪斜，表面具小颗粒状凸起，短于胚轴，胚根锥形；胚乳白色，淀粉质，块状。千粒重1.1 g。

地理分布与生态生物学特性

样本种子采自内蒙古乌兰察布市（四子王旗）。分布于我国东北、华北、西北各地。俄罗斯、中亚也有。

一年生旱中生草本。生于草原区和荒漠区的盐碱化低湿地、沙质和砂砾质盐碱化撂荒地、路旁、田边、居民房舍附近，散生或群生。耐寒、耐盐碱，稍耐旱。种子繁殖。花期6～8月，果期8～10月。

主要应用价值

生态：地被植物。可作为盐渍化低地退化草原生态修复配植用种。

饲用：饲用价值优良。青嫩时各类家畜喜食，干草牛、羊、马、骆驼乐食，花期刈割加工成草粉，猪、鸡、鸭、鹅均喜食。

药用：全草及果实入药，能清热利湿、祛风止痒。

其他应用：幼苗可作蔬菜食用。

1000 μm

1000 μm

1000 μm

500 μm

华北驼绒藜 **Krascheninnikovia arborescens** (Losina-Losinsk.) Czerep.

果实与种子形态特征

胞果椭圆形或倒卵形，直立，扁平，内藏于苞片中下部边缘合生管中，顶端花被管裂瓣粗短，向后弯，表面具4束浅黄色或银白色丝状密毛，毛长为胞果的1.5～2.0倍，集中于胞果中上部，下部毛短，分2束约呈90°翅状展开，2束毛呈犄角状与花被管裂瓣平行；果皮膜质，不与种皮连合。种子直生，倒卵形，扁平，长4.2 mm，宽2.2 mm，浅黄色至黄褐色，下部窄，偏子叶侧稍厚，两面有纵纹；种皮膜质，表面光滑。胚周边型，两端对叠，肉质；子叶2，肥厚，与胚轴对弯，稍短于胚轴，胚根细尖；胚乳白色，粉质。千粒重4.5 g。

地理分布与生态生物学特性

样本种子采自内蒙古乌兰察布市（四子王旗）。分布于我国吉林、辽宁、河北、山西、内蒙古、陕西、甘肃、青海等地。我国特有种。

旱生半灌木。生于固定沙丘、沙地、荒地或山坡，多散生在草原区和森林草原带的干燥山坡、固定沙地、旱谷和干河床，也进入荒漠草原，为山地草原和沙地植被的伴生成分或亚优势成分。抗旱，耐寒、耐瘠薄，适应性强，返青早，枯黄晚。我国从20世纪50年代初就开始对华北驼绒藜进行引种栽培。种子无休眠现象，寿命较短，正常储藏2年后发芽率低于10%。在内蒙古镶黄旗沙地直播当年株高10～20 cm，2年生苗移栽当年株高可达50～70 cm，第二年4月中下旬返青，7月中旬现蕾，8月初开花，10月初种子成熟，生育期长达180～200天。

主要应用价值

生态：干旱半干旱荒漠带和沙化草原区重要地被植物，用于防风固沙、保持水土，是荒漠草原退化区修复改良的理想植物之一。

饲用：饲用价值优良。骆驼、马、山羊和绵羊四季喜食，牛采食嫩枝叶，对冬季放牧家畜具有重要意义。

1000 μm
1000 μm
1000 μm
1000 μm
1000 μm
500 μm

驼绒藜 **Krascheninnikovia ceratoides** (L.) Gueldenstaedt

果实与种子形态特征

胞果椭圆形或倒卵形，直立，扁平，内藏于苞片中下部边缘合生管中，顶端花被管裂瓣较长，角状直立，表面具4束浅黄色或灰白色丝状密毛，毛长约为胞果的1.5倍，集中于胞果中上部，分2束约呈90°翅状展开，2束毛呈犄角状与顶端花被管裂瓣近平行；果皮膜质，与种子贴伏不易分离。种子与果同形，扁平，长为宽的1.5～2.0倍，浅黄色至黄褐色，两面有纵纹；种皮薄膜质，表面被短柔毛。胚周边型，两端马蹄状对折，黄绿色，肉质；子叶2，短于胚轴；胚根细锥形，向下，与子叶端等齐；胚乳白色，粉质。千粒重4.4 g。

地理分布与生态生物学特性

样本种子采自内蒙古阿拉善盟（阿拉善左旗）。分布于我国宁夏、内蒙古、甘肃、新疆、青海、西藏等地。欧亚大陆干旱地区、北非也有。

强旱生半灌木。生于戈壁、荒漠、半荒漠、干旱山坡或草原区西部的沙质、沙砾质土壤，为荒漠建群种，组成草原化荒漠群落，在草原化荒漠可形成大面积的群落。抗逆性强，超耐旱，耐瘠薄、耐盐碱。种子繁殖，寿命较短，保存一年后发芽率下降80%。花果期6～9月。

主要应用价值

生态：荒漠地被植物，用于防风固沙、保持水土，是荒漠和荒漠草原退化区修复改良的理想植物之一。

饲用：饲用价值优良。高产、优质的半灌木优良牧草，骆驼、马、山羊和绵羊四季喜食，牛采食嫩枝叶，是秋冬季家畜的保膘饲料。

药用：花入药，可治气管炎、肺结核。

1000 μm
1000 μm
2000 μm
1000 μm
500 μm
500 μm
500 μm

心叶驼绒藜 **Krascheninnikovia eversmanniana** (Stschegleev ex Losina-Losinskaja) Grubov

果实与种子形态特征

胞果倒卵形或椭圆形，直立，扁平，内藏于苞片中下部边缘合生管中，花被管椭圆形，顶端裂瓣粗短角状向两侧弯曲，表面具4束浅黄色或黄棕色丝状密毛，毛长为胞果的1.5～2.0倍，集中于胞果中上部，分2束毛约呈90°翅状展开，2束毛呈犄角状与顶端花管裂瓣平行；果皮膜质，与种子贴伏易分离。种子直生，窄倒卵形，扁平，长4.2 mm，宽2.2 mm，偏子叶侧稍厚，浅黄色至黄褐色，两面有纵纹；种皮薄膜质，表面光滑。胚周边型，两端对叠，黄绿色，肉质；子叶2，肥厚，短于胚轴；胚根锥形，向下；胚乳，白色，粉质。千粒重4.6 g。

地理分布与生态生物学特性

样本种子采自新疆乌鲁木齐市（天山）。分布于我国新疆。俄罗斯、蒙古国也有。

旱生半灌木。生于半荒漠、沙丘、荒地、田边及路旁，常见于固定荒地或山坡，多散生在草原区和荒漠带的干燥山坡、固定沙丘、沙地、旱谷和干河床，为沙地植被的伴生成分。抗旱，耐寒、耐瘠薄，生长迅速。种子繁殖。4月返青，8月开花，9～10月种子成熟。

主要应用价值

生态：干旱半干旱荒漠带和沙化草原区重要地被植物，用于防风固沙、保持水土，可作为荒漠草原退化区修复改良配植用种。

饲用：饲用价值优良。骆驼、山羊和绵羊四季喜食，马采食嫩枝叶。在干旱荒漠地区有较高的驯化栽培价值。

5000 µm
1000 µm
1000 µm
1000 µm
1000 µm
1000 µm

蛛丝蓬 Micropeplis arachnoidea (Moq.-Tandon) Bunge
（Halogeton arachnoideus）

果实与种子形态特征

胞果球形或球状宽卵形，背腹压扁，直径1.0～1.5 mm，包裹于膜质花被内，灰褐色，具多数明显的纵向脉纹；果皮膜质，与种皮贴伏易分离，有时具泌盐斑。种子与果同形，横生，灰黑色，种脐位于基端中部。胚线型，近平面螺旋状盘旋，长15.5 mm，黄色至黄绿色，肉质；子叶2，绿色，短于胚轴；胚轴黄色，围绕子叶盘旋环绕；胚根渐尖，向下；无胚乳。千粒重1.2 g。

地理分布与生态生物学特性

样本种子采自内蒙古阿拉善盟（阿拉善右旗）。分布于我国山西、内蒙古、陕西、宁夏、甘肃、青海、新疆。蒙古国、俄罗斯、哈萨克斯坦也有。

一年生盐生旱中生草本。生于荒漠、半荒漠区的碱化土壤、石质残丘覆沙地、沟谷干河床盐碱地、沙地边缘、山前平地和砾石戈壁滩，沿盐渍低地也进入荒漠草原地带。亚洲中部荒漠地区特有的夏雨型营养植物之一。抗旱，具有聚盐特性，能从土壤中吸收大量的可溶性盐类聚集在体内。种子繁殖。花果期7～9月，10月以后根部极易折断，种子随风滚动传播。

主要应用价值

生态：干旱半干旱荒漠带和荒漠草原带重要耐盐碱地被植物。可作为荒漠区盐碱地生态修复先锋配植用种。获取耐盐和抗旱基因的野生植物资源。

饲用：饲用价值中等。骆驼四季乐食，青鲜时羊偶尔采食，干枯或制成干草，各种家畜均乐食。

其他应用：茎叶含盐，有群众将其作为兰州牛肉拉面的添加剂，对改变食品风味和面条黏弹性具有良好的作用。

1000 μm
500 μm
500 μm
1000 μm
1000 μm
500 μm
500 μm
500 μm

木本猪毛菜 Salsola arbuscula Pall.（Xylosalsola arbuscula）

果实与种子形态特征

胞果包于花被片上部向中央聚集成的圆锥体内，花被片背部下方宿存横生展开的3个半圆形和2个较狭窄的膜质翅，具多数细脉纹，倒圆锥体直径2.6～3.1 mm，带翅直径9.4～11.6 mm，干后土黄色。胞果卵圆形，稍扁，直径2.5～2.9 mm，黄褐色，表面粗糙，皱缩，腹面中部圆锥状隆起，背面圆形；果皮膜质，与种皮贴生。种子横生，圆形，黄绿色。胚线型，蜗牛状螺旋卷曲，肉质，黄绿色至黄褐色，充满整个种子；子叶2，并合；胚轴细长，胚根尖弯向种脐；无胚乳。千粒重3.2 g。

地理分布与生态生物学特性

样本种子采自内蒙古阿拉善盟（阿拉善左旗）。分布于我国内蒙古、宁夏、甘肃、新疆。蒙古国、中亚、欧洲也有。

超旱生灌木。生于荒漠区的覆沙戈壁和干河床、砾质荒漠，在荒漠群落中多为伴生种，有时也成为建群种。抗旱性强，耐贫瘠。种子繁殖。花期7～8月，果期9～10月。

主要应用价值

生态：用于防风固沙，保持水土，可作为荒漠区生态修复配植用种。

饲用：饲用价值中等。几乎全年为骆驼采食。

2000 μm
5000 μm
2000 μm
2000 μm
2000 μm

猪毛菜 Salsola collina Pall.

果实与种子形态特征

胞果倒卵形，长2～3 mm，宽1.2～1.5 mm，灰黄色或淡灰褐色，被杯状花被包围，花被片背部具鸡冠状凸起，上部分近革质，顶端膜质，先端向中央折曲成平面后向上折聚成小圆锥体，紧贴果实；果皮膜质，粗糙，具疏松的皱褶，深灰褐色。种子横生或斜生，倒卵形，顶端截形，蜗牛状螺旋卷曲，直径1.5 mm；种脐位于基端，稍凸。胚线型，蜗牛状螺旋卷曲，长7.0～8.5 mm，表面具纵向细纹，红褐色，肉质；子叶卷曲于中央，暗褐色；下胚轴发达，胚根向下；胚乳稀薄或无。胞果千粒重1.6 g。

地理分布与生态生物学特性

样本种子采自内蒙古呼和浩特市（和林格尔县）。分布于我国黑龙江、吉林、辽宁、河北、山西、内蒙古、陕西、宁夏、甘肃、青海、新疆等地。朝鲜、蒙古国、印度、中亚、欧洲、北美洲也有。

一年生中旱生草本。生于草原带和荒漠带的沙质土、沙丘、石质山坡及路旁、沟沿、宅旁、撂荒地等处，常见于草原和荒漠草原群落中，为伴生种，与一年生禾草构成一年生层片。适应性广，抗逆性强，抗旱、耐盐碱、耐瘠薄。种子繁殖。花期7～8月，果期8～9月，10月后植株干枯成为风滚植物。

主要应用价值

生态：用于防风固沙、保持水土，可作为自然植被盖度低、其他植物不易生长的沙化土地修复先锋配植用种。

饲用：饲用价值良。幼嫩茎叶骆驼喜食，山羊乐食，猪、牛、绵羊少量采食，干枯后适口性差，家畜很少采食。

药用：果期全草入药，能平肝潜阳、清热降压。

其他应用：嫩茎叶可作为野菜食用。

1000 μm
1000 μm
500 μm
500 μm
1000 μm
500 μm
500 μm

松叶猪毛菜 **Salsola laricifolia** Turcz. ex Litv.（**Oreosalsola laricifolia**）

果实与种子形态特征

胞果锥体状倒卵形，直径2.6 mm，高2.2 mm，包于花被内，花被片背部横生开展的干膜质翅宿存，具多数扇形细脉纹，稍坚硬，干后黄褐色，翅以上部分向中央聚集成圆锥体包裹种子；果皮膜质，与种子贴生。种子横生，圆形，直径2.5 mm，背面拱起，中间微凹，腹面边缘内卷；种皮薄膜质，暗褐色，表面具线纹，皱缩。胚线型，长7.0～8.5 mm，蜗牛状螺旋卷曲，黄绿色或暗绿色至红褐色，肉质；子叶2，并合折曲，胚根长圆锥形；无胚乳。千粒重2.3 g。

地理分布与生态生物学特性

样本种子采自内蒙古阿拉善盟（阿拉善左旗）。分布于我国宁夏、甘肃、新疆、内蒙古。蒙古国、中亚也有。

强旱生小灌木。生于荒漠带的石质低山、沙丘、山坡及砾质荒漠，广布于亚洲中部荒漠，是草原化石质荒漠的主要建群种之一，也常以优势种或伴生种成分见于石质、砾石质典型荒漠中。抗逆性强，高度抗旱，是很好的抗旱基因资源挖掘对象。种子繁殖。5月返青，花期7～8月，果期9～10月。

主要应用价值

生态：用于防风固石、保土护坡，可作为石砾质荒漠、山坡生态修复配植用种。

饲用：饲用价值中等。幼嫩茎叶骆驼喜食，山羊乐食，猪、牛、绵羊少量采食，干枯后适口性差，家畜很少采食。

2000 μm
1000 μm
1000 μm
5000 μm
1000 μm
1000 μm
1000 μm
1000 μm

珍珠猪毛菜（珍珠柴） Salsola passerina Bunge （Caroxylon passerinum）

果实与种子形态特征

胞果倒锥体状倒卵形或扁圆卵形，直径2.4～2.6 mm，高2.0～2.3 mm，包于花被内，花被片背部横生开展的三大两小膜质翅宿存，具多数扇形细脉纹，稍坚硬，被丁字毛，干后黄褐色，花被片上部向中央聚集成圆锥体包裹种子，种子横生，圆形，直径2.2～2.5 mm，黄绿色，表面具线纹，皱缩，背面拱起或稍平，中间微凹，腹面周边凸起；果皮膜质，与薄膜质种皮贴生。胚线型，蜗牛状螺旋卷曲，黄绿色或暗绿色至红褐色，肉质；子叶2，并合折曲，胚根常弯向中部；无胚乳。千粒重3.2 g。

地理分布与生态生物学特性

样本种子采自内蒙古阿拉善盟（阿拉善左旗）。分布于我国内蒙古、宁夏、甘肃、青海、新疆。蒙古国也有。

超旱生小半灌木。生于荒漠带和荒漠草原带的石质低山、沙丘、沙砾质戈壁、黏质土壤及盐碱化荒漠盆地，是西北荒漠重要的建群种之一，常形成优势荒漠植被类型。抗逆性强，高度抗旱，耐轻度盐碱、耐贫瘠。种子繁殖。一般5月初返青，花期6～10月，果期9～10月。

主要应用价值

生态：用于防风固石、保土固坡，可作为石砾质荒漠、山坡生态修复配植用种。

饲用：饲用价值中等。幼嫩茎叶骆驼喜食，山羊乐食，猪、牛、绵羊少量采食，干枯后适口性差，家畜很少采食。

1000 μm

1000 μm

刺沙蓬 Salsola tragus L.（Kali tragus）

果实与种子形态特征

胞果倒卵形或卵圆形，直径1.2～2.0 mm，包于花被内，花被片于中部聚集成圆锥形杯状，背部宿存三大两小的干膜质翅；果皮膜质，疏松。种子横生，倒卵形，长3.0～3.5 mm，宽2.5～3.0 mm，灰褐色；种皮薄膜质，黄褐色或夹杂粉红色，表面具多数细小的纵向脉纹。胚线型，蜗牛状螺旋卷曲，长7.0～8.5 mm，黄绿色或绿色，肉质；子叶2，并合，缠绕卷曲于中央；胚根长圆柱形，向下；胚乳稀薄。胞果千粒重1.2 g。

地理分布与生态生物学特性

样本种子采自内蒙古鄂尔多斯市（乌审旗）。分布于我国黑龙江、吉林、辽宁、河北、内蒙古、山西、陕西、宁夏、甘肃、新疆、西藏等地。蒙古国、中亚、欧洲也有。

一年生旱中生草本。生于沙质、沙砾质土壤，喜生于土质疏松的沙土，也进入农田、路边，多雨年份在荒漠群落中形成发达的层片。耐旱，抗风沙。种子繁殖。花期7～8月，果期8～9月，果熟后植株干枯成为风滚植物。

主要应用价值

生态： 地被植物，用于固沙保土，可作为荒漠砂砾质土壤生态修复先锋配植用种。

饲用： 饲用价值中等。骆驼乐食，幼嫩茎叶羊少量采食，干枯后家畜一般不食。

药用： 果期全草入药，功能同猪毛菜。

5000 μm
1000 μm
1000 μm
1000 μm
500 μm

碱蓬 **Suaeda glauca** (Bunge) Bunge

果实与种子形态特征

胞果有球形或球状扁圆形2种类型，一类包于花被内，上端稍裸露，扁圆形，另一类紧包于增厚内卷的五角星状花被内，球形。种子横生或斜生，球形或双凸透镜形，直径1.5～2.3 mm，棕褐色或黑色，稍有光泽；种皮薄壳质，具清晰的颗粒状点纹；种脐位于一侧凸出的胚根下方，有黄褐色脂质物覆盖，紧邻种瘤，种瘤延伸成不明显的脊状。胚线型，平面螺旋状盘旋，淡黄色，脂质；子叶2，并合，长条形；胚根圆锥形，急尖；胚乳稀薄或无。千粒重2.1 g。

地理分布与生态生物学特性

样本种子采自内蒙古巴彦淖尔市（五原县）。分布于我国黑龙江、河北、山西、内蒙古、陕西、宁夏、甘肃、新疆等地。日本、朝鲜、蒙古国、俄罗斯也有。

一年生盐生中生草本。群集或零星生于草原区、荒漠区的盐渍化和盐碱湿润土壤，能形成群落或优势层片，多见于滨海地带和内陆河谷平原及咸水湖周边。耐盐、耐湿、耐瘠薄，抗逆性强，适应性广，生长过程中能从土壤中吸收大量盐分富集于体内。种子繁殖，休眠性极低，夏季雨后能迅速萌发。花期7～8月，果期9月。

主要应用价值

生态：荒漠带和草原带盐碱地重要地被植物。在中、重度盐碱地种植能达到拔盐抽碱改良土壤的效果。利用碱蓬对盐渍土、重金属污染土壤进行生态修复，能够改善土壤理化性状，降低土壤盐度，增加土壤有机质和总氮含量，增加土壤微生物数量，加速潮滩的土壤化过程，并且对土壤微生物群落的组成能够产生一定的影响。

饲用：饲用价值中等。青鲜时骆驼、山羊乐食，绵羊偶尔采食。

其他应用：青鲜植株开水热焯浸泡后可食用。含水溶性花青素类色素，为天然的食用色素。植株及种子含油量高，是一种高级食用油和保健品原料及化工原料。获取耐盐抗逆基因的野生植物资源。

1000 μm
2000 μm
1000 μm
500 μm
500 μm
2000 μm
500 μm
500 μm
500 μm
500 μm

肥叶碱蓬 Suaeda kossinskyi Iljin

果实与种子形态特征

胞果圆形，两面扁，双凸透镜状，包于宿存的黄色花被内，果皮薄壳质。种子横生，圆形或肾状圆形，周边钝，基端凸，直径0.8～1.1 mm，厚0.6～0.7 mm，茶褐色或暗红褐色，有光泽；种皮薄膜质，具清晰的颗粒状点纹；种脐位于基端一侧凸出的胚根下方，有黄褐色脂质物覆盖，种瘤不明显。胚线型，平面螺旋状盘旋，淡黄色，脂质；子叶2，并合，长条形；胚根圆锥形，急尖；胚乳稀薄或无。千粒重1.2 g。

地理分布与生态生物学特性

样本种子采自内蒙古阿拉善盟（额济纳旗）。分布于我国内蒙古、甘肃、新疆。蒙古国、俄罗斯也有。

一年生盐生湿中生草本。生于荒漠区河流两岸的潮湿盐渍化土地和强盐碱化土壤，多零星分布，有时能形成小片居群。耐盐、耐湿、耐瘠薄，抗逆性强。种子繁殖。花期7～9月，果期9～10月。

主要应用价值

生态：地被植物。荒漠区重度盐渍化低湿地先锋植物。在中、重度盐碱地种植能达到拔盐抽碱改良土壤的效果。

饲用：饲用价值中等。骆驼、羊乐食。

500 μm
500 μm
500 μm
500 μm

平卧碱蓬 Suaeda prostrata Pall.

果实与种子形态特征

胞果圆球形，稍扁，顶基扁平，包于花被内；果皮薄膜质，淡黄色，与种皮分离。种子横生，扁卵形或双凸透镜形，钝圆，直径1.3～1.5 mm，黑色；种皮壳质，稍有光泽，具清晰的同心圆蜂窝状点纹，一侧胚根端隆起，圆凸；种脐位于一侧中部，隆起，有黄褐色脂质物覆盖。胚线型，平面螺旋状盘旋，淡黄色，脂质；子叶2，长条形，并合；胚根圆锥形，急尖；胚乳稀薄或无。千粒重1.1g。

地理分布与生态生物学特性

样本种子采自内蒙古阿拉善盟（阿拉善左旗）。分布于我国内蒙古、河北、山西、陕西、宁夏、甘肃、青海、新疆等地。蒙古国、中亚、东欧也有。

一年生盐生湿生草本。生于草原区和荒漠区的盐碱地、重度盐渍化土壤，在盐渍化湖边、河岸及低洼地的湿润土壤上常形成群落，为盐碱地盐生植物群落中的建群种之一。耐盐、耐湿、耐瘠薄，抗逆性强。种子繁殖。花期6～9月，果期8～10月。

主要应用价值

同碱蓬。

1000 μm
500 μm
500 μm
1000 μm
500 μm
200 μm
500 μm
500 μm

阿拉善碱蓬（茄叶碱蓬） Suaeda przewalskii Bunge

果实与种子形态特征

胞果球形，两面稍压扁，包于花被内，果皮薄壳质。种子横生，圆形或肾状圆形，周边钝，直径1.5～1.8 mm，厚0.6 mm，黑褐色或紫褐色，稍有光泽；种皮薄膜质，具清晰的颗粒状点纹；种脐位于一侧凸出的胚根下方，有黄褐色脂质物覆盖，紧邻种瘤，种瘤延伸成不明显的脊状。胚线型，平面螺旋状盘旋，淡黄色，脂质；子叶2，长条形，并合；胚根圆锥形，急尖；胚乳稀薄或无。千粒重1.1 g。

地理分布与生态生物学特性

样本种子采自内蒙古巴彦淖尔市（乌拉特前旗）。分布于我国内蒙古、宁夏、甘肃等地。蒙古国也有。

一年生盐生湿生草本。生于荒漠区的盐碱湖滨、盐湖洼地或沙丘低地，多零星分布，有时能形成小片群落。耐盐、耐湿、耐瘠薄，抗逆性强。种子繁殖。花期7～8月，果期9～10月。

主要应用价值

生态：盐碱荒漠地被植物。在中、重度盐碱地种植能达到拔盐抽碱改良土壤的效果。

饲用：饲用价值中等。骆驼、羊乐食。

1000 μm
500 μm
500 μm
1000 μm
500 μm
500 μm
1000 μm
1000 μm

盐地碱蓬 Suaeda salsa (L.) Pall.

果实与种子形态特征

胞果包于增大的花被内，花被片背部龙脊状隆起；果皮膜质，黄褐色或黄绿色，果实成熟后常常破裂而露出种子。种子横生，双凸透镜形或歪倒卵形，圆滑，直径0.8～1.5 mm，紫黑色至黑褐色，表面光亮，具不清晰的细小颗粒状网纹；种脐位于圆凸的胚根下侧，凹陷，有黄色脂质物覆盖，种瘤不明显。胚线型，平面螺旋状盘旋，淡黄色，脂质；子叶2，长条形，并合；胚根圆锥形，急尖；无胚乳。千粒重1.1 g。

地理分布与生态生物学特性

样本种子采自内蒙古阿拉善盟（阿拉善左旗）。分布于我国黑龙江、吉林、辽宁、河北、山西、内蒙古、陕西、宁夏、甘肃、青海、新疆。朝鲜、蒙古国及亚洲、欧洲也有。

一年生盐生湿生草本。生于盐碱地或低湿盐化草甸，群集或零星分布，在海滩、河岸、洼地常形成群落，是盐碱土的指示植物。耐盐、耐湿、耐瘠薄，喜光、喜湿，生长过程中能从土壤中吸收大量盐分富集于体内。种子繁殖。花期7～8月，果期9月。

主要应用价值

生态：海浸成土母质的先锋植物，为浅海湖水域生态系统有机物的重要来源。可作为海岸和内陆盐碱光板地修复先锋植物。

饲用：饲用价值低。适口性差，幼株牛、羊少量采食。

其他应用：种子可食用，含有蛋白质、膳食纤维、多糖、色素、黄酮类化合物等；种子含有丰富的共轭亚油酸。

1000 μm
500 μm
500 μm
500 μm
500 μm
500 μm
500 μm

合头藜（合头草）*Sympegma regelii* Bunge

果实与种子形态特征

胞果圆形，两侧扁，完全包覆于花被中，花被片草质，近顶端有黄褐色膜质翅；果皮膜质，表面具纵向脉纹，疏松易碎，与种子分离。种子直立，近倒卵形，直径1.2～1.8 mm，黄色至黄褐色；种皮薄膜质，淡黄色；种脐位于基端，圆点状。胚周边型，环状，黄色，肉质；子叶2，并合；胚根圆凸，与子叶相邻，向下朝向种脐；内胚乳丰富，淡黄色，脂质。胞果千粒重0.5 g。

地理分布与生态生物学特性

样本种子采自内蒙古阿拉善盟（阿拉善右旗）。分布于我国宁夏、甘肃、内蒙古、青海、新疆。哈萨克斯坦、蒙古国也有。

肉质叶强旱生小半灌木。生于荒漠带的石质残丘、碎石山坡、干山坡、冲积扇、沟沿等处，是典型的喜石生植物，是轻度盐碱化荒漠土壤和石砾质荒漠、半荒漠地区的主要建群种之一。极耐旱，耐寒、耐贫瘠。种子繁殖，有短期休眠特性。4月初开始返青，7月进入花期，果期8～9月，9～10月种子成熟，如夏季干旱或雨期推后，花期推迟到9月。

主要应用价值

生态：荒漠区重要地被植物，用于防风固沙、保持水土，可作为荒漠区生态修复配植用种。

饲用：饲用价值中等。枝叶羊和骆驼喜食，秋冬季骆驼喜食，马、羊不食。

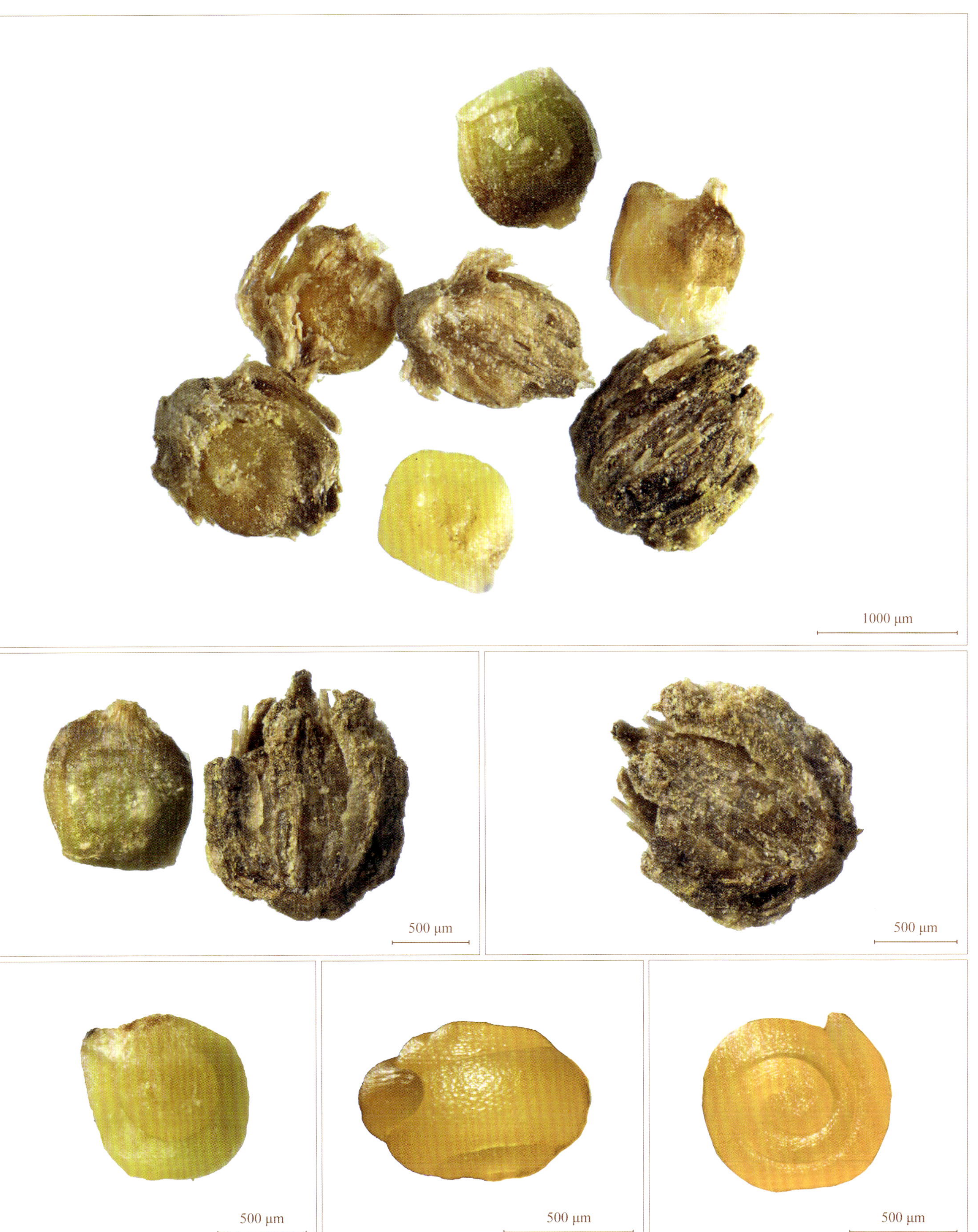
1000 μm
500 μm
500 μm
500 μm
500 μm
500 μm

苋科 Amaranthaceae

果实为胞果，果皮薄膜质，不裂、不规则开裂或盖裂，含种子1或多粒。种子凸透镜卵形或球形，黄色、黑色或黑褐色，光亮，平滑或有小疣点；胚周边型，环状，胚乳粉质。

凹头苋 Amaranthus blitum L.

果实与种子形态特征

胞果扁卵形或圆形，长3.0 mm左右，包于淡绿色或黄色花被及小苞片内，不开裂或偶环状横裂；果皮革质，表面微皱缩或近平滑，其下清晰可见胚沿果皮环绕成一环状边。种子近圆形，略扁，光滑，直径1.2 mm，厚0.8 mm左右，黑色至黑褐色，横切面双凸透镜状，周缘较薄，呈带状环绕胚乳；种脐位于基端，凹陷；种皮薄膜质，淡褐色。胚周边型，环状，乳白色；子叶2，并合；胚轴圆柱状，胚根钝圆；内胚乳球形，块状，粉质。千粒重0.5 g。

地理分布与生态生物学特性

样本种子采自内蒙古呼和浩特市。我国除宁夏、青海、西藏外各地广泛分布。日本、印度、越南、北美洲、欧洲等也有。

一年生中生草本。生于草原区的田边、路旁、居民点附近的草地、荒滩，喜生于潮湿低洼、水位高的次生盐渍化土地。耐寒、耐旱、耐轻度盐碱。种子繁殖，萌发力强，发芽快。花期7～8月，果期8～9月。

主要应用价值

生态：地被植物。

饲用：饲用价值优良。青鲜草猪、禽等单胃动物喜食，干草羊乐食；种子可作精饲料。

药用：全草入药，能止痛、收敛、利尿、解热。种子入药，有明目、利大小便、去寒热功效。鲜根入药，有清热解毒作用。

其他应用：嫩枝叶及种子可食用。可作绿肥。

1000 μm

500 μm

200 μm

200 μm

200 μm

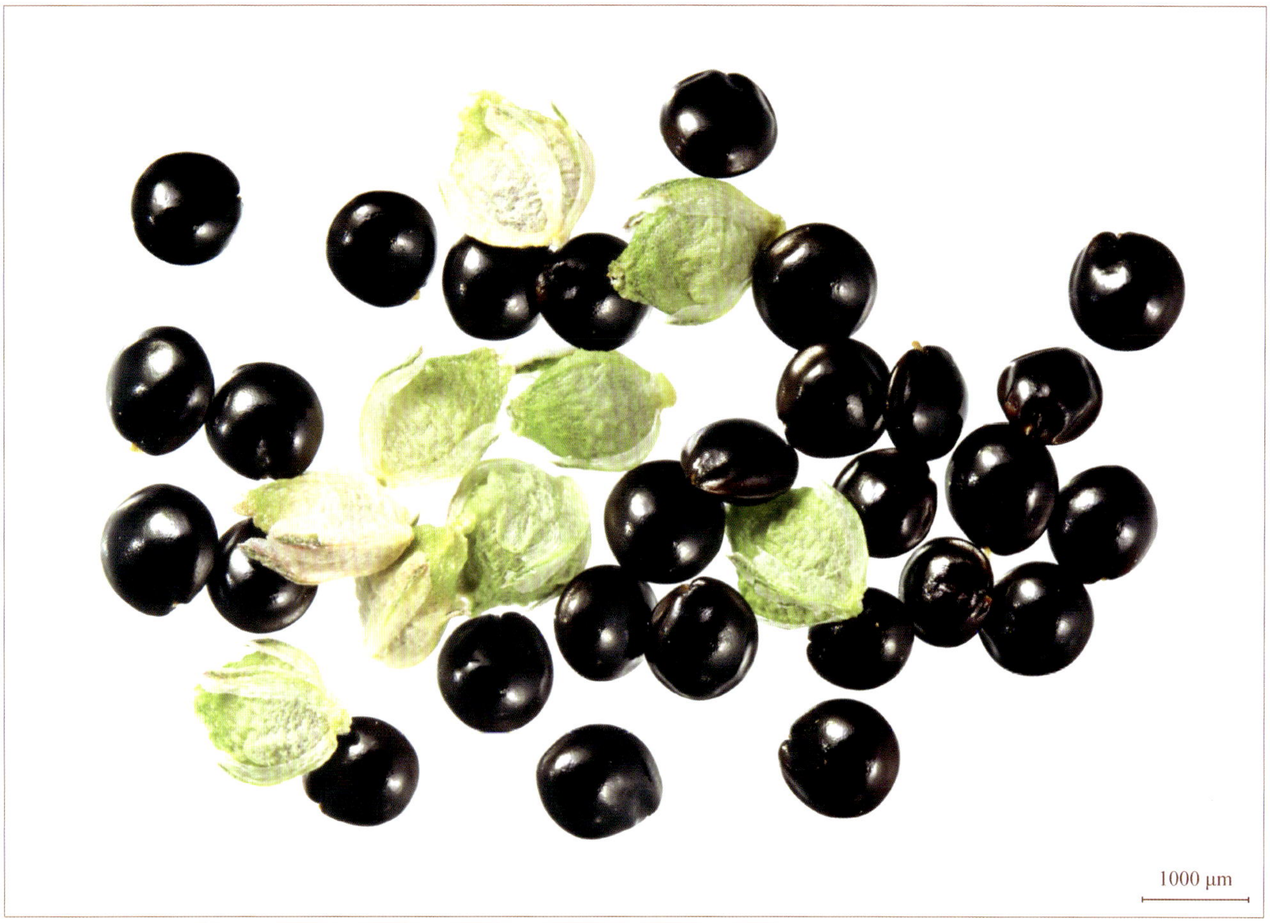

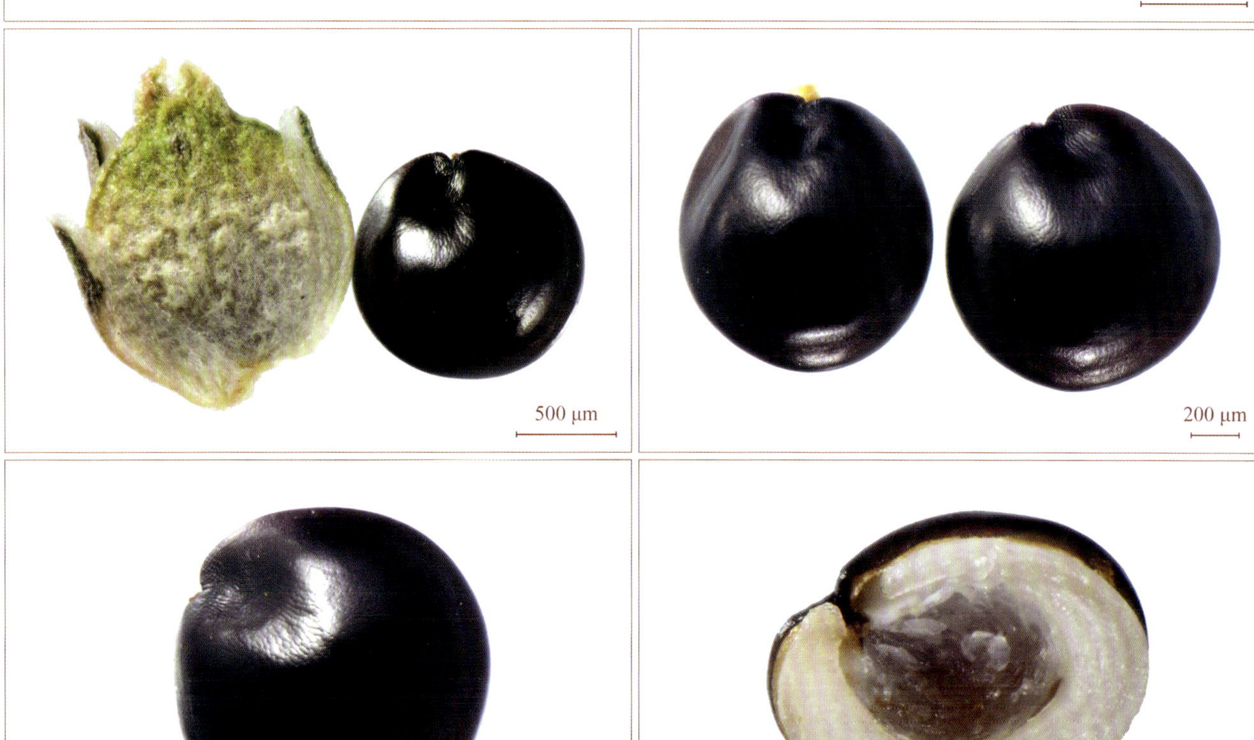

尾穗苋 Amaranthus caudatus L.

果实与种子形态特征

胞果近球形，直径3 mm，包于膜质花被中，超出花被片，成熟后环状横裂。种子扁球形，直径1.0～2.5 mm，厚0.4 mm左右，淡黄色至淡棕黄色或黑褐色，环状边缘常呈淡紫红色或与果同色，有光泽；周缘较厚，环绕形成一环状边，中部宽厚，两端稍窄，表面具细小颗粒纹；种脐位于环状胚根端下部，凸起，棕黄色。胚周边型，环状，黄色；子叶2，并合，肉质；胚根圆柱形，与子叶端相邻；胚乳丰富，颗粒状，灰白色，粉质。千粒重0.45 g。

地理分布与生态生物学特性

样本种子采自内蒙古赤峰市（巴林左旗）。原产热带，为外来物种，我国北方各地栽培供观赏，也有逸生。

一年生中生草本。生于居民点附近的草地。喜水、喜肥，再生性好，耐寒，稍耐旱。种子繁殖。花期7～8月，果期9～10月。

主要应用价值

生态： 地被植物。

饲用： 饲用价值优良。青鲜草猪、禽、牛、羊等喜食，干草牛、羊乐食；种子粗蛋白和粗脂肪含量较高，可作精饲料。

药用： 根入药，具滋补、强壮身体功效。

其他应用： 种子可食用。可作绿肥。

1000 μm
1000 μm
500 μm
500 μm
500 μm
500 μm
500 μm

反枝苋 Amaranthus retroflexus L.

果实与种子形态特征

胞果倒卵形至扁卵形，包于淡绿色花被及锥状小苞片内，成熟后环状横裂；果皮膜质，周缘较薄，环绕形成一环状边，表面具点状细颗粒条纹。种子球状倒卵形，稍扁，直径1.6～2.1 mm，厚0.7 mm，黑紫色至黑褐色，有光泽；纵轴稍长于横轴，顶端圆，基端一侧有凸尖，边缘钝，一侧圆拱，凸透镜状，一侧圆或稍凹陷；种脐位于基端，凹陷。胚周边型，环状，肉质；胚轴圆柱状，胚根钝圆，胚根端稍外翻，在种子基端呈凸尖状；内胚乳球形，颗粒状，白色。千粒重0.5 g。

地理分布与生态生物学特性

样本种子采自内蒙古赤峰市（巴林左旗）。原产美洲，为外来物种，现已广泛传播并归化于世界各地。分布于我国黑龙江、吉林、辽宁、河北、内蒙古、山西、宁夏、甘肃、青海、新疆等地。

一年生中生草本。生于草原区的田边、路旁、居民点附近的草地，大陆性气候区广泛分布。耐旱，适应性强，喜水、喜肥，再生性好。种子繁殖，萌发力强，发芽快。花期7～8月，果期8～9月。

主要应用价值

生态：地被植物。

饲用：饲用价值优良。青鲜草猪、禽、牛、羊喜食，干草牛、羊乐食；种子可作精饲料。

药用：全草入药，治腹泻、痢疾、痔疮肿痛出血等症。种子作青葙子入药。

其他应用：幼嫩枝叶及种子可食用。可作绿肥。

1000 μm

紫茉莉科 Nyctaginaceae

果实为掺花状瘦果，球形或倒卵球形，包于宿存花被内，革质、壳质或坚纸质，平滑或有疣状凸起，有棱或槽。胚直生或弯曲，子叶折叠，胚乳粉质。

紫茉莉 Mirabilis jalapa L.

果实与种子形态特征

掺花状瘦果球形或倒卵球形，地雷状，长6.7～8.0 mm，宽5.0～6.8 mm，黄棕色至黑褐色或黑色；表面具5条等距分布的纵棱，连接两端，呈波状凸起，两波状纵棱间散布有断续的短线棱和不规则的横向疣状凸起，顶端和基端圆形凸起，基端圆凸较顶端大2倍以上，中部锥形凹陷，黄色；果皮厚革质。种子近球形，直径4.0～7.0 mm，棕色，表面粗糙皱缩；种皮薄膜质，种脐位于基端中部凹陷处，圆形。胚弯曲型，淡黄色，肉质；子叶2，分离，折叠半包胚轴；胚轴稍长于子叶或近等长，胚根凸尖；胚乳丰富，集中于子叶和胚轴中部，白色，粉质。千粒重85.5 g。

地理分布与生态生物学特性

样本种子采自内蒙古呼和浩特市。原产热带美洲，为外来物种，我国南北各地作观赏花卉普遍栽培，有时逸生。

一年生中生草本。喜阳光、温暖环境，稍耐旱，耐半阴，不耐寒，在深厚肥沃疏松的土壤生长最好。种子繁殖。花期6～10月，果期8～11月，从播种出苗至开花的生长期90～100天。

主要应用价值

生态：地被植物。花朵繁盛、花色艳丽，极具观赏性。

药用：根、叶入药，有清热解毒、活血调经和滋补功效。

其他应用：有抗二氧化硫气体的作用。种子中的淀粉粉质细腻，可作香粉。

5000 µm
5000 µm
2000 µm
1000 µm
2000 µm
2000 µm

商陆科 Phytolaccaceae

果实为浆果或核果，肉质，种子多数，小球形，直立，侧扁，双凸透镜肾形，外种皮膜质或硬脆，平滑或皱缩，黑色光亮。胚周边型，环状；胚乳丰富，粉质或油质。

垂序商陆 Phytolacca americana L.

果实与种子形态特征

浆果扁圆形，直径6.2～8.5 mm，成熟时紫红色至紫黑色，具10个分果，分果卵状肾形，各含1粒种子。种子肾状圆形，扁，双凸透镜状，直径2.5～2.8 mm，厚1.2～2.0 mm，黑色，表面光滑，有强光泽；边缘稍薄，背面稍厚于腹面，基端有一三角状凹缺；种脐位于凹缺中，近圆形，黄褐色，凸起，种脊隆起成窄脊棱状；种皮革质，坚硬。胚周边型，环状，乳白色，肉脂质，紧贴种皮；子叶2，并合，长圆条形，与胚轴近等长；胚根锥形，朝向种脐；胚乳丰富，白色，粉质。千粒重6.8 g。

地理分布与生态生物学特性

样本种子采自河北石家庄市。原产北美洲，为外来物种，我国作为药用、景观植物引入栽培，现河北、陕西等地有栽培或逸生。

多年生中生草本。生于山沟、疏林、路旁和荒地。适应性强，对环境要求不严，生长迅速。肉质直根顶部可产生10～20个根芽。茎具有一定的蔓性，能覆盖其他植物体，导致其生长不良甚至死亡。结实量大，根蘖和种子繁殖。花期6～8月，果期8～10月。

主要应用价值

生态：地被植物。入侵性强，引种应做好防护，防止扩散。

饲用：有毒植物。根及果实毒性最强，对人和牲畜有毒害作用。

药用：资料记载具有抗病毒和抑菌作用，并有催吐作用。种子利尿；叶有解热作用，并治脚气。外用可治无名肿毒及皮肤寄生虫病。全草可作农药。

其他应用：对环境中的重金属有一定的富集效果，对土壤有修复作用。

2000 μm

2000 μm

1000 μm

1000 μm

500 μm

500 μm

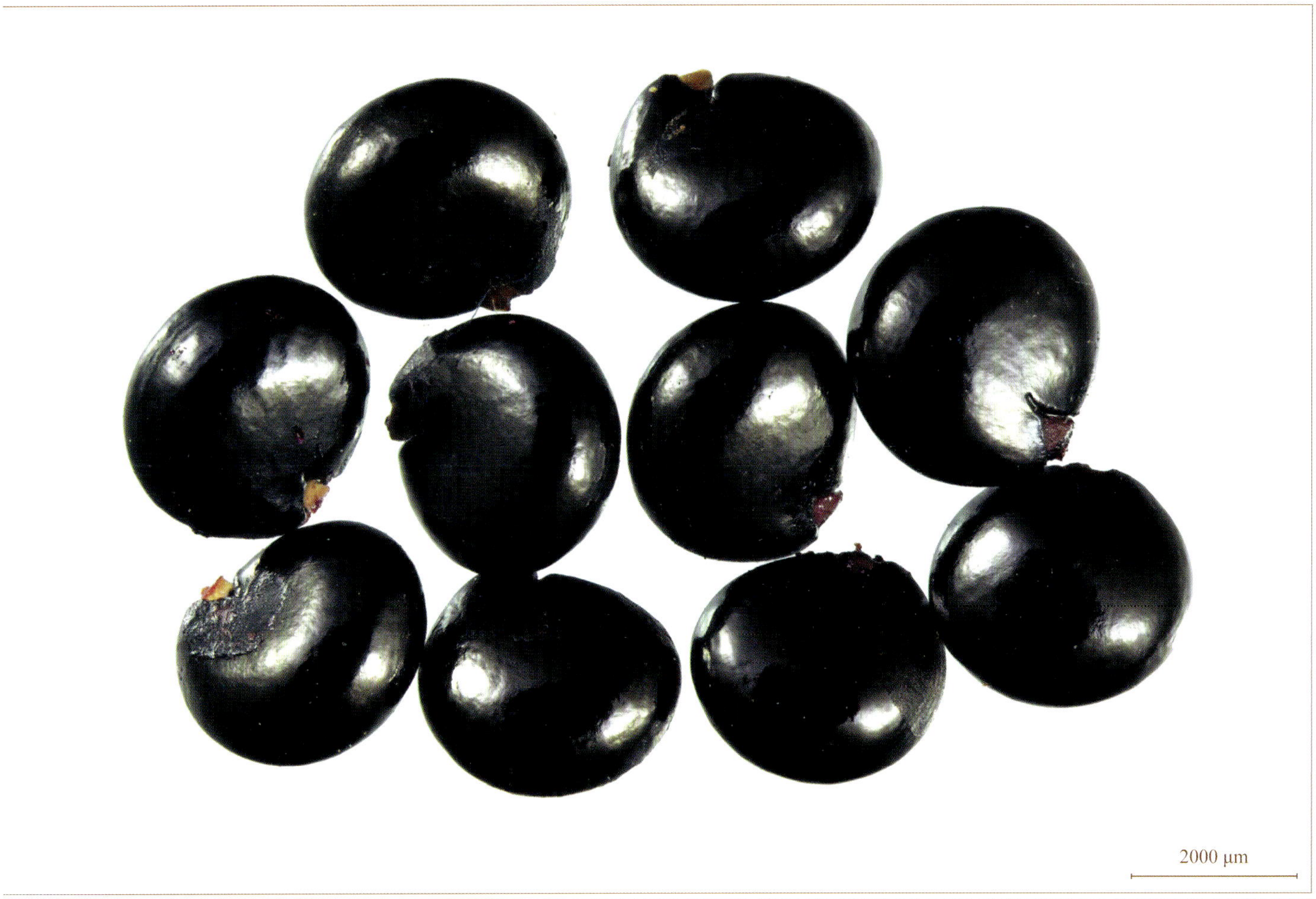

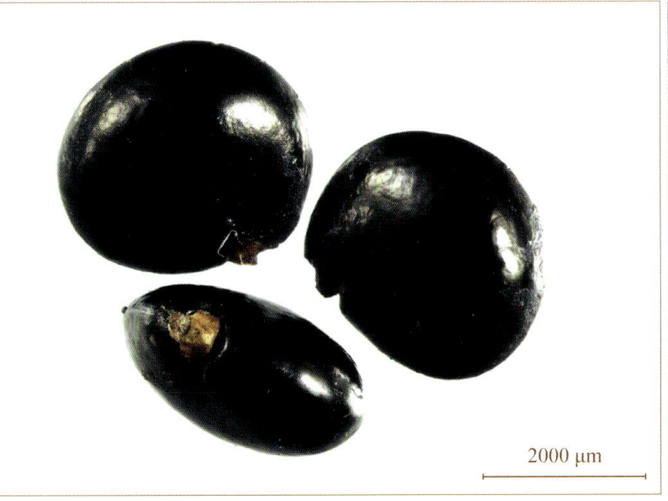

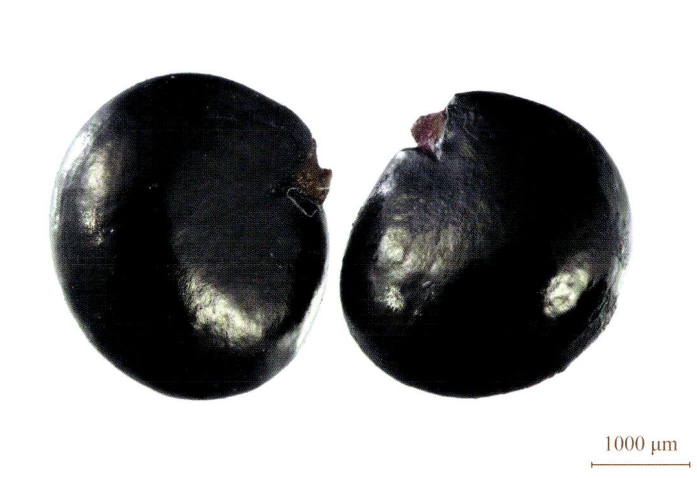

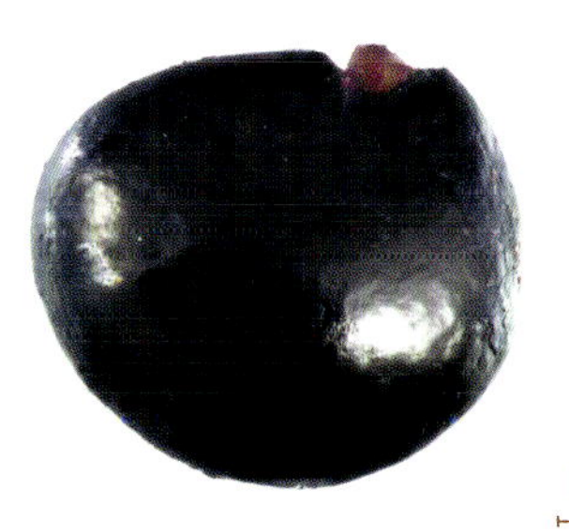

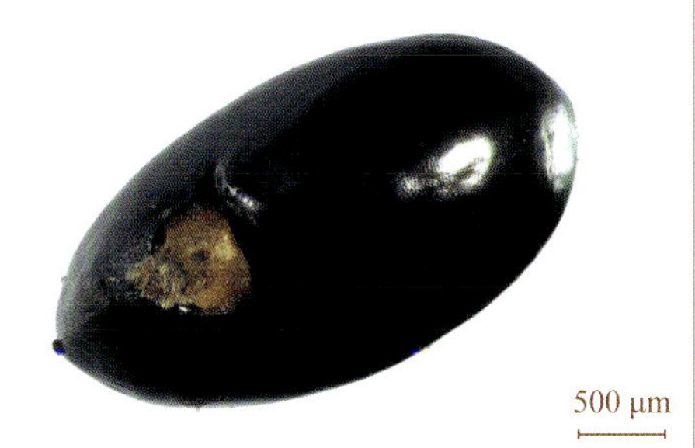

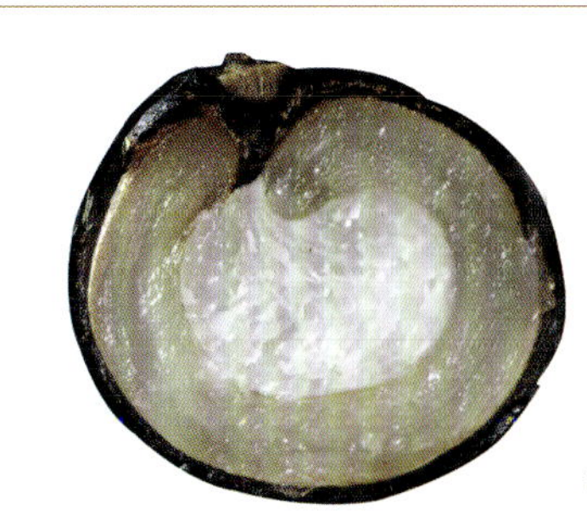

马齿苋科 Portulacaceae

果实为蒴果，盖裂或瓣裂；种子细小，多数，肾形或球形或肾状卵形；胚周边型，环状，有胚乳。

马齿苋 Portulaca oleracea L.

果实与种子形态特征

蒴果圆锥形，长4.6～5.1 mm，直径1.7～2.0 mm，成熟后自中部环状盖裂。种子细小，多数，肾状宽卵圆形，偏斜，长0.6～1.0 mm，直径0.4～0.7 mm，黑褐色至黑色，稍有光泽；表面具小瘤状凸起，呈同心圆状排列，顶端钝圆，稍厚，基端窄锥形；种脐位于基端一侧弯角凹沟处，“U”状宽椭圆形，灰褐色，有黄褐色种阜覆盖；种皮硬而脆。胚周边型，环状，淡黄色，肉质，围绕胚乳；子叶2，分离；胚轴圆柱状，胚根钝圆；胚乳球形，白色半透明，脂质。千粒重0.4 g。

地理分布与生态生物学特性

样本种子采自内蒙古呼和浩特市。我国各地有分布。世界温带和热带地区也有。

一年生肉质草本。生于农田、菜园、路旁，喜生于肥沃土壤，为田间常见杂草，也进入草原区。生态幅宽，生活力强，耐旱、耐涝、耐瘠薄。种子繁殖，萌发力强，发芽快。花期7～8月，果期8～10月。

主要应用价值

饲用：饲用价值优良。茎叶肥厚多汁，营养丰富，适口性好，猪、禽喜食，牛、羊乐食。

药用：全草入药，能清热利湿、解毒消肿、消炎、止渴、利尿，也可作兽药和农药。

其他应用：嫩茎叶可作蔬菜，味酸。

1000 μm

1000 μm

200 μm

100 μm

100 μm

100 μm

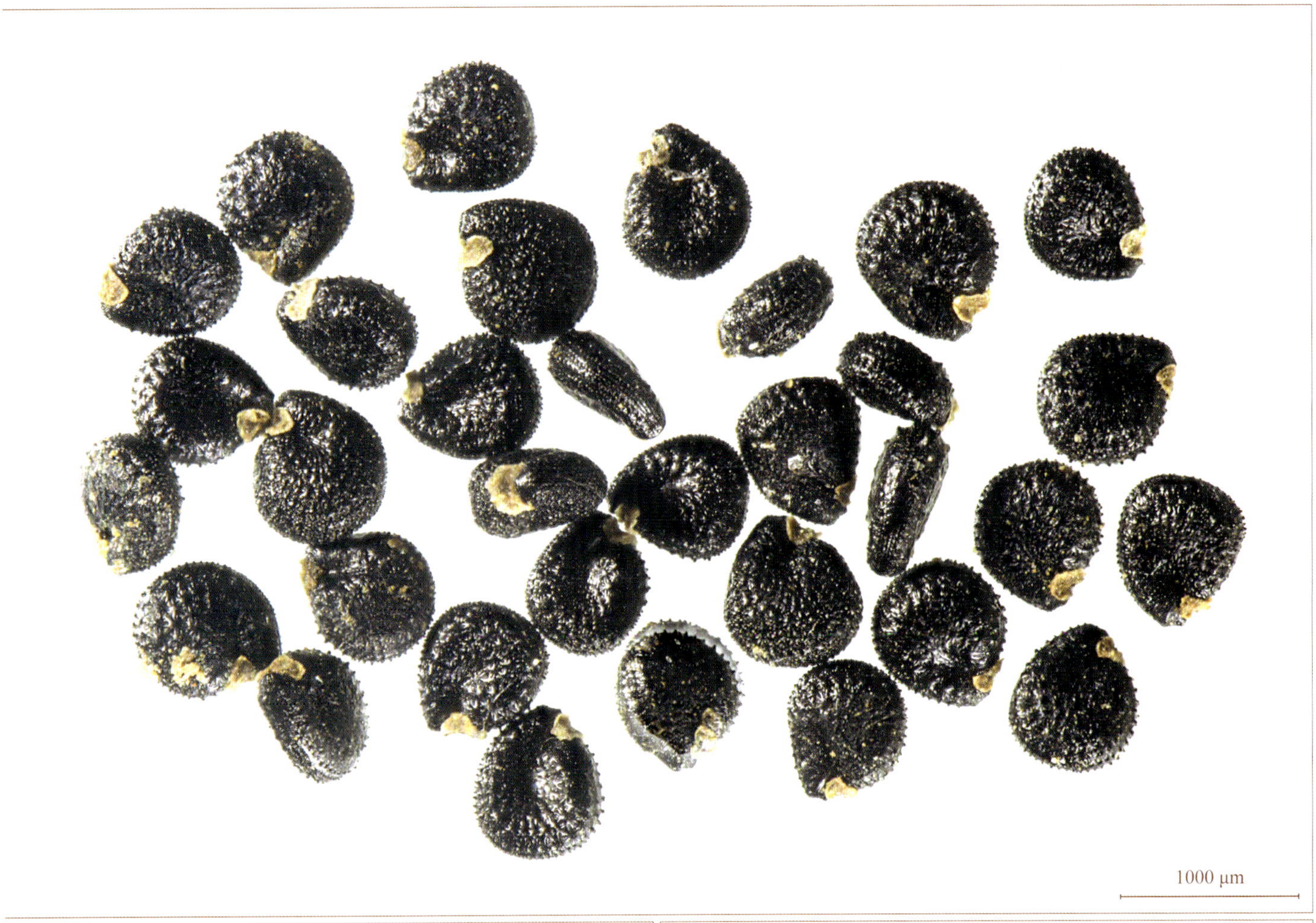

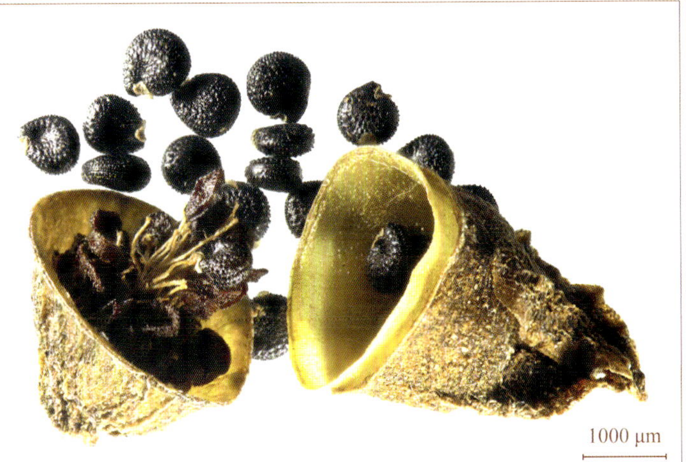

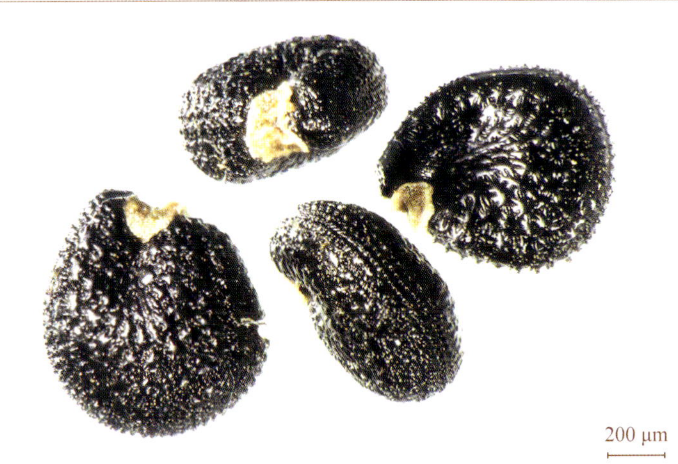

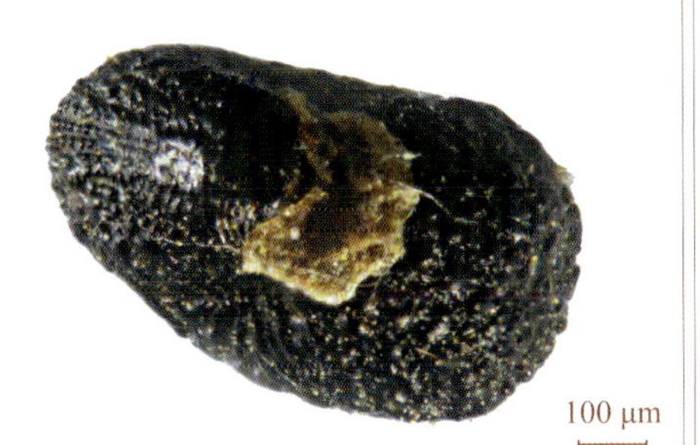

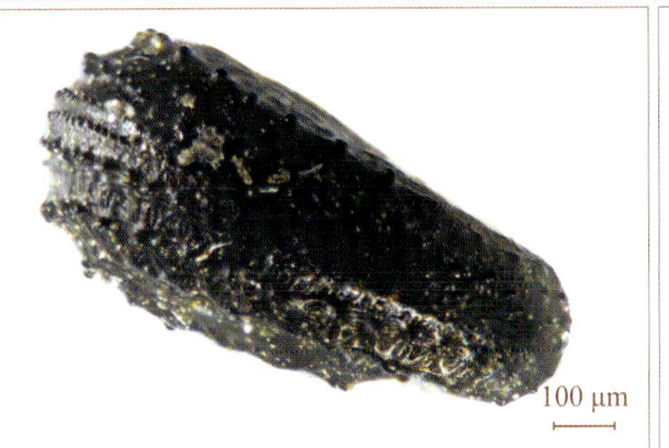

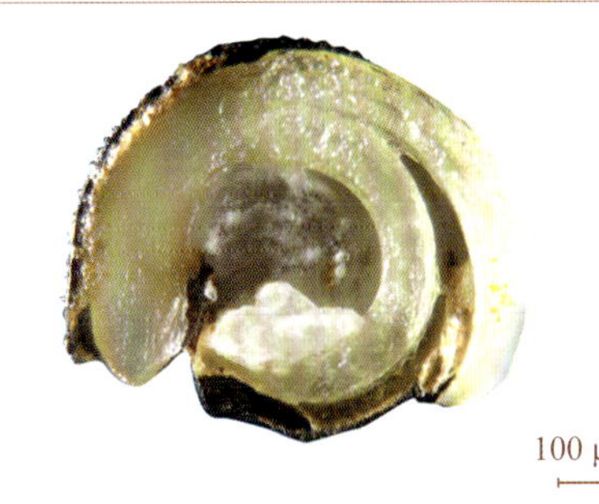

石竹科 Caryophyllaceae

果实为蒴果或瘦果（裸果木），圆柱形、卵形或圆球形，顶端齿裂或瓣裂，具特立中央胎座或基底胎座。种子肾形，弯生或扁，表面被整齐排列的疣状或瘤状凸起，黄色至棕褐色或黑褐色。胚周边型或抹刀型，环状或半圆状，胚乳粉质。

毛叶老牛筋（毛叶蚤缀）**Arenaria capillaris** Poir.（**Eremogone capillaris**）

果实与种子形态特征

蒴果椭圆状卵形，长4.2～5.3 mm，与宿存萼片等长，顶端6齿裂，外翻，黄色。种子多数，长卵状肾形，扁，长1.2～1.5 mm，宽0.5～0.7 mm，厚0.5 mm，灰褐色或黑褐色，无光泽或稍具光泽；两端对折弯曲，胚根端一侧较长，稍内弯，子叶端一侧低，中部浅槽沟状；表面密被小短棒疣状凸起，横卧或立起，背部凸起整齐排列，中部围绕种脐同心圆状放线排列；种脐位于弯曲洼穴中部，椭圆形，黄白色。胚周边型，肉质，紧贴种皮；子叶2，狭长圆形；胚轴圆柱形，胚根钝圆；胚乳白色，淀粉质。千粒重0.55 g。

地理分布与生态生物学特性

样本种子采自内蒙古呼伦贝尔市（牙克石市）。分布于我国黑龙江、吉林、辽宁、河北、内蒙古。蒙古国、俄罗斯也有。

多年生密丛型旱生草本。生于森林带和草原带的石质干山坡、山顶石缝，在干草原阳坡、砾石地常见，为伴生种。轴根型。耐寒、耐旱、耐贫瘠。分蘖和种子繁殖。花期6～7月，果期8～9月。

主要应用价值

生态：地被植物。可作为草原区矿山边坡生态修复配植用种。

饲用：饲用价值中等。山羊喜食，绵羊乐食，牛、马采食，骆驼不食。

药用：根入蒙药（蒙药名：得伯和日格纳），具清肺止咳、破痞功效。

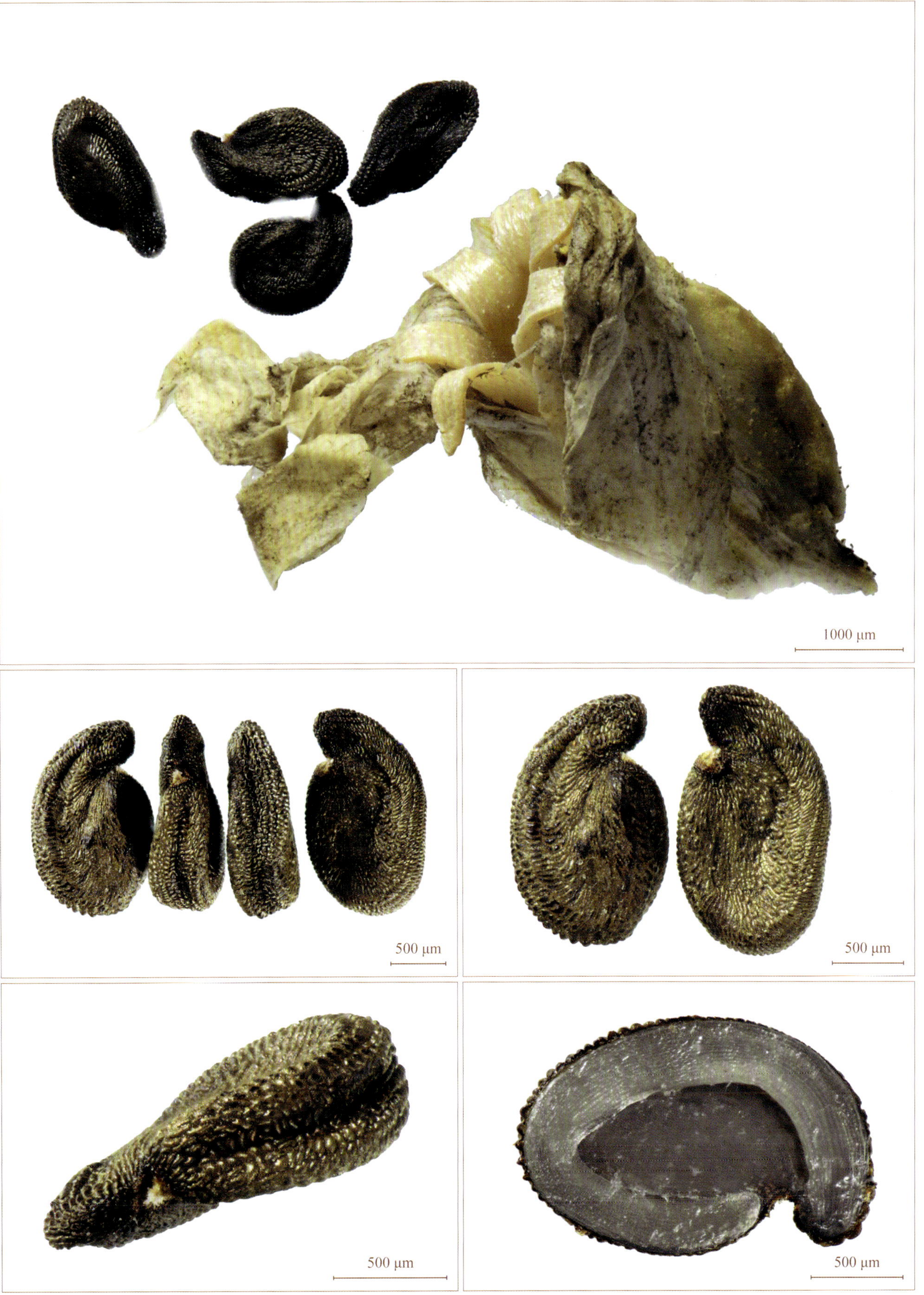
1000 μm
500 μm
500 μm
500 μm
500 μm

老牛筋（灯芯草蚤缀） Arenaria juncea M. Bieb.（Eremogone juncea）

果实与种子形态特征

蒴果卵形，略长于宿存萼片或等长，直径2.5 mm，顶端6瓣裂，黄色。种子多数，卵状肾形，扁，长1.5～1.8 mm，宽0.8～1.1 mm，厚0.5 mm，灰褐色或黑褐色，无光泽或稍具光泽；两端“U”形弯曲，外围呈脊状弯曲鼓起，表面密被小短棒疣状凸起，横卧或立起，同心圆状排列，中部辐射状排列，背部凸起稍长，边缘不整齐，凸起有时黄色半透明；种脐圆形，位于弯曲洼穴中部。胚周边型，环状，肉质紧贴种皮；子叶2，狭长圆形；胚轴弯曲，胚根钝圆，朝向种脐；内胚乳颗粒状，淀粉质。千粒重0.7 g。

地理分布与生态生物学特性

样本种子采自内蒙古乌兰察布市（丰镇市）。分布于我国黑龙江、吉林、辽宁、河北、内蒙古、山西、陕西、宁夏、甘肃。朝鲜、蒙古国、俄罗斯也有。

多年生旱生草本。生于海拔800～2200 m草原区的石质山坡、山地疏林边缘、山坡草地、石隙，在典型草原阳坡、荒漠草原砾石地常见，为伴生种。种子繁殖为主，也分蘖繁殖。通常5月初返青，花果期6～9月。

主要应用价值

生态：地被植物。可作为砾石质山坡生态修复配植用种。

饲用：饲用价值中等。山羊喜食，绵羊乐食，牛、马采食，骆驼不食。

药用：根入蒙药（蒙药名：查干-得伯和日格纳），具清肺止咳、破痞功效。

500 μm

六齿卷耳 Cerastium cerastoides (L.) Britton
（Dichodon cerastoides）

果实与种子形态特征

蒴果圆筒形，露出被腺毛的宿存萼外，薄壳质，草黄色，顶端6齿裂，裂片反折，膜质。种子小，多数，卵状肾形或菱状肾形，两侧压扁，直径0.6～1.1 mm，红褐色或褐色，无光泽；表面具星形和条形瘤状凸起，环状整齐排列，灰白色，顶端圆，基端凸出鱼嘴状，两侧圆或稍平截；种脐位于基端凹陷中部，狭卵圆形。胚周边型，环状，肉质，有纵细线纹；子叶2，并合，胚根钝圆；内胚乳颗粒状，白色。千粒重0.5 g。

地理分布与生态生物学特性

样本种子采自内蒙古兴安盟（阿尔山市）。分布于我国吉林、辽宁、内蒙古、青海、新疆。蒙古国、印度、尼泊尔、俄罗斯等也有。

多年生中生草本。生于森林带的林缘或岩石下，为山地林缘草甸的伴生种。耐寒、耐阴。茎基部常匐生，节上生根。种子繁殖。花期6～9月，果期8～10月。

主要应用价值

生态：地被植物。

饲用：饲用价值良。牛、绵羊乐食，马偶尔采食。

1000 μm
1000 μm
100 μm
100 μm
500 μm

石竹 Dianthus chinensis L.

果实与种子形态特征

蒴果矩圆状圆筒形，包于宿存萼筒内，顶端4齿裂，草黄色。种子宽卵形，扁平，长2.3～2.9 mm，宽1.6～2.2 mm，厚约0.5 mm，灰黑色或灰红褐色，无光泽；顶端凸出，喙尖状，基端圆，边缘翅状，平展或波状，有时背向弯曲，中部有时略拱起或平展，表面有整齐排列的细短条状纹饰凸起，腹面放射状排列，背面中部纵向整齐排列，外围放射状排列；种脐位于腹面中部，狭卵形，两侧种脊棱状拱起，有时延伸至边缘喙尖；种皮革质。胚抹刀型，淡黄色，肉质；子叶2，分离，胚根外凸渐尖；胚乳少或无。千粒重1.9 g。

地理分布与生态生物学特性

样本种子采自内蒙古呼和浩特市（大青山）。分布于我国黑龙江、吉林、辽宁、河北、内蒙古、山西、陕西、宁夏、甘肃、青海、新疆等地。朝鲜、蒙古国、哈萨克斯坦、欧洲也有。

多年生旱中生草本。生于森林带和草原带的山地草原、丘陵坡地、草甸草原及草甸，为山地草原重要的伴生种。耐寒、耐旱、耐瘠薄、耐轻度盐碱。原产我国北方，现在南北普遍栽培，花期长。种子繁殖。一般4月中旬返青，花期5～8月，果期7～9月。

主要应用价值

生态：地被植物。可作为干旱半干旱草原生态修复配植用种。

饲用：饲用价值中等。山羊、绵羊采食，牛偶尔采食，马不食。

药用：根和全草入药（药材名：瞿麦），能清热利尿、破血通经、散淤消肿。地上部分入蒙药（蒙药名：高要-巴沙嘎），能凉血止痛、祛热解毒。

其他应用：可作花境观赏植物。已驯化选育出多个品种，广泛应用于城市园林绿化。

2000 μm
2000 μm
2000 μm
2000 μm
1000 μm
500 μm
500 μm
500 μm

瞿麦 Dianthus superbus L.

果实与种子形态特征

蒴果狭圆筒形，具棱，包于萼筒内，基部宿存2对短尖苞片，顶端4齿裂，黄绿色至草黄色。种子多数，宽卵形，扁平，长1.9～2.5 mm，宽1.2～2 mm，厚0.5～0.7 mm，黑色或灰红褐色，无光泽或稍具光泽；顶端凸出为喙尖状，基端圆，边缘翅状，平展或波状，常背向弯曲，腹面中部稍凹陷，红褐色，外围拱起，背面稍拱起或平展，表面密被短线状纹饰凸起，横向或纵向放射状排列；种脐位于腹面中部凹洼处，狭卵形，两侧种脊凸出或合并隆起延伸至顶端喙尖。胚抹刀型，淡黄色，肉质；子叶2，分离，胚根外凸渐尖；胚乳少或无。千粒重0.7 g。

地理分布与生态生物学特性

样本种子采自内蒙古乌兰察布市（察哈尔右翼中旗）。我国北方各地均有分布。日本、朝鲜、蒙古国、俄罗斯也有。

多年生中生草本。生于海拔400～3700 m丘陵的山地疏林下、林缘、草甸、沟谷溪边，为山地草原常见的伴生种。耐寒、耐旱、耐热，花期长。种子和根茎繁殖。花期6～9月，果期8～10月。

主要应用价值

生态：地被植物。可作为山地草甸生态修复配植用种，用于增加生物多样性。

饲用：饲用价值中等。山羊、绵羊采食，牛偶尔采食，马不食。

药用：地上部分入药（药材名：瞿麦），能清热利尿、破血通经、散淤消肿，也入蒙药（蒙药名：高要-巴沙嘎），能凉血止痛、祛热解毒。

其他应用：可作花境观赏植物。

2000 μm
2000 μm
500 μm
500 μm
1000 μm
500 μm

裸果木 Gymnocarpos przewalskii Maxim.

果实与种子形态特征

瘦果卵球形，包裹于宿存萼基部，萼长1.5 mm，下部连合成锥形，上部收缩，顶端具芒尖，表面被短柔毛。种子小，矩圆形或卵形，长1.5～1.8 mm，直径0.5～0.7 mm，黄褐色至褐色，稍具光泽；顶端圆，表面有皱缩纹或不规则浅凹陷，基端有嘴状缺口，一侧呈凸鼻状隆起，两侧圆拱，近边缘1圈浅沟状；种脐位于缺口底部，种阜膜质，飘带状，中部增厚，长度接近种子，乳白色。胚周边型，环状，乳白色，肉质，紧贴种皮；子叶2，并合，胚根渐尖；胚乳颗粒状，白色，脂质。千粒重0.25 g。

地理分布与生态生物学特性

样本种子采自内蒙古阿拉善盟（阿拉善左旗）。分布于我国内蒙古、宁夏、甘肃、青海、新疆。蒙古国也有。

超旱生灌木。生于荒漠区的干河床、戈壁滩、砾石山坡、丘间低地及砾石山沟，为亚洲中部荒漠的特征植物。起源于地中海旱生植物区系的第三纪古老残遗成分。超耐干旱，耐风沙、耐干热、耐贫瘠。种子繁殖。花期5～7月，果期8～9月。

主要应用价值

生态：荒漠区优良防风固沙植物。可作为荒漠生态修复配植用种。

饲用：饲用价值良。骆驼四季喜食，山羊夏季乐食嫩枝叶。

1000 μm
1000 μm
1000 μm
500 μm
5000 μm
500 μm
500 μm

头状石头花（头花丝石竹） Gypsophila capituliflora Rupr.

果实与种子形态特征

蒴果矩圆状卵形，包裹于宿存萼内，与萼等长，长3.1～3.6 mm，黄色，顶端4瓣裂，含种子多数。种子椭球状肾形，两侧稍扁，长1.5～1.8 mm，直径1.2～1.8 mm，黑褐色或黑紫色，背部圆拱或稍尖，两端弯向腹面，在种脐位置形成豁口，基端偏上侧深凹；表面被密集的顶端截平棒状或不规则扁平瘤状凸起，横卧，彼此紧密契合，辐射状整齐排列，被黄褐色颗粒物；种脐侧生，位于腹面凹陷处一侧，圆形，黑色，四周种阜不明显。胚周边型，半环状，淡黄色，肉质；子叶2，胚根凸尖；内胚乳颗粒状，白色。千粒重0.5 g。

地理分布与生态生物学特性

样本种子采自内蒙古阿拉善盟（阿拉善左旗）。分布于我国宁夏、内蒙古、甘肃、新疆。蒙古国、哈萨克斯坦也有。

多年生旱生草本。生于荒漠和荒漠草原的石质山坡、丘陵及山顶石缝，有时也进入固定沙地。耐寒、耐旱、耐瘠薄。种子繁殖。花期7～9月，果期8～10月。

主要应用价值

生态：干旱荒漠区优良护坡固沙石植物。可作为荒漠草原生态修复和公路护坡配植用种。

饲用：饲用价值中等。羊、骆驼夏季乐食嫩枝叶，牛马一般不食。

1000 μm

草原石头花 **Gypsophila davurica** Turcz. ex Fenzl

果实与种子形态特征

蒴果卵状球形，直径4.0～4.5 mm，黄色，包裹于宿存萼内，比萼长，顶端4瓣裂，含种子多数。种子圆肾形，直径1.2～1.5 mm，棕灰色至棕黑色或黑褐色，无光泽；背部圆，一侧圆拱，一侧平或稍凹，两端弯向腹面，在种脐位置形成豁口；表面被密集的小疣状凸起，两侧横卧稍扁，背部边缘略厚，同心圆辐射状整齐排列，被黄褐色颗粒物；种脐侧生，位于腹面豁口处，圆形，凹陷，黑色，四周具稍凸起的种阜，黄褐色。胚周边型，半环状，淡黄色，肉质；子叶2，胚根凸尖；内胚乳颗粒状，白色，粉质。千粒重0.5 g。

地理分布与生态生物学特性

样本种子采自内蒙古锡林郭勒盟（锡林浩特市）。分布于我国黑龙江、吉林、辽宁、河北、内蒙古、山西。蒙古国、俄罗斯也有。

多年生旱生草本。生于草原、丘陵、固定沙丘及石砾质山坡，是典型草原的伴生种，有时也进入草甸草原。耐旱、耐寒，繁殖能力强。种子和根茎繁殖。花期6～9月，果期7～10月。

主要应用价值

生态：地被植物。可作为草原区生态修复和公路护坡配植用种。

饲用：饲用价值良。牛、羊夏季乐食嫩枝叶。

药用：根入药，能逐水利尿。

其他应用：根含皂苷，可作工业原料，用于纺织、染料、香料、食品等工业，也作肥皂代用品。

1000 μm
1000 μm
500 μm
2000 μm
500 μm

细叶石头花（尖叶丝石竹）Gypsophila licentiana Hand.-Mazz.

果实与种子形态特征

蒴果卵形，包裹于宿存萼内，略长于萼或等长，长3.2～4.1 mm，黄色，顶端4瓣裂。种子圆肾形，长1.2～1.5 mm，两侧压扁，黄褐色；表面被密集的疣状凸起，横卧，彼此紧密契合，辐射状排列，灰褐色或棕褐色，基端偏深凹；种脐位于腹面凹陷处，肾形，黑色，四周具种阜，黄褐色，种皮近革质。胚周边型，环状，紧贴种皮；子叶2，长披针形；胚轴极短，胚根圆；内胚乳白色，粉质。千粒重0.5 g。

地理分布与生态生物学特性

样本种子采自内蒙古鄂尔多斯市。分布于我国河北、内蒙古、山西、陕西、宁夏、甘肃、青海等地。

多年生旱生草本。生于海拔500～2000 m的山地阳坡、石砾质草原山坡、丘陵及路边，是荒漠草原石质砾土区的伴生种，有时也进入固定沙地和干草原。耐旱、耐瘠薄。种子繁殖。花期7～9月，果期8～10月。

主要应用价值

生态：干旱草原区优良护坡固沙石植物。可作为草原区生态修复和公路护坡配植用种。

饲用：饲用价值中等。羊乐食嫩枝叶，花后很少采食，干草采食，牛、马一般不食。

500 μm

1000 μm

500 μm

500 μm

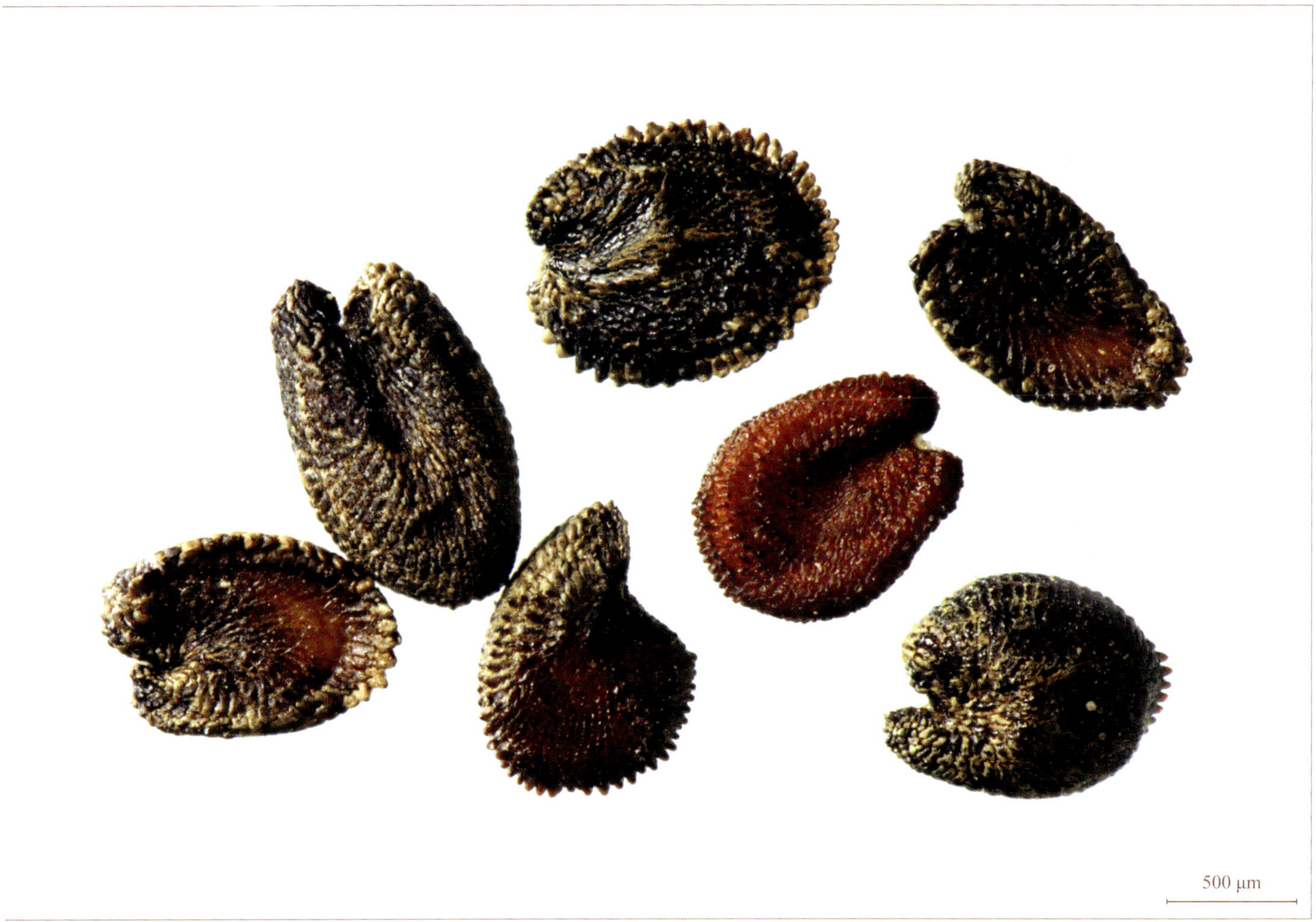

500 μm

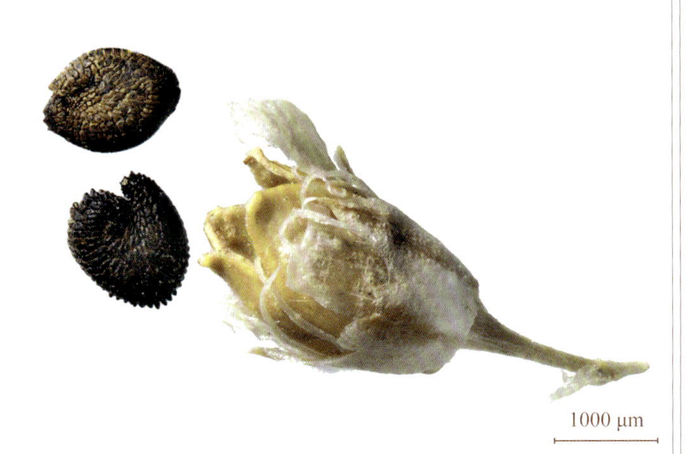

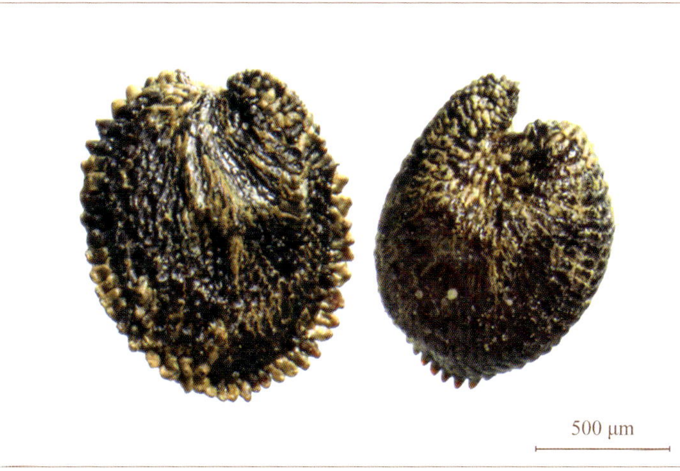

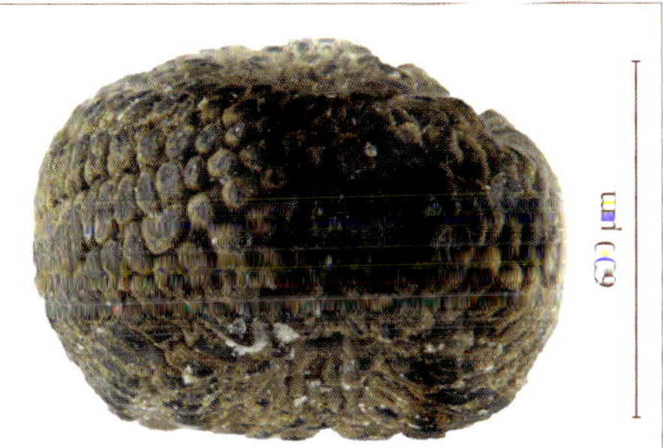

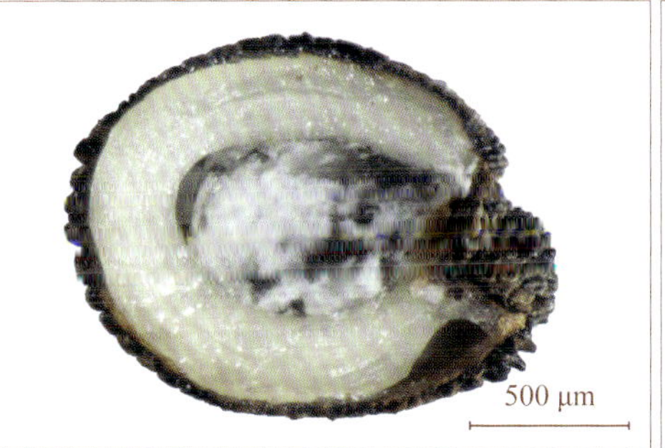

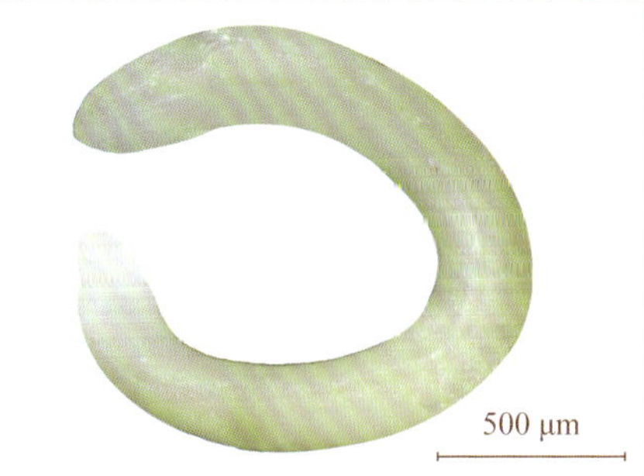

长蕊石头花（长蕊丝石竹） Gypsophila oldhamiana Miq.

果实与种子形态特征

蒴果卵球形，草黄色，包裹于宿存萼内，稍长于宿存萼，顶端4瓣裂，含种子多数。种子圆肾形，直径1.2～1.5 mm，厚0.7 mm左右，灰黑色至黑褐色；两侧压扁，背部圆，两端弯向腹面，形成豁口，表面具放射状排列的疣状凸起，背脊部具短尖的棒状疣突；种脐位于腹面豁口处，圆形，凹陷，黑色，四周具稍凸起的种阜，黄褐色；种皮近革质。胚周边型，半环状，肉质，淡黄色，紧贴种皮，围绕胚乳；子叶2，胚根凸尖；胚乳粉质，白色。千粒重0.5 g。

地理分布与生态生物学特性

样本种子采自河北张家口市。分布于我国辽宁、河北、内蒙古、山西、陕西等地。朝鲜也有。

多年生旱中生草本。生于海拔2000 m以下的山坡草地、灌丛、石砾质山坡、沙滩乱石间或海滨沙地。耐寒、耐贫瘠，稍耐旱。茎数个，由根颈处生出，二歧或三歧分枝，开展。种子繁殖。花期6～9月，果期8～10月。

主要应用价值

生态：地被植物。可作为草原区生态修复和公路护坡配植用种。

饲用：饲用价值中等。嫩枝叶羊采食，干草乐食，牛、马一般不食。

药用：根入药，有清热凉血、消肿止痛、化腐生肌长骨功效。根水浸剂可防治蚜虫、红蜘蛛、地老虎等，还可洗涤毛、丝织品。

其他应用：辅助蜜源植物。也可栽培供观赏。

2000 μm

2000 μm

500 μm

1000 μm

500 μm

500 μm

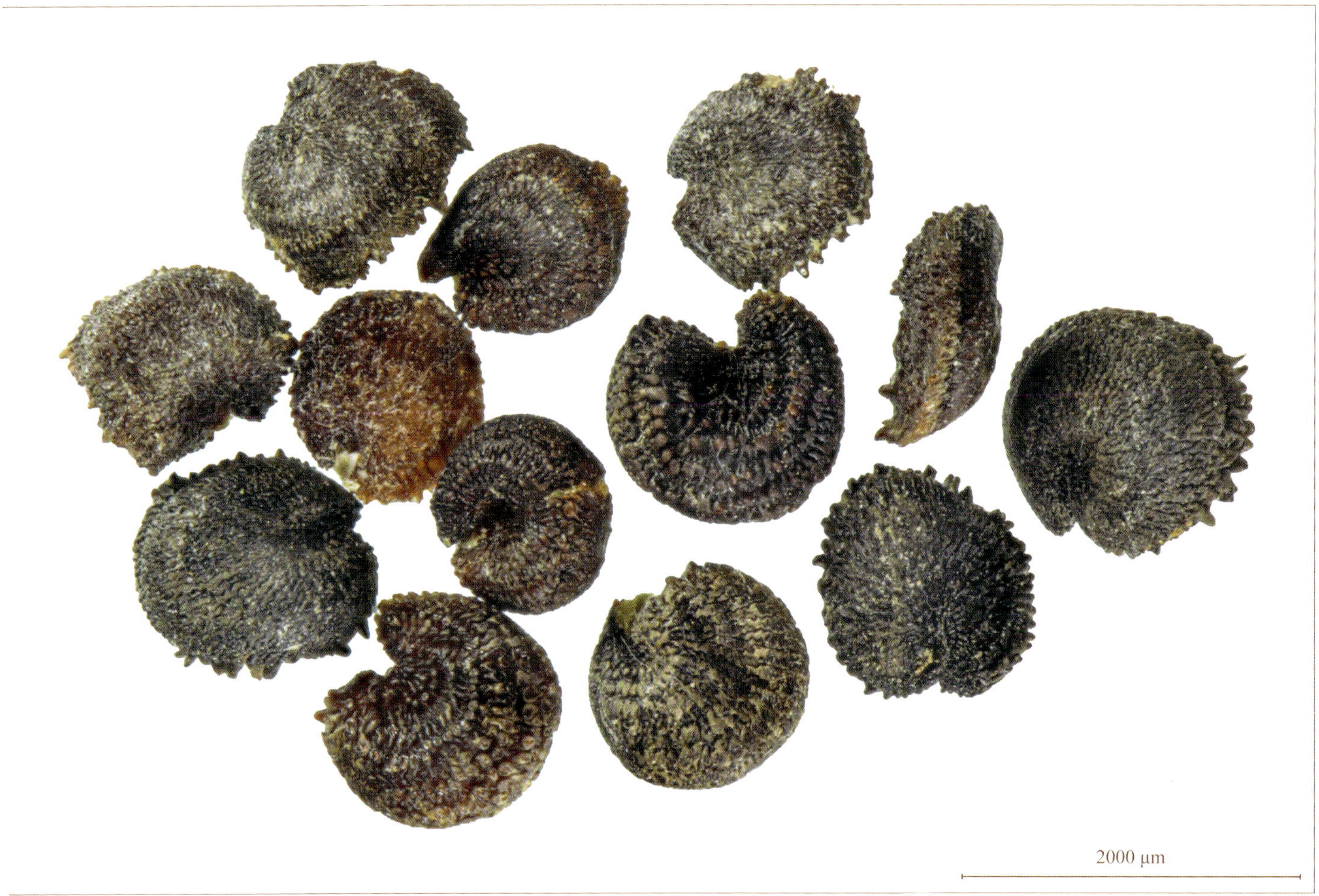

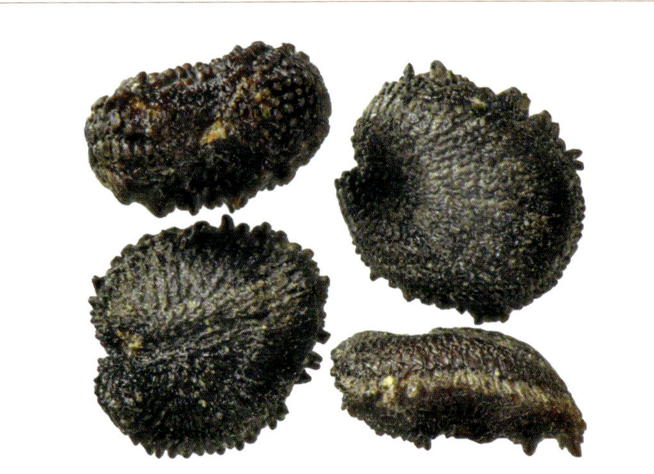

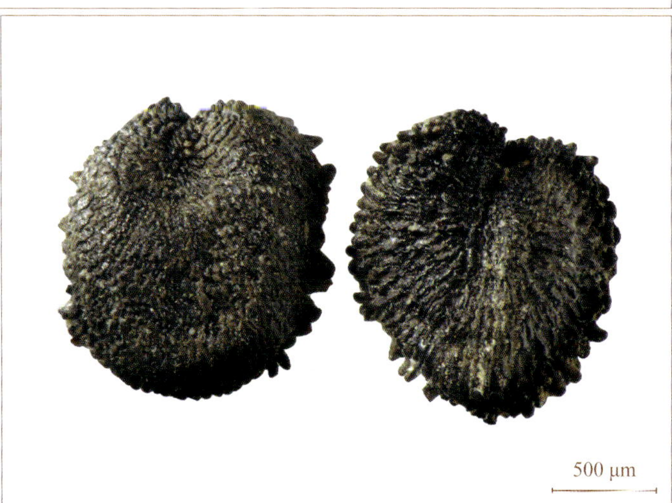

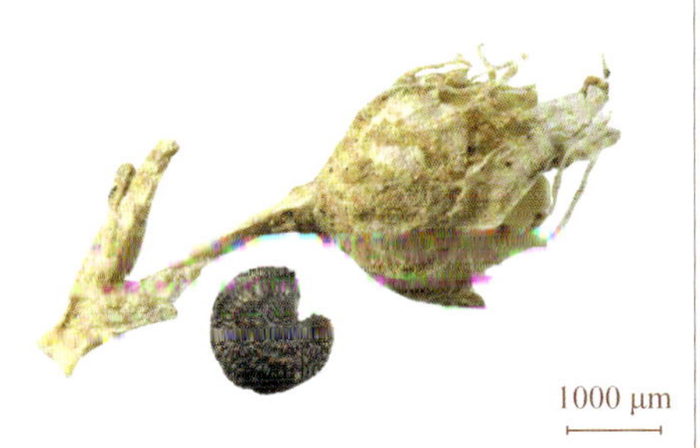

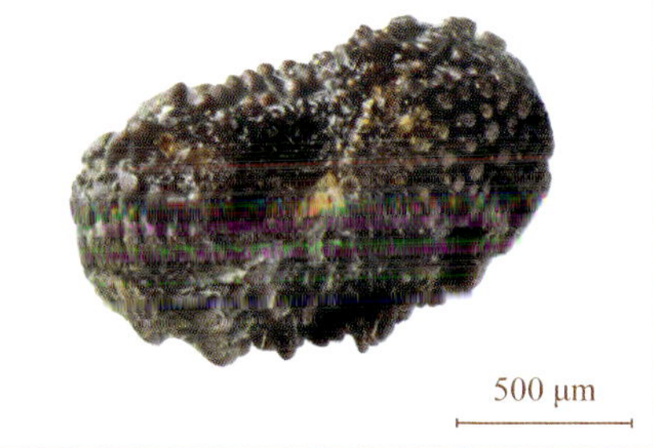

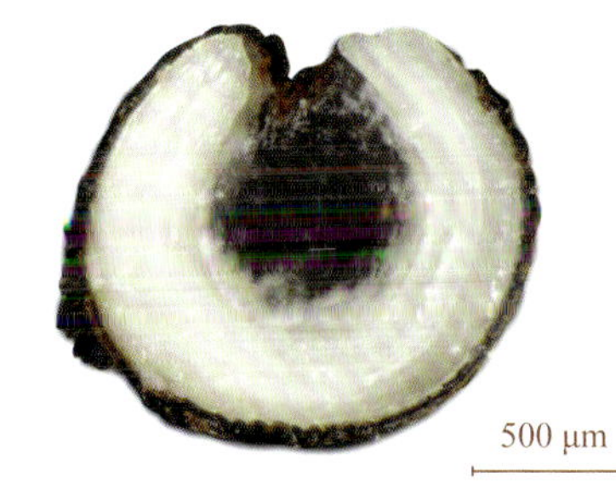

浅裂剪秋罗 Lychnis cognata Maxim.（Silene cognata）

果实与种子形态特征

蒴果椭圆状卵形，光滑，顶端5齿裂，裂片平展，包裹于宿存萼筒内，稍长于萼筒，长15.1～16.6 mm，黄绿色。种子三角状肾形，两侧略扁，中部微凹，脊圆，长1.2～1.8 mm，宽1.8～2.0 mm，厚约1 mm，灰黄色至棕褐色，两端弯向腹面，基端近中部深凹；表面被密集的不规则疣状凸起，顶端具黑褐色窝点，中下部具大小不等的尖齿，彼此契合，同心圆状排列，灰黄绿色或黑褐色；种脐位于凹陷处，椭圆形，黑褐色，周围稍平。胚周边型，环状包裹胚乳，黄色，肉质；子叶2，并合，胚根圆凸；胚乳白色，脂质。千粒重1.1 g。

地理分布与生态生物学特性

样本种子采自内蒙古赤峰市（喀喇沁旗）。分布于我国黑龙江、吉林、辽宁、河北、内蒙古、山西、陕西等地。朝鲜、俄罗斯也有。

多年生中生草本。生于山地草甸、草甸草原、林下或灌丛草地和森林带的山地草甸，也偶见于草甸草原。耐寒、耐阴、耐荫蔽。种子繁殖。花期6～8月，果期8～9月。

主要应用价值

生态：地被植物，用于保持水土。

饲用：饲用价值中等。牛、羊采食。

其他应用：花色艳丽，可驯化栽培供园林观赏。

1000 μm
1000 μm
2000 μm
2000 μm
100 μm
500 μm

大花剪秋罗 Lychnis fulgens Fisch.
（Silene fulgens）

果实与种子形态特征

蒴果长椭圆状卵形，光滑，顶端5齿裂，裂片反卷，包裹于宿存萼筒内，略长于萼筒，长12.2～14.2 mm，黄色。种子圆肾形或卵状肾形，两侧扁，中部微凹，脊圆，长1.6～1.8 mm，宽1.8～2.0 mm，厚约1.0 mm，黑褐色，两端弯向腹面，基端近中部深凹；表面被整齐排列的密集的疣状或条状凸起，顶端具黑褐色结核状窝点，中下部具大小不等的尖齿，彼此契合，同心圆状排列，灰黄绿色或黑褐色；种脐位于凹陷处，瘤状凸起，黑褐色，边缘凸起。胚周边型，环状包裹胚乳，黄色，肉质；子叶2，并合，胚根圆凸；胚乳白色，脂质。千粒重1.2 g。

地理分布与生态生物学特性

样本种子采自内蒙古赤峰市（喀喇沁旗）。分布于我国黑龙江、吉林、辽宁、河北、内蒙古、山西等地。日本、朝鲜、俄罗斯也有。

多年生中生草本。生于森林带的山地草甸、林下或林缘，也进入草甸草原阴湿地，为森林带山地草甸和草甸草原的偶见种。种子繁殖。花期6～7月，果期8～9月。

主要应用价值

生态：林下及林缘草甸、山地草甸水土保持植物。

饲用：饲用价值中等。牛、羊采食。

其他应用：花冠大、红色艳丽，可驯化栽培供园林观赏。

2000 μm
5000 μm
2000 μm
500 μm
500 μm
500 μm

女娄菜 Melandrium apricum Rohrb.（Silene aprica）

果实与种子形态特征

蒴果卵形或椭圆状卵形，顶端6齿裂，包裹于宿存萼筒内，与萼近等长或微长，长8.2～8.6 mm，平滑，具光泽，黄色。种子肾形，两侧扁，长1.4～1.6 mm，宽1.1～1.2 mm，厚0.6～0.7 mm，灰棕褐色或黑褐色，两端弯向腹面，背脊圆隆或稍平，基端近中部凹陷，黑色；表面被排列整齐的密集的疣状凸起，顶端具灰黑色结核状窝点，中下部齿轮状，彼此紧密契合，同心圆状排列；种脐位于口状横裂的凹陷处，黄色。胚周边型，半环状，黄白色，肉质；子叶2，胚根渐尖；胚乳白色，粉质。千粒重1.1 g。

地理分布与生态生物学特性

样本种子采自内蒙古锡林郭勒盟（正蓝旗）。我国北方各地均有分布。日本、朝鲜、蒙古国、俄罗斯也有。

一年生或二年生中旱生草本。生于平原、丘陵或山地，常见于石砾质坡地、固定沙地、林缘或路边及灌丛林缘多砾石的草地或撂荒地。耐寒、耐旱、耐瘠薄。种子繁殖。花期5～7月，果期7～9月。

主要应用价值

生态：地被植物，用于保持水土。

饲用：饲用价值良。牛、羊乐食。

药用：全草入药，治妇科病、丹毒、体虚浮肿和祛痰等。

100 μm
1000 μm
100 μm
300 μm
500 μm

坚硬女娄菜 Melandrium firma Sieb. et Zucc.（Silene firma）

果实与种子形态特征

蒴果长卵形，顶端6齿裂，包裹于宿存萼筒内，与萼近等长或稍短，长8～11 mm，平滑无毛，黄色。种子圆肾形，两侧扁，长0.8～1.1 mm，宽0.7～1.0 mm，厚0.5 mm左右，灰褐色或灰黄褐色，两端弯向腹面，背脊圆拱平展，基端近中部凹陷，黑色；表面具排列整齐的密集的疣状凸起，顶端具灰黑色结核状窝点，中下部齿轮状，彼此紧密契合，同心圆状排列；种脐位于口状横裂的凹陷处，黑色，周边有1圈紧密的疣突状隆起。胚周边型，半环状，黄白色，肉质；子叶2，胚根圆凸；胚乳白色，粉质。千粒重1.0 g。

地理分布与生态生物学特性

样本种子采自内蒙古赤峰市（宁城县）。分布于我国黑龙江、吉林、辽宁、河北、内蒙古、山西、陕西、甘肃、青海等地。日本、朝鲜、俄罗斯也有。

一年生或二年生中生草本。生于林缘草甸、山地草甸、灌丛。耐寒、耐阴，喜光。种子繁殖。花期6～7月，果期7～8月。

主要应用价值

生态：地被植物，用于保持水土。

饲用：饲用价值良。牛、羊乐食。

1000 μm
500 μm
2000 μm
500 μm
500 μm
500 μm

石生孩儿参 Pseudostellaria rupestris (Turcz.) Pax

果实与种子形态特征

蒴果卵圆形或椭圆状球形，顶端具花柱残基，包于4枚宿存花萼内，长4.1～4.5 mm，直径4.0 mm；果皮薄，成熟后3瓣裂，裂瓣或再2齿裂。种子小，多数，椭圆状肾形，两侧扁，长0.8～1.1 mm，宽1.0～1.4 mm，厚0.5 mm左右，灰褐色或黑褐色，背脊圆拱，基端圆形凹陷，周围凸起；表面被密集的疣状凸起纹饰，顶端具锚状刺突，中下部具大小不等的齿轮状边纹，彼此紧密契合，同心圆状排列；种脐位于腹面圆形凹陷处，褐色，种皮薄。胚周边型，半环状，黄白色，肉质；子叶2，并合，胚根渐尖；胚乳白色，粉质。千粒重0.4 g。

地理分布与生态生物学特性

样本种子采自内蒙古阿拉善盟（阿拉善左旗）。分布于我国吉林、内蒙古、青海。蒙古国、俄罗斯也有。

多年生中生草本。生于海拔2700～3400 m的云杉林下、林缘或高山草甸。耐阴、耐寒。根茎和种子繁殖。通常5月返青，花期6～7月，果期7～8月。

主要应用价值

生态：地被植物，用于保持水土。

饲用：饲用价值良。牛、羊、马乐食。

药用：根入药（药名：太子参），有益气生津、健脾等功效。

1000 μm

禾叶蝇子草 Silene graminifolia Otth

果实与种子形态特征

蒴果矩圆状卵形，顶端6齿裂，包裹于宿存萼筒内，与萼筒等长，萼筒膜质，具10条脉，脉间连接成网，长8.2～8.6 mm，平滑，具光泽，黄色。种子肾形，两侧扁，长0.8～1.2 mm，宽1.1～1.2 mm，厚0.2～0.3 mm，灰黄色至灰褐色，背脊圆隆或稍平，基端近中部凹陷；被密集的长条状或疣状凸起纹饰，同心圆状排列，表面有黄色物；种脐位于口状横裂的凹陷处，暗褐色。胚周边型，半环状，黄色，肉质；子叶2，并合，胚根渐尖；胚乳白色，粉质。千粒重1.1 g。

地理分布与生态生物学特性

样本种子采自内蒙古兴安盟（阿尔山市）。分布于我国新疆、内蒙古、西藏。哈萨克斯坦、俄罗斯也有。

多年生中生草本。生于海拔1600～4200 m的高山草地和森林带的火山岩灌丛、沟谷、路边砂石地。耐寒、耐阴。种子繁殖。花期7～8月，果期8～9月。

主要应用价值

生态：山地草原水土保持植物。

饲用：饲用价值良。牛、羊乐食。

1000 μm
500 μm
2000 μm
500 μm
500 μm
500 μm

石生蝇子草 Silene tatarinowii Regel

果实与种子形态特征

蒴果长卵形，顶端6齿裂，包裹于上部膨大的宿存萼筒内，短于萼筒，萼筒膜质，具10条纵脉，沿脉具短柔毛，长6.1～8.2 mm，平滑，具光泽，黄色。种子圆肾形，两侧稍扁，长0.9～1.2 mm，宽0.8～1.1 mm，厚0.3～0.5 mm，黄褐色至灰褐色，有丝状毛，背脊钝圆，腹侧中部裂口状凹陷；表面被密集的长条状或星状瘤突纹饰，同心圆状排列；种脐位于凹陷处，暗褐色。胚周边型，半环状，肉质，乳黄色；子叶2，分离，椭圆形；胚轴圆柱形，胚根圆凸，弯向种脐；胚乳白色，粉质。千粒重1.0 g。

地理分布与生态生物学特性

样本种子采自内蒙古兴安盟（阿尔山市）。分布于我国河北、内蒙古、山西、陕西、甘肃、宁夏等地。

多年生中生草本。生于海拔800～2900 m的山地草原、林缘、沟谷草甸。耐阴、耐寒，不耐旱。花期7～8月，果期8～10月。

主要应用价值

生态：地被植物。

饲用：饲用价值中等。牛、羊乐食。

1000 µm
500 µm
200 µm
200 µm
200 µm
2000 µm
200 µm

白玉草 Silene venosa (Gilib.) Asch.
（Silene vulgaris）

果实与种子形态特征

蒴果近圆球形，顶端6齿裂，包裹于宿存萼筒内，短于萼筒，萼筒膜质，膨大成囊状，长8.2～8.6 mm，平滑，具光泽，黄色。种子肾形，两侧扁，长1.4～1.6 mm，宽1.1～1.2 mm，厚0.6～0.7 mm，灰褐色或黑褐色，背脊圆隆或稍平，基端近中部凹陷；表面被密集的疣状凸起纹饰，顶端具黑褐色结核状物点，中下部具大小不等的锯齿状边纹，齿缘有明显的褐色线形勾勒，彼此紧密契合，同心圆状排列；种脐位于口状横裂的凹陷处，黄色，两侧具4个种瘤状凸起，黑色。胚周边型，半环状，黄色，肉质；子叶2，并合，胚根渐尖；胚乳白色，粉质。千粒重0.8 g。

地理分布与生态生物学特性

样本种子采自内蒙古呼伦贝尔市（牙克石市）。分布于我国黑龙江、内蒙古、新疆、西藏。尼泊尔、印度、中亚、欧洲也有。

多年生中生草本。生于森林带的沟谷草甸、草甸草原、林缘或路边，常见于海拔150～2700 m的草甸、灌丛、林下多砾石的草地或撂荒地，有时也进入农田。耐寒，喜湿润、排水良好的沙壤质土壤。种子繁殖。花期6～8月，果期7～9月。

主要应用价值

生态：地被植物。可作为草甸、草甸草原生态修复配植用种。

饲用：饲用价值良。牛、羊采食。

药用：全草入药，治妇科病、丹毒和祛痰。根富含皂苷，可代肥皂。

1000 μm
100 μm
100 μm
1000 μm
500 μm

叉歧繁缕 Stellaria dichotoma L.

果实与种子形态特征

蒴果宽椭圆形或宽卵形，微扁，顶端6瓣裂，包于宿存萼内，较萼短，长2.8～3.5 mm，宽约2.3 mm，平滑，稍具光泽，黄色，含1～5粒种子。种子宽卵状肾形，两侧稍扁，长1.2～1.4 mm，宽1.5～1.8 mm，灰褐色或黑褐色，顶端圆凸，两端对折于基端，稍偏斜，有裂口和浅纵沟，近种脐周围长条状凸起排列紧密；表面被小瘤状凸起纹饰，稍平，具纵向小缢痕，下部为长短不等的轮齿状结构，彼此契合；种脐位于基端裂口内，黑褐色。胚周边型，环状，黄色，肉质；子叶2，并合，胚根弯曲凸起超过子叶；内胚乳白色，粉质。千粒重0.6 g。

地理分布与生态生物学特性

样本种子采自内蒙古呼和浩特市（大青山）。分布于我国黑龙江、辽宁、河北、内蒙古、甘肃、青海、新疆。蒙古国、俄罗斯、哈萨克斯坦也有。

多年生旱生草本。生于森林带和草原带的向阳石质山坡、石缝或固定沙丘。耐寒、耐旱、耐瘠薄。种子繁殖。花期6～8月，果期7～9月。

主要应用价值

生态：地被植物。水土保持效果好。

饲用：饲用价值良。牛、羊、马采食。

药用：根入蒙药（蒙药名：特门-章给拉嘎），能清肺、止咳、锁脉、止血。

500 μm
500 μm
500 μm
100 μm
500 μm

繸瓣繁缕 Stellaria radians L.

果实与种子形态特征

蒴果卵形，6瓣深裂，包裹于宿存萼内，稍长于萼片，长5.2～6.5 mm，直径约2.8 mm，平滑，具光泽，黄色。种子不规则卵状肾形，两侧稍扁，长1.2～1.4 mm，宽1.5～1.8 mm，褐色或黑褐色，背脊圆或稍平展，基端平或尖或斜截，近中部凹陷；表面凸起顶部形成蜂窝状凹穴，边缘薄，半透明，下部为长短不等的轮齿状结构；种脐位于凹陷处，圆形，黑色。胚周边型，环状，黄色，肉质；子叶2，胚根圆凸；内胚乳白色，粉质。千粒重0.5 g。

地理分布与生态生物学特性

样本种子采自内蒙古呼伦贝尔市（鄂伦春自治旗）。分布于我国黑龙江、吉林、辽宁、河北、内蒙古。日本、朝鲜、蒙古国、俄罗斯也有。

多年生湿中生草本。生于森林带和草原带的丘陵灌丛、林缘草甸、沼泽草甸、河边、沟谷草甸。喜湿，耐寒、耐阴、耐荫蔽，不耐旱。根茎和种子繁殖。花期6～8月，果期7～9月。

主要应用价值

生态： 地被植物。可作为草甸、湿地草甸草原区生态修复配植用种。

饲用： 饲用价值良。牛、马、羊乐食。

1000 μm
1000 μm
100 μm
100 μm
500 μm

麦蓝菜（王不留行）Vaccaria hispanica (Mill.) Rausch.（Gypsophila vaccaria）

果实与种子形态特征

蒴果广卵形，顶端4齿裂，包裹于宿存萼内，萼膜质，具5条凸起的翅状脉棱，长8.2～8.6 mm，平滑，黄绿色。种子球形，直径1.8～2.2 mm，无光泽或稍具光泽，初期橘红色，完全成熟后紫红色至黑褐色，一侧中部呈宽带状浅沟环绕，带沟表面具纵向排列的颗粒状瘤突；表面被密集的小锥状瘤突，突基扩大成五边或六边形，彼此契合；种脐位于基端宽带状浅沟一端或中部，点状圆形，微凹，黄白色；种皮革质，坚硬。胚周边型，环状，乳白色，肉质；子叶2，分离，胚根凸尖；内胚乳白色，粉质。千粒重3.3 g。

地理分布与生态生物学特性

样本种子采自内蒙古呼伦贝尔市（鄂伦春自治旗）。分布于我国河北、内蒙古、山西、陕西、宁夏、甘肃、青海、新疆、新疆等地。亚洲其他地区、欧洲也有。

一年生中生草本。原产欧洲，为外来物种。我国引进栽培，已逸生于沟谷、丘陵草甸、农田边。耐寒、耐旱、耐瘠薄。种子繁殖。花期6～8月，果期7～9月。

主要应用价值

生态：地被植物。可作为园林景观用种。

饲用：饲用价值良。嫩茎叶牛、羊乐食，马偶尔采食，干草牛、羊采食。

药用：种子入药（药名：王不留行），能行血通经、下乳消肿、利尿通淋。

其他应用：种子含淀粉和油脂，可作酿造原料或榨油作工业用润滑油。

2000 µm
2000 µm
500 µm
500 µm
500 µm

芍药科 Paeoniaceae

果实为蓇葖果，果皮硬革质，沿腹缝开裂。种子数粒，椭圆形或卵圆形，黑色或深褐色，光滑无毛。胚小型，胚乳丰富。

芍药 *Paeonia lactiflora* Pall.

果实与种子形态特征

蓇葖果卵状圆锥形，长29.5～35.3 mm，宽12.8～15.2 mm，黄绿色至黑褐色，顶端急狭成喙钩状；果皮硬革质，无毛，成熟后沿腹缝线开裂。种子椭圆形或倒卵形，长6.8～8.5 mm，宽6.2～7.1 mm，紫黑色或暗褐色，表面稍粗糙，稍具光泽；外侧圆拱，内侧挤压而平或稍凹，基端圆或窄尖；种脐位于基端，凸起，窄矩圆形，种阜淡黄色，具一小种孔；外种皮硬质，内种皮薄膜质。胚小型，短小直生，淡黄色，肉质；子叶2，占胚体的2/3，胚根圆锥状；胚乳丰富，颗粒状，黄色，脂质。千粒重164 g。

地理分布与生态生物学特性

样本种子采自内蒙古锡林郭勒盟（锡林浩特市）。分布于我国东北、华北、陕西、甘肃南部等地。朝鲜、日本、蒙古国、俄罗斯也有。

多年生旱中生草本。生于山坡草地、灌丛、林缘，常见于北方山地草甸、草甸草原。耐寒，抗旱，不耐水淹，喜排水良好、湿润肥沃的沙壤质土壤。种子繁殖。花期5～7月，果期7～8月。

主要应用价值

生态： 山地丘陵及坡地水土保持植物。花大艳丽，是优良的生态园林观赏花卉，各地有栽培。

饲用： 饲用价值中等。开花前牛、羊采食。

药用： 根入药（药材名：赤芍），能清热凉血、活血散淤，也入蒙药（蒙药名：乌兰-察那），能活血、凉血、散淤。

其他应用： 种子含油约25%，供制皂和涂料用。

5000 μm
5000 μm
5000 μm
200 μm
1000 μm

草芍药 **Paeonia obovata** Maxim.

果实与种子形态特征

蓇葖果宽卵圆形，顶端狭尖，无喙，长19～32 mm，宽11～13 mm；果皮硬革质，无毛，内果皮红色至鲜紫红色，成熟后沿腹缝线开裂，反卷。种子卵球形，外具红色假种皮，易脱落，长5.3～6.5 mm，直径5.0～5.5 mm，蓝紫色至紫黑色，干后黑色；表面粗糙，具细密网纹和细小颗粒，稍具光泽，干燥种皮常有龟裂状皱缩棱，一侧稍平，基端圆或稍凸；种脐位于基端，窄椭圆形，黄色，周围种脊棱状凸起超过种脐长1/2；外种皮近纸质，内种皮薄膜质，淡褐色。胚小型，直生，埋于近基端胚乳中，乳白色，肉质；子叶2，占胚体的2/3，胚根锥凸；胚乳丰富，颗粒状，乳黄色，脂质。千粒重108 g。

地理分布与生态生物学特性

样本种子采自内蒙古赤峰市（宁城县）。分布于我国东北、华北及陕西、宁夏、甘肃、青海等地。朝鲜、日本、俄罗斯也有。

多年生中生草本。生于海拔800～2600 m落叶阔叶林带的山坡草地、沟谷林下及林缘草甸。耐寒，不耐水淹，喜排水良好、湿润肥沃的沙壤质土壤。种子繁殖。花期5～6月，果期8～9月。

主要应用价值

生态：地被植物。观赏性好，有较好的驯化选育潜力。

饲用：饲用价值中等。开花前牛、羊采食。

药用：同芍药。

5000 μm
5000 μm
5000 μm
5000 μm
200 μm

牡丹 Paeonia suffruticosa Andr.

果实与种子形态特征

蓇葖果长圆柱形，具网脉，顶端具喙；果皮硬革质，密生黄褐色粗硬毛，成熟后沿腹缝线开裂。种子倒卵形或矩圆形，长9.8～12.5 mm，宽7.2～8.5 mm，紫黑色或黑褐色，稍具光泽；顶端圆或凸尖，基端平截或稍斜截或稍凸，外侧圆拱，内侧挤压而平或稍凹，形成2个或多个弧形斜面，或稍凹陷，边缘线狭棱状；种脐位于基端，凸起，矩圆形，黄色，有不明显的小种孔；外种皮硬质，内种皮薄膜质，淡黄褐色。胚小型，直生，埋于近种脐端胚乳中，乳白色，肉质；子叶2，占胚体的1/2，胚根圆锥状；胚乳丰富，颗粒状，乳黄色，脂质，中部常具空隙。千粒重225 g。

地理分布与生态生物学特性

样本种子采自内蒙古呼和浩特市（和林格尔县）。多国引种，园艺品种众多。原产我国河南洛阳等地，现全国各地广泛栽培。多国引种，园艺品种众多。

多年生中生小灌木。喜排水良好、湿润肥沃的深厚沙壤质土壤和温暖、凉爽、干燥、阳光充足的气候环境，喜光，耐半阴、耐弱碱，稍耐旱，不耐水淹。种子繁殖。花期5月，果期6月。

主要应用价值

生态：景观地被植物。花色泽艳丽、玉笑珠香、风流潇洒、富丽堂皇，素有“花中之王”的美誉，具有极好观赏性。我国国花。

药用：根皮入药，能清热凉血、活血散淤。

5000 μm

5000 μm

2000 μm

2000 μm

2000 μm

500 μm

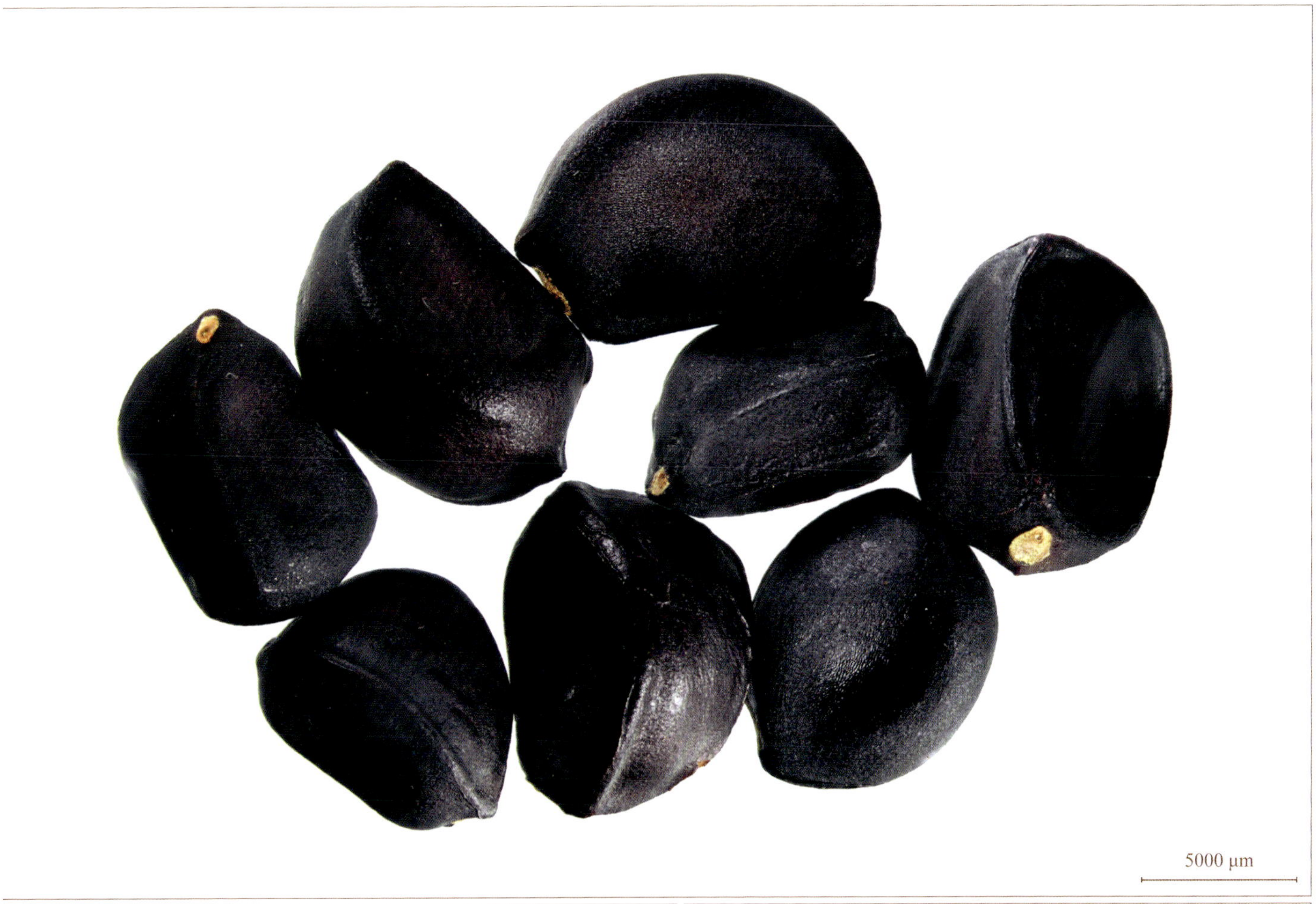

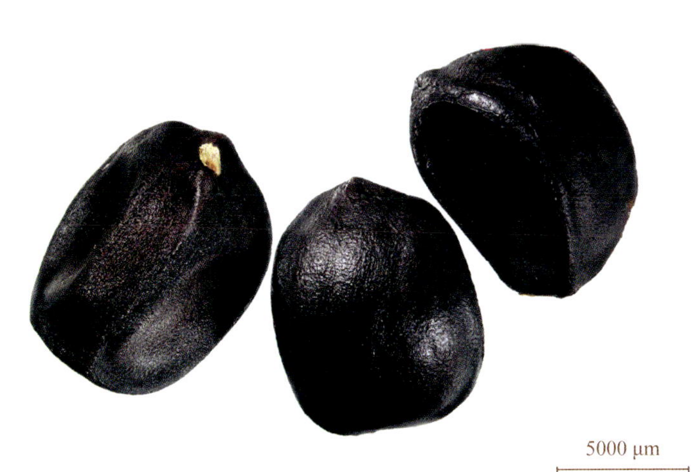

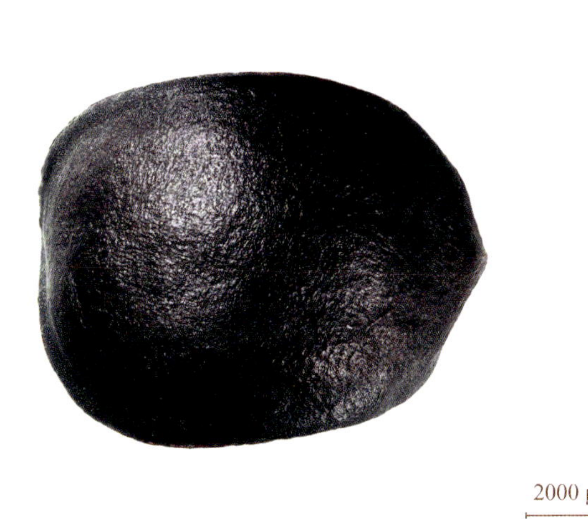

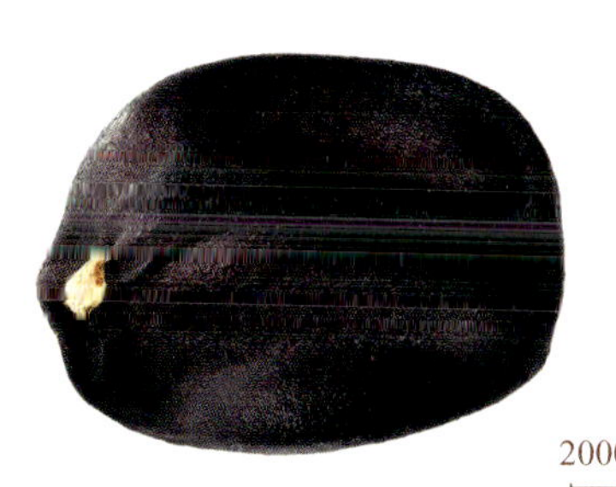

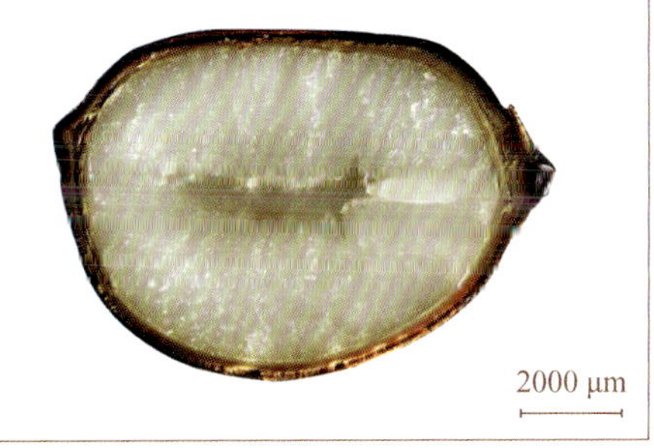

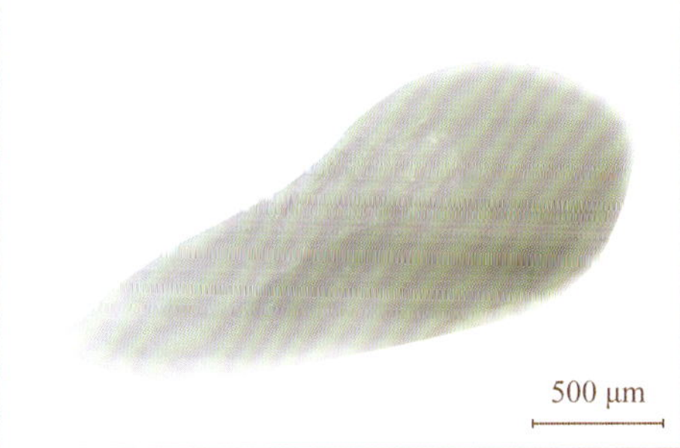

毛茛科 Ranunculaceae

果实为蓇葖果或瘦果，少数为浆果（类叶升麻），常具宿存的花柱。胚小，胚乳丰富。

兴安乌头 Aconitum ambiguum Reichb.

果实与种子形态特征

蓇葖果矩圆形，由3～5心皮构成，具网脉，成熟后沿腹缝线开裂，长1.3～1.6 cm，草黄色。种子三面体状长椭圆形或倒卵形，长3.1～3.5 mm，宽1.0～1.5 mm，黄褐色；背棱具膜质宽翅，腹面横生5～6层透明的鳞片状膜翅，顶端圆，具一宽膜翅，基端窄，翅具纵向脉纹，边缘波状或缺刻；种脐位于基端，扁三角状；内种皮薄膜质，棕黄色。胚线型，棒状，直立于胚乳中部，长1.5 mm，白色半透明，蜡质；子叶2，矩圆形；胚乳丰富，白色，粉质。千粒重2.5 g。

地理分布与生态生物学特性

样本种子采自内蒙古兴安盟（阿尔山市）。分布于我国大兴安岭一带。俄罗斯西伯利亚地区及蒙古国也有。

多年生中生草本。生于山地林下草地、林缘草甸。耐寒、耐阴，适应性强，喜湿润肥沃的酸性土壤。种子繁殖。花期7～8月，果期8～9月。

主要应用价值

生态：林下及林缘草甸水土保持植物。

饲用：有毒植物。家畜通常不食。

药用：块根入药（药材名：草乌），能清热凉血、活血散淤。叶入蒙药（蒙药名：奔瓦音-拿布其），能清热、止痛。

5 000 μm
1 000 μm
10 000 μm
1 000 μm
1 000 μm
1 000 μm

西伯利亚乌头 Aconitum barbatum var. hispidum (DC.) Ser.

果实与种子形态特征

蓇葖果三面体状矩圆形，由3心皮构成，具横网脉，疏被紧贴的短毛，成熟后沿腹缝线开裂，长1.1～1.3 cm，黄褐色。种子三面体状倒卵球形或三棱形，带翅长2.5～3.1 mm，宽1.2～1.5 mm，褐色至暗褐色；表面密生鳞片状膜翅，平展或弯卷，鳞翅具纵向脉纹，腹面翅平卧或弯；种脐位于基端中部，扁圆形；内种皮薄膜质，棕黄色。胚线型，位于胚乳中部靠近种脐，棒状，由基端直立近顶端，长1.2 mm，黄色，蜡质；胚乳丰富，白色，粉质。千粒重2.3 g。

地理分布与生态生物学特性

样本种子采自内蒙古呼和浩特市（大青山）。分布于我国新疆、甘肃、宁夏、陕西、山西、河北、内蒙古、吉林和黑龙江。俄罗斯也有。

多年生中生草本。生于山地林下山坡草地、林缘草甸及石质灌丛。轴根粗壮，茎高60～100 cm。耐寒，稍耐旱。种子繁殖。花期7～8月，果期8～9月。

主要应用价值

生态：林缘及山坡草地水土保持植物。

饲用：有毒植物。家畜通常不食。

药用：根入药（药材名：草乌），能祛风湿、镇痛、攻毒杀虫，也入蒙药（蒙药名：细伯日-泵阿），能杀“粘”、止痛。

5000 μm

伏毛铁棒锤 Aconitum flavum Hand.-Mazz.

果实与种子形态特征

蓇葖果长圆形或卵形，由5心皮构成，无毛或疏被短毛，成熟后沿腹缝线开裂，长10.2～17.4 mm。种子三棱状卵球形，退去外种皮长2.3～2.8 mm，宽1.3～1.5 mm，棕黄色；沿棱具狭翅，两侧面微凹，表面凹凸起伏，无鳞翅，被纵向条状纹饰，顶端三角状，基端宽凹，边缘翅状稍厚，稍外翻，黄褐色；种脐位于基端，圆形；外种皮膜质，易剥落，内种皮薄膜质。胚线型，棒状，位于胚乳中部近顶端，黄白色半透明，蜡质；胚乳丰富，白色，粉质。千粒重2.4 g。

地理分布与生态生物学特性

样本种子采自甘肃省（兰州市）。分布于我国青海、甘肃、宁夏、内蒙古、西藏北部。

多年生旱中生草本。生于海拔2000～3700 m的山坡草地或灌丛、疏林草甸。喜温暖湿润气候，稍耐旱，不耐水淹。种子繁殖。花期7～8月，果期8～9月。

主要应用价值

生态：山坡草地、疏林草甸水土保持植物。

饲用：有毒植物。家畜不食。

药用：块根入药（药材名：铁棒锤），有剧毒，能活血祛淤、祛风除湿、止痛消肿。

2000 μm

2000 μm

1000 μm

1000 μm

500 μm

500 μm

500 μm

华北乌头 **Aconitum jeholense** var. **angustius** (W. T. Wang) Y. Z. Zhao

果实与种子形态特征

蓇葖果长圆形，由3心皮构成，长1.2～1.5 cm，黄褐色，光滑，具横脉，成熟后沿腹缝线开裂。种子多数，倒圆锥形，有3纵棱，三面体状，长3.3～4.0 mm，宽1.3～2.3 mm，褐色至黑褐色；沿棱有狭翅，或有一棱翅稍宽，表面皱缩，具线条状梯形纹，背面两侧仅1面有具纵向脉纹的波状横翅，平卧，腹面稍平展；种脐位于基端，圆形，稍凹；内种皮薄膜质，黄色。胚线型，棒状，埋于胚乳中部，白色半透明，蜡质；胚乳丰富，乳白色。千粒重2.4 g。

地理分布与生态生物学特性

样本种子采自内蒙古锡林郭勒盟（西乌珠穆沁旗）。分布于我国山西、河北、内蒙古等地。蒙古国、俄罗斯也有。

多年生中生草本。生于森林带和森林草原带的林下、林缘、山地草甸，在内蒙古常见于桦树林下、草甸，为伴生种。耐寒、耐阴，喜湿润肥沃的沙壤质土壤。种子繁殖。花期7～8月，果期8～9月。

主要应用价值

生态：林下草地及草甸水土保持植物。

饲用：有毒植物。家畜通常不食；块根有剧毒。

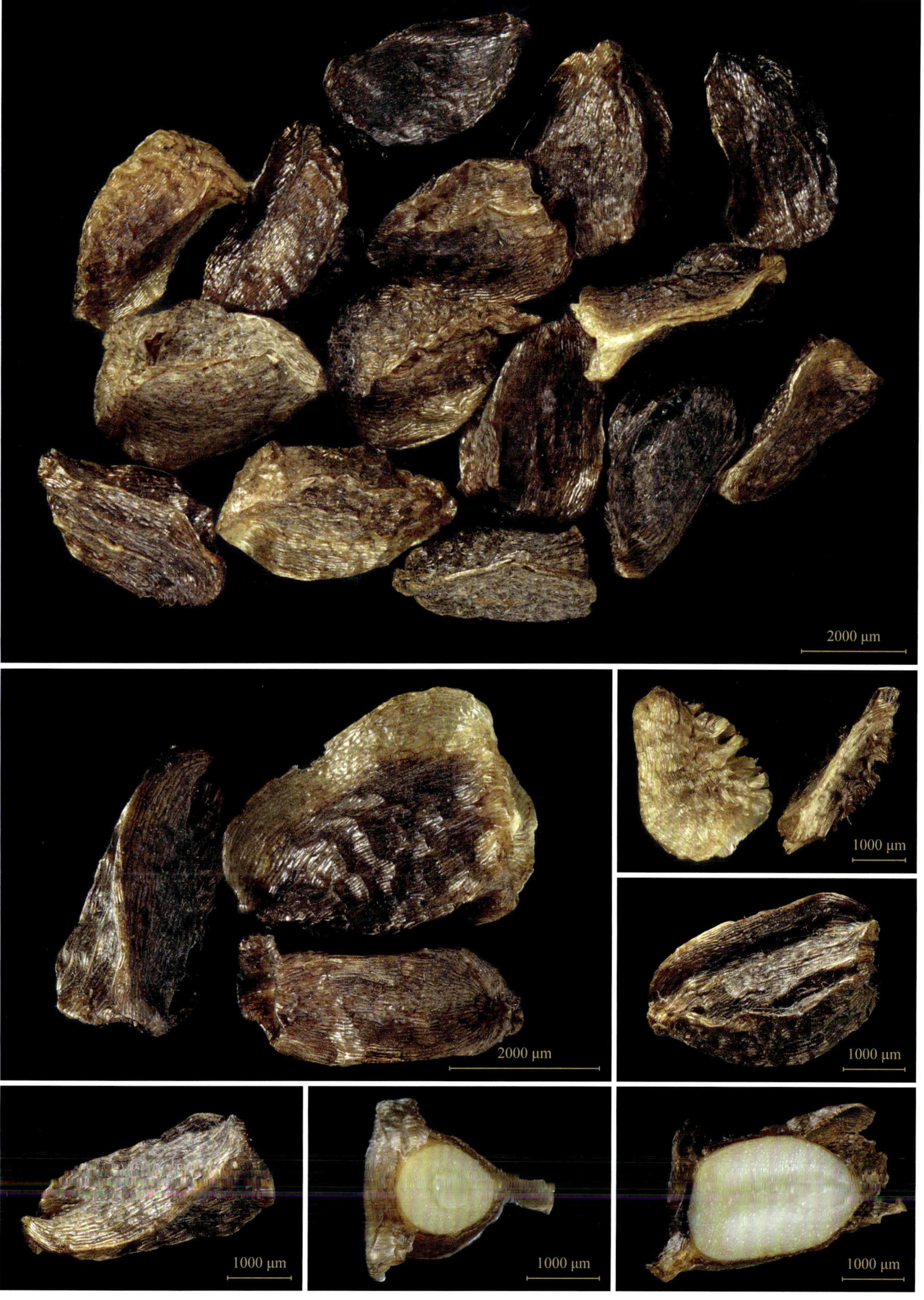
2000 μm
2000 μm
1000 μm
1000 μm
1000 μm
1000 μm
1000 μm

北乌头（草乌头）Aconitum kusnezoffii Reichb.

果实与种子形态特征

蓇葖果长圆形，由4～5心皮构成，具横脉，成熟后沿腹缝线开裂，长1.2～1.8 cm，黄褐色。种子三面体状扁椭圆球形，长3.3～3.8 mm，宽1.2～1.8 mm，黑褐色；背棱具狭翅，两侧面圆拱，表面横生鳞片状直立膜质翅，侧边鳞翅状平卧，具同向线状条纹，顶端稍平，边缘围绕一膜质宽鳞翅，基端宽三角状，翅具纵向脉纹，稍皱缩，边缘波状或缺刻；种脐位于基端，小三角状；内种皮薄膜质。胚线型，棒状，直立于胚乳中部，白色半透明，蜡质；胚乳丰富，白色。千粒重2.6 g。

地理分布与生态生物学特性

样本种子采自内蒙古锡林郭勒盟（锡林浩特市）。分布于我国黑龙江、吉林、辽宁、内蒙古、山西、河北。朝鲜、俄罗斯也有。

多年生旱中生草本。生于山地草坡或灌丛，常见于落叶阔叶林下、林缘草甸及沟谷草甸。耐寒、耐阴，喜湿润肥沃的沙壤质土壤。种子繁殖。花期7～9月，果期9～10月。

主要应用价值

生态：地被植物。

饲用：有毒植物。家畜不食。

药用：块根入药（药材名：草乌），能祛风散寒、除湿止痛，也入蒙药（蒙药名：奔瓦）。叶入蒙药（蒙药名：奔瓦音-拿布其），能清热止痛。

其他应用：块根有剧毒，可作农药，防治稻螟虫、棉蚜等虫害，以及棉花立枯病、小麦秆锈病等病害，也可消灭蝇蛆、孑孓等（《中国土农药志》）。种子含油约25%，可作制皂和涂料等化工原料。紫色花花多美丽，可供观赏。各地栽培供药用。

5000 μm
1000 μm
1000 μm
1000 μm

蔓乌头 Aconitum volubile Pall. ex Koelle

果实与种子形态特征

蓇葖果长圆形或长椭圆形，由5心皮构成，具横脉，疏被短柔毛，成熟后沿腹缝线开裂，长15.1～17.2 mm，浅褐色。种子长卵形，带翅长3.2～3.5 mm，宽1.2～1.5 mm，去翅长2.3 mm，直径0.8 mm，棕黄色；背面具一膜质宽翅，两侧面微皱缩，侧面鳞翅短，平卧，腹面翅鳞长，直立，顶端宽，斜平，边缘具一较大的透明膜质翅，基端窄稍内弯；种脐位于基端中部，扁圆形，内种皮薄膜质。胚线型，短棒状，位于近顶端处，白色半透明，蜡质；子叶2，卵形；胚乳丰富，白色，粉质。千粒重2.8 g。

地理分布与生态生物学特性

样本种子采自内蒙古呼伦贝尔市（鄂伦春自治旗）。分布于我国黑龙江、吉林、辽宁和内蒙古。朝鲜、俄罗斯西伯利亚地区也有。

多年生中生缠绕草本。生于森林带的山坡草地或灌丛、疏林草甸。块根粗壮，纺锤形，茎缠绕，长达2 m左右。喜温暖湿润气候，耐阴、耐寒冷、耐轻度盐碱，在湿润肥沃的沼泽草甸生长良好。种子繁殖。花期8月，果期9月。

主要应用价值

生态： 地被植物。

饲用： 有毒植物。家畜不食。

药用： 块根入药（药材名：蔓乌头），具有祛风散寒、镇静止痛功效。

2000 μm

阴山乌头 Aconitum yinschanicum Y. Z. Zhao

果实与种子形态特征

蓇葖果椭圆形，由5心皮构成，具横脉，光滑无毛，顶端皱缩，具花柱残基，成熟后沿腹缝线开裂，长11.2～16.8 mm，宽3.8～5.0 mm，黄色。种子三棱状倒卵形，长3.1～3.3 mm，宽2.1～2.5 mm，褐色，稍具光泽；沿背棱具翅，两侧面稍内凹，表面皱缩，鳞翅无或不明显，被纵向条状纹饰，顶端平，周围具翅，基端三角状；种脐位于基端中部，扁圆形；外种皮膜质，不易剥落，内种皮薄膜质，褐色。胚线型，直立于胚乳中部，黄白色半透明，蜡质；胚乳丰富，白色，粉质。千粒重2.8 g。

地理分布与生态生物学特性

样本种子采自内蒙古乌兰察布市（凉城县）。分布于我国内蒙古。

多年生中生草本。生于草原带的山地草甸、沟谷边缘。喜温暖湿润气候，在湿润肥沃的砂质土壤生长较好，稍耐旱，不耐水淹。花期7～8月，果期8～9月。

主要应用价值

生态：地被植物。山地草甸、疏林草甸水土保持植物。

饲用：有毒植物。家畜通常不食。

药用：块根入药，功能同北乌头。

5000 μm

类叶升麻 *Actaea asiatica* Hara

果实与种子形态特征

浆果近球形，直径3.8～6.1 mm，成熟后紫黑色，含种子4～6粒。种子卵形或半球状卵形，长2.8～3.1 mm，宽1.8～2.0 mm，黄褐色至深褐色；表面粗糙，有细皱褶纹突，具2条弧状棱，腹面具1直棱或较窄的2直棱，两侧棱弧形，腹侧棱直，背面宽，圆拱，腹面平窄或棱线状，两侧形成较平展的斜面，稍凹，边缘狭翅状，中部具瘤突状纹；种脐位于腹面基端，凹陷；种皮厚，内种皮薄膜质。胚小型，埋于胚乳中；胚乳丰富，白色，脂质。千粒重2.4 g。

地理分布与生态生物学特性

样本种子采自内蒙古乌兰察布市（凉城县）。分布于我国黑龙江、吉林、辽宁、河北、内蒙古、甘肃、青海、山西、陕西、西藏等地。朝鲜、日本、俄罗斯也有。

多年生中生草本。生海拔350～3100 m草原带的山地阔叶林下、沟边阴处草地。强耐阴植物，喜腐殖质丰富、土层深厚、湿润、荫庇的环境。根茎和种子繁殖。花期6～7月，果期8～9月。

主要应用价值

生态：地被植物。

药用：根状茎入药，能清热解毒。民间用茎、叶作土农药。

饲用：有毒植物。家畜不食。

其他应用：叶形好、花序大、花果期长，可驯化用于园林绿化、观赏。

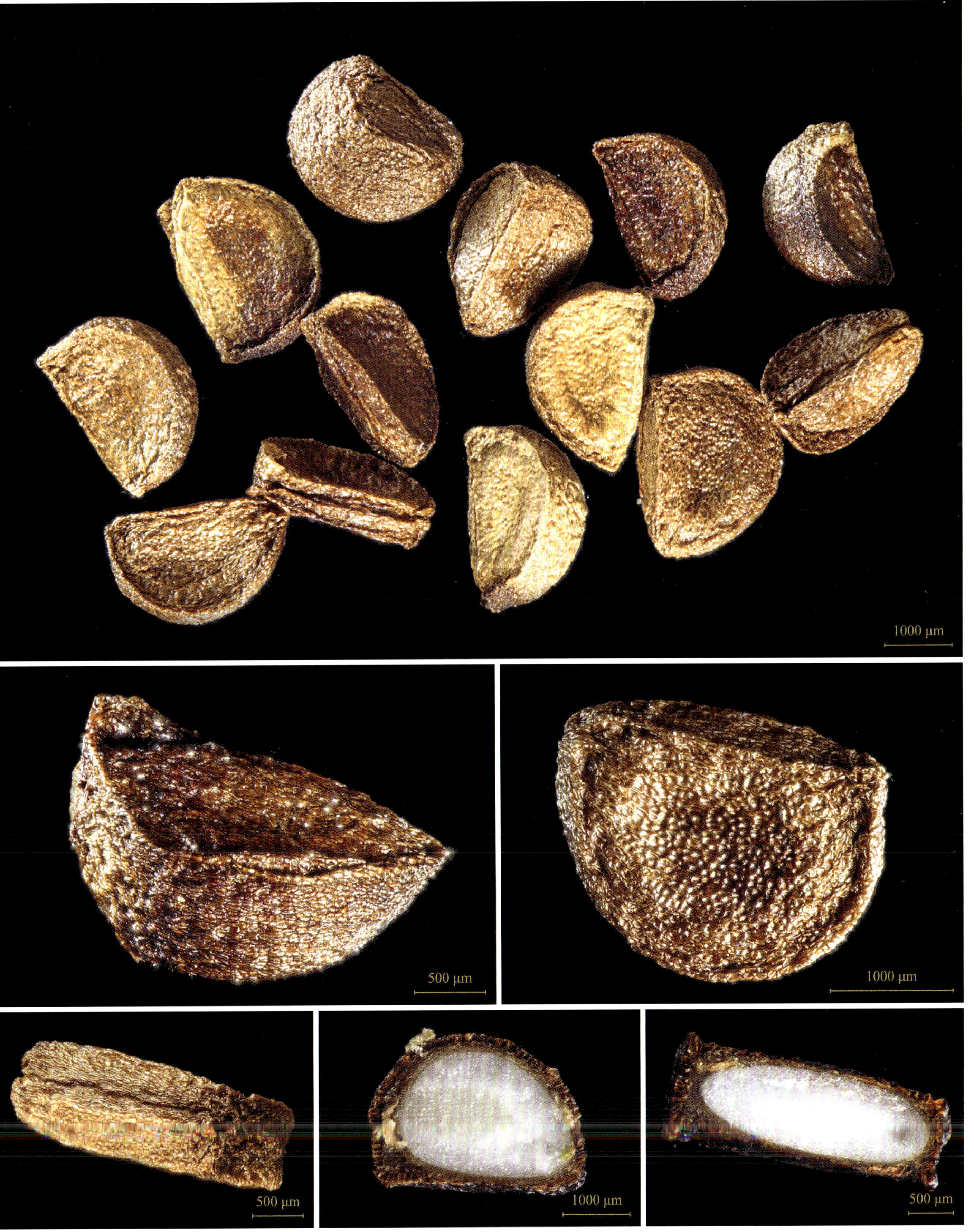
1000 μm
500 μm
1000 μm
500 μm
1000 μm
500 μm

红果类叶升麻 Actaea erythrocarpa Fisch.

果实与种子形态特征

浆果近球形，直径5.0～6.2 mm，成熟后红色或暗红色，光亮，干后表面微粗糙状，无毛，含种子6～8粒。种子卵形或半球状卵形，长2.8～3.0 mm，宽1.8～2.0 mm，暗褐色至黑色；表面粗糙，具细皱褶线状纹突，有3棱，两侧棱弧形，腹侧棱直，背面宽，圆拱，腹面平窄或棱线状，两侧形成较平展的斜面，稍凹，边缘狭翅状，中部具瘤突状纹；种脐位于腹面基端，凹陷；外种皮厚质，内种皮薄膜质。胚小型，肉质，埋于胚乳中；胚乳丰富，白色，脂质。千粒重2.1 g。

地理分布与生态生物学特性

样本种子采自内蒙古赤峰市（克什克腾旗）。分布于我国黑龙江、吉林、辽宁、河北、内蒙古、山西。日本、蒙古国、欧洲也有。

多年生中生草本。生于森林带和草原带的山地阔叶林下，也生于荒漠带的山地云杉林下。耐寒、耐阴，喜腐殖质丰富、土层深厚、湿润的环境。根茎和种子繁殖。花期6～7月，果期8～9月。

主要应用价值

生态：地被植物。

饲用：有毒植物。家畜不食。

药用：根状茎入药，能清热解毒。

其他应用：叶形好、花序大、花果期长，可驯化用于园林绿化、观赏。

2000 µm
2000 µm
1000 µm
500 µm
500 µm
500 µm

侧金盏花（顶冰花） Adonis amurensis Regel et Radde

果实与种子形态特征

多数瘦果聚合成近球形，成熟后易脱落。瘦果倒卵球状矩圆形或三角状倒卵形，稍扁，常偏斜，长3.5～4.0 mm，宽2.5～3.0 mm，黄绿色至黄棕色；表面被短柔毛，具隆起的网脉，顶端平或斜截，宿存短花柱，背侧稍圆，腹侧具平直弯曲的短花柱，两面稍圆拱，下部收窄，皱褶，常呈淡黄褐色或灰褐色，基端近平截；外果皮稍肉质，淡绿色，内果皮近骨质，黑色。种子与果同形，种脐位于基端，矩圆形，稍凹，黑褐色；种皮膜质，白色。胚小型，埋于近种脐处胚乳中，倒卵形，乳白色，肉质；子叶2，分离；胚乳丰富，颗粒状，灰白色，脂质。千粒重1.2 g。

地理分布与生态生物学特性

样本种子采自黑龙江（哈尔滨市）。分布于我国黑龙江、吉林、辽宁。朝鲜、日本、俄罗斯也有。

多年生中生草本。生于山坡草地、疏林下或阴湿山坡的灌木丛。根茎短而粗，肉质，簇生黑褐色须根。开花早，是东北地区最早开花的早春植物，在3月中下旬冬末春初的寒冷时节顶雪开放。极耐寒，不耐旱，喜腐殖质丰富的湿润沙质土壤。根茎繁殖为主，也可种子繁殖。种子具休眠特性，在自然状态下，从种子落地发芽、生长到开花需要多年时间。花期3～4月，果期5～6月。

主要应用价值

生态：地被植物。

饲用：有毒植物。家畜不食。

药用：根及全草入药，能强心、利尿。根和全草含福寿草苷、加大麻苷、福寿草毒苷等强心苷及其他化合物，可治充血性心力衰竭、心脏性水肿、心房纤维性颤动等症。

其他应用：在北方地区具有很好的观赏价值，可作为花坛、花径、草地边缘或假山岩石园配植用种。

1000 μm
1000 μm
1000 μm
1000 μm
1000 μm

长毛银莲花 **Anemone crinita** Juz.
（**Anemone narcissiflora** subsp. **crinita**）

果实与种子形态特征

瘦果宽倒卵形，顶端宿存花柱呈弯钩状，两侧扁平，中部稍拱起，周边扩展宽翅状，并于顶端汇聚凸起，有纵皱缩纹，无毛，长8.6～9.2 mm，宽6.2～6.8 mm，黄褐色。除去果皮后种子椭圆状卵形，表面具不明显的棱，长4.1～4.5 mm，宽1.5～1.8 mm；种脐位于基端，暗褐色；种皮薄膜质，黄色。胚小型，位于近顶端胚乳中部，倒卵形，白色，肉质；子叶2，圆形，与胚轴近等长；胚乳丰富，白色，脂质。千粒重3.3 g。

地理分布与生态生物学特性

样本种子采自内蒙古赤峰市（巴林右旗）。分布于我国新疆、内蒙古、宁夏。蒙古国、俄罗斯西伯利亚地区也有。

多年生中生草本。生于森林带和草原带的山地林下、林缘及草甸。耐阴、耐寒，喜光，喜潮湿肥沃的土壤环境。种子繁殖。花期5～6月，果期7～9月。

主要应用价值

生态：山地草甸、林缘草甸水土保持植物。

饲用：饲用价值一般。牛、羊采食。

5000 μm

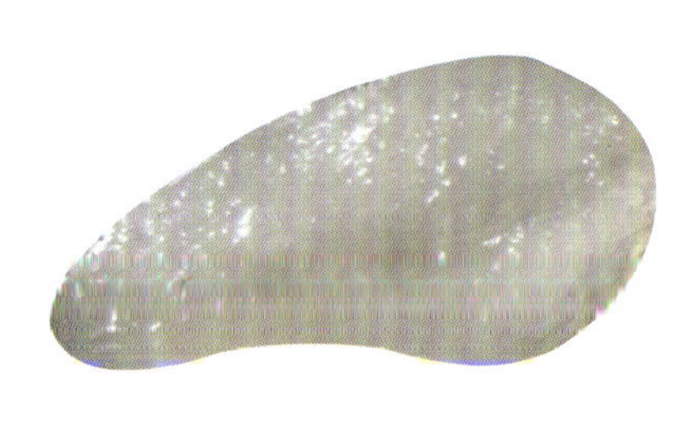

草玉梅 **Anemone rivularis** Buch.-Ham. ex DC.

果实与种子形态特征

多数瘦果聚合成近球形，成熟后易脱落。瘦果狭卵形，长7.2～9.8 mm，宽1.9～2.2 mm，灰黄色或灰褐色，光滑无毛；顶端宿存的花柱钩状弯曲，喙体长不到果体的1/3，基部收窄，凸出，中部膨大拱起，表面具纵向细线条状皱纹，两侧边缘稍增厚，钝圆，棱翅状；果脐位于基端，椭圆形，有黄褐色边棱。胚小型，棒状，埋于近顶端胚乳中部，黄色，肉质；胚乳丰富，颗粒状，白色，脂质。千粒重6.8 g。

地理分布与生态生物学特性

样本种子采自甘肃（互助土族自治县）。分布于我国甘肃、青海、西藏等地。尼泊尔、不丹、印度、斯里兰卡也有。

多年生中生草本。生于森林带和草原带的山地草坡、草甸，为山地草甸伴生种。喜光，耐阴湿。根茎和种子繁殖。花期6～8月，果期8～9月。

主要应用价值

生态：地被植物。可作为山地草甸生态修复配植用种，用于增加生物多样性。

饲用：有毒植物。家畜通常不食。

药用：根状茎和叶入药。民间全草作土农药。

2000 μm
1000 μm
1000 μm
1000 μm
1000 μm
500 μm
500 μm

小花草玉梅 Anemone rivularis var. flore-minore Maxim.

果实与种子形态特征

聚合瘦果近球形，成熟后易脱落。瘦果狭卵形，稍扁，有时稍向内弯，长7.8～8.2 mm，宽1.8～2.1 mm，黄褐色或红褐色，光滑无毛，稍具光泽；顶端宿存花柱钩状弯曲，喙长达果体的1/3～1/2，基部收窄，凸出，中部膨大拱起，两侧缘增厚，钝圆，翅状，表面具纵向细线状皱纹，无毛。退去果皮后种子狭椭圆形，具不明显的棱，长5.1～5.5 mm，宽1.5～1.8 mm，黄褐色；种脐位于基端，有褐色边棱，中部凸尖。胚小型，埋于近顶端胚乳中，棒状，黄色，肉质；胚乳丰富，白色，粉状。千粒重6.0 g。

地理分布与生态生物学特性

样本种子采自内蒙古赤峰市（克什克腾旗）。分布于新疆、甘肃、宁夏、陕西、山西、河北、内蒙古、辽宁、四川、青海等地。

多年生中生草本。生于森林带和草原带的山地草甸、草坡、沟谷边缘，为山地草甸伴生种。喜温暖湿润气候。种子繁殖。花期6～7月，果期7～8月。

主要应用价值

生态：地被植物。

饲用：有毒植物。家畜通常不食。

药用：根入药，治肝炎、筋骨疼痛等症，也入蒙药（蒙药名：宝根-查干其其格），能破痞、止腐、解毒止痛。

2000 μm
1000 μm
2000 μm
2000 μm
2000 μm
2000 μm

耧斗菜 Aquilegia viridiflora Pall.

果实与种子形态特征

蓇葖果矩圆形，长18.8～20.2 mm，直径6.0～6.2 mm，黄褐色，顶端开裂；宿存花柱细长，稍弯曲，易断落，5心皮紧密靠拢，被毛，凸脉明显。种子多数，狭倒卵形，长1.8～2.2 mm，宽0.6～0.8 mm，黑色，稍具光泽；纵向具微凸起的钝棱，顶端和基端棱稍延伸狭翅状，一侧圆拱，表面稍粗糙，具颗粒状条纹突；种脐位于基端，稍偏斜凹陷，圆形，黄色。胚小型，埋于近基端胚乳中部，倒卵形，白色，蜡质；胚乳丰富，颗粒状，灰白色，脂质。千粒重2.1 g。

地理分布与生态生物学特性

样本种子采自内蒙古呼和浩特市（大青山）。分布于黑龙江、吉林、辽宁、河北、山西、内蒙古、宁夏、陕西、甘肃、青海。俄罗斯也有。

多年生旱中生草本。生于海拔200～2300 m的山地路旁、基岩裸露的石缝和沟谷草地，在森林带、草原带和荒漠带的多石质山地边坡均有生长。耐阴、耐寒、耐旱、耐瘠薄。种子繁殖。花期5～6月，果期7～8月。

主要应用价值

生态：石质山地水土保持植物。可作为矿山生态修复配植用种。

饲用：饲用价值一般。牛、羊采食。

药用：全草入药，能调经止血、清热解毒，也入蒙药（蒙药名：乌日乐其-额布斯），能调经、治伤、止痛。

2500 μm

华北耧斗菜 Aquilegia yabeana Kitag.

果实与种子形态特征

蓇葖果直立，长矩圆形，长18.4～20.5 mm，直径6.0～6.2 mm，黄褐色，顶端开裂；宿存花柱细长，稍弯曲，易断落，5心皮松散靠拢，被柔毛，网脉隆起明显。种子多数，狭倒卵形，长1.8～2.2 mm，宽0.6～0.8 mm，黑色，光滑，有强光泽；纵向具凸起的3钝棱，棱边延伸狭翅状，顶端和基端棱稍宽，棱间圆拱，表面具不明显的小细条皱纹；种脐位于基端，稍偏斜凹陷，圆形，黄色。胚小型，埋于基端胚乳中，倒卵形，白色，蜡质；胚乳丰富，灰白色，脂质。千粒重2.3 g。

地理分布与生态生物学特性

样本种子采自内蒙古赤峰市（宁城县）。分布于山西、内蒙古、河北、辽宁等地。

多年生中生草本。生于山地灌丛、林缘、草甸及沟谷草地。喜光，耐阴，不耐旱。种子繁殖。花期5～6月，果期7～8月。

主要应用价值

生态：地被植物，用于保持水土。

饲用：饲用价值一般。牛、羊采食。

药用：全草入药，能调经止血、清热解毒。

其他应用：根含糖类，可制作饴糖或酿酒。种子含油，可供工业用。花期长，是良好的绿化、观赏植物。

2000 μm

5000 μm

500 μm

500 μm

500 μm

500 μm

500 μm

兴安升麻 Cimicifuga dahurica (Turcz.) Maxim.（Actaea dahurica）

果实与种子形态特征

蓇葖果椭圆形或卵状椭圆形，长6.8～9.8 mm，宽3.3～5.3 mm，棕褐色，5个聚生，顶端圆或近截形，被贴伏的白色柔毛，心皮顶端一侧汇聚成喙尖状，基部具短柄；果皮草质，成熟时开裂。种子多数，椭圆形，长2.5～3.5 mm，宽1.8～2.1 mm，厚1 mm左右，金黄色或黄褐色，稍具光泽；表面被密集的膜质鳞状翅，光亮，背腹面翅横生，短，两侧翅直生，长而宽，具纵向脉纹；种脐位于基端，稍凹陷，圆形，黄色，种皮薄膜质。胚小型，位于基端，卵形，白色，肉质；胚乳丰富，灰白色，脂质。千粒重1.8 g。

地理分布与生态生物学特性

样本种子采自内蒙古乌兰察布市（凉城县）。分布于我国山西、河北、内蒙古、辽宁、吉林、黑龙江。蒙古国、俄罗斯也有。

多年生中生草本。生于海拔300～1200 m森林带和草原带的山地林缘、灌丛及山坡或草甸。喜光，耐阴。根茎和种子繁殖。花期7～8月，果期8～9月。

主要应用价值

生态：山地草甸地被植物，用于保持水土。

饲用：饲用价值一般。早春牛、羊少量采食。

药用：根状茎入药（药材名：升麻），能散风清热、升阳透疹。

其他应用：叶形好、花序大、花期长，可驯化用于园林绿化、观赏。

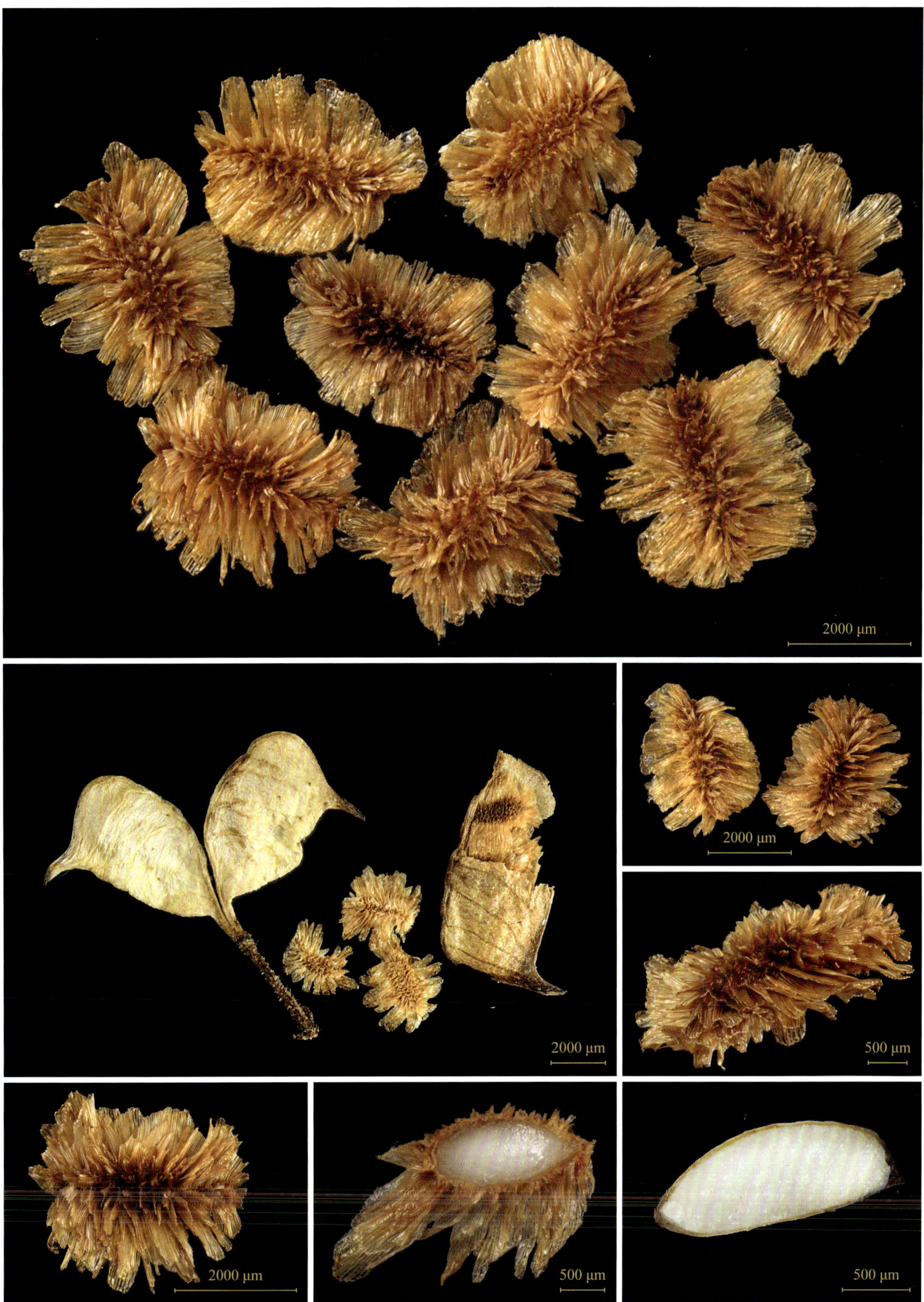
2000 μm
2000 μm
2000 μm
500 μm
2000 μm
500 μm
500 μm

单穗升麻 Cimicifuga simplex (DC.) Wormsk. ex Turcz. （Actaea simplex）

果实与种子形态特征

蓇葖果椭圆形或卵状椭圆形，长6.8～9.2 mm，宽3.3～5.3 mm，黄褐色，顶端圆形，被贴伏的白色柔毛，心皮顶端一侧汇聚成喙尖状，基部具短柄；果皮草质，成熟时开裂。种子多数，椭圆形，长2.8～3.2 mm，宽1.8～2.1 mm，棕褐色，无光泽，粗糙；表面被密集的膜质鳞状翅，背腹面翅横生，短，两侧翅直生，长而宽，具纵向脉纹；种脐位于基端，稍凹陷，圆形，黄色。胚小型，位于基端，卵形，白色，蜡质；胚乳丰富，颗粒状，灰白色，脂质。千粒重2.0 g。

地理分布与生态生物学特性

样本种子采自内蒙古兴安盟（阿尔山市）。分布于我国甘肃、陕西、河北、内蒙古、辽宁、吉林、黑龙江。俄罗斯、蒙古国、日本也有。

多年生中生草本。生于海拔300～1200 m森林带和草原带的山地林缘、灌丛及山坡或平原草甸。喜光，耐阴。根蘖和种子繁殖。花期7～8月，果期8～9月。

主要应用价值

生态：山地草甸地被植物，用于保持水土。

饲用：饲用价值一般。牛少量采食。

药用：根状茎入药（药材名：升麻），能散风清热、升阳透疹。

其他应用：叶形好、花期长，可驯化用于园林绿化、观赏。

2000 μm

1000 μm

500 μm

500 μm

芹叶铁线莲 *Clematis aethusifolia* Turcz.

果实与种子形态特征

瘦果宽卵形或倒卵形，扁平，长4.2～4.8 mm，宽3.1～3.3 mm，成熟后棕红色；中部鼓起，边缘增厚，基部具短柄，表面粗糙，被白色柔毛；顶端宿存花柱弧形弯曲，长15～20 mm，密被白色长柔毛，羽毛状；果脐凸出，圆形，黄色，脐晕褐色；果皮木质。种子与果同形，种皮薄膜质。胚小型，埋于近顶端胚乳中，倒卵形，黄色半透明，蜡质；胚乳丰富，颗粒状，乳黄色，脂质。千粒重2.0 g。

地理分布与生态生物学特性

样本种子采自内蒙古乌兰察布市（四子王旗）。分布于我国青海东部、甘肃、宁夏、陕西、山西、河北、内蒙古。蒙古国、俄罗斯也有。

多年生旱中生草质藤本。生于森林带、草原带和荒漠带的石质山坡、沙地灌丛及河谷草甸。喜光，耐阴、耐旱，不耐水淹。种子繁殖。花期7～8月，果期9月。

主要应用价值

生态：山坡草地地被植物，用于保持水土。

饲用：有毒植物。家畜不食。

药用：全草入药，能祛风除湿、活血止痛，外用可除疮、排脓，也入蒙药（蒙药名：查干鸦芒），能消食、健胃、散结。

2000 μm
5000 μm
2000 μm
1000 μm
1000 μm
500 μm

短尾铁线莲 Clematis brevicaudata DC.

果实与种子形态特征

瘦果卵形或长卵形，扁平，长2.5～2.8 mm，宽1.3～1.5 mm，成熟后黄褐色至棕褐色或边侧稍红；中部鼓起，棱脊一侧稍隆，基端稍尖，表面粗糙，被短柔毛，上部毛稍长密，下部短稀；顶端宿存花柱弧形弯曲，长20～28 mm，密被白色长柔毛，羽毛状，末梢加粗，常无毛；果脐凸出，圆形，黄白色，脐晕褐色。种子与果同形，胚小型，埋于近顶端胚乳中，短棒状，黄色半透明，蜡质；胚乳丰富，颗粒状，乳黄色，脂质。千粒重1.3 g。

地理分布与生态生物学特性

样本种子采自内蒙古呼和浩特市（大青山）。分布于我国甘肃、青海东部、宁夏、内蒙古、山西、河北、陕西、西藏等地。朝鲜、蒙古国、俄罗斯、日本也有。

多年生中生草质藤本。生于山地林下、林缘和灌丛。喜光，耐阴、耐旱。种子繁殖。花期8～9月，果期9～10月。

主要应用价值

生态：山坡草地地被植物，用于保持水土。

饲用：饲用价值一般。家畜很少采食，干枯后羊采食。

药用：根及藤茎入药，能利尿消肿，也入蒙药（蒙药名：奥日牙木格）。

2000 μm
2000 μm
1000 μm
1000 μm

灌木铁线莲 *Clematis fruticosa* Turcz.

果实与种子形态特征

瘦果近卵形或长卵形，扁平，长4.5～5.2 mm，宽2.5～3.5 mm，成熟后红褐色至暗褐色，中部鼓起，稍歪斜，两侧不对称，表面粗糙，被短黄白色长柔毛和硬毛，上部毛稍长密，下部短稀，一侧明显长密；顶端宿存花柱圆柱状，稍粗，弧形弯曲，长24～28 mm，密被黄白色长柔毛，羽毛状，基端具细小短梗；果皮木质；果脐稍凹，圆形，黄色，脐晕褐色。种子与果同形，种皮薄膜质。胚小型，埋于近顶端胚乳中部，短棒状，两端圆，黄色半透明，蜡质；子叶与胚根等长；胚乳丰富，颗粒状，乳黄色，脂质。千粒重1.9 g。

地理分布与生态生物学特性

样本种子采自内蒙古呼和浩特市（大青山）。分布于我国甘肃、陕西、内蒙古、山西、河北。

旱生直立小灌木。生于草原带及草原化荒漠带的石质山坡、灌丛或路旁。喜光，耐旱、耐贫瘠。种子繁殖。花期7～8月，果期9～10月。

主要应用价值

生态：山坡地被植物，用于保持水土。

饲用：饲用价值中等。嫩枝叶骆驼乐食，羊采食。

其他应用：蜜源植物。花大、花期长，可驯化作为园林观赏花卉。

2000 μm
2000 μm
2000 μm
2000 μm
2000 μm

棉团铁线莲 Clematis hexapetala Pall.

果实与种子形态特征

瘦果倒卵形或宽卵形，扁平，长4.2～4.8 mm，宽2.8～3.5 mm，成熟后黄褐色到暗褐色；中部稍凹，背面具棱脊，边缘增厚明显，表面粗糙，被白色长柔毛，中上部毛长密，下部短稀，一侧明显长密；顶端宿存花柱圆柱状，“S”形或弧形弯曲，长15～28 mm，密被白色长柔毛，羽毛状，基端渐狭，具小短梗；果脐圆形，黄色，脐晕黄褐色。种子与果同形。胚小型，埋于近顶端胚乳中，短棒状，两端圆，黄色半透明，蜡质；子叶2，与胚根等长；胚乳丰富，颗粒状，乳黄色，脂质。千粒重2.3 g。

地理分布与生态生物学特性

样本种子采自内蒙古赤峰市（克什克腾旗）。分布于我国甘肃、陕西、山西、河北、内蒙古、辽宁、吉林、黑龙江。朝鲜、蒙古国、俄罗斯西伯利亚东部也有。

多年生中旱生直立草本。生于森林带、森林草原带、典型草原带、山地草原带的草原及山坡、灌丛，也能生长在干旱的沙丘、荒漠地区，是草原杂类草层片常见伴生种。喜光，耐旱。种子繁殖。花期6～8月，果期7～9月。

主要应用价值

生态：草地地被植物，用于保持水土。白色花大、花期长，可作观赏植物。

饲用：饲用价值中等。枝叶牛、骆驼乐食，羊少量采食。

药用：根入药（药名：威灵仙），能祛风湿、通经络、止痛。根入蒙药（蒙药名：依日绘），能消食、健胃、散结。根可作农药，对马铃薯疫病和红蜘蛛有良好的防治作用。

2500 μm
1000 μm
2500 μm
1000 μm
1000 μm

黄花铁线莲 Clematis intricata Bunge

果实与种子形态特征

瘦果卵形至椭圆状卵形，扁平，长2.3～3.2 mm，宽2.2～2.5 mm，厚0.5 mm左右，成熟后棕黄褐色到暗褐色；表面粗糙，两端急尖，两侧不对称，常一侧偏斜，腹面稍凹，背面中部棱脊状隆起，边缘增厚，上部及两侧柔毛长密，中部脊处毛多，下部短稀；顶端宿存花柱圆柱状，弧形弯曲，长28～48 mm，密被白色长柔毛，羽毛状，基端具小短梗；果脐圆形，黄色，脐晕褐色。种子与果同形。胚小型，埋于近顶端胚乳中，短棒状，两端圆，黄色半透明，蜡质；子叶2，与胚根等长；胚乳丰富，颗粒状，乳黄色，脂质。千粒重1.8 g。

地理分布与生态生物学特性

样本种子采自内蒙古呼和浩特市（和林格尔县）。分布于辽宁、河北、内蒙古、山西、陕西、甘肃、青海东部等地。俄罗斯也有。

多年生旱中生草质藤本。生于草原带和荒漠带的丘陵、山坡、沙地、路旁或房舍附近，是干旱半干旱黄土丘陵区土坡常见种。喜光，耐旱，再生性强，地面覆盖性好。种子繁殖。花期6～7月，果期8～9月。

主要应用价值

生态：草地地被植物，用于保持水土。

饲用：饲用价值中等。枝叶牛、骆驼乐食，羊少量采食。

药用：全草入药，能祛风湿、通经络、止痛，也入蒙药（蒙药名：希勒牙芒），能消食、健胃、散结，也作透骨草入药。

2500 μm
2000 μm
2000 μm
1000 μm
200 μm

长瓣铁线莲 Clematis macropetala Ledeb.

果实与种子形态特征

瘦果长倒卵形至椭圆形，扁平，长4.3～5.5 mm，宽2.1～3.2 mm，成熟后红褐色到黑褐色；歪斜，两侧不对称，边缘稍增厚，表面粗糙，被灰白色或灰黄色柔毛，腹面稍凹，背面中部稍拱，具棱脊，上部及两侧柔毛长密，下部短稀；顶端宿存花柱圆柱状，弧形或“S”形下弯，长33～45 mm，密被白色长柔毛，羽毛状，基端具小短梗；果皮木质；果脐圆形，黄色，脐晕褐色。种子与果同形。胚小型，埋于近顶端胚乳中，短棒状，两端圆，黄色半透明，蜡质；子叶与胚根等长；胚乳丰富，乳黄色，颗粒状。千粒重2.2 g。

地理分布与生态生物学特性

样本种子采自内蒙古赤峰市（巴林右旗）。分布于我国青海、甘肃、陕西、宁夏、山西、内蒙古、河北。蒙古国、俄罗斯也有。

多年生中生木质藤本。生于森林带和草原带的山地林下、林缘草甸及草坡岩石缝。种子繁殖。花期6～7月，果期8～9月。

主要应用价值

生态：草地地被植物，用于保持水土。蓝紫色花大而美丽、花期长，可作观赏植物。

饲用：饲用价值低。家畜很少采食。

药用：全草入蒙药（蒙药名：哈日牙芒），能消食、健胃、散结。

2000 μm

甘青铁线莲 Clematis tangutica (Maxim.) Korsh.

果实与种子形态特征

瘦果狭倒卵形，稍扁，长4.0～5.5 mm，宽1.8～2.3 mm，厚1 mm左右，成熟后黄色至黄褐色；中脊隆起，基端收窄，具细小短梗，表面粗糙，被白色长柔毛，上部毛稍长密，下部短稀；顶端宿存花柱长4～5 cm，弧形弯曲，密被黄白色长柔毛，羽毛状；果脐稍凹。种子卵形，种皮薄膜质，淡黄色，顶部与果皮间栅栏状。胚小型，埋于顶端胚乳中，短棒状，两端圆，白色，蜡质；子叶2，分离，与胚根等长，胚根圆凸；胚乳丰富，乳黄色，颗粒状，脂质。千粒重2.1 g。

地理分布与生态生物学特性

样本种子采自内蒙古阿拉善盟（阿拉善右旗）。分布于我国新疆、甘肃、陕西、内蒙古、青海等地。蒙古国、中亚也有。

旱中生木质藤本。生于荒漠带的山地灌丛、沙坡地。喜光，耐旱、耐贫瘠、耐风沙。种子繁殖。花期6～8月，果期7～9月。

主要应用价值

生态：地被植物。可作为荒漠和荒漠草原生态修复配植用种。

饲用：饲用价值中等。嫩枝叶骆驼、山羊采食。

药用：全草入药，可健胃、消食。

5000 µm
2000 µm
2000 µm
2000 µm
1000 µm

灰叶铁线莲 Clematis tomentella (Maxim.) W. T. Wang et L. Q. Li

果实与种子形态特征

瘦果长卵形，扁平，长4.3～5.0 mm，宽2.5～3.2 mm，厚1 mm左右，成熟后黄色至黄褐色或具红褐色花斑；下部稍歪斜，两侧不对称，中脉隆起，表面粗糙，被白色长柔毛，上部毛稍长密，下部短稀，基端具细小短梗；顶端宿存花柱圆柱状，稍粗，弧形弯曲，密被白色长柔毛，羽毛状；果脐稍凸。种子卵形，种皮膜质，黄褐色。胚小型，埋于顶端胚乳中，短棒状，白色半透明，蜡质；子叶2，分离，与胚根等长，胚根圆凸；胚乳丰富，乳黄色，颗粒状，脂质。千粒重3.7 g。

地理分布与生态生物学特性

样本种子采自内蒙古阿拉善盟（阿拉善左旗）。分布于我国甘肃、宁夏、陕西、内蒙古。蒙古国也有。

旱生直立小灌木。生于荒漠带和荒漠草原带的石质山坡、沙地。喜光，耐旱、耐贫瘠、耐风沙。种子繁殖。花期7～8月，果期9～10月。

主要应用价值

生态：地被植物。可作为荒漠和荒漠草原生态修复配植用种。

饲用：饲用价值中等。嫩枝叶骆驼乐食，羊采食。

其他应用：花大、花期长，可驯化作为干旱区园林观赏花卉。

5000 μm
2000 μm
2000 μm
2000 μm
1000 μm

翠雀 Delphinium grandiflorum L.

果实与种子形态特征

蓇葖果矩圆形，长14.5～18.8 mm，宽2.8～5.1 mm，顶端宿存花柱喙尖状，黄色。种子倒卵状四面体形，长2.2～2.5 mm，宽1.5～1.8 mm，灰黑色，具3～4棱，沿棱具膜质翅，翅缘波状，黄白色；上部宽，下部窄，顶端稍平，具不规则的角，侧面平或圆，表面皱褶，具平行的线状纹饰；种脐位于基端，圆形。胚线型，粗壮，直立于胚乳中部，与种子近等长，黄色，肉质；子叶2，叉状张开，与胚轴近等长，胚根短圆；胚乳丰富，颗粒状，灰白色，脂质。千粒重1.8 g。

地理分布与生态生物学特性

样本种子采自内蒙古乌兰察布市（察哈尔右翼后旗）。分布于我国黑龙江、吉林、辽宁、内蒙古、河北、山西。俄罗斯西伯利亚地区、蒙古国也有。

多年生旱中生草本。生于森林草原、山地草甸、典型草原，在沙质丘陵灌丛也有生长。生态幅较宽，是森林草原、典型草原及草甸草原常见伴生种。轴根型。喜光，耐阴、耐旱。种子繁殖。花果期7～9月。

主要应用价值

生态：地被植物，用于保持水土。

饲用：有毒植物。家畜不食。

药用：全草入药，能泻火止痛。

其他应用：蓝紫色花大而艳、花期长，可驯化栽培作观赏植物。

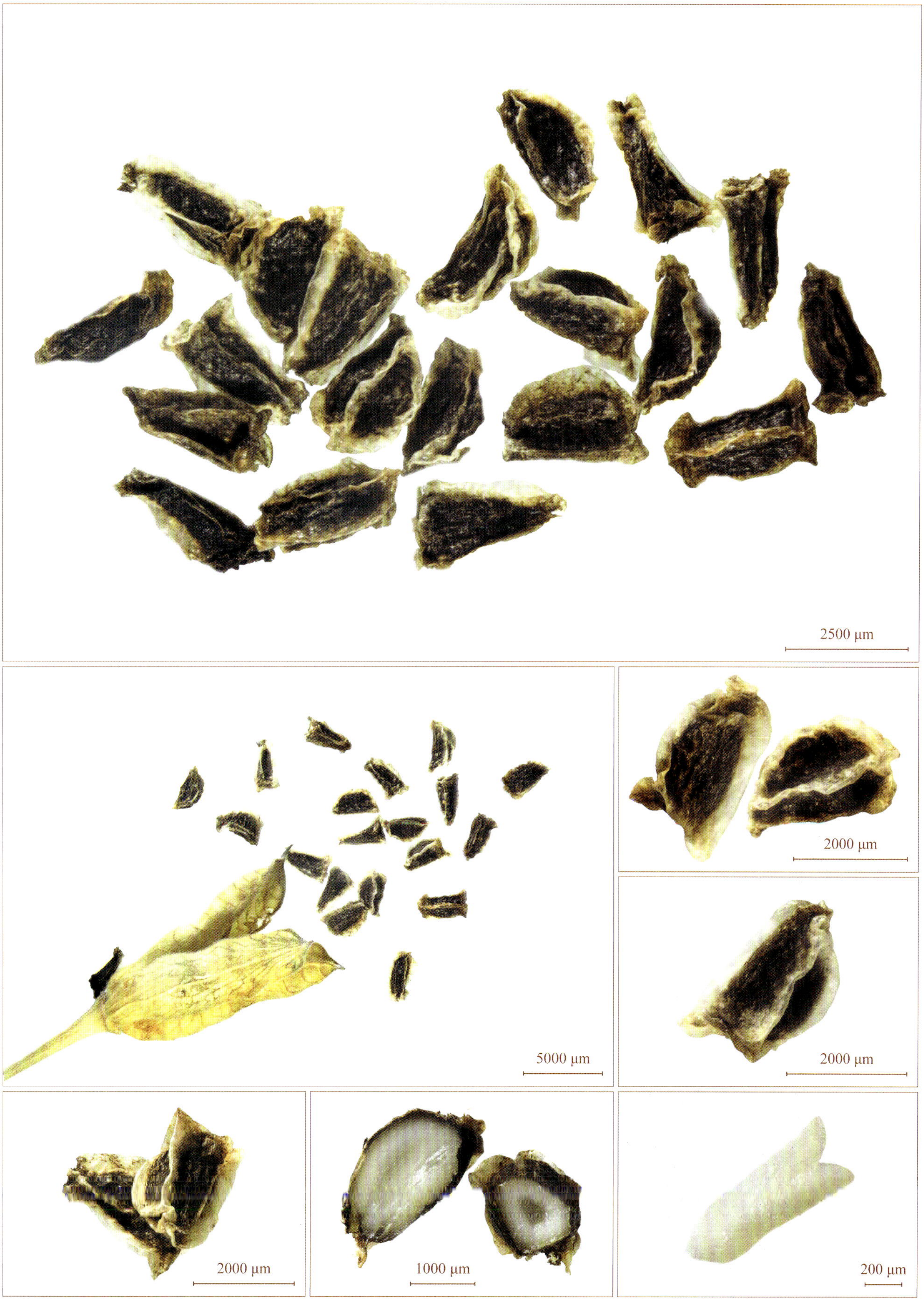

2500 μm

东北高翠雀花 Delphinium korshinskyanum Nevski

果实与种子形态特征

蓇葖果矩圆形，长9.7～13.2 mm，顶端具长尖喙，黄褐色。种子棱状锥形或倒卵状四面体形，长1.8～2.2 mm，宽1.3～1.6 mm，黑褐色，具3～4棱；上部宽，下部窄，顶端较平，黑色，侧面平或圆拱，表面横生成层排列的鳞状翅，翅缘膜质，黄褐色；种脐位于基端，圆形。胚近抹刀型，位于基端胚乳中部，棒槌状，灰白色，肉质；子叶2，长为胚轴的3倍左右，胚根短圆；胚乳丰富，颗粒状，灰色，脂质。千粒重1.9 g。

地理分布与生态生物学特性

样本种子采自内蒙古呼伦贝尔市（鄂伦春自治旗）。分布于我国黑龙江、内蒙古。俄罗斯也有。

多年生中生草本。生于森林带的山地草甸、林间草地及河滩低地草甸。种子繁殖。花期7～8月，果期8～9月。

主要应用价值

生态：地被植物。可保持水土。

饲用：饲用价值低。家畜很少采食。

药用：可作杀虫剂，能消灭苍蝇和蟑螂。

其他应用：蓝紫色花大而美丽、花序长、花期长，可驯化栽培作观赏植物。

2000 μm
2000 μm
2000 μm
500 μm
500 μm

长叶碱毛茛 Halerpestes ruthenica (Jacq.) Ovcz.

果实与种子形态特征

聚合瘦果椭圆形或卵形，长6.0～6.5 mm，直径4.2～4.8 mm。瘦果斜倒卵形，两侧扁，中部稍臌凸，长2.2～2.8 mm，宽1.5～1.8 mm，厚0.5 mm，黄绿色至黄褐色，两面各有3～5条纵肋，顶端具短果喙。去果皮后种子卵形，长0.7～1.0 mm，宽0.5～0.7 mm，棕褐色至褐色，有光泽，表面具纵向线形条纹和褐斑，顶端圆，黑褐色，基端稍偏斜；种脐位于基端，圆形，覆有淡黄色撕裂状脐膜。胚线型，埋于基端胚乳中部，棒状，黄色半透明，肉质；子叶2，并合，胚根短圆；胚乳丰富，颗粒状，黄色，脂质。千粒重0.5 g。

地理分布与生态生物学特性

样本种子采自河北省张家口市（塞北管理区）。分布于我国黑龙江、吉林、辽宁、内蒙古、河北、山西、陕西、宁夏、甘肃、新疆、青海、西藏等地。亚洲和北美洲温带地区广布。

多年生湿中生草本。生于森林带和草原带的低湿地草甸、轻度盐化草甸、盐碱性沼泽地或湖边，常成为低地盐化草甸的优势种。喜湿，耐盐碱、耐阴、耐践踏，稍耐旱，再生性强。根茎和种子繁殖。花期5～8月，果期7～9月。

主要应用价值

生态：低地草甸重要地被植物，用于保持水土、净化水源。

饲用：有毒植物。家畜不食。

药用：全草入蒙药，能利水消肿、祛风除湿。

500 μm
2000 μm
200 μm
100 μm

碱毛茛（水葫芦苗）Halerpestes sarmentosa (Adams) Kom.

果实与种子形态特征

聚合瘦果椭圆球形，长5.5～6.5 mm，宽4.5～5.0 mm，黄绿色至黄褐色。瘦果小，斜倒卵形，长1.2～2.0 mm，宽1.0～1.4 mm，两面稍臌胀，有3～5条纵肋，无毛，顶端具喙短。种子卵形，长0.6～1.0 mm，宽0.4～0.5 mm，棕褐色至褐色，有光泽；表面胶质，具纵线纹和褐斑，顶端渐狭，有小凸尖；种脐位于基端，圆形，稍凸。胚线型，棒状，埋于基端胚乳中，黄色半透明，肉质；子叶2，并合，胚根短圆；胚乳丰富，颗粒状，黄色，脂质。千粒重0.4 g。

地理分布与生态生物学特性

样本种子采自内蒙古锡林郭勒盟（东乌珠穆沁旗）。分布于我国黑龙江、吉林、辽宁、内蒙古、河北、山西、陕西、宁夏、甘肃、新疆、青海、西藏等地。朝鲜、蒙古国、俄罗斯等亚洲和北美洲的温带广布。

多年生湿中生草本。生于森林带和草原带的低湿地草甸、轻度盐化草甸、盐碱性沼泽地或湖边，可成为低湿盐化草甸优势种。耐盐碱、耐阴湿、耐践踏，再生性强。匍匐茎细长，横走。根茎和种子繁殖。花期5～8月，果期7～9月。

主要应用价值

生态：低地草甸地被植物，用于保持水土、净化水源。

饲用：有毒植物。家畜不食。

药用：全草入蒙药，能利水消肿、祛风除湿。

500 μm
2000 μm
200 μm
1000 μm
500 μm
1000 μm

蓝堇草 Leptopyrum fumarioides (L.) Reichb.

果实与种子形态特征

蓇葖果条状矩圆形，顶端短果喙直立，扁，具网纹，长8.2～10.5 mm，宽2.0～2.4 mm。种子多数，卵球状椭圆形，稍扁，长0.6～0.8 mm，宽0.4～0.6 mm，黑褐色或黑色，无或稍具光泽；两端稍尖，两侧有不明显的棱，表面具嚼烂状凸起网纹；种脐位于基端，稍凸，黑褐色。胚小型，椭圆形，埋于基端胚乳中部，黄褐色，肉质；子叶2，胚根短圆；胚乳丰富，颗粒状，灰白色，脂质。千粒重0.8 g。

地理分布与生态生物学特性

样本种子采自内蒙古呼和浩特市（清水河县）。分布于我国黑龙江、吉林、辽宁、河北、山西、内蒙古、甘肃、陕西、青海、新疆。朝鲜、蒙古国和欧洲也有。

一年生旱中生草本。生于田间、路边、林下、干燥草地及向阳山坡。直根细长，茎基部分枝多。喜光、喜湿，耐阴、耐旱。种子繁殖。花期5～6月，果期6～7月。

主要应用价值

生态：地被植物。

饲用：饲用价值低。家畜一般不食。

药用：全草入药，可治疗心血管疾病，有时用于治疗胃肠道疾病和伤寒。

1000 μm
1000 μm
200 μm
100 μm
100 μm

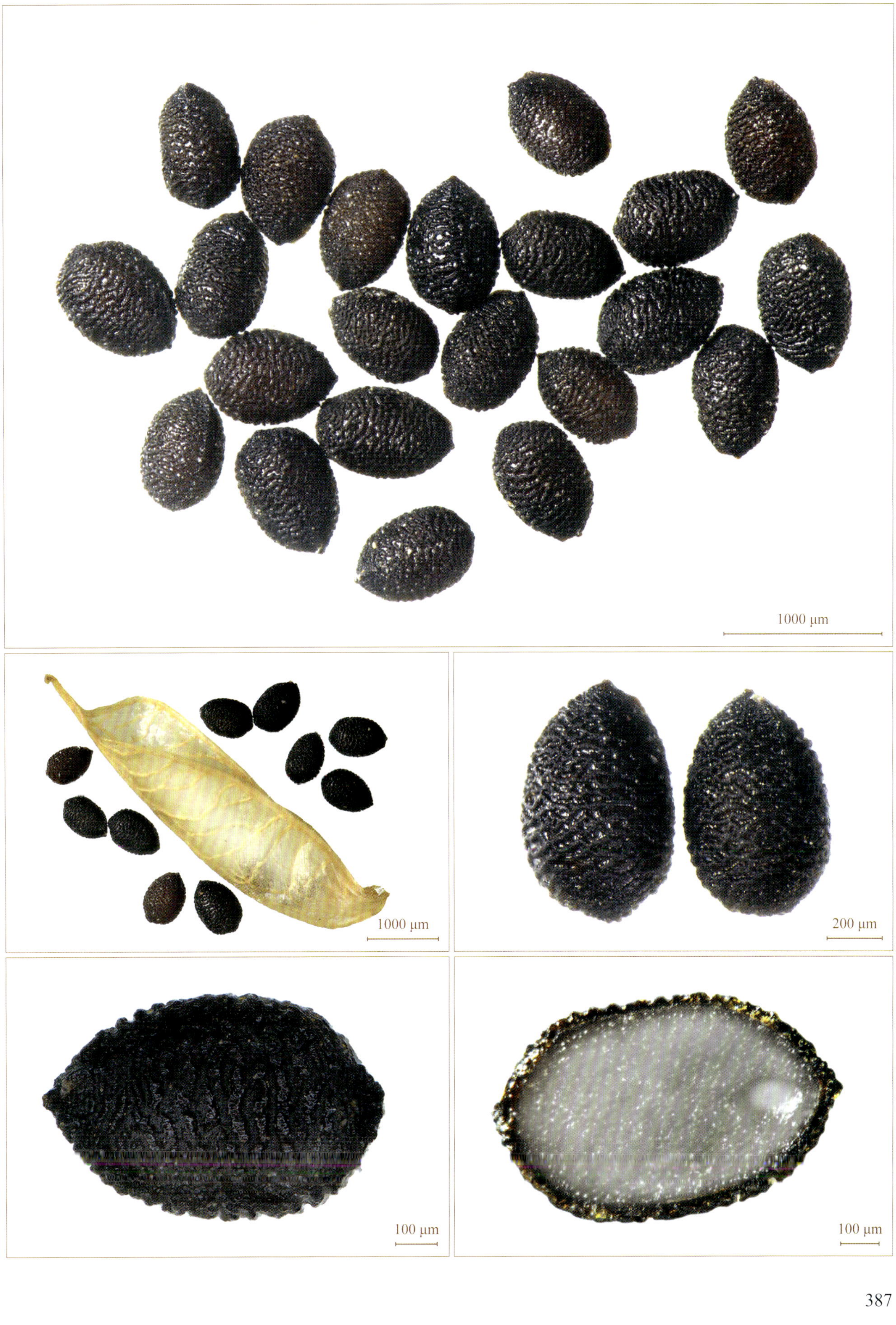

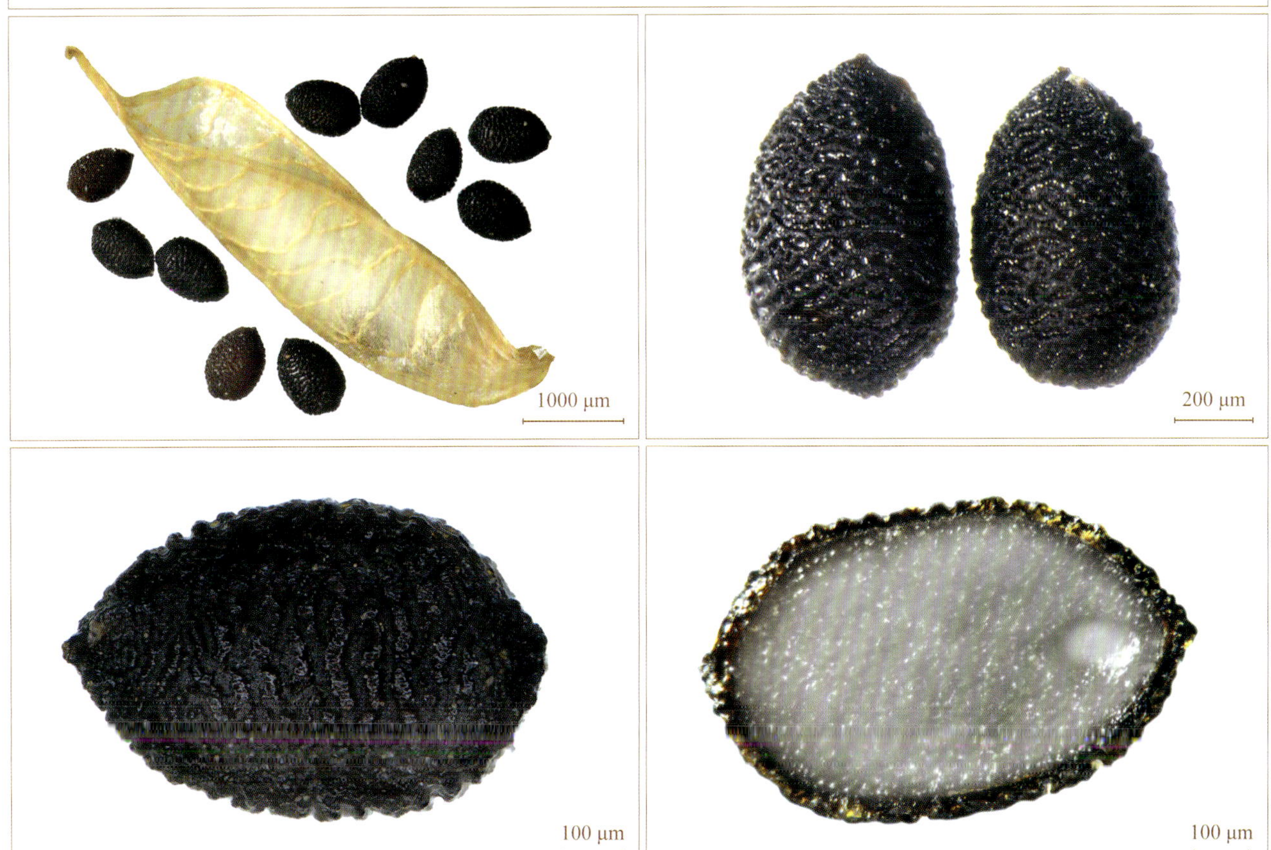

蒙古白头翁 **Pulsatilla ambigua** (Turcz. ex Hayek) Juz.

果实与种子形态特征

多数瘦果密集聚合成头状，直径4.0～4.5 cm。瘦果狭卵形或近纺锤形，两端渐尖，长2.3～2.5 mm，宽1.2～1.4 mm，褐色，表面密被白色长柔毛，上部毛密集，下部稍短疏；顶端宿存花柱长2.6～3.1 cm，常弯曲，硬质，具向上斜展的白色长柔毛。种子近长椭圆形，种脐位于基端，凸尖状，黄色。胚线型，埋于近顶端胚乳中，短棒状，白色，肉质；子叶2，椭圆形，胚根短圆；胚乳丰富，灰褐色。千粒重0.6 g。

地理分布与生态生物学特性

样本种子采自内蒙古呼伦贝尔市（扎兰屯市）。分布于我国内蒙古、黑龙江、甘肃、青海、新疆。蒙古国、俄罗斯也有。

多年生中旱生草本。生于森林草原带和典型草原带的山地草原、丘陵坡地、灌丛。耐寒、耐旱、耐瘠薄。种子繁殖。花期5～6月，果期6～7月。

主要应用价值

生态：地被植物，用于保持水土，可作为退化山地草原区生态修复用种。

饲用：有毒植物。家畜不食。

药用：根入药（药材名：白头翁），能清热解毒、凉血止痢、消炎退肿。可作土农药，常用来杀虫蛹。

10 000 μm
1 000 μm
5 000 μm
1 000 μm
500 μm

黄花白头翁 Pulsatilla sukaczevii Juz.

果实与种子形态特征

多数瘦果密集聚合成头状，直径4.1～4.3 cm。瘦果小，长椭圆形，两端渐尖，长2.2～3.5 mm，宽1.2～1.6 mm，黄褐色，表面密被黄白色伏柔毛；顶端宿存花柱尾状，长2.2～2.6 cm，弯曲，具斜展柔毛，上部柔毛短并密集贴伏，下部长并向上斜展，顶端常无毛。种子近倒卵形，种脐位于基端，稍凸，圆形，黄色。胚线型，埋于近顶端胚乳中，短棒状，白色，肉质；子叶2，椭圆形，胚根短圆；胚乳丰富，灰褐色，脂质。千粒重0.6 g。

地理分布与生态生物学特性

样本种子采自内蒙古乌兰察布市（察哈尔右翼中旗）。分布于我国内蒙古、黑龙江。俄罗斯西伯利亚地区也有。

多年生中旱生草本。生于草原区的石质山地、丘陵坡地和砂砾质沟谷草地。耐旱、耐寒、耐瘠薄。早春开花植物，有时在7月中下旬出现二次开花现象。种子繁殖。花期5～6月，果期6～7月。

主要应用价值

生态：地被植物，用于保持水土，可作为退化草原生态修复用种。

饲用：有毒植物。家畜不食。

药用：同细叶白头翁。

5000 μm
2000 μm
2000 μm
1000 μm
500 μm

细叶白头翁 Pulsatilla turczaninovii Kryl. et Serg.

果实与种子形态特征

多数瘦果密集聚合成头状，直径5 cm。瘦果狭长倒卵形或近纺锤形，上端偏斜，稍扁，长2.5～3.5 mm，宽1.4～1.8 mm，黄褐色，两端渐尖，表面密被向上斜展的白色长柔毛；顶端花柱宿存，长3～6 cm，弯曲，密被白色长柔毛。种子倒卵形，种脐位于基端，稍凸，圆形，黄色。胚线型，埋于近顶端胚乳中，短棒状，白色，肉质；子叶2，椭圆形，胚根短圆；胚乳丰富，灰褐色。千粒重0.7 g。

地理分布与生态生物学特性

样本种子采自内蒙古呼和浩特市（和林格尔县）。分布于我国黑龙江、吉林、内蒙古、辽宁、河北、宁夏。蒙古国、俄罗斯也有。

多年生中旱生草本。生于典型草原带、森林草原带的草原、草甸草原或林边，也进入沙地或覆沙地。早春开花植物，常与细叶鸢尾形成早春开花的杂类草层片。耐旱、耐寒、耐瘠薄。种子繁殖。花期4～6月，果期6～7月。

主要应用价值

生态：地被植物，用于保持水土，可作为退化草原生态修复用种。

饲用：有毒植物。家畜不食。

药用：根入药（药材名：白头翁），能清热解毒、凉血止痢、消炎退肿，也入蒙药（蒙药名：伊日贵）。

5000 μm
2000 μm
2000 μm
500 μm
1000 μm

毛茛 Ranunculus japonicus Thunb.

果实与种子形态特征

聚合瘦果近球形，直径6～8 mm。瘦果倒卵形，扁平，稍偏斜，两面中部稍圆拱凸起，长2.0～2.8 mm，宽2.0～2.3 mm，厚约0.8 mm，暗褐色到黑褐色；表面粗糙，具细小瘤状凸起，无毛，边缘具1圈宽约0.2 mm的棱边，窄翅状，顶端具短喙，稍外弯，长约0.2 mm，基端三角状凸尖，果脐位于基端，与喙尖相对。种子与果同形，种皮膜质，褐色。胚小型，贴近种脐，倒卵形，乳白色，肉质；子叶2，分离；胚乳丰富，颗粒状，灰白色，脂质。千粒重6.1 g。

地理分布与生态生物学特性

样本种子采自内蒙古锡林郭勒盟（东乌珠穆沁旗）。我国各地广泛分布。朝鲜、日本、俄罗斯也有。

多年生湿中生草本。生于森林带和草原带的山地林缘草甸、沼泽草甸、沟谷，常见于典型草原带、森林草原带的草原、草甸草原或林边，也进入沙地或覆沙地。早春开花植物，花期长。喜湿、喜光，耐寒。种子繁殖。花果期5～9月。

主要应用价值

生态：地被植物。

饲用：有毒植物。家畜不食。

药用：全草入药，能利湿、消肿、止痛、退翳、截疟。

2000 μm
2000 μm
500 μm
500 μm
1000 μm

兴安毛茛 Ranunculus smirnovii Ovcz.

果实与种子形态特征

多数瘦果聚合成近球形，直径5～6 mm。瘦果倒卵形，扁，长2.8～3.1 mm，宽1.8～2.0 mm，厚约0.8 mm，果期黄绿色至黄褐色，成熟后棕褐色到暗褐色；顶端具喙，喙尖弯向背侧，长约0.6 mm，表面粗糙，具细小瘤状凸起、淡褐色柔毛或脱落，两面中部圆拱，外围边缘具1圈宽不足0.2 mm的窄翅状棱边，边内近果体有1圈棱状凸起，一侧弧形，一侧弓形；果脐位于基端，与喙尖相对。种子与果同形。种皮膜质，褐色。胚小型，贴近种脐，白色，肉质；胚乳丰富，颗粒状，灰白色，脂质。千粒重5.5 g。

地理分布与生态生物学特性

样本种子采自内蒙古兴安盟（阿尔山市）。分布于我国黑龙江、内蒙古。俄罗斯也有。

多年生湿中生草本。生于森林带的河岸湿地、沼泽草甸、林间沟谷。喜湿，耐阴、耐寒。根状茎和种子繁殖。花期7～8月。花期8～9月。

主要应用价值

同毛茛。

1000 μm
1000 μm
1000 μm
200 μm
500 μm

翼果唐松草（唐松草） Thalictrum aquilegiifolium var. sibiricum Regel et Tiling

果实与种子形态特征

瘦果倒卵形或倒卵状椭圆形，长5.1～8.2 mm，宽3.2～5.2 mm，黄色到黄褐色；表面平展，疏被柔毛或无毛，顶端钝圆，具斜生的小短喙，基部渐狭；果梗细长，具3～4条纵向翼状扩展肋棱，翼间平展或稍凹陷。种子窄椭圆形，两端渐尖，具棱，长3.0～3.3 mm，宽1 mm左右；种脐位于基端，圆凸；种皮红褐色到黑红色。胚小型，位于顶端，棒状，白色，肉质；子叶顶端斜平，黄色；胚乳丰富，颗粒状，淡黄色，脂质。千粒重5.6 g。

地理分布与生态生物学特性

样本种子采自内蒙古呼伦贝尔市（鄂伦春自治旗）。分布于我国黑龙江、吉林、辽宁、河北、山西、内蒙古等地。日本、朝鲜、蒙古国、俄罗斯也有。

多年生中生草本。生于森林带和草原带的山地林下、林缘草甸。根茎短粗，须根发达；茎直立，高50～100 cm。喜湿、喜光，耐寒。种子繁殖。花期6～7月，果期7～8月。

主要应用价值

生态：地被植物，用于保持水土。

饲用：饲用价值一般。家畜通常不食。

药用：根入药，能清热解毒。

2000 μm

1000 μm

2000 μm

1000 μm

500 μm

200 μm

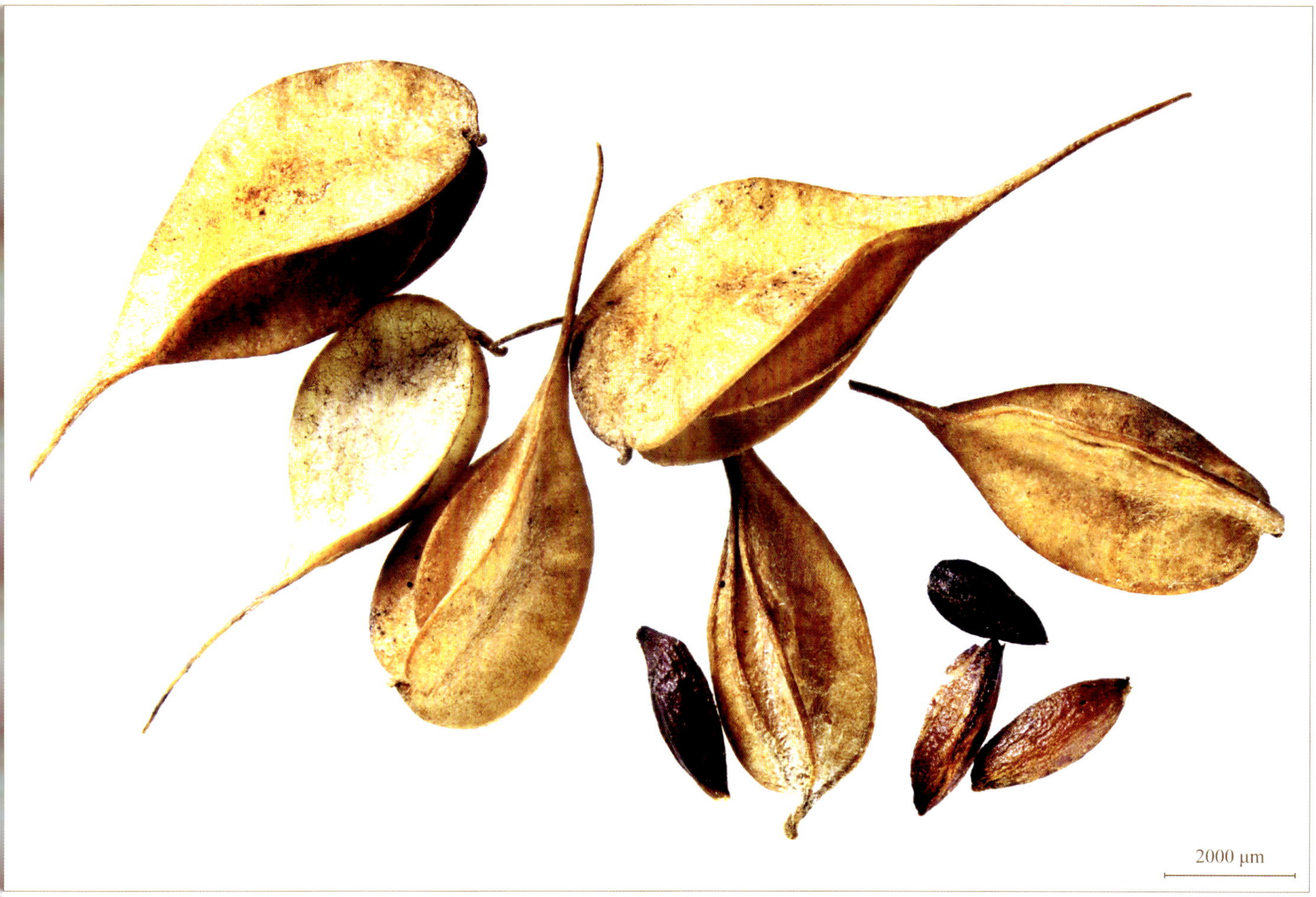

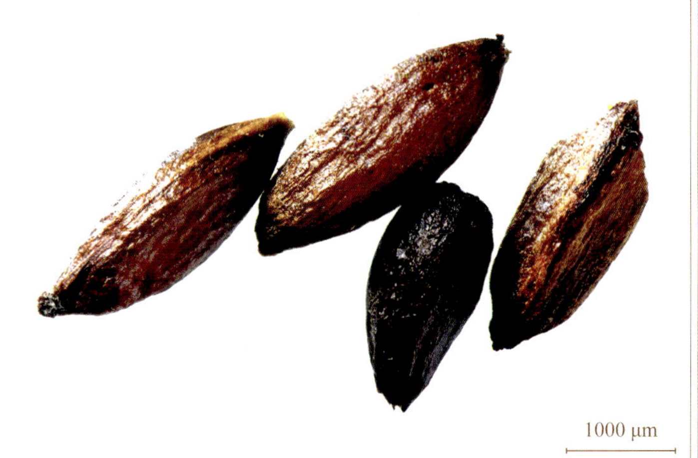

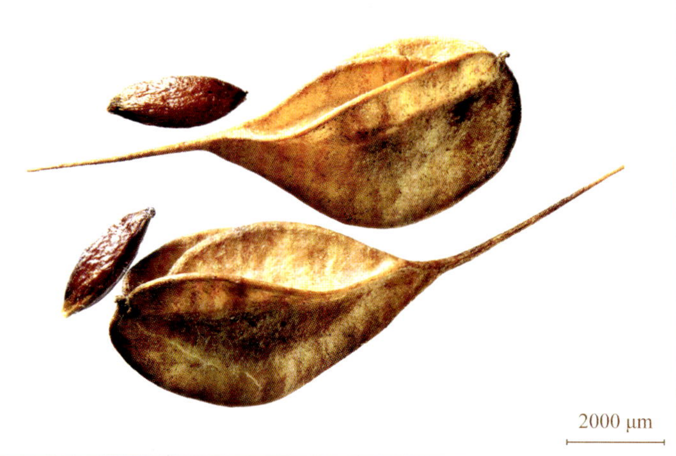

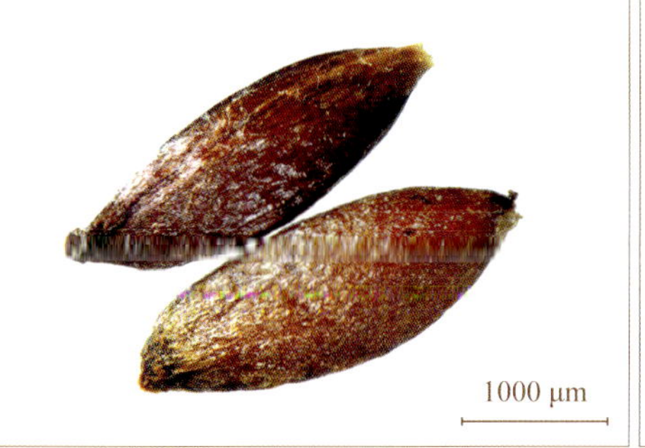

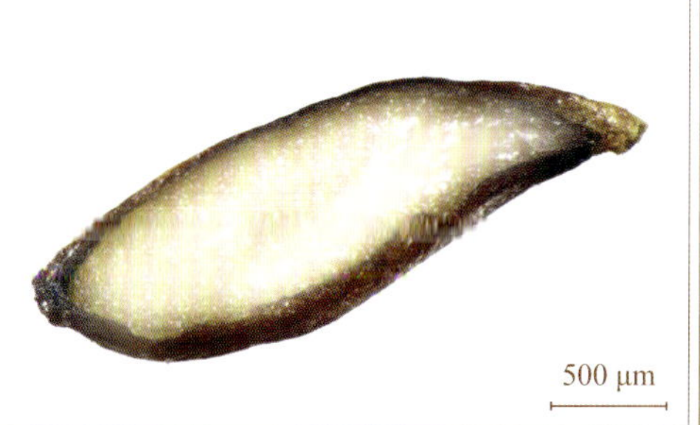

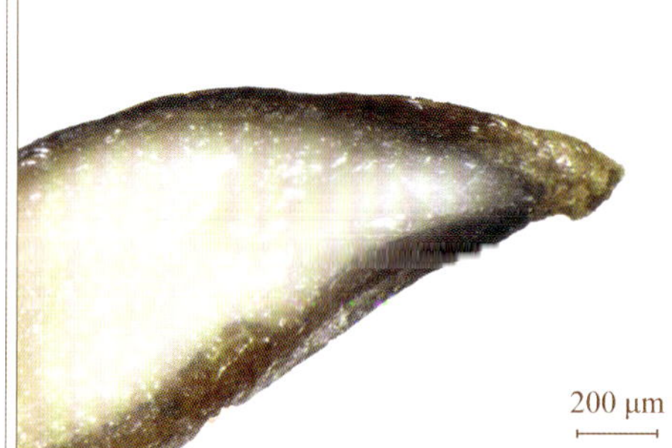

贝加尔唐松草 **Thalictrum baicalense** Turcz. ex Ledeb.

果实与种子形态特征

瘦果椭圆状球形或卵球形，直径2.2～2.5 mm，草黄色至棕褐色；表面粗糙，有8条细纵肋和网状肋纹，顶端宿存柱头稍弯，基端果梗短，两侧圆拱，顶底轴线一侧长于另一侧2倍以上；果皮厚，中果皮软木质。种子与果同形，种脐位于基端，稍凸，圆形，褐色；种皮薄膜质，黄色。胚小型，位于顶端，棒状，黄色，肉质；胚乳丰富，颗粒状，淡黄色，脂质。千粒重5.8 g。

地理分布与生态生物学特性

样本种子采自内蒙古兴安盟（阿尔山市）。分布于我国黑龙江、吉林、辽宁、内蒙古、河北、山西、陕西、甘肃、青海、西藏等地。蒙古国、俄罗斯也有。

多年生中生草本。生于森林带和草原带的山地林缘、林下、草坡。耐寒、耐阴，喜光，对土壤要求不严。根茎和种子繁殖。花期5～6月，果期7～8月。

主要应用价值

生态：地被植物。

饲用：饲用价值一般。干草牛、羊采食。

药用：根含小檗碱，可代黄连用。

2000 μm
1000 μm
1000 μm
1000 μm
1000 μm

腺毛唐松草 Thalictrum foetidum L.

果实与种子形态特征

瘦果卵形或倒卵形，稍扁，两端渐尖，长2.3～4.8 mm，宽1.6～2.0 mm，厚2 mm左右，黄褐色至棕褐色；表面粗糙，被短腺毛，有8条粗纵肋棱，顶端宿存柱头三角状，稍弯，基端果梗短直，两侧圆拱，稍偏斜。种子长椭圆形，两端渐尖；种脐位于基端，稍凸，圆形，褐色；种皮黄褐色。胚小型，位于顶端，卵状，白色，肉质；胚乳丰富，颗粒状，乳黄色，脂质。千粒重4.1 g。

地理分布与生态生物学特性

样本种子采自内蒙古兴安盟（阿尔山市）。分布于我国内蒙古、山西、河北、陕西、甘肃、新疆、青海、西藏等地。蒙古国、亚洲西部、欧洲也有。

多年生中旱生草本。生于山地草坡、灌丛或高山多石砾处。耐寒、耐旱，对土壤要求不严。根茎和种子繁殖。花期7～8月，果期9月。

主要应用价值

生态：地被植物。

饲用：饲用价值一般。干草牛、羊采食。

药用：根入藏药，可治结膜炎、传染性肝炎、痈肿疮疖等症。

2000 μm
2000 μm
1000 μm
1000 μm
500 μm
1000 μm

亚欧唐松草 Thalictrum minus L.

果实与种子形态特征

瘦果狭椭圆状球形，稍扁，长2.8～3.6 mm，宽1.2～1.6 mm，紫褐色到灰褐色；表面粗糙，具8条宽窄不等的纵肋棱，两侧不对称，一侧圆拱，稍扭转，两端渐尖，顶端宿存柱头箭头状三角形，粗糙，沙黄色至紫褐色，基端果梗细而短直。种子长椭圆形，两端渐尖；种脐位于基端，稍凸，圆形，褐色；种皮黄褐色。胚小型，位于顶端，棒状，黄色，肉质；胚乳丰富，颗粒状，淡黄色，脂质。千粒重3.9 g。

地理分布与生态生物学特性

样本种子采自内蒙古赤峰市（喀喇沁旗）。分布于我国新疆、内蒙古、甘肃、山西、青海等地。欧洲、亚洲等广布。

多年生中生草本。生于森林带的山地林下、灌丛、草甸，常与其他中生植物形成高大杂类草层片。耐寒、耐阴、耐短期干旱。种子繁殖。花期7～8月，果期8～9月。

主要应用价值

生态：地被植物，用于保持水土。

饲用：饲用价值一般。家畜通常不食。

药用：根入药，能清热燥湿、凉血解毒。

1000 μm

1000 μm

1000 μm

500 μm

1000 μm

200 μm

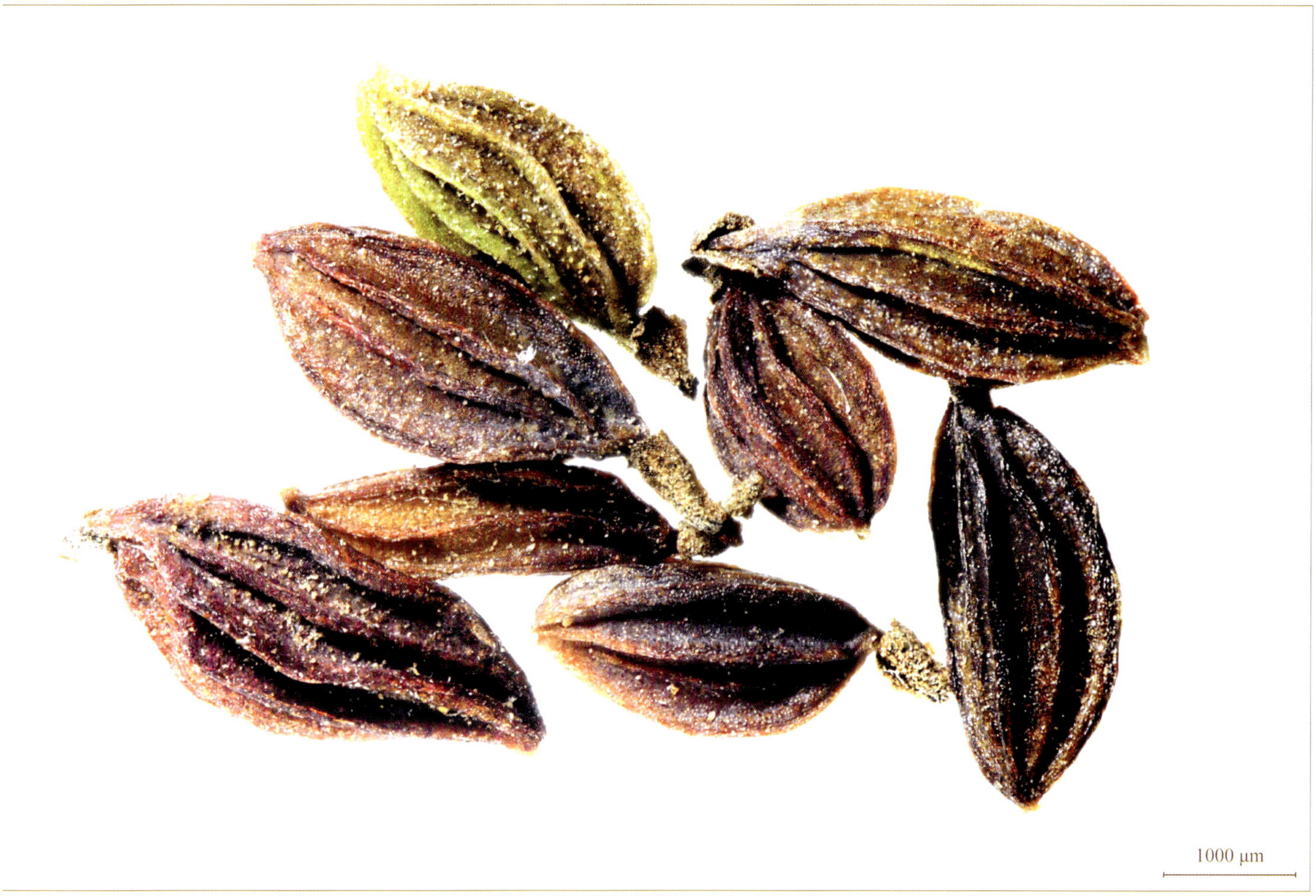

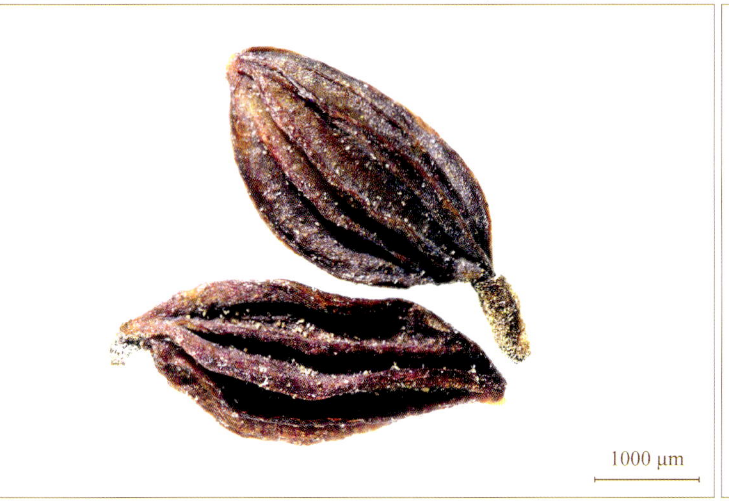

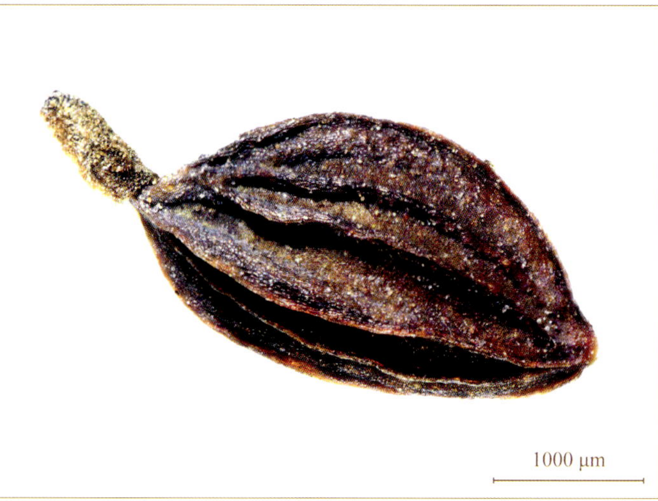

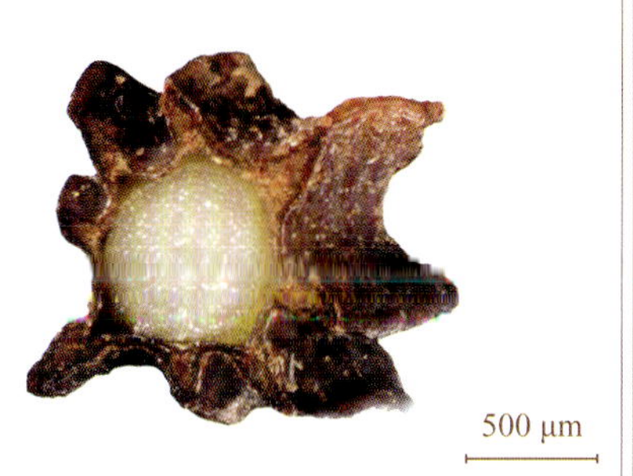

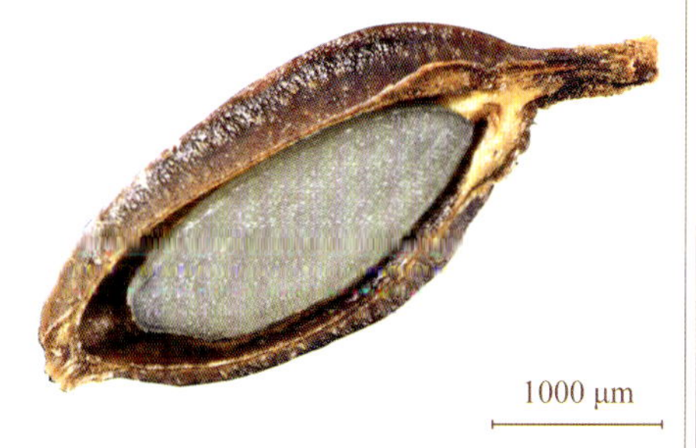

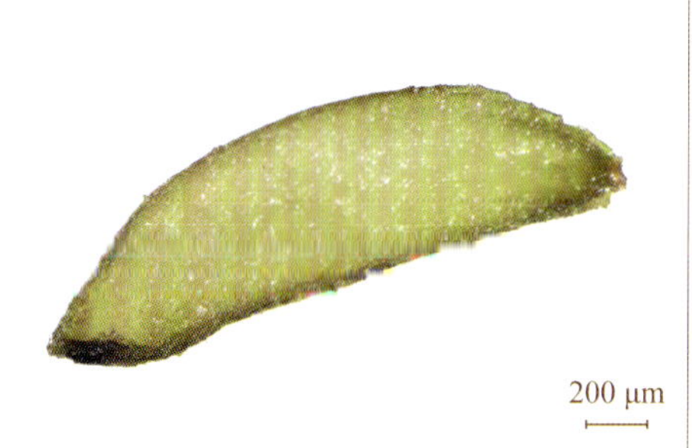

瓣蕊唐松草 Thalictrum petaloideum L.

果实与种子形态特征

瘦果长椭圆形或狭卵状椭圆形，长4.2～5.2 mm，宽1.8～2.4 mm，灰黄色至灰黄褐色；表面稍粗糙，有小凸起，无光泽，具8条厚的纵肋棱，汇聚于顶端，顶端渐尖，喙状，稍弯曲，基端凸，无梗；果皮较厚，松软。种子椭圆形，两端渐尖；种脐位于基端，稍凸，圆形，褐色；种皮薄膜质，紫褐色，与果皮分离。胚小型，位于顶端，棒状，肉质；胚乳丰富，颗粒状，灰褐色，脂质。千粒重5.1 g。

地理分布与生态生物学特性

样本种子采自内蒙古锡林郭勒盟（东乌珠穆沁旗）。分布于我国黑龙江、吉林、辽宁、内蒙古、河北、山西、陕西、甘肃、宁夏、青海。朝鲜、俄罗斯也有。

多年生旱中生草本。生于森林带和草原带的草甸、草甸草原及低山干燥山坡、沟谷，在砂质栗钙土的典型草原也有生长，是山地草甸和草甸草原常见种。耐旱、耐寒，喜温暖、湿润和阳光充足的环境。根茎和种子繁殖。花期6～8月，果期8～9月。

主要应用价值

生态：地被植物，用于保持水土，可作为山地草甸和草甸草原生态修复配植用种。

饲用：饲用价值中等。春季牛、羊乐食。

药用：根入药，能清热燥湿、泻火解毒。种子入蒙药（蒙药名：查存-其其格），能消食、开胃。

其他应用：花多密集、花期长，有较好的观赏性。蜜源植物。

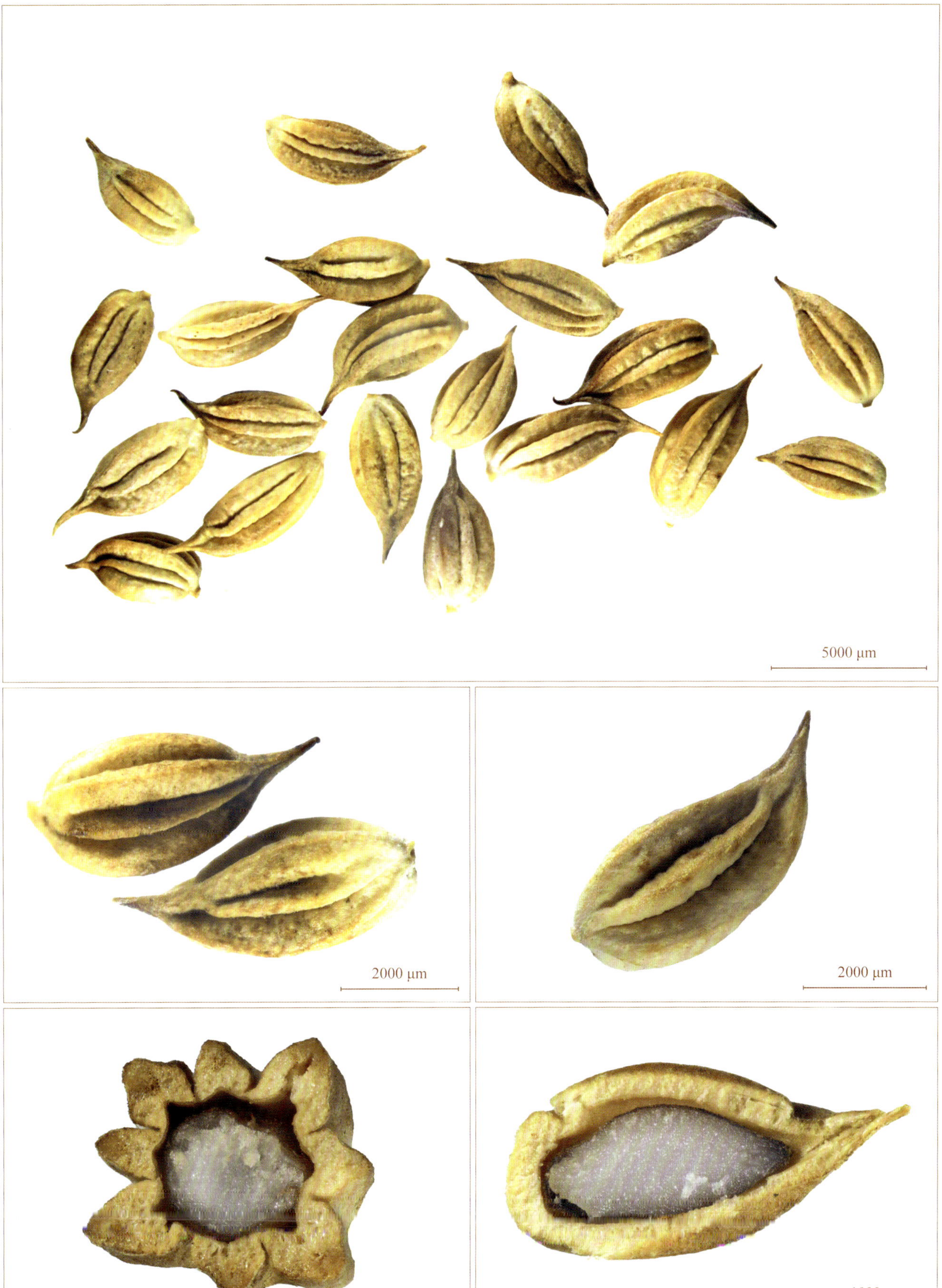
5000 μm
2000 μm
2000 μm
1000 μm
1000 μm

长柄唐松草 Thalictrum przewalskii Maxim.

果实与种子形态特征

瘦果斜倒卵形，扁，长6.0～6.4 mm，宽4.0～4.3 mm，厚2 mm左右，灰棕色至棕褐色；表面有4条弧形纵肋，顶端宿存花柱长1 mm左右，基端具长0.8～3.0 mm的细长果柄，两侧不对称，一侧强烈外拱，顶底轴线一侧长于另一侧2倍以上；果皮厚，与种皮分离。种子倒卵形，两侧压扁；种脐位于基端，稍凸，圆形，褐色；种皮薄膜质，黄色。胚小型，位于顶端，棒状，黄色，肉质；胚乳丰富，颗粒状，淡黄色，脂质。千粒重6.8 g。

地理分布与生态生物学特性

样本种子采自内蒙古赤峰市（宁城县）。分布于我国内蒙古、山西、河北、甘肃、陕西、青海、西藏等地。

多年生旱中生草本。生于草原带的山地林缘、灌丛边、林下、山地草原。耐寒、耐阴，稍耐旱，喜光。种子繁殖。花期7～8月，果期8～9月。

主要应用价值

生态：地被植物。

饲用：饲用价值一般。干草牛、羊采食。

药用：花和果实入药，可治肝炎、肝大等症。根有祛风之效。

5000 μm
2000 μm
2000 μm
2000 μm
2000 μm

箭头唐松草 Thalictrum simplex L.

果实与种子形态特征

瘦果椭圆形或狭卵形，稍扁，长2.4～2.8 mm，宽1.2～1.5 mm，紫黑色到灰褐色；表面具3～9条宽窄不等的纵肋棱，汇聚于顶端，两端渐尖，顶端宿存柱头箭头状，与果同色，基端圆凸，稍扭转，果梗细直易断。种子长椭圆形，两端渐尖；种脐位于基端，稍凸，圆形，淡褐色；种皮薄膜质，褐色，与果皮分离。胚小型，位于顶端，棒状，黄色，肉质；胚乳丰富，颗粒状，淡黄色，脂质。千粒重4.6 g。

地理分布与生态生物学特性

样本种子采自内蒙古赤峰市（喀喇沁旗）。分布于我国吉林、辽宁、河北、内蒙古、山西、陕西、甘肃、青海东部。朝鲜、日本也有。

多年生中生草本。生于森林带和草原带的河滩草甸、山地灌丛、林下、林缘，也进入草甸草原，是林缘草甸、山地灌丛草甸常见伴生种。耐寒，稍耐阴，喜湿润肥沃的土壤环境。种子繁殖。春季返青早，花期7月，果期8～9月。

主要应用价值

生态：地被植物，用于保持水土。

饲用：饲用价值一般。家畜通常不食，秋霜后羊采食。

药用：全草入药，能清热解毒、消肿、祛湿，也入蒙药。

2000 μm

2000 μm

500 μm

500 μm

500 μm

1000 μm

展枝唐松草 Thalictrum squarrosum Steph. ex Willd.

果实与种子形态特征

瘦果新月形或近纺锤形，稍扁斜，长5.1～7.6 mm，宽1.4～2.1 mm，黄褐色到灰褐色；表面粗糙，有颗粒状斑点，一面拱，一面稍平展，具8～12条凸起的弓形纵肋棱，两端渐尖，顶端宿存柱头箭头状，稍弯，长1.5 mm，暗褐色，基端果梗直长。种子与果同形，种脐位于基端，稍凸，圆形，淡褐色；种皮黄褐色。胚小型，位于顶端，棒状，黄色，肉质；胚乳丰富，颗粒状，淡黄色，脂质。千粒重4.1 g。

地理分布与生态生物学特性

样本种子采自内蒙古呼和浩特市（大青山）。分布于我国黑龙江、吉林、辽宁、内蒙古、陕西、山西、河北。蒙古国、俄罗斯也有。

多年生中旱生草本。生于典型草原、砂质草原群落，也进入草甸草原群落成为优势杂类草，是石砾质和砂质典型草原常见伴生种。在内蒙古中部地区4月返青，花果期6～8月，9月开始逐渐枯黄。冬季常成为风滚植物在草原上传播种子。

主要应用价值

生态：地被植物，用于保持水土，可作为退化草原生态修复配植用种。

饲用：饲用价值一般。秋冬季山羊、绵羊采食。

药用：全草入药，能清热解毒、健胃、制酸、发汗，也入蒙药。

其他应用：叶含鞣质，可提取栲胶。

2000 μm
1000 μm
1000 μm
1000 μm
1000 μm
1000 μm
1000 μm
500 μm

细唐松草 Thalictrum tenue Franch.

果实与种子形态特征

瘦果狭倒卵形或斜倒卵形，顶、基两端常反向歪斜，两侧扁，长5.6～6.0 mm，宽2.2～2.5 mm，厚1.6 mm，黄绿色至黄棕色或黄褐色；表面稍粗糙，沿腹缝线和背缝线生有狭翅，两侧各有3纵肋棱，顶端宿存柱头狭三角状，长约0.7 mm，暗褐色，基部渐狭，具短柄。种子倒卵形，种脐位于基端，稍凸，扁圆形，淡褐色；种皮黄色。胚小型，位于顶端，棒状，黄色，肉质；胚乳丰富，颗粒状，乳白色，脂质。千粒重4.8 g。

地理分布与生态生物学特性

样本种子采自内蒙古阿拉善盟（贺兰山）。分布于我国河北、内蒙古、山西、陕西、宁夏、甘肃、青海。

多年生旱生草本。生于典型草原到半荒漠地带的石质干燥山地、干燥山坡或田边。耐旱、耐瘠薄。种子繁殖。花期8月，果期9月。

主要应用价值

生态：地被植物。

饲用：饲用价值中等。干草牛、羊采食，骆驼乐食。

2000 μm
1000 μm
1000 μm
2000 μm
500 μm
1000 μm
1000 μm
500 μm

金莲花 Trollius chinensis Bunge

果实与种子形态特征

蓇葖果矩圆形，多数心皮聚合成头状，脉网明显，长10.0～12.3 mm，宽3.2 mm左右，黄褐色，顶端具1 mm长喙尖。种子倒卵形，长1.5 mm，宽0.7 mm，稍具光泽，灰棕黑色或黑色；表面稍粗糙，密被颗粒状小凸起，常一面平或稍凹，具不明显的4～5棱角；种脐位于基端，稍凸，圆形，褐色；外种皮硬质，内种皮薄膜质，黄褐色。胚小型，位于顶端，棒状，白色，肉质；胚乳丰富，颗粒状，灰白色，脂质。千粒重1.2 g。

地理分布与生态生物学特性

样本种子采自内蒙古锡林郭勒盟（正蓝旗）。分布于山西、河北、内蒙古、辽宁和吉林等地。

多年生湿中生草本。生于森林带和草原带的山地疏林、林缘草甸、草坡和低湿地草甸，是草甸常见伴生种，有时也能形成大片居群。须根发达，茎直立。耐寒，不耐炎热，喜光照充足、土壤肥沃、冷凉湿润的环境。种子繁殖。花期6～7月，果期8月。

主要应用价值

生态：地被植物，用于保持水土。

饲用：饲用价值一般。秋季山羊、绵羊采食。

药用：花入药，能清热解毒，也入蒙药（蒙药名：阿拉坦花-其其格），可止血、消炎、愈创解毒。

其他应用：干花可作茶用。金黄色花大而鲜艳、观赏性好，可作为园林花境植物。

2000 μm
5000 μm
500 μm
500 μm
500 μm
500 μm

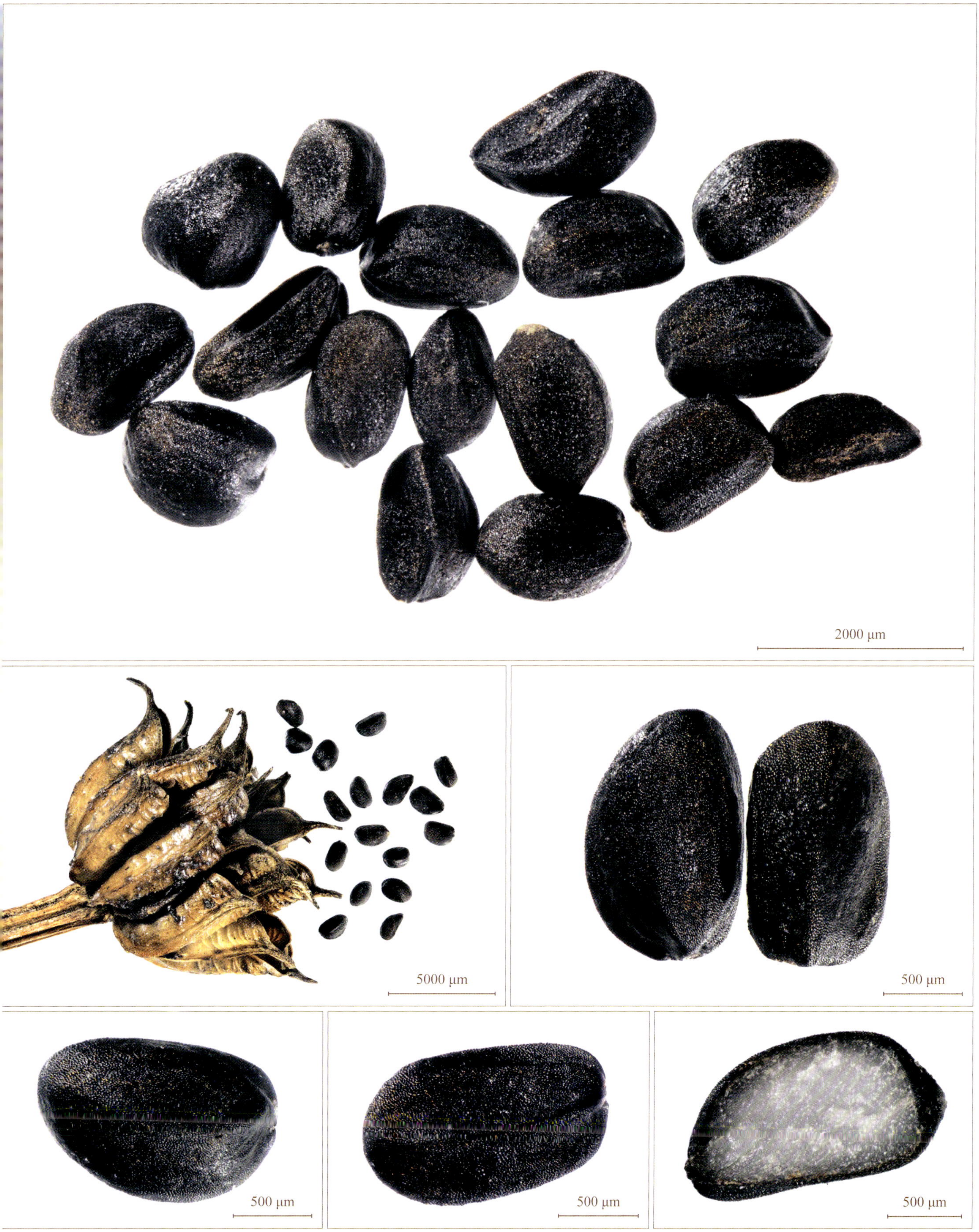

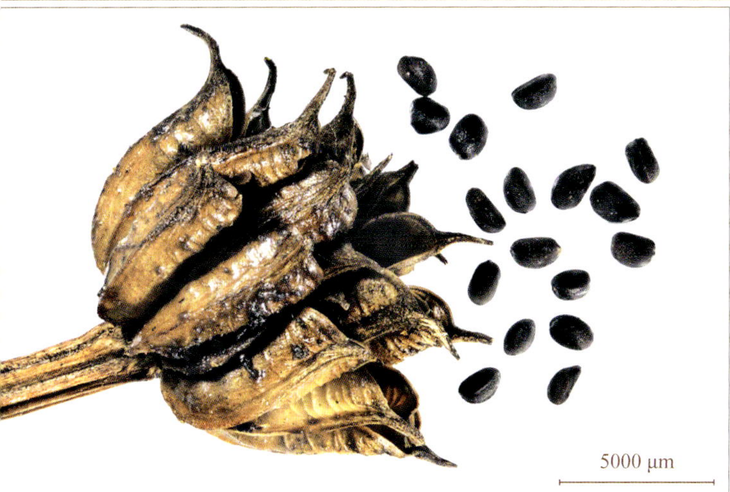

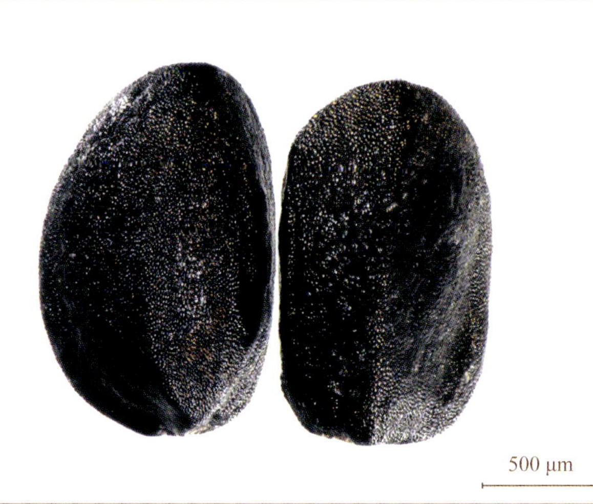

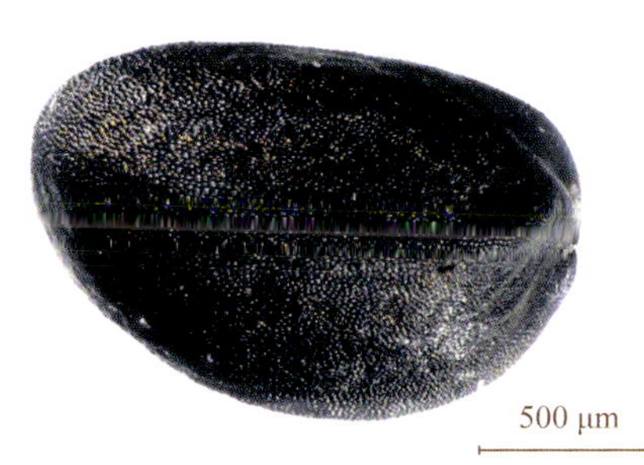

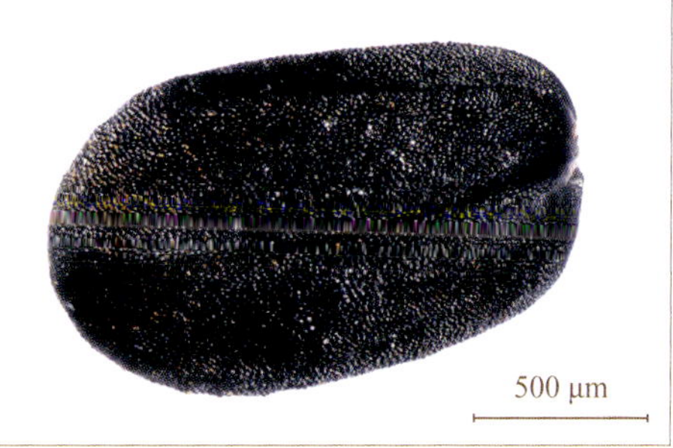

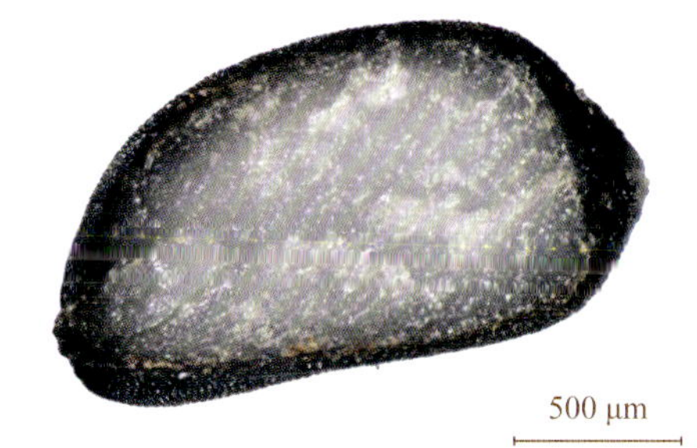

小檗科 Berberidaceae

果实为浆果或蒴果，少为蓇葖果或瘦果，球形、椭圆形、长圆形、卵形或倒卵形，通常红色或蓝黑色。种子1至多数，卵形或长卵形，黄褐色至红棕色或黑色，胚抹刀型或小型，胚乳肉质肥厚。

黄芦木 Berberis amurensis Rupr.

果实与种子形态特征

浆果椭圆形，长8.8～10.0 mm，直径5.5～6.1 mm，红色，顶端宿存花柱残基极短或无；果皮肉质，表面常被粉霜，含2粒种子。种子长倒卵形至矩圆形，稍扁，长5.6～6.2 mm，宽2.2～2.6 mm，厚1.8 mm，棕褐色；顶端圆形，基端收窄成瓶口状，腹面稍平，背面圆拱，具不明显纵棱；种脐近圆形，位于凹口中，暗褐色；种皮外层胶质，表面粗糙皱缩，稍具光泽，略被白粉。胚抹刀型，肉质，乳白色，直立埋于胚乳中；子叶2，矩圆形，分离，顶端浅2裂，淡黄色；胚乳丰富，白色，肉质。千粒重16.5 g。

地理分布与生态生物学特性

样本种子采自内蒙古赤峰市（宁城县）。分布于我国黑龙江、吉林、辽宁、河北、内蒙古、山西、陕西、甘肃等地。日本、朝鲜、俄罗斯也有。

中生落叶灌木。生于森林草原带的山地灌丛、沟谷、林缘，为疏林常见伴生种。喜光，耐寒、耐旱、耐瘠薄，对土壤要求不严。种子繁殖，具休眠特性。花期5～6月，果期8～9月。

主要应用价值

生态：地被植物。

药用：根皮和茎皮入药，能清热燥湿，泻火解毒，也入蒙药（药材名：陶木-希日-毛都），能祛“协日乌素”、清热解毒、止泻止血、明目。可作黄连代用品。

2000 μm
2000 μm
2000 μm
500 μm
2000 μm
1000 μm
1000 μm
1000 μm

置疑小檗 Berberis dubia C. K. Schneid.

果实与种子形态特征

浆果倒卵状椭圆形，长7.6～8.2 mm，宽5.3～6.2 mm，初期黄色，成熟后红色，光滑，顶端无宿存花柱；果皮肉质，含1～2粒种子。种子长倒卵形，稍扁，长5.2～6.0 mm，宽2.0～2.2 mm，厚1.5 mm，棕褐色至红棕色，表面稍粗糙，具细皱缩纹；顶端圆形，具小凸尖，基端收窄成瓶口状，稍斜向腹面，腹面平或稍凹，背面圆拱，具不明显纵棱；种脐近圆形，凹穴状，暗褐色。胚抹刀型，肉质，乳白色，直立埋于胚乳中；子叶2，矩圆形，分离，顶端浅2裂，淡黄色；胚乳丰富，白色，肉质。千粒重15.6 g。

地理分布与生态生物学特性

样本种子采自内蒙古阿拉善盟（贺兰山）。分布于我国内蒙古、宁夏、甘肃、青海等地。

旱中生落叶灌木。生于草原带和荒漠带的山地灌丛、林缘，常散生在荒漠区的石质山坡。喜光，耐旱、耐瘠薄，对土壤要求不严。种子繁殖，具休眠特性。花期5～6月，果期8～9月。

主要应用价值

生态：地被植物，用于保持水土，可作为矿山生态修复配植用种。

饲用：饲用价值一般。枝叶骆驼采食。

5000 μm
2000 μm
2000 μm
2000 μm
1000 μm
1000 μm
2000 μm
1000 μm

细叶小檗 Berberis poiretii C. K. Schneid.

果实与种子形态特征

浆果长矩圆形，长8.5～9.1 mm，直径4.1～4.3 mm，鲜红色，顶端宿存花柱；果皮肉质，含1粒种子。种子长倒卵形，稍扁，长5.0～5.5 mm，宽2.0～2.5 mm，厚1.6 mm，红褐色，具光泽；腹面稍平，略内曲，背面圆拱，纵棱不明显，顶端圆凸，基端收窄成瓶口状，稍偏向腹面一侧；种脐近圆形，位于凹口中，暗褐色；种皮木栓质，表面粗糙，有整齐排列的小瘤状凸起。胚抹刀型，肉质，乳白色，直立埋于胚乳中；子叶2，矩圆形，淡黄色，胚轴短粗；胚乳丰富，白色，肉质。千粒重15.8 g。

地理分布与生态生物学特性

样本种子采自内蒙古赤峰市（克什克腾旗）。分布于我国吉林、辽宁、河北、内蒙古、山西、陕西、青海等地。朝鲜、俄罗斯也有。

旱中生落叶灌木。生于森林草原带的山坡灌丛、山麓石质地，也进入荒漠草原带的固定沙地和覆沙地稀疏生长，还零星分布于荒漠化草原带的山地和剥蚀残丘。枝条开展，纤细，高1～2 m；叶刺常单一，或1～5叉。喜光，耐半阴、耐旱，不耐水淹，对土壤要求不严。种子繁殖，具休眠特性。花期5～6月，果期8～9月。

主要应用价值

生态：地被植物，用于保持水土，可作为矿山生态修复配植用种。

饲用：饲用价值一般。枝叶骆驼采食。

药用：根皮和茎皮入药，能清热燥湿、泻火解毒。

其他应用：根皮和根可制作黄色染料。

5000 μm
2000 μm
1000 μm
2000 μm
1000 μm
1000 μm
1000 μm
1000 μm

日本小檗（紫叶小檗）Berberis thunbergii DC.（Berberis thunbergii 'Atropurpurea'）

果实与种子形态特征

浆果长卵圆形或椭圆形，长6.5～10.2 mm，宽4.5～5.3 mm，成熟后红色，光滑，稍具光泽，顶端宿存花柱，含种子1～2粒。种子长倒卵形，稍扁，长5.0～5.8 mm，宽2.0～2.4 mm，厚约1.5 mm，棕褐色至褐色；表面稍粗糙，具纵向小穴状细微皱缩纹，顶端钝圆，基端收窄凸尖，背面圆拱，腹面中部平或稍凹；种脐位于基端一侧，稍偏斜，凹穴状，圆形，黄色。胚抹刀型，肉质，乳白色，直立埋于胚乳中；子叶2，矩圆形，分离，淡黄色；胚轴与子叶近等长，胚根圆凸；胚乳丰富，黄色，肉质。千粒重13.5 g。

地理分布与生态生物学特性

样本种子采自内蒙古呼和浩特市。原产日本，为外来物种，我国各地及世界各地广泛栽培。

中生落叶灌木。喜光、喜凉爽，稍耐旱，耐瘠薄，不耐水淹，适应性强，对土壤要求不严，萌蘖性强，耐修剪。种子繁殖，具休眠特性。花期5～7月，果期8～10月。

主要应用价值

生态：地被植物。可作为庭院或路旁绿化或绿篱用种。

药用：根和茎含小檗碱，可提取制药。根皮可作健胃剂。

其他应用：茎去外皮后，可提取黄色染料。

5000 μm
5000 μm
5000 μm
1000 μm
1000 μm
1000 μm

匙叶小檗 Berberis vernae Schneid.

果实与种子形态特征

浆果长圆形或卵圆形，长5.5～6.2 mm，宽4.3～5.2 mm，初期红色，成熟后淡红色；果皮肉质，光滑，半透明，含1～2粒种子。种子长倒卵形，长3.8～4.2 mm，宽2.0～2.2 mm，棕褐色至红棕色，表面胶质光亮，具皱缩纹；顶端圆形，基端渐窄成瓶口状，斜弯或近垂直弯向腹面，腹面圆或稍平，背面圆拱，具不明显的细线纹；种脐圆形，凹穴状，暗褐色。胚抹刀型，肉质，乳白色，直立埋于胚乳中；子叶2，矩圆形，分离，淡黄色；胚乳丰富，白色，肉质。千粒重14.6 g。

地理分布与生态生物学特性

样本种子采自内蒙古阿拉善盟（阿拉善左旗）。分布于我国内蒙古、甘肃、青海等地，西北各地有栽培。

中生落叶灌木。生于河滩地或山坡灌丛。喜光，耐半阴，稍耐旱，不耐水淹，对土壤要求不严。种子繁殖，具休眠特性。花期5～6月，果期8～9月。

主要应用价值

生态：地被植物。可作为矿山生态修复配植用种。

药用：根皮和茎皮入药，能清热燥湿、泻火解毒。

其他应用：根皮和根可制作黄色染料。

2000 μm
2000 μm
2000 μm
1000 μm
2000 μm
2000 μm
1000 μm

桃儿七 Sinopodophyllum hexandrum (Royle) T. S. Ying

果实与种子形态特征

浆果长卵圆形，长4.3～7.0 cm，直径4.0～4.5 cm，熟时橘红色至红色。种子卵圆形或近三角状卵形，长4.0～4.3 mm，直径3.8～4.1 mm，红褐色至紫褐色，表面粗糙，无光泽，有细密的网状皱缩纹和3条不明显的棱脊；顶端稍呈乳突状，基端圆凸，两侧圆拱，一侧稍平展。胚小型，棒状，肉质，埋于近顶端胚乳中；子叶2，分离；胚根圆凸，朝向种脐；胚乳丰富，肉质。千粒重30.2 g。

地理分布与生态生物学特性

样本种子采自甘肃（兴隆山）。分布于我国陕西、甘肃、青海、西藏等地。尼泊尔、不丹、印度、巴基斯坦等也有。国家二级重点保护野生植物。列入《濒危野生动植物种国际贸易公约》（CITES）附录Ⅱ，交易出口受到限制。

多年生中生草本。生于海拔2200～4300 m的林下、林缘湿地、灌丛或草丛。耐寒、耐阴。根茎和种子繁殖，具有生理休眠特性。花期5～6月，果期7～9月。

主要应用价值

生态：地被植物。对维护高原山地生态平衡和生物多样性具有重要意义。

药用：我国名贵药材之一。根茎、须根和果实均可入药，根茎能祛风除湿、活血止痛、祛痰止咳；果能生津益胃、健脾理气、止咳化痰。果和根也入藏药（藏药名：奥莫色），果治疗妇女淤症，根外用治疗皮肤病。

其他应用：叶和嫩枝可作茶用。具有较高的观赏价值，宜驯化为栽培花卉。

5000 μm
2000 μm
2000 μm
2000 μm
2000 μm
2000 μm

防己科 Menispermaceae

果实为核果，卵圆形，外果皮革质或膜质，中果皮通常肉质，内果皮骨质或有时木质表面有皱纹或各式凸起。种子常弯，种皮薄，胚弯曲，胚乳丰富或无。

蝙蝠葛 Menispermum dauricum DC.

果实与种子形态特征

核果近卵状扁球形，直径6～9 mm，成熟时紫黑色；顶端稍尖，基端圆，两瓣状，腹面稍平，中部具一纵向沟槽棱，背面具一中部凸起的卵形凹槽；外果皮薄革质或膜质，中果皮通常肉质，内果皮骨质。果核肾状圆形或阔半月形，扁，长6.4～8.0 mm，宽5.7～6.2 mm，厚约2.8 mm，黄色至紫褐色；基部弯缺，深约3 mm，两面低平部分呈肾形，背脊隆起为轮环状横肋，呈鸡冠状，中部一轮凸起，上有2列瘤突状小齿尖，外圈分布整齐的锥状小齿尖，背脊两侧各有1列瘤突状小齿尖，胎座迹片状。胚线型，环状弯曲，埋于胚乳中，乳白色，肉质；子叶2，并合，与胚轴近等长；胚乳丰富，灰白色，脂质。千粒重26.3 g。

地理分布与生态生物学特性

样本种子采自内蒙古呼伦贝尔市（扎兰屯市）。分布于我国黑龙江、吉林、辽宁、河北、山西、内蒙古、宁夏、陕西、甘肃等地。日本、朝鲜、俄罗斯也有。

中生草质落叶藤本。生于草原带和森林带的山地林缘、灌丛或沟谷，攀援于疏林或岩石上。耐寒、耐荫蔽，稍耐旱，对土壤要求不严。种子和根茎繁殖。花期6～7月，果期8～9月。

主要应用价值

生态：地被植物。可作为垂直绿化植物。

饲用：饲用价值中等。叶牛、羊采食。

药用：根和根茎入药（药材名：北豆根），能清热解毒、消肿止痛、利咽、通便，也入蒙药（蒙药名：哈日-敖日秧古），能清热、止渴、祛“协日乌素”。

5000 μm
2000 μm
2000 μm
2000 μm
2000 μm
2000 μm

五味子科 Schisandraceae

小浆果聚合成球形或长穗状；种子1～5粒，多为肾形或卵形；胚小型，胚乳丰富，油质。

五味子 **Schisandra chinensis** (Turcz.) Baill.

果实与种子形态特征

聚合果长2.5～8.5 cm，具果梗。小浆果近球形或倒卵圆形，干燥后呈不规则的球形，皱缩而凹凸不平，直径5.3～8.8 mm，成熟时黄绿色到橙黄色或红色、深红色，干后暗棕褐色；果皮具不明显的腺点，含种子1～2粒，多为1粒成熟种子。种子卵状肾形，长4.2～4.8 mm，宽3.5～4.2 mm，厚约2.3 mm，橘黄色至淡褐色；种皮光滑，有光泽，硬而脆，内种皮薄，黄色；种脐位于腹侧中部，条形，呈“U”形凹入，凹口有纤维状物覆盖，两侧钝圆。胚小型，位于种脐一侧贴近种皮，椭圆形，长约0.3 mm，肉质；胚乳丰富，淡黄色，脂质。千粒重11.2 g。

地理分布与生态生物学特性

样本种子采自内蒙古赤峰市（宁城县）。分布于我国黑龙江、吉林、辽宁、内蒙古、河北、山西、宁夏、甘肃等地。朝鲜、日本、俄罗斯也有。

中生落叶木质藤本。生于海拔1200～1700 m落叶阔叶林带和针阔混交林带的阴湿沟谷、溪旁、灌丛、林下。耐寒、耐荫蔽，喜湿润肥沃、排水良好的土壤环境。种子繁殖。花期6～7月，果期8～9月。

主要应用价值

生态：地被植物。可作为垂直绿化植物。

饲用：饲用价值中等。叶牛、羊采食。

药用：果实含有五味子素及维生素C、树脂、鞣质及少量糖类，可入药（药材名：北五味子），为著名中药，有敛肺止咳、滋补涩精、止泻止汗之效，也入蒙药（蒙药名：乌拉乐吉甘），能止泻止呕、平喘、开胃。

其他应用：叶、果实可提取芳香油。种仁含有脂肪油，可作工业、润滑油原料。茎皮纤维柔韧，可作绳索用材。

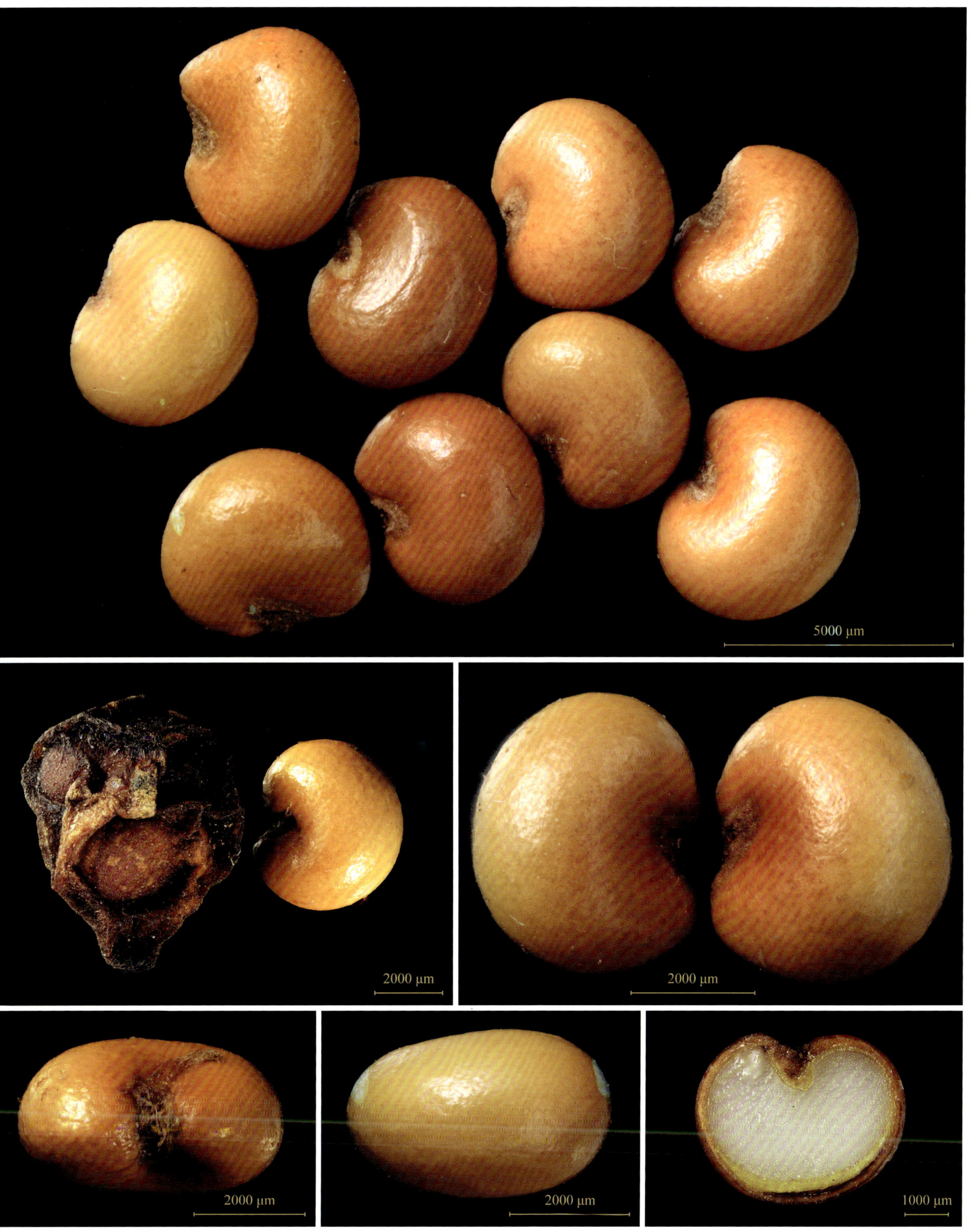
5000 μm
2000 μm
2000 μm
2000 μm
2000 μm
1000 μm

罂粟科 Papaveraceae

果实为蒴果，瓣裂或顶孔开裂。种子细小，球形、卵圆形或近肾形，种皮平滑或具蜂窝状网纹，种脊有时具鸡冠状种阜；胚小型，胚乳油脂质。

白屈菜 Chelidonium majus L.

果实与种子形态特征

蒴果狭条形，直立，光滑无毛，长25.5～38.6 mm，直径1.8～2.8 mm，种子间稍缢缩，成熟时分裂成2果瓣，含种子多数。种子卵形或倒卵形，长1.2～1.8 mm，宽0.6～0.8 mm，灰褐色至黑褐色，有光泽，表面具蜂窝状隆起的网纹；背面圆拱，腹面微凹，沿种脊具淡黄色大型鸡冠状凸起的种阜；种脐位于腹面稍偏下，白色，圆点状；种皮薄，褐色。胚小型，直生于基端胚乳中，白色，肉质；胚乳丰富，白色至灰褐色，油脂质。千粒重1.2 g。

地理分布与生态生物学特性

样本种子采自内蒙古赤峰市（巴林右旗）。我国北方各地均有分布。日本、蒙古国、俄罗斯也有。

多年生中生草本。生于森林带和草原带的山地林下、林缘草地、沟谷溪边或路旁。直根细长。耐寒、耐阴，不耐旱。种子繁殖。花期5～7月，果期5～8月。

主要应用价值

生态： 地被植物。花期长、黄色花花姿美丽，可作观赏植物。

饲用： 有毒植物。家畜通常不食。

药用： 全草入药，能清热解毒、止痛、止咳，也入蒙药（蒙药名：希谷得日格纳），能清热、解毒、燥脓、治伤。外用消肿，亦可作农药。

1000 μm
100 μm
200 μm
200 μm
500 μm

海罂粟 Glaucium fimbrilligerum Boiss.

果实与种子形态特征

蒴果线状长狭圆柱形，细长直立，长12～18 cm，直径1.0～1.5 mm，疏被乳突状皮刺，具细长果梗，成熟时自顶端向基端开裂成2狭长的果瓣，含种子多数。种子倒卵状肾形，长1.3～1.6 mm，宽0.6～0.8 mm，黄褐色至黑褐色，表面具四至六边形凸起网纹，顶端和背部网纹近蜂窝状；上部圆，向下部急窄，基端稍内弯，背面圆拱，腹面弧状内凹；种脐位于腹面稍偏下，暗褐色，圆点状，与种脊相连一端具种孔。胚小型，位于基端胚乳中，白色半透明，肉质；胚乳丰富，白灰色，油脂质。千粒重0.28 g。

地理分布与生态生物学特性

样本种子采自新疆哈密市。分布于我国新疆。中亚、伊朗等也有。

一年生旱生草本。生于荒漠或干旱山坡。株高30～50 cm；花大，花期长。耐旱、耐瘠薄。种子繁殖。花果期6～10月。

主要应用价值

生态：地被植物。花大而美丽、黄色或橙黄色，具有很好的观赏性。

饲用：饲用价值低。

药用：果壳或带花的全草入药，具有敛肺止咳、涩肠止泻、镇痛功效。民间被用作镇咳药、利尿剂和麻醉剂。鲜叶捣碎成浆用于开放性伤口的抗菌和止痛。

1000 μm
200 μm
200 μm
200 μm
200 μm
500 μm

角茴香 Hypecoum erectum L.

果实与种子形态特征

蒴果条形或长圆柱形，直立，先端渐尖，两侧稍压扁，长35.5～58.2 mm，直径1.1～1.5 mm，成熟时分裂成2果瓣，含种子多数，种子间具横隔。种子四棱状长方体形，长1.0～1.2 mm，宽0.7～0.8 mm，高0.5～0.7 mm，灰黑色至黑色，两面具“X”形凸起，表面被小颗粒状凸起或凹坑；种脐位于腹面一侧角处，凸起，黑色；内种皮薄，棕黄色。胚线型，呈“L”形弯生于基端胚乳中，白色，肉质；胚乳丰富，颗粒状，灰褐色，脂质。千粒重1.5 g。

地理分布与生态生物学特性

样本种子采自内蒙古呼和浩特市。分布于我国东北、华北、西北等地。蒙古国、俄罗斯也有。

一年生或二年生旱中生草本。生于草原带和荒漠草原带的砾石质坡地、沙质地、沟谷、撂荒地等处。耐旱、耐瘠薄，返青早，生育期短，种子繁殖。花果期5～7月。

主要应用价值

生态：地被植物。

饲用：饲用价值低。家畜通常不食。

药用：根及全草入药，能泻火、解热、镇咳。

1000 μm
200 μm
100 μm
200 μm
200 μm
500 μm

小果博落回 Macleaya microcarpa (Maxim.) Fedde

果实与种子形态特征

蒴果倒卵形或宽倒披针形，扁平，长4.8～5.2 mm，宽3.8～4.1 mm，棕黄色至棕褐色，表面被白粉，具纵脉和短柄，顶端有一凸尖，成熟时2瓣裂，含1粒基生种子。种子窄倒卵形，直立，长1.2～1.6 mm，宽0.5～0.8 mm，淡黄褐色至红褐色，有光泽；顶端凸尖，基端稍平截，背面圆拱，腹面有1条自顶端延伸到基端的凸起棱脊；种脐位于基端，圆形，周围具黑褐色凸起，无种阜；种皮具粗网纹及孔状雕纹。胚小型，白色半透明，肉质；胚乳丰富，油脂质。千粒重0.8 g。

地理分布与生态生物学特性

样本种子采自甘肃（天水市）。分布于我国山西、陕西、甘肃及南方各地，内蒙古、河北有栽培。

多年生中生草本。生于海拔450～1600 m的山坡路边草地或灌丛。喜湿，耐涝，不耐旱。种子繁殖。花期6～7月，果期8～10月。

主要应用价值

生态：地被植物。

饲用：有毒植物。家畜不食。

药用：全草入药（药材名：博落回），外用具消肿、解毒、杀虫功效。

2000 μm
1000 μm
2000 μm
500 μm
2000 μm
1000 μm
500 μm

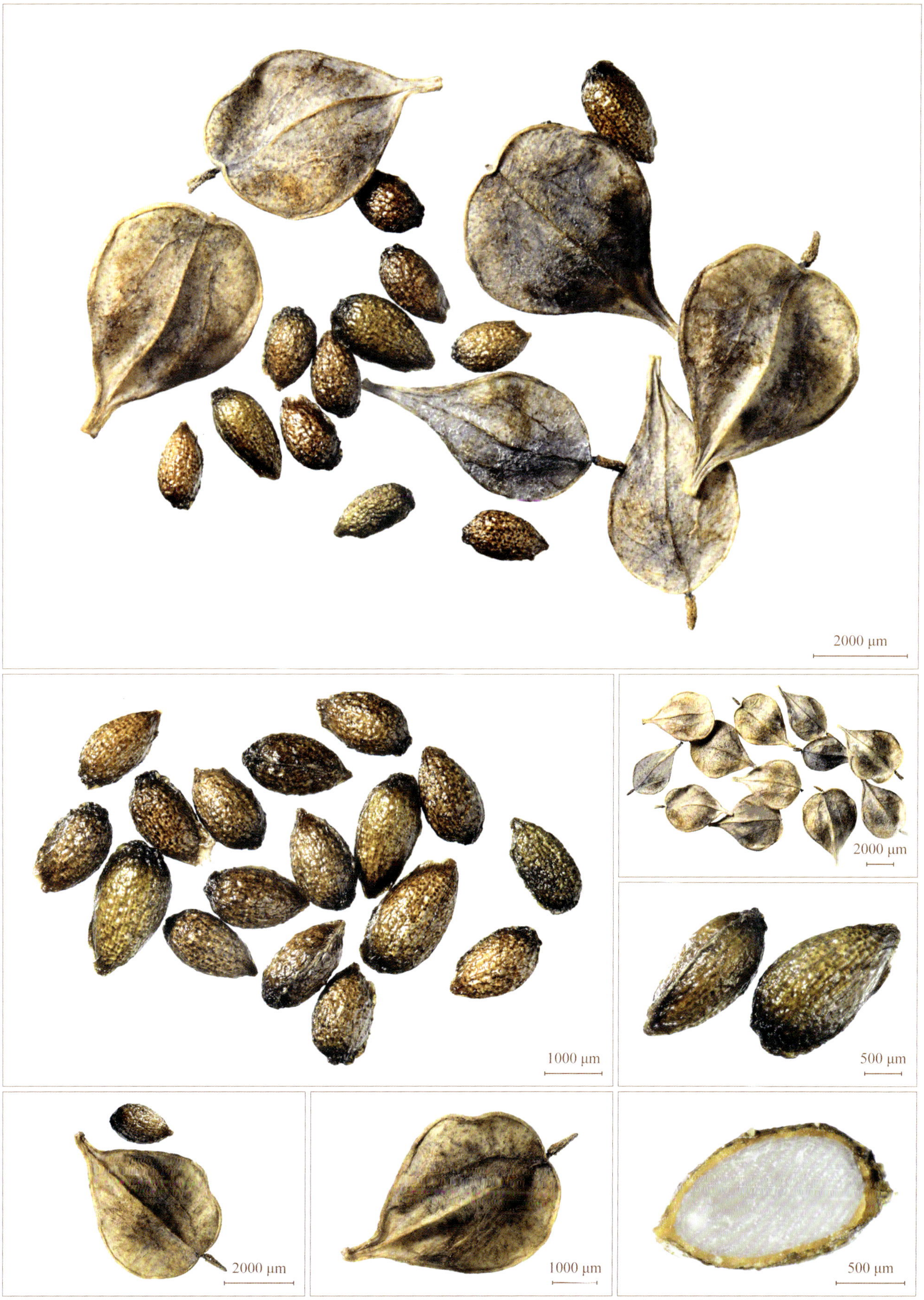

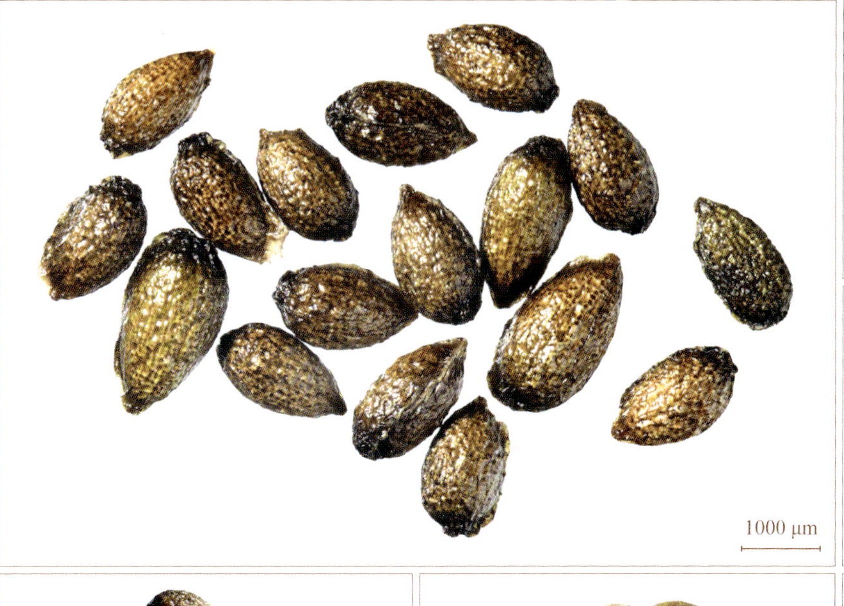

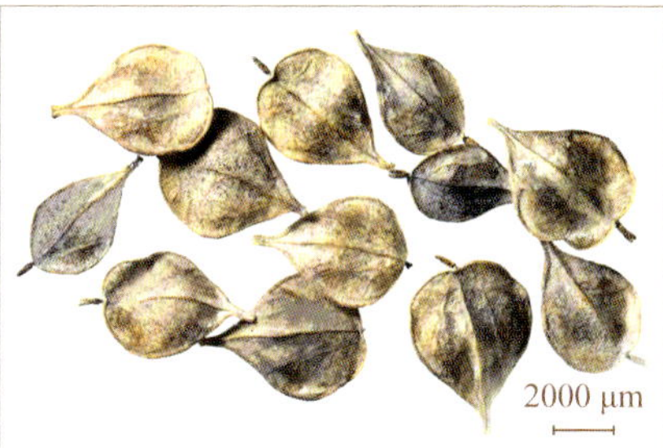

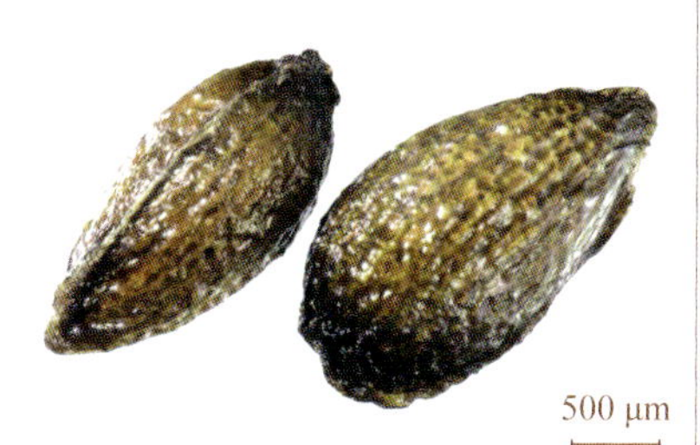

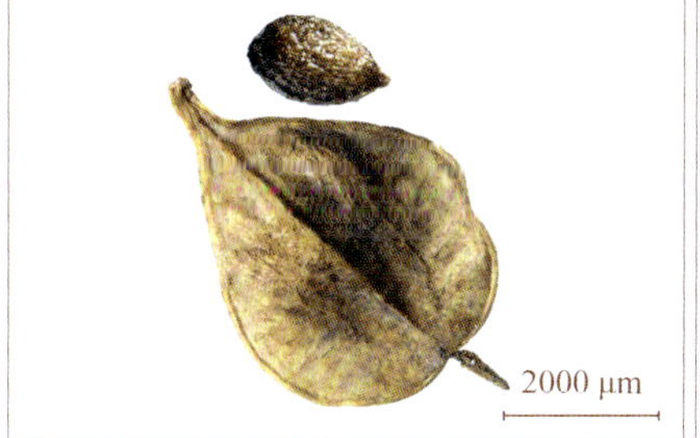

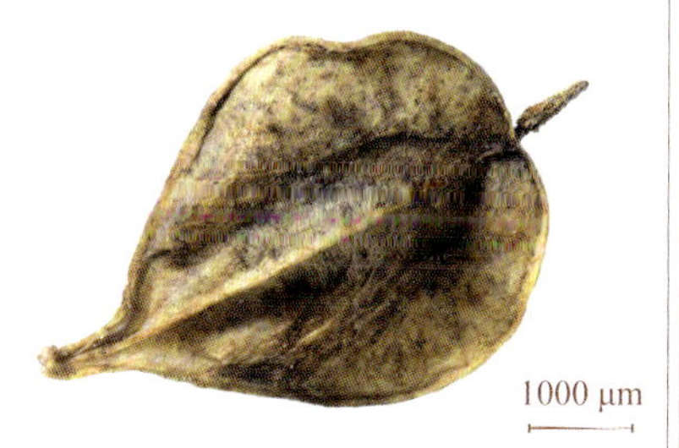

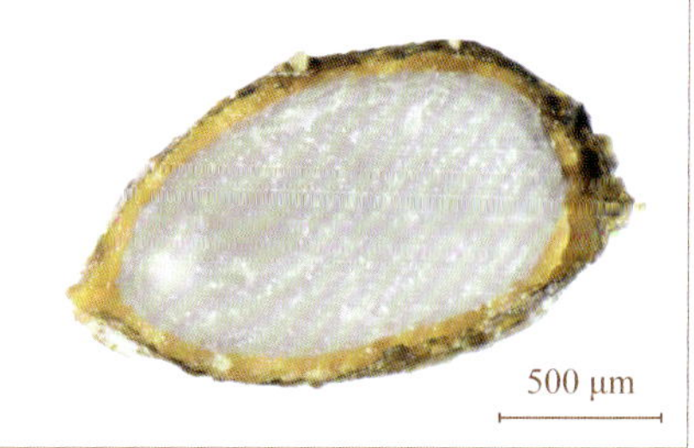

多刺绿绒蒿 **Meconopsis horridula** Hook. f. et Thoms.

果实与种子形态特征

蒴果倒卵形或椭圆状长圆形，长1.2～2.5 cm，黑褐色，被锈褐色或黄褐色平展或反曲的刺，刺基部增粗，顶端花柱宿存，通常3～5瓣自顶端开裂至全长的1/4～1/3，含种子多数；果皮革质，与膜质种皮分离。种子肾状弯月形，两侧稍扁，长1.2～1.5 mm，宽0.5～0.8 mm，厚0.2 mm左右，黄棕褐色至暗褐色，表面具梯形蜂窝状网纹，近腹面网棱挤压成狭翅状；一端圆，一端渐狭并向腹面弯曲，腹部凹，背部圆拱；种脐位于腹面近基端，圆形，暗褐色。胚未发育型，埋于基端胚乳中，白色；胚乳丰富，几乎充满整个种子，灰白色，脂质。千粒重0.15 g。

地理分布与生态生物学特性

样本种子采自青海（祁连县）。分布于我国甘肃、青海、西藏、四川等地。缅甸、尼泊尔、印度锡金等也有。

一年生中生草本。生于海拔3600～5100 m的山坡石缝、林下草地、草甸、高山灌丛及流石滩，常见于阔叶林带的山坡林下阴湿处、林缘路旁、山谷溪流附近、水边湿地、沟边。主根肥厚而延长，圆柱形，长达15～30 cm；全体被黄褐色或淡黄色坚硬而平展的刺，株高30～45 cm。种子繁殖。花果期6～9月。

主要应用价值

生态：高寒草地重要地被植物。有较高的生态价值和观赏价值。

药用：全草入藏药，能活血化淤、清热解毒。

1000 µm
200 µm
5000 µm
200 µm
100 µm

全缘叶绿绒蒿 Meconopsis integrifolia (Maxim.) Franch.

果实与种子形态特征

蒴果宽椭圆状长圆形至椭圆形，具4棱，长20.2～30.2 mm，直径1.1～1.2 mm，褐色至黑褐色，表面被疏密不等的金黄色或褐色平展或贴伏的羽状短分枝长硬毛，成熟后瓣裂；果皮革质，与膜质种皮相分离。种子弯月形或近长卵形，长1.2～2.3 mm，宽0.5～0.8 mm，黑褐色，稍具光泽，表面具纵向蜂窝状凹穴或挤压条纹状纹饰；两端渐狭，稍向内弯曲，顶端圆或稍截平，基端稍窄，腹部稍凹，背部圆拱；种脐位于基端，圆形，不明显。胚未发育型，埋于胚乳中，白色；胚乳丰富，灰白色，脂质。千粒重0.3 g。

地理分布与生态生物学特性

样本种子采自青海（果洛藏族自治州）。分布于我国甘肃、青海、西藏等地。

一年生至多年生中生草本。生于海拔2700～5100 m的草坡或林下，流石滩冰缘带常见植物。耐寒、耐阴、耐贫瘠。种子繁殖。花果期5～10月。

主要应用价值

生态：高寒草地重要水土保持地被植物。

药用：全草、花、根入药，能清热止咳、退热催吐、消炎。

其他应用：有较高观赏价值的高山植物。

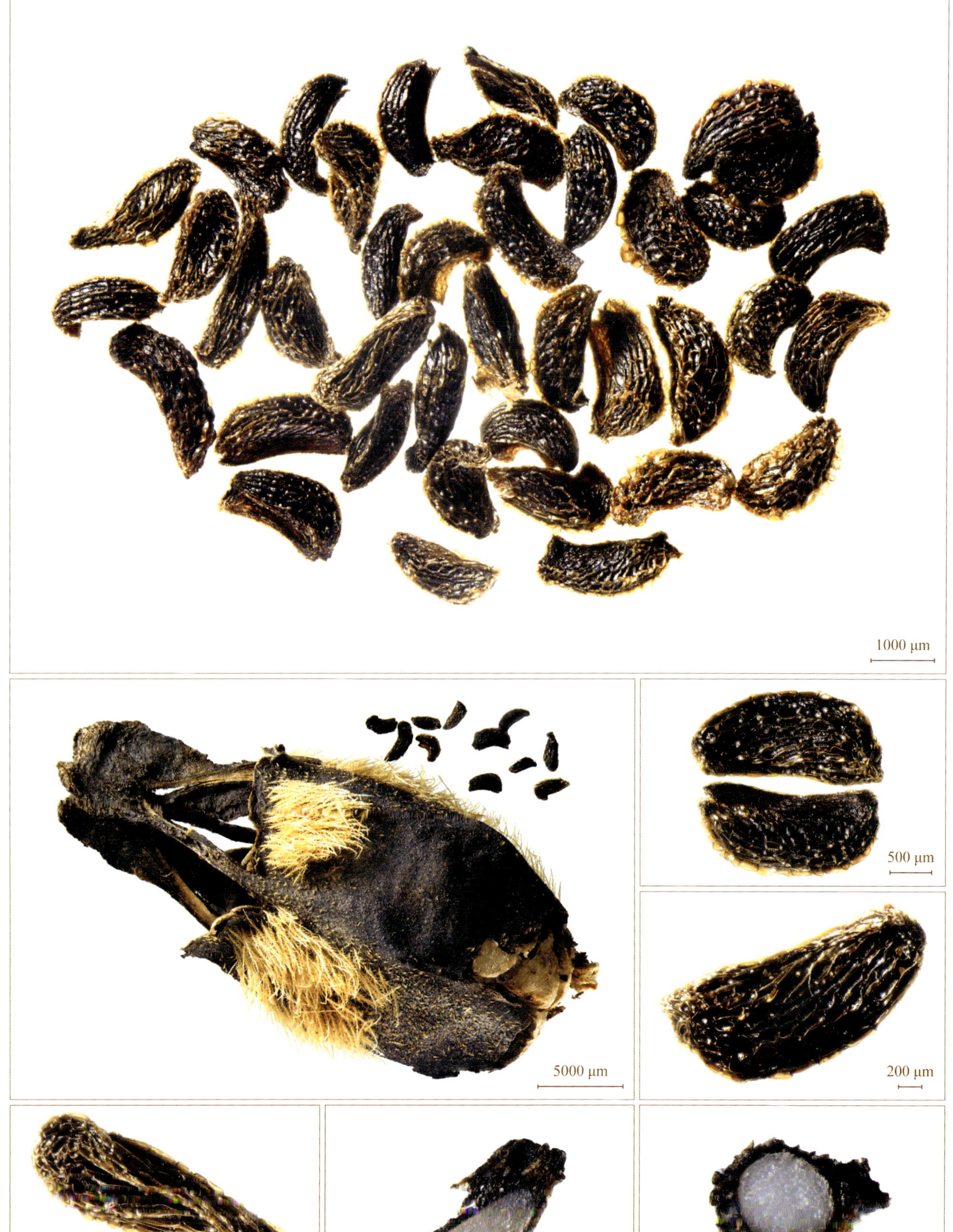
1000 μm
5000 μm
500 μm
200 μm
200 μm
500 μm
500 μm

拉萨绿绒蒿 **Meconopsis lhasaensis** Grey-Wilson

果实与种子形态特征

蒴果倒卵状球形或椭圆状球形，具不明显的4棱，长10.2～12.6 mm，直径4.1～4.5 mm，黑褐色，表面被疏密不等的黄色直立刺，刺基褐色、增大，顶端花柱宿存，花柱下部4裂，与果棱连接，成熟后4瓣裂。种子多数，弯月形或半月形，长1.0～1.2 mm，宽0.4～0.5 mm，黄褐色至棕褐色，有光泽，表面具梯形网状纹，纹线金黄色并凸起；顶端稍平截，基端窄凸，腹部平展或稍凹，稍向内弯，背部圆拱；种脐不明显。胚未发育型，埋于胚乳中；胚乳丰富，颗粒状，灰白色，脂质。千粒重0.2 g。

地理分布与生态生物学特性

样本种子采自西藏（扎囊县）。分布于我国西藏。

多年生中生草本。生于海拔3210～5560 m的山坡石缝、林下、高山草甸、高山灌丛及流石滩。耐寒、耐阴，喜冷凉环境。种子繁殖。花果期5～10月。

主要应用价值

生态：高寒草地地被植物。

其他应用：有较高的观赏价值。

1000 μm
200 μm
200 μm
200 μm
2000 μm
200 μm
200 μm

野罂粟 Papaver nudicaule L.
（Oreomecon nudicaulis）

果实与种子形态特征

蒴果矩圆形、倒卵状球形至倒卵状长椭圆形，长10.5～15.6 mm，直径4.6～10.0 mm，黄褐色，被刺状刚毛，表面具4～8条淡色宽肋，宿存柱头盘状，6～8裂片辐射状，成熟后于裂片下孔裂。种子多数，细小，近肾形，长1.0～1.3 mm，宽0.2～0.3 mm，黄褐色至黑褐色，稍有光泽；表面具条状排列的微隆起的四至六边形网纹，褐色，网线蛐蛐状，背部圆拱，腹部内凹；种脐位于腹面稍偏下，暗褐色，圆点状，与种脊相连一端具种孔；种皮薄。胚小型，位于基端胚乳中，白色半透明；胚乳丰富，白灰色，油脂质。千粒重0.22 g。

地理分布与生态生物学特性

样本种子采自内蒙古锡林郭勒盟（阿巴嘎旗）。分布于我国黑龙江、吉林、河北、山西、内蒙古、陕西、宁夏、新疆等地。北极区及中亚和北美洲等也有。

多年生旱中生草本。生于森林带和草原带的山地林下、林缘草甸、沙质沟谷或山坡，是山地草甸、草甸草原伴生种。耐寒、耐旱，适应性强。花期6～8月，果期7～9月。

主要应用价值

生态：地被植物。

饲用：有毒植物。家畜通常不食。

药用：果实入药（药材名：山米壳），能止痛、止咳、涩肠、止泻。花入蒙药（蒙药名：哲日利格-阿木-其其格），能止痛。

其他应用：花大而美丽、黄色，具较高的观赏价值。

1000 μm

虞美人 Papaver rhoeas L.

果实与种子形态特征

蒴果宽倒卵形，直立，长1.5～1.8 cm，宽1.0～1.2 cm，光滑无毛，具不明显的脉肋，宿存柱头盘状，10～18裂片辐射状，成熟后于裂片下1周孔裂。种子多数，细小，肾状长圆形，稍扁，长0.6～1.0 mm，宽0.5～0.8 mm，成熟前黄棕色或黄褐色，成熟后深褐黄色至红褐色或黑褐色；表面具浅棕色或暗棕褐色多边梯形网纹，形成较大的浅网眼，网壁棱波状蛐蛐形凸起，背部弓曲，腹面凹陷；种脐位于腹面肾形凹处，片状凸起，棕黄色，有少量海绵质种阜。胚小型，弯曲，埋于胚乳中，白色半透明；胚乳丰富，白灰色，油脂质。千粒重0.3 g。

地理分布与生态生物学特性

样本种子采自内蒙古锡林郭勒盟（锡林浩特市）。原产欧洲，为外来物种，具很好的观赏性，我国各地常见栽培。

一年生中生草本。耐寒，稍耐旱，适应性强，对土壤要求不严，喜阳光充足、排水良好、肥沃的沙壤土环境。花果期5～8月。

主要应用价值

生态： 地被植物。

饲用： 有毒植物。家畜不食。

药用： 全草入药（药材名：虞美人），能止泻、镇痛、镇咳。花入药，有镇咳、止泻、镇痛、镇静等功效。种子含油40%以上，为制药原料。

1000 μm
100 μm
100 μm
1000 μm
500 μm
250 μm
100 μm
7000 μm

紫堇科 Fumariaceae

果实多为蒴果，线形或圆柱形，成熟后2瓣裂或向上卷裂或不裂。种子肾形或近圆形，黑色或棕褐色，平滑，有光泽。紧贴种脐有油脂质种阜。

灰绿黄堇 Corydalis adunca Maxim.

果实与种子形态特征

蒴果条状长圆形，直立或斜伸，长15～25 mm，宽2.5～3.2 mm，顶端具长3～5 mm的宿存花柱，含1列种子。种子肾状扁球形，两侧扁，直径1.2～1.8 mm，黑色，平滑光亮，表面具不明显的微小凹凸点状纹饰；种脐位于腹面种脊处，圆形凹陷，灰黄色，腹面中部三角状凹陷处具黄色圆球形种阜，紧贴种子。外种皮厚革质，内种皮薄纸质，褐色。胚小型，棒状，埋于种脐一侧胚乳中，白色，肉质；子叶2，椭圆形，肉质，肥厚；胚轴短粗，胚根圆凸；胚乳丰富，白色，脂质。千粒重1.2 g。

地理分布与生态生物学特性

样本种子采自宁夏（贺兰山）。分布于我国内蒙古、宁夏、甘肃、陕西、青海、西藏等地。蒙古国也有。

多年生中旱生丛生草本。生于草原带和荒漠带的石质山坡、沙砾质干河床、岩石石缝。耐旱、耐寒、耐贫瘠。种子繁殖。花期5～8月，果期7～9月。

主要应用价值

生态： 地被植物。可作为西北干旱山地草原或荒漠草原区矿山生态修复配植用种。

饲用： 饲用价值中等。骆驼乐食，山羊采食。

药用： 全草入藏药，能祛风明目、清热止血。

2000 μm

地丁草（紫堇） Corydalis bungeana Turcz.

果实与种子形态特征

蒴果狭椭圆形，扁平，稍缢缩，下垂，长13.5～20.2 mm，宽2.5～4.8 mm，顶端宿存喙尖状花柱，含1列种子。种子肾状球形，两侧扁，直径1.5～2.5 mm，黑色，平滑光亮，表面具不明显紧密排列的短条形纹饰；种脐位于腹面种脊处，矩圆形，稍凸，黄色，腹面中部深凹处具白黄色薄膜状伸展的种阜，不贴种子。外种皮革质，内种皮薄纸质，褐色。胚小型，棒状，埋于种脐一侧胚乳中，白色，肉质；子叶2，椭圆形，肉质，肥厚；胚轴短粗，胚根圆凸；胚乳丰富，灰白色，脂质。千粒重1.1 g。

地理分布与生态生物学特性

样本种子采自内蒙古呼和浩特市（大青山）。分布于我国内蒙古、宁夏、甘肃、陕西、青海、四川、西藏等地。朝鲜、俄罗斯、蒙古国也有。

一年生或二年生中生草本。生于草原带的山地疏林下、沟谷草甸、农田、渠边。喜阴湿环境。种子繁殖。花果期5～7月。

主要应用价值

生态：地被植物。

饲用：饲用价值一般。春季羊采食。

药用：全草入药（药材名：苦地丁），能清热解毒、活血消肿，也入蒙药（蒙药名：好如海-其其格），可清热消肿。

1000 μm

小黄紫堇 Corydalis raddeana Regel

果实与种子形态特征

蒴果狭长椭圆形或狭矩圆形，稍缢缩，两端渐尖，长8.3～15.2 mm，宽1.5～2.5 mm，顶端宿存花柱长2 mm，含6～10粒种子，排成2列。种子肾状至卵状矩圆形，两侧稍扁，长1.5～2.2 mm，宽1.2～1.4 mm，厚1.2 mm，黑色，平滑光亮，表面具同心圆状排列的颗粒状线纹，明显或不明显，腹面中部种脊舌状凸起；种脐位于腹面种脊下陷处，矩圆形，灰黄色，深凹处具黄色伸展的海绵状种阜，不贴种子。外种皮革质，内种皮薄纸质，褐色。胚小型，棒状，埋于种脐一侧胚乳中，白色，肉质；子叶2，椭圆形，肉质，肥厚；胚轴短粗，胚根圆凸；胚乳丰富，灰白色，脂质。千粒重1.3 g。

地理分布与生态生物学特性

样本种子采自内蒙古赤峰市（喀喇沁旗）。分布于我国黑龙江、吉林东部、辽宁、河北、内蒙古、山西、甘肃等地。朝鲜、俄罗斯也有。

一年生或二年生中生草本。生于森林带和草原带的山地林缘、岩石沟谷，常混生于杂木林下草本层。耐荫蔽、耐寒，喜阴湿环境。种子繁殖。花果期6～9月。

主要应用价值

生态：地被植物。

饲用：饲用价值一般。春季羊采食。

药用：全草入药，功能同地丁草。

1000 μm

齿瓣延胡索 Corydalis turtschaninovii Bess.

果实与种子形态特征

蒴果条形或条状圆柱形，先端渐尖，长16.3～28.2 mm，直径2.5 mm，棕黄色，具1列2～5粒种子，稍扭曲。种子近倒卵形，长1.5～1.7 mm，宽1.0～1.2 mm，棕褐色；顶端圆或截形，向下渐窄，基端斜截，两侧稍偏斜，一侧圆拱，一侧稍平；种脐位于基端偏上一侧，窄椭圆形，褐色，周边种阜凸起，淡黄色，油脂质，种脊线性凸起至顶端，两边红褐色；种皮有纵向皱缩纹，表面粗糙。胚小型，棒状，埋于近种脐下部胚乳中，白色，肉质；子叶1，卵形，胚轴短粗，胚根圆凸；胚乳丰富，黄白色，脂质。千粒重1.8 g。

地理分布与生态生物学特性

样本种子采自内蒙古呼和浩特市（大青山）。分布于我国黑龙江、吉林、辽宁、内蒙古、河北。朝鲜、日本和俄罗斯也有。

多年生中生草本。生于森林带和草原带的山地林缘、林下、沟谷草甸、河滩、溪沟边。茎直立，块茎实心，圆球形，直径0.8～3.5 cm，顶端具数枚鳞片，基部具簇生根。种子繁殖和块茎繁殖。花期4～5月，果期5～6月。

主要应用价值

生态：地被植物。蜜源植物。

饲用：饲用价值低。牛、羊采食。

药用：块茎入药（药材名：延胡索），能活血、利气、止痛。

500 μm

旱金莲科 Tropaeolaceae

果实为瘦果，3心皮合生，每室1粒种子。种子卵形，无胚乳。

旱金莲 Tropaeolum majus L.

果实与种子形态特征

果为3个合生心皮成熟时分裂为3个含1粒种子的瘦果。小瘦果扁球形，长4.1～6.5 mm，宽3.1～6.2 mm，厚2.5 mm左右，棕黄色或棕褐色；顶端圆，具小凸尖，基端圆形凹陷，腹面中部脊状隆起，腹面稍平展，背面圆拱，具宽窄不均匀的脑状纵沟和颗粒并延伸至两侧近腹面，沟槽屈曲，中心皱褶凹陷；果皮粗糙，海绵质，多皱褶，果脐位于基端中部，凸。胚包围型，充满种子，肉质；子叶2，大型，扁平，对叠并合，椭圆形，淡黄色；胚根圆锥形，朝向顶端；无胚乳。千粒重6.6 g。

地理分布与生态生物学特性

样本种子采自内蒙古呼和浩特市。原产南美洲，为外来物种，我国各地均有栽培观赏，有时逸生。

一年生中生肉质草本。喜温暖湿润、阳光充足的气候，适应于疏松、肥沃通透性强的壤土。不耐肥、不耐寒、不耐涝。种子繁殖。花期6～9月，果期7～10月。

主要应用价值

生态：地被植物。

饲用：饲用价值中等。猪、禽乐食。

药用：花入药，能清热解毒、止血、消炎。

其他应用：嫩茎叶可食用。叶肥花美，具观赏价值，可作为盆栽观赏植物，春、夏季可作为露地草花配植花坛，也宜作切花。

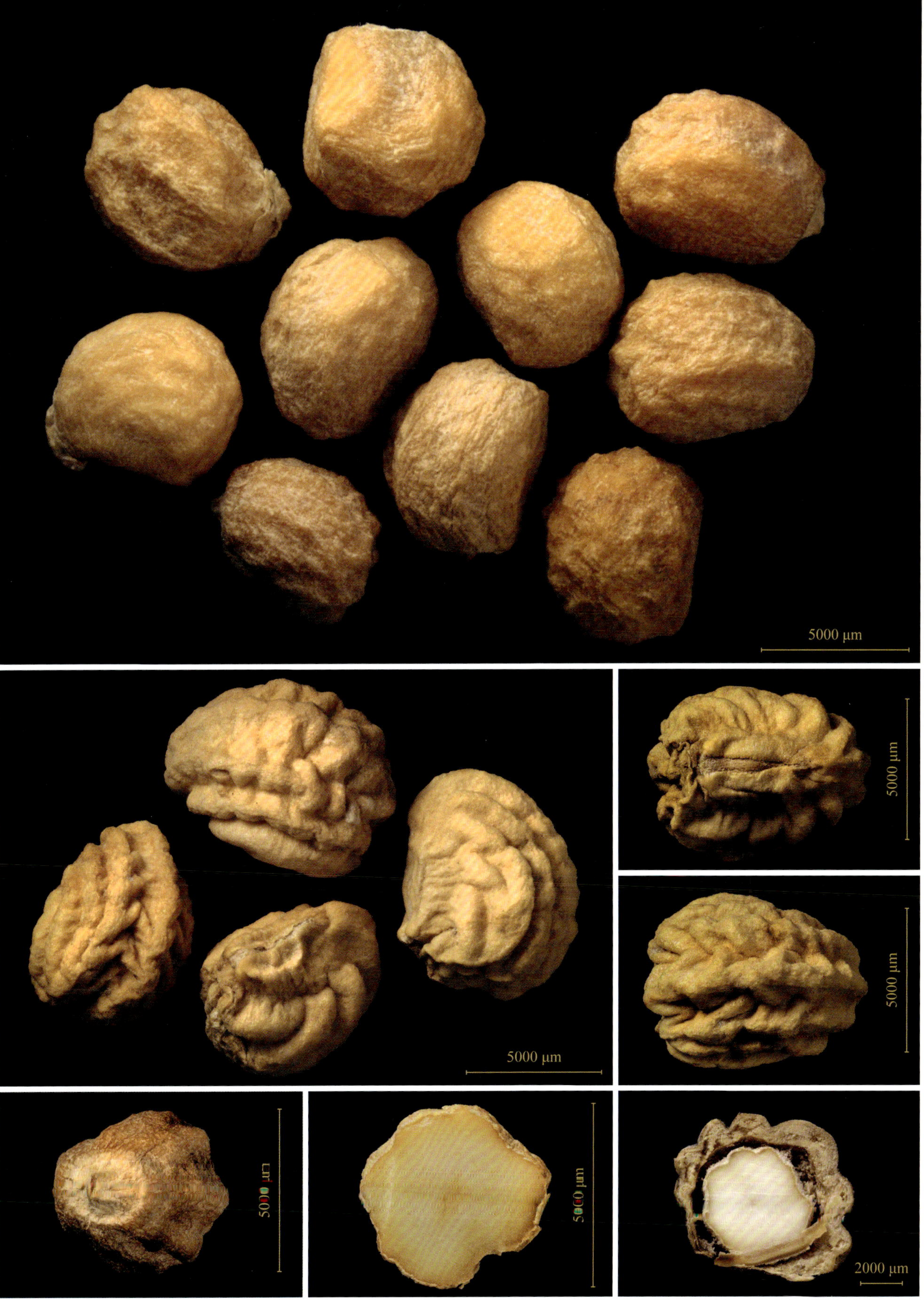
5000 μm
5000 μm
5000 μm
5000 μm
5000 μm
5000 μm
2000 μm

白花菜科 Cleomaceae

果实为蒴果，长圆柱形，两端稍钝，表面近平坦或稍呈念珠状，具细而密的脉纹。种子肾状卵圆形，有凸起。

醉蝶花 Tarenaya hassleriana (Chodat) Iltis

果实与种子形态特征

蒴果长圆柱形，长5.5～6.5 mm，中部直径约4 mm，黄色，两端稍钝，表面平坦或稍呈念珠状，有细密的脉纹。种子多数，肾状圆形，两端弯向中部，直径2.0～2.4 mm，厚1.2 mm左右，浅褐色至黑褐色；表面粗糙，有小疣状凸起，具隆起的黄色同心圆形网状纹饰，背面圆形弓曲，腹面内弯；种脐位于腹面缺口内，黑褐色。胚周边型，紧贴内种皮，白色，肉质；子叶2，并合，长为胚轴的3倍；胚轴圆柱形，胚根尾状锥凸；胚乳少，灰白色，脂质。千粒重1.9 g。

地理分布与生态生物学特性

样本种子采自内蒙古呼和浩特市。原产热带美洲，为外来物种，现全球热带至温带地区栽培供观赏，我国北方甘肃、青海、内蒙古等地常见栽培。

一年生中生强壮草本。高1.0～1.5 m，全株被黏质腺毛，有特殊臭味。喜高温，较耐暑热，不耐寒，对土壤要求不严，耐贫瘠，适应性强。花期6～9月，果期8～10月。

主要应用价值

生态：观赏性地被植物。外来入侵种，在北方地区逸生或扩散不易。

其他应用：优良的蜜源植物，适应多种昆虫采食。

2 000 μm
500 μm
500 μm
2 000 μm
500 μm
500 μm
10 000 μm
5 000 μm

十字花科 Brassicaceae

果实为长角果（长为宽的4倍以上）或短角果（长为宽的4倍以下），有翅或刺或无，或有其他附属物。种子较小，多为黄色、黄褐色至红褐色或黑褐色，表面光滑或具纹理，边缘有翅或无。胚弯曲型，子叶与胚根缘倚、背倚或对折，无胚乳。

拟南芥 *Arabidopsis thaliana* (L.) Heynh.

果实与种子形态特征

长角果近圆筒形，宿存花柱短而粗，柱头扁头状，果瓣两端钝或钝圆，具一中脉与稀疏的网状脉，长10～14 mm，宽0.7～0.8 mm，橘黄色或淡紫色，开裂，隔膜有光泽，每室1～2行种子。种子小，卵形，长0.5～0.8 mm，宽0.3～0.5 mm，黄褐色至红褐色；表面稍粗糙，具小穴状纹饰，有胶黏性物质，顶端圆，基端斜截或小裂口状；种脐位于基端，白色，种褥褐色。胚弯曲型，子叶宽矩圆形，背倚于胚根；无胚乳。千粒重0.02 g。

地理分布与生态生物学特性

样本种子由内蒙古农业大学提供。分布于我国新疆、甘肃、陕西及华东、四川等地。朝鲜、日本、俄罗斯西伯利亚地区和中亚、印度、伊朗、欧洲、非洲和北美洲也有。

一年生或二年生中生小草本。生于平地、山坡、河边、路边。喜光，耐湿、耐高温，对土壤要求不严，自花授粉，植株小，发育快，生长周期短。基因高度纯合，用理化因素处理突变率很高。种子繁殖。实验室栽植的拟南芥通常在发芽后4周开花，花后4～6周种子成熟。花期4～6月，果期5～7月。

主要应用价值

生态：地被植物。

饲用：饲用价值中等。适口性较好，各类家畜乐食。

其他应用：第一个基因组被完整测序的植物，只有5对染色体，基因组小，有利于简单快速筛选突变体，是广泛应用于植物遗传学、细胞生物学、分子生物学及群体进化学等方面研究的模式植物。

200 μm

硬毛南芥 Arabis hirsuta (L.) Scop.

果实与种子形态特征

长角果线形，扁平，长30～68 mm，宽1.2～1.8 mm，具1条纤细的中脉，果梗直立，长8～15 mm，贴近果序轴，每室种子1行多数。种子卵形或卵状矩圆形，扁平，长1.1～1.5 mm，宽0.8～1.2 mm，厚0.3 mm，黄色至黄褐色；顶端钝圆，基端平截，表面具不明显的颗粒状凸起和网纹，边缘具环状窄翅，顶端稍宽，褐色；种脐位于基端中部一侧，具淡黄色种阜，种沟短；种皮薄膜质。胚弯曲型，白色，脂质；子叶2，椭圆形，缘倚且近等长于胚根；无胚乳。千粒重0.46 g。

地理分布与生态生物学特性

样本种子采自内蒙古乌兰察布市（察哈尔右翼中旗）。分布于我国黑龙江、吉林、辽宁、内蒙古、河北、山西、陕西、甘肃、宁夏、青海、新疆、西藏等地。亚洲其他地区、欧洲及北美洲也有。

一年生中生草本。生于森林带和草原带的干燥山坡、山地林下、草甸、沟谷及路边草丛。耐寒、耐旱、耐阴。种子繁殖。花期5～7月，果期7～9月。

主要应用价值

生态：地被植物。

饲用：饲用价值良。牛、羊喜食。

5000 μm
200 μm
1000 μm
200 μm
200 μm
200 μm
100 μm

垂果南芥 Arabis pendula L.

果实与种子形态特征

长角果线形，扁平，具一中脉，弧曲，长45～98 mm，宽1.2～2.2 mm，具长果梗，每室种子1～2行。种子多数，卵形或卵状椭圆形，稍扁，长1.4～1.8 mm，宽1.1～1.3 mm，厚0.3～0.4 mm，棕褐色至褐色；表面粗糙，具细线状纹饰，两侧具黄色至棕黄色环状翅，翅上具颗粒状纵纹；种脐位于基端中部，具淡黄色种阜，种沟明显；种皮薄膜质。胚弯曲型，白色或淡紫色，脂质；子叶 2，卵形，缘倚且近等长于胚根，胚根颜色较子叶略浅；无胚乳。千粒重0.5 g。

地理分布与生态生物学特性

样本种子采自内蒙古呼伦贝尔市（鄂伦春自治旗）。分布于我国黑龙江、吉林、辽宁、内蒙古、河北、山西、湖北、陕西、甘肃、青海、新疆、西藏等地。亚洲东北部也有。

一年生或二年生中生草本。生于森林带和草原带的山坡、路旁、河边及高山灌木林下和荒漠地区，在森林草原带及草原带的林缘和灌丛为伴生种，也常见于沙质草原。耐寒，稍耐旱。种子繁殖。花期6～7月，果期8～9月。

主要应用价值

生态：地被植物。

饲用：饲用价值优良。适口性较好，各类家畜较喜食。

药用：果实入药，能清热解毒、消肿。

1000 μm
1000 μm
500 μm
200 μm
500 μm
200 μm
500 μm

团扇荠 Berteroa incana (L.) DC.

果实与种子形态特征

短角果椭圆形或矩圆形，果瓣膨胀或扁平，长5.5～8.1 mm，宽3.5～4.6 mm，黄绿色至黄棕色，顶端宿存花柱，基端具直柄，无脉纹，密被星状毛，开裂或不开裂，含种子多数。种子近圆形，扁平，长1.2～1.5 mm，褐色或茶褐色；表面粗糙，具纵向环形排列的细小颗粒，周缘具翅状边，有不明显的环状纹饰，顶端圆，基端具小缺刻，两侧圆鼓或凹陷，中部稍脊状隆起至基端种脐处；种脐黄色，凸尖，稍歪斜。胚弯曲型，子叶扁平，缘倚且长于胚根，胚根凸尖；无胚乳。千粒重0.7 g。

地理分布与生态生物学特性

样本种子采自新疆（阿勒泰地区）。分布于我国新疆、甘肃、内蒙古、辽宁。欧洲、中亚也有。

二年生中生草本。生于草原、山坡、荒地、农田边及沙质河岸。喜光、喜湿，耐贫瘠。种子繁殖。花期5～6月，果期7～8月。

主要应用价值

生态：地被植物。

饲用：饲用价值中等。牛、羊乐食。

其他应用：种子含油28%，可供工业用。

1000 μm
500 μm
500 μm
200 μm
2000 μm
200 μm
500 μm

荠 Capsella bursa-pastoris (L.) Medik.

果实与种子形态特征

短角果倒心状三角形，扁平，顶端微凹，无毛，裂瓣具网脉，长5.5～8.2 mm，宽4.1～7.2 mm，顶端凹处宿存短花柱，含2行种子。种子细小，长椭圆形，稍扁，长0.8～1.2 mm，宽0.4～0.6 mm，厚0.3 mm，黄棕色至红褐色，稍具光泽；表面具细小颗粒状纵向斑纹，顶端钝圆，基端稍窄近截形；种脐位于基端中部，凸出，白黄色，周边种晕暗褐色，种沟明显。胚弯曲型，子叶横叠，背倚且近等长于胚根；无胚乳。千粒重0.3 g。

地理分布与生态生物学特性

样本种子采自内蒙古呼和浩特市（和林格尔县）。全国各地均有分布。全世界温带地区广布。

一年生或二年生中生草本。生于山坡、田边及村舍、路旁，为常见的农田杂草。种子萌发力强，易形成单一群落。喜光，耐寒、耐轻度盐碱，不耐炎热。种子繁殖。花期4～6月，果期6～8月。

主要应用价值

生态：地被植物。

饲用：饲用价值良。各种家畜喜食。

药用：全草及根入药，有利尿、止血、清热、明目、消积功效，也入蒙药（蒙药名：阿布嘎），可止吐、降压、利尿。

其他应用：嫩枝叶可作蔬菜食用。种子含油20%～30%，属干性油，可供工业用。

1000 μm
100 μm
200 μm
1000 μm
100 μm
500 μm
1000 μm
100 μm

群心菜 Cardaria draba (L.) Desv.（Lepidium draba）

果实与种子形态特征

短角果卵形或近球状心形，稍膨胀，长3.2～4.5 mm，宽3.5～5.1 mm，黄绿色至黄棕色，果瓣有明显网脉，无毛，果梗长5～10 mm，与果基连接处有果托痕，2室，每室各1粒种子。种子长倒卵形或椭圆形，长2.0～2.2 mm，宽1.2～1.4 mm，棕色至红褐色；表面粗糙，具纵向排列的细小颗粒，常具黄色斑块状残留物，顶端圆，下部稍窄，基端具小豁口；种脐位于豁口处，凸尖，黄色，种沟延伸至种子长1/2以上。胚弯曲型，子叶横叠，背倚于胚根；无胚乳。千粒重0.6 g。

地理分布与生态生物学特性

样本种子采自新疆（库尔勒市）。原产欧洲，为外来物种。分布于我国新疆。欧洲、亚洲其他地区也有。

多年生中生草本。生于山坡路边、田间、沙质河滩地及沟边。喜光、喜湿，耐轻度盐碱，萌发力强。种子繁殖。花期5～6月，果期7～8月。

主要应用价值

生态：地被植物。

饲用：饲用价值中等。牛、羊乐食。

1000 μm
1000 μm
500 μm
500 μm
500 μm
500 μm
500 μm

离子芥 Chorispora tenella (Pall.) DC.

果实与种子形态特征

长角果圆柱形，长15～32 mm，宽0.8～1.3 mm，黄绿色至灰白色，光滑，向上渐尖，顶端具长喙，喙与顶端的界限不明显，种子间明显缢缩成念珠状，具横节，成熟后易横断为数节，矩形，每节含1粒种子。种子矩圆形或椭圆形，扁平，长1.5～2.0 mm，宽0.7～1.0 mm，厚0.5～0.7 mm，黄绿色至黄褐色，合缝处常呈黑色；表面具细小颗粒状凸起，顶端圆或稍平截，基端平或稍斜截，具白色种柄，背腹两侧胚根沟明显；种脐位于基端胚根顶端处，稍凹。胚弯曲型，子叶2，并合，直叠，缘倚于胚根，稍斜；无胚乳。千粒重0.3 g。

地理分布与生态生物学特性

样本种子采自内蒙古阿拉善盟（阿拉善左旗）。分布于我国辽宁、内蒙古、河北、山西、陕西、甘肃、青海、新疆等地。朝鲜、蒙古国、俄罗斯、巴基斯坦等也有。

一年生中生草本。生于干燥荒地、荒滩、牧场、山坡草丛、路旁、农田。喜光、喜水肥，稍耐旱。种子繁殖。花期4～8月，果期7～9月。

主要应用价值

生态：地被植物。

饲用：饲用价值良。牛、羊乐食，骆驼喜食。

其他应用：蜜源植物。嫩茎叶可食用。

1000 μm
500 μm
500 μm
500 μm
500 μm

播娘蒿 Descurainia sophia (L.) Webb ex Prantl

果实与种子形态特征

长角果圆筒状狭条形，直立或稍向内弯曲，果瓣中脉明显，无毛，顶端宿存柱头压扁状，有明显的缢，长22.1～30.2 mm，宽1.2 mm，淡黄绿色，每室有1行种子。种子矩圆形或长圆形，稍扁，长0.7～1.1 mm，宽0.4～0.6 mm，厚0.3 mm，黄棕色至黄褐色，略有光泽；表面粗糙，遇水黏性，具细颗粒小穴状纹饰，顶端圆或略偏斜，基端近平截；种脐位于基端凹陷处，种阜膜质，白黄色，周边种晕褐色，种沟明显。胚弯曲型，子叶横叠，背倚且短于胚根；无胚乳。千粒重0.2 g。

地理分布与生态生物学特性

样本种子采自内蒙古赤峰市（敖汉旗）。除华南外，我国各地均有分布。亚洲其他地区、欧洲、非洲及北美洲也有。

一年生或二年生中生草本。生于森林带和草原带的山地草甸、山坡、沟谷、撂荒地、田边、路旁，常散生于山地草原、山地草甸草原和部分山地草甸。喜光、喜温，不耐盐碱，耐旱性较差，春季萌发早，生长发育快。种子繁殖。花期5～7月，果期7～9月。

主要应用价值

生态：地被植物。

饲用：饲用价值良。春季各种家畜乐食，马不食。

药用：种子入药（药材名：葶苈子），能利尿消肿、祛痰平喘。

其他应用：种子含油40%，可供工业用，也可食用。全草用于治棉蚜和菜青虫。辅助蜜源植物。

1000 μm

线叶花旗杆（无腺花旗杆） Dontostemon integrifolius (L.) Ledeb.

果实与种子形态特征

长角果狭条形，具不明显的4棱，果瓣具网脉，疏被腺毛，稍扭转或缢缩，长12～23 mm，宽0.8～1.2 mm，淡黄绿色，顶端宿存花柱稍细，柱头稍膨大，每室1行种子。种子细小，椭圆形，长1.2～1.5 mm，宽0.5～0.7 mm，黄色至黄褐色；表面粗糙，具细颗粒状纹饰，顶端钝圆，基端斜截，无膜质边缘；种脐位于基端缺口一侧，褐色，种阜膜质，白黄色。胚弯曲型，子叶斜缘倚且稍长于胚根；无胚乳。千粒重0.2 g。

地理分布与生态生物学特性

样本种子采自内蒙古乌兰察布市（察哈尔右翼中旗）。分布于我国黑龙江、辽宁、内蒙古、山西等地。蒙古国、俄罗斯也有。

一年生或二年生旱生草本。生于草原区的石质山坡及沙丘、沙质草原或覆沙地。耐旱、耐瘠薄、耐风沙。种子繁殖。花期6～8月，果期7～9月。

主要应用价值

生态：地被植物。

饲用：饲用价值良。牛、羊乐食，骆驼喜食。

1000 μm
1000 μm
200 μm
200 μm
500 μm

白毛花旗杆 Dontostemon senilis Maxim.

果实与种子形态特征

长角果线状圆柱形，稍具4棱，长2.6～3.8 cm，宽1 mm，直立或弧曲，无毛，宿存花柱短粗，柱头微2裂，每室1行种子。种子长椭圆形，侧扁，长2.2～2.6 mm，宽0.6～1.0 mm，黄色至褐色；常具狭膜质翅状边，顶端翅稍宽，顶端钝圆，基端斜截；种脐位于基端缺口一侧，褐色，种阜膜质，白黄色，种沟明显；种皮薄膜质，稍皱缩，表面具细密小线状网纹。胚弯曲型，子叶斜缘倚于胚根；无胚乳。千粒重0.3 g。

地理分布与生态生物学特性

样本种子采自内蒙古巴彦淖尔市（乌拉特中旗）。分布于我国内蒙古、甘肃、宁夏、新疆。蒙古国也有。

多年生强旱生草本。生于荒漠带和荒漠草原带的石质山坡、干河床，常散生于砂砾质荒漠草原或覆沙地。喜光，耐旱、耐瘠薄，不耐盐碱。种子繁殖，也能根茎繁殖。花果期6～7月，遇干旱开花延后至8月。

主要应用价值

生态：地被植物。

饲用：饲用价值良。春季各种家畜乐食，马不食。

1000 μm

葶苈 Draba nemorosa L.

果实与种子形态特征

短角果矩圆形至椭圆形，果瓣具网状脉纹，常被短柔毛，长4.6～9.2 mm，宽1.3～2.5 mm，灰褐色，果梗细长，每室2行种子。种子细小，卵状椭圆形，稍扁，长0.5～0.8 mm，宽0.3～0.4 mm，棕褐色至褐色；表面具细小白色颗粒状弧形网纹，顶端圆拱，基端平或稍截形；种脐位于基端缺口处，种阜膜质，黄色，周边种晕暗褐色，胚根与子叶间具明显种沟。胚弯曲型，子叶横叠，缘倚于且等长于胚根；无胚乳。千粒重0.12 g。

地理分布与生态生物学特性

样本种子采自内蒙古赤峰市（敖汉旗）。分布于我国东北、华北、西北、西南等地。日本、朝鲜、蒙古国及中亚、欧洲、北美洲等也有。

一年生中生草本。生于山坡草甸、林缘、沟谷溪边及田边、路旁潮湿地。种子繁殖。北方地区花期5～6月，果期7～9月。

主要应用价值

生态：地被植物。

饲用：饲用价值良。春夏季牛、羊乐食。

药用：种子入药（药材名：葶苈子），能清热祛痰、定喘、利尿。

其他应用：种子含油26%，可供工业用。

1000 μm

糖芥 Erysimum amurense Kitag.

果实与种子形态特征

长角果条形，略呈四棱状，表面散生星状毛，果瓣中央具一凸起的中肋，长20～75 mm，宽1.2～2.1 mm，顶端花柱宿存，柱头2裂，每室1行种子。种子矩圆状卵形，侧扁，长1.5～2.5 mm，宽0.8～1.1 mm，黄棕色至黄褐色；一面稍平，一面圆拱，稍弯曲，顶端圆钝或略尖，常具黄色狭翅，基端截平；种脐位于基端缺口一侧，种阜膜质，白黄色，周边种晕褐色，种沟明显；种皮薄，表面粗糙，具细小颗粒状网纹。胚弯曲型，子叶横叠，背倚且稍长于胚根；无胚乳。千粒重0.2 g。

地理分布与生态生物学特性

样本种子采自内蒙古呼和浩特市（大青山）。分布于我国东北、华北、陕西等地。朝鲜、俄罗斯也有。

多年生中生草本，生于草原带的山地林缘、草甸、山坡、沟谷及田边荒地，常散生于山地草原、山地草甸草原。喜光、喜温，耐寒、耐旱，不耐盐碱。种子繁殖。花期6～8月，果期8～9月。

主要应用价值

生态：地被植物。花橘红色、花期长，具有一定的观赏性。

饲用：饲用价值良。春季各种家畜乐食，马不食。

药用：全草入药，能强心利尿、健脾和胃、消食。

1000 μm
500 μm
200 μm
500 μm
500 μm

北香花芥 Hesperis sibirica L.

果实与种子形态特征

长角果狭圆柱形，顶端宿存柱头2裂，果瓣具中脉和细网脉，疏被短腺毛，种子间稍扭转或缢缩成念珠状，长2～12 cm，宽1～2 mm，淡黄绿色至棕黄色，开裂，每室1行种子。种子矩圆状椭圆形，长2.3～2.6 mm，宽1.1～1.2 mm，褐色至黑褐色；表面粗糙，具细颗粒状纵纹，边缘常具狭翅，顶端三角状圆柱形，基端稍收缩；种脐位于基端中部凹陷处，褐色。胚弯曲型，子叶背倚于胚根；无胚乳。千粒重0.5 g。

地理分布与生态生物学特性

样本种子采自内蒙古赤峰市（喀喇沁旗）。分布于我国吉林、辽宁、内蒙古、河北、山西、新疆等地。蒙古国、俄罗斯及中亚也有。

多年生中生草本。生于森林区和草原区的沟谷、沟坡。喜光，耐阴、耐寒。种子繁殖。花期6～8月，果期7～9月。

主要应用价值

生态：地被植物。

饲用：饲用价值良。牛、羊采食，霜后干草各类家畜喜食。

2000 μm
1000 μm
1000 μm
500 μm
500 μm
500 μm
500 μm

三肋菘蓝 Isatis costata C. A. Mey.

果实与种子形态特征

短角果倒卵状矩圆形或矩圆状椭圆形，翅果状，扁平，长10～13 mm，宽4.2～5.6 mm，厚1.5～2.0 mm，棕灰色或灰褐色，边缘具较厚的翅，顶端及基端圆形，中部稍宽，中脉凸出，侧脉2条，无毛，不开裂，含1粒种子。种子长圆状椭圆形，长2.3～2.5 mm，宽0.5～0.8 mm，浅褐色至黄褐色，顶端圆拱，基端平或斜截，具凸尖种柄；种脐位于基端，暗褐色，种阜膜质，白黄色；种皮薄，疏被长柔毛。胚清晰可见，弯曲型，子叶背倚且近等长或稍短于胚根；无胚乳。千粒重8.0 g。

地理分布与生态生物学特性

样本种子采自内蒙古乌兰察布市（四子王旗）。分布于我国内蒙古、新疆等地。蒙古国、俄罗斯及中亚也有。

一年生或二年生中生草本。生于草原带的干河床、山坡、沟谷及芨芨草滩。耐热、耐湿、耐旱，对土壤要求不严。种子繁殖。花果期5～7月。

主要应用价值

生态：地被植物。

饲用：饲用价值良。春夏季牛、羊乐食，骆驼偶尔采食。

其他应用：叶可提取靛蓝素制作蓝色染料。

2000 μm
2000 μm
2000 μm
5000 μm
1000 μm
1000 μm
1000 μm
500 μm

菘蓝 Isatis indigotica Fortune （Isatis tinctoria）

果实与种子形态特征

短角果矩圆形或宽楔形，翅果状，扁平，长10～15 mm，宽3.2～5.0 mm，厚1.5～2.0 mm，具脉棱，黑色至紫黑色，顶端平截，基端稍收窄，边缘具较厚的翅，果瓣中部具一凸出的肋状中脉，无毛，子房1室，不开裂，含1粒种子。种子长圆状椭圆形，长4.3～4.8 mm，宽1.5～1.8 mm，灰棕色至灰褐色，两端渐窄，基端稍斜截；种脐位于基端，种晕灰黑色，具黄色种阜；种皮薄，疏被长柔毛。胚折叠线清晰可见，弯曲型，子叶背倚且稍短或近等长于胚根；无胚乳。千粒重8.4 g。

地理分布与生态生物学特性

样本种子采自内蒙古呼和浩特市。原产我国，各地有栽培。

二年生中生草本。生于草原带的干河床、山坡、沟谷。适应性强，喜温暖，耐严寒、耐旱，怕水涝，在阳光充足、土层深厚、疏松肥沃、排水良好的砂质土壤生长最好。种子繁殖。花果期5～7月。

主要应用价值

生态：地被植物。

饲用：饲用价值良。春夏季牛、羊乐食，骆驼偶尔采食。

药用：重要的栽培药材，根（药材名：板蓝根）和叶（药材名：大青叶）入药，能清热解毒、凉血、消斑、利咽止痛。

其他应用：叶可提取靛蓝素制作蓝色染料。种子榨油，可供工业用。

2000 μm
1000 μm
1000 μm
1000 μm
2000 μm
2000 μm
2000 μm
2000 μm

独行菜 Lepidium apetalum Willd.

果实与种子形态特征

短角果近圆形或宽椭圆形，扁平，长2.5～3.2 mm，宽2.0～2.5 mm，厚1.0 mm，顶端微凹缺，边缘具狭翅，黄绿色至棕黄色，无毛，2室，每室1粒种子。种子椭圆形或歪倒卵形，略扁，长1.3～1.5 mm，宽0.6～0.8 mm，黄色至棕黄色，平滑，稍具光泽；表面密被整齐条状分布的小疣状点纹，边缘或具狭翅，一侧弓弯稍厚，一侧稍平直渐薄，顶端钝圆或偏斜，基端嘴状偏斜；种脐位于基端凹陷处，白色，脐膜白色，具弯曲的种沟。胚弯曲型，子叶背倚且近等长于胚根，胚根弯曲；无胚乳。千粒重0.2 g。

地理分布与生态生物学特性

样本种子采自内蒙古呼和浩特市。分布于我国东北、华北、西北、西南等地。印度及亚洲东部其他地区及中部也有。

一年生或二年生旱中生草本。生于山坡、沟谷、田间、路旁、撂荒地，为常见的田间杂草，广泛生于沙质草原和放牧过重的地方。适应性和抗逆性都很强，对土壤要求不严，喜光，耐阴、耐旱、耐寒、耐炎热、耐轻度盐碱。种子繁殖。北方地区3月下旬至4月出苗，7～8月进入枯黄期，生育期120天左右。成熟种子落地经短暂休眠后，当年8～9月雨季又开始出苗，幼苗在当年只进行营养生长，第二年开花结实。

主要应用价值

生态：地被植物。

饲用：饲用价值良。鲜草各种家畜均采食，春季牛、羊乐食，霜冻后牛、羊喜食。

药用：全草入药，有清热利尿、止咳、化痰功效。种子作葶苈子（药材名：北葶苈子）用，有泻肺平喘、行水消肿。

其他应用：种子含油22.3%，可榨油供工业用。春季嫩叶和根作野菜食用。

1000 µm
500 µm
500 µm
2000 µm
500 µm

宽叶独行菜 Lepidium latifolium L.

果实与种子形态特征

短角果宽卵形或近圆形，扁平，长1.5～2.8 mm，宽1.8～3.0 mm，厚1.0 mm，白黄色，表面粗涩，具微凸纹脉，疏被柔毛，顶端全缘，宿存花柱极短，基端钝圆，2室，每室1粒种子。种子宽椭圆形，稍扁，长0.8～1.2 mm，宽0.5～0.8 mm，棕色至黄褐色；表面粗糙，密被小疣状点纹，顶端钝圆或偏斜，基端嘴状；种脐位于基端，白色，具短弯种沟。胚弯曲型，子叶对叠，背倚于胚根，胚根卧于弯曲子叶中部；无胚乳。千粒重0.23 g。

地理分布与生态生物学特性

样本种子采自内蒙古呼和浩特市。分布于我国黑龙江、内蒙古、辽宁、河北、新疆、西藏等地。欧洲、非洲、亚洲其他地区也有。

多年生中生耐盐草本。生于草原带和荒漠带的盐化草甸及村旁、田边、沟渠旁，易形成单一种群或与其他植物构成群落。喜温和少雨气候，耐寒、耐盐碱。种子繁殖。花期6～7月，果期8～9月。

主要应用价值

生态：地被植物。可与碱蓬、地肤等混配修复退化盐碱地。

饲用：饲用价值中等。鲜草山羊、绵羊、猪采食，大家畜不食，霜冻后牛、羊乐食。

药用：全草入药，能清热燥湿。

1000 μm

1000 μm

500 μm

200 μm

200 μm

500 μm

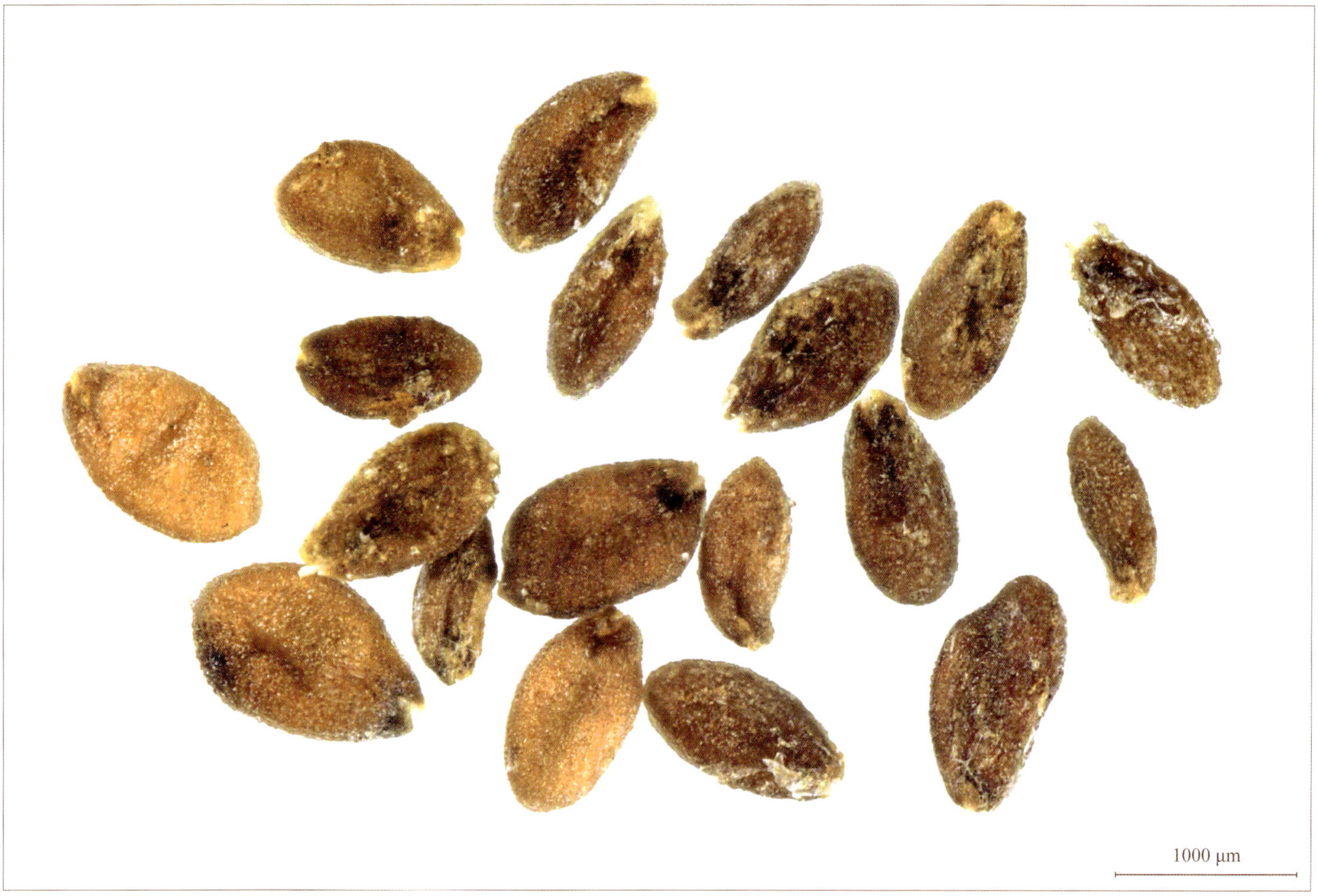

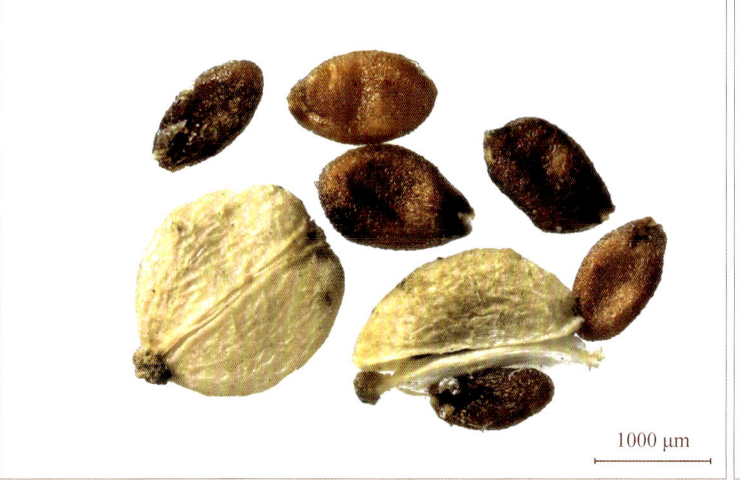

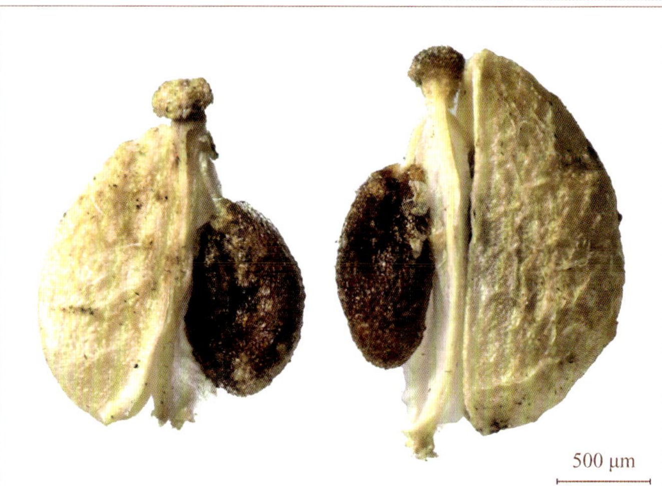

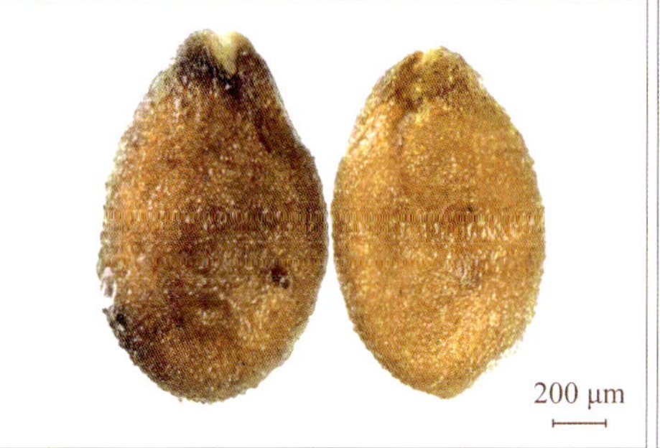

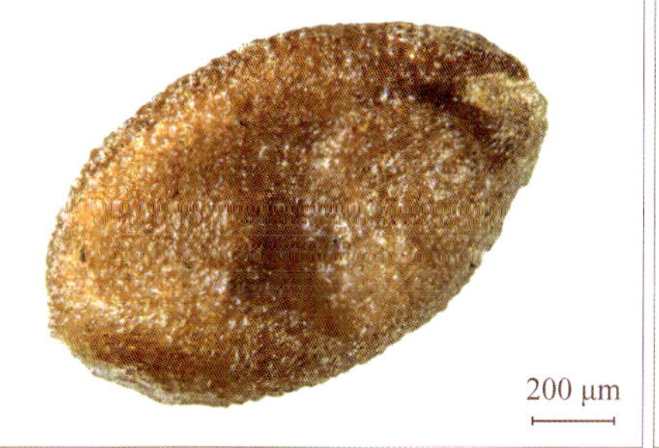

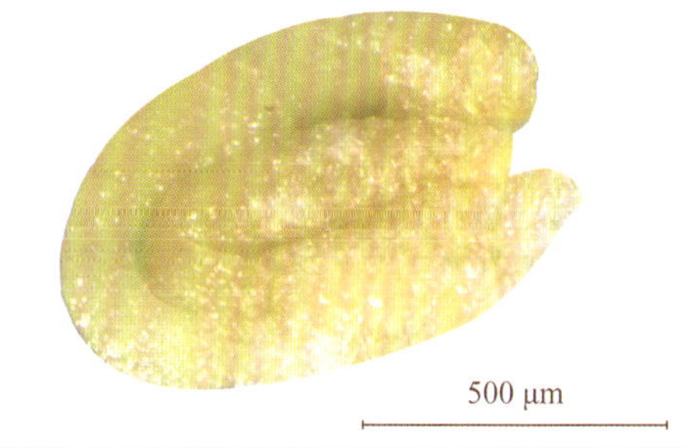

钝叶独行菜 Lepidium obtusum Basin.

果实与种子形态特征

短角果宽卵形，扁，长1.6～2.2 mm，宽1.5～2.0 mm，黄绿色至草黄色，无毛，顶端圆形，花柱基宿存，果瓣基部分离成心形，果梗细，网脉不显明，每室含种子1粒。种子卵形，长1.0～1.2 mm，宽0.7～0.8 mm，棕褐色；表面粗糙，被小疣状点纹，顶端圆，基端嘴状；种脐位于基端，白色，种阜三角状，暗褐色，具弧形种沟。胚弯曲型，子叶背倚于胚根；无胚乳。千粒重0.24 g。

地理分布与生态生物学特性

样本种子采自内蒙古阿拉善盟（阿拉善左旗）。分布于我国新疆、宁夏、内蒙古、甘肃、青海、西藏。蒙古国、俄罗斯、中亚也有。

多年生旱中生草本。生于荒漠带的盐化草地、沙地、戈壁滩、碱土荒地。耐旱、耐盐碱、耐贫瘠，适应性强。种子繁殖。花果期7～9月。

主要应用价值

生态：地被植物。可作为荒漠区退化盐碱地修复混配用种。

饲用：饲用价值中等。山羊、绵羊、骆驼乐食。

1000 μm
500 μm
500 μm
1000 μm
500 μm
500 μm
500 μm

短果小柱芥 Microstigma brachycarpum Botsch.

果实与种子形态特征

短角果卵形，弯曲，扁平，密被黄色具长柄的分枝毛和分散的具柄腺毛，长10～12 mm，宽3.0～3.5 mm，上部和下部之间缢缩，顶端宿存花柱细柱状，长约3 mm，柱头不明显，果瓣膨胀，两侧各具2棱，黑褐色。种子卵圆形或近圆形，扁平，直径2.1～2.4 mm，黄褐色，边缘有白色膜质翅；种皮薄，表面稍皱缩，具细小颗粒状纹；种脐位于基端近子叶顶端处，凸，黄色。胚弯曲型，黄绿色，子叶缘倚且稍长或等长于胚根；无胚乳。千粒重0.4 g。

地理分布与生态生物学特性

样本种子采自内蒙古阿拉善盟（额济纳旗）。分布于我国甘肃、内蒙古。俄罗斯也有。

一年生旱生草本。生于荒漠带的干旱山坡、砂砾质地和石砾质地。耐旱、耐瘠薄、耐风沙。遇水种子便萌发，生长迅速。种子繁殖。花期5～7月，果期6～8月。

主要应用价值

生态： 地被植物，用于防风固沙，可作为荒漠区生态修复用种与灌木配植，以增加地面盖度。

饲用： 饲用价值中等。山羊、绵羊乐食。

2 000 μm
1 000 μm
1 000 μm
10 000 μm
500 μm
500 μm
2 000 μm
2 000 μm

蚓果芥 Neotorularia humilis (C. A. Mey.) Hedge et J. Léonard（Braya humilis）

果实与种子形态特征

长角果条形，略呈念珠状，具一中脉，两端渐细，直或略曲，或稍呈"之"形弯曲，果瓣表面被分叉毛，长8～20 mm，宽1 mm，宿存花柱短，柱头2浅裂，每室具1行种子。种子矩圆形或卵状矩圆形，稍扁，长0.8～1.2 mm，宽0.4～0.6 mm，黄色至棕色；表面密被细小疣突状纹，顶端圆，基端平或斜截；种脐位于基端子叶顶端，三角状凸起，黄白色，周边褐色。胚弯曲型，黄色，子叶斜背倚且稍短于胚根；无胚乳。千粒重0.3 g。

地理分布与生态生物学特性

样本种子采自内蒙古阿拉善盟（阿拉善左旗）。分布于我国内蒙古、陕西、甘肃、青海、新疆（南部山区）、西藏及河北等地。俄罗斯、中亚及朝鲜、蒙古国、北美洲也有。

多年生旱生草本。生于海拔1200～4200 m草原带和荒漠带的石质山坡、山地沟谷、林缘草地、灌丛及田边荒地、河滩砾石处。耐寒、耐旱。种子繁殖。花期5～9月。

主要应用价值

生态：地被植物。可作为荒漠区生态修复配植用种。

饲用：饲用价值中等。山羊、绵羊喜食，骆驼乐食。

药用：全草入藏药（藏药名：切乌拉普），治食物中毒、消化不良。

1000 μm
100 μm
100 μm
500 μm
500 μm

紫花爪花芥 Oreoloma matthioloides (Franch.) Botsch.（Sterigmostemum matthioloides）

果实与种子形态特征

长角果圆筒形，长1.6～3.6 cm，直径2 mm，果皮坚硬，密被星状毛和腺毛，开展或弯曲，表面具线形微凸起，顶端宿存极短的2裂柱头，果梗短粗，不开裂，具1行种子。种子椭圆形，边缘具翅，长2.2～2.4 mm，宽0.8～1.2 mm，棕褐色；上部稍缢缩成舌状，一侧边缘浅褐色的棱张开成长槽状，由种脐端延伸至种子中部，另一侧合并；种脐位于基端中部凹缺处，灰黄色。胚弯曲型，子叶背倚于胚根；无胚乳。千粒重2.8 g。

地理分布与生态生物学特性

样本种子采自内蒙古巴彦淖尔市（乌拉特中旗）。分布于我国内蒙古、宁夏、青海、新疆。

多年生旱生草本。生于荒漠草原带和荒漠带的低山砂砾质山坡、砂砾质沟谷、山沟滩地。喜砾石，耐旱、耐瘠薄。种子繁殖。花果期6～9月。

主要应用价值

生态：地被植物。可作为荒漠区生态修复配植用种。

饲用：饲用价值中等。山羊、绵羊喜食，骆驼乐食。

2000 μm
1000 μm
1000 μm
500 μm
200 μm

诸葛菜 Orychophragmus violaceus (L.) O. E. Schulz

果实与种子形态特征

长角果线形，四棱状，直或略弯曲，长7～10 cm，宽1.0～1.2 mm，具一凸出中脉，顶端长喙钻状，长1.5～2.5 cm，果瓣开裂，含种子1行。种子长卵形至圆柱形，稍扁平，长2.6～3.1 mm，宽0.6～0.8 mm，棕色至暗褐色；表面粗糙，具纵向颗粒状条形网纹，两侧内折，顶端圆或稍平，基端截平或稍偏尖；种脐位于基端，凸出。胚弯曲型，子叶对折，稍扭转；胚根包于对折子叶中部且长于子叶；无胚乳。千粒重3.1 g。

地理分布与生态生物学特性

样本种子采自内蒙古呼和浩特市（土默特左旗）。分布于我国辽宁、河北、山西、内蒙古、陕西、甘肃等地。朝鲜也有。

一年生或二年生中生草本。生于草原带的山坡、沟谷、平原、路边。耐寒、耐阴，对环境要求不严。种子繁殖。花期4～6月，果期6～7月。

主要应用价值

生态：地被植物。

饲用：饲用价值中等。山羊、绵羊采食。

其他应用：嫩茎叶可食用。种子可榨油。开花早、花期长，成片种植宜形成花海，具较好的观赏性。蜜源植物。

2000 μm
1000 μm
500 μm
500 μm
500 μm

燥原荠 **Ptilotrichum canescens** (DC.) C. A. Mey.
（**Stevenia canescens**）

果实与种子形态特征

短角果椭圆形，果瓣膨大，密被白色星状毛，长3.2～4.8 mm，宽2.0～2.8 mm，灰黄色，顶端宿存花柱长1 mm左右，柱头明显，褐色，每室具1～2粒种子。种子倒卵圆形或卵状椭圆形，稍扁，长2.1～2.5 mm，宽1.2～1.5 mm，灰黑色至黑褐色；表面稍皱缩，密被细小颗粒状纹，边缘有膜质狭翅，顶端圆，基端渐窄稍缢，形成嘴状裂口，裂口深度达种子1/4～1/3；种脐位于基端裂口一侧，黄色，种柄细长。胚弯曲型，黄色，子叶肥厚，缘倚且稍长于胚根，胚根末端翘于子叶背缘；无胚乳。千粒重0.4 g。

地理分布与生态生物学特性

样本种子采自内蒙古阿拉善盟（阿拉善左旗）。分布于我国甘肃、青海、新疆、内蒙古。蒙古国、俄罗斯也有。

旱生小半灌木。生于荒漠带的石砾质山坡、草地、干河床。强耐旱，耐瘠薄、耐风沙。种子繁殖。花期6～8月，果期7～9月。

主要应用价值

生态：地被植物。可作为荒漠及荒漠草原生态修复配植用种。

饲用：饲用价值中等。山羊、绵羊喜食，骆驼乐食。

1000 μm

沙芥 Pugionium cornutum (L.) Gaertn.

果实与种子形态特征

短角果横卵形，侧扁，革质，两端各有一剑状翅，上翘成钝角，翅长20～50 mm，宽3～5 mm，表面具凸起网纹和多条棘刺状凸起，果梗粗；果核扁椭圆形，不开裂，含1粒横生种子。种子长圆形，长7.5～10.0 mm，宽3～5 mm，厚1.0～1.2 mm，黄棕色至暗褐色，稍具光泽；种脐位于子叶与胚根交叠处，三角状凸起，黄白色；种皮与胚贴生，表面粗糙，具皱褶状凸纹。胚弯曲型，子叶背倚且稍长于胚根；无胚乳。千粒重5.3 g。

地理分布与生态生物学特性

样本种子采自内蒙古鄂尔多斯市（乌审旗）。分布于我国内蒙古、陕西、宁夏。俄罗斯西伯利亚地区、中亚及朝鲜、蒙古国和北美洲也有。

二年生沙生中生草本。生于典型草原带的固定、半固定沙地及流动沙地，容易形成聚群，也能在荒漠草原和荒漠区沙丘背风坡良好生长，为典型的沙生先锋植物，对雨水较敏感，多雨年份生长繁茂。耐贫瘠、耐沙埋。种子繁殖。花期6月，果期8～9月。

主要应用价值

生态：沙地先锋植物。可作为流动半流动沙地治理重要的先锋组合用种。

饲用：饲用价值中等。骆驼喜食，牛、羊乐食。

药用：全草及根入药，有行气、止痛、消食、解毒功效。根入蒙药（蒙药名：额乐森-罗邦），能解毒、消食。

其他应用：嫩叶作蔬菜食用。

10 000 μm
1 000 μm
1 000 μm
1 000 μm
1 000 μm
1 000 μm

斧翅沙芥 Pugionium dolabratum Maxim.

果实与种子形态特征

短角果近扁椭圆形，侧扁，革质，两侧矩圆形或偏斜尖或截形翅大小不等，平展，具平行的纵向脉纹，连翅长3～5 cm，宽4～8 mm，草黄色；果核扁椭圆形或卵形，顶端有几个不整齐圆齿或三角状尖齿，两面有齿状或长短不等的棘刺状凸起，长6～8 mm，宽8～10 mm，不开裂，含1粒横生种子。种子长椭圆形，长6.2～7.5 mm，宽2.8～3.2 mm，棕色至褐色；种脐位于子叶与胚根交叠处，三角状凸起，黄白色；种皮与胚贴生，表面稍粗糙，具不明显网纹。胚弯曲型，子叶背倚且稍长于胚根；无胚乳。千粒重6.5 g。

地理分布与生态生物学特性

样本种子采自内蒙古鄂尔多斯市（鄂托克旗）。分布于我国内蒙古、陕西、甘肃、宁夏。蒙古国也有。

一年生沙生旱中生草本。生于荒漠带及半荒漠带的流动、半流动沙丘及固定沙地，为典型的沙生先锋植物，对雨水较敏感，多雨年份生长繁茂。耐贫瘠、耐旱、耐沙埋。种子繁殖。花期6～7月，果期7～8月。

主要应用价值

生态：沙地先锋植物。可作为沙地治理重要的先锋组合用种。

饲用：饲用价值中等。山羊、骆驼乐食。

药用：全草及根入药，有行气、止痛、消食、解毒功效。

其他应用：嫩叶作蔬菜食用。

5000 μm

2000 μm

2000 μm

1000 μm

1000 μm

风花菜（球果蔊菜） Rorippa globosa (Turcz.) Hayek

果实与种子形态特征

短角果近球形，长4～6 mm，直径1.8～2.3 mm，黄绿色至黄色；果瓣隆起，平滑无毛，表面具网状脉纹，顶端宿存花柱短喙状，成熟后开裂，含种子多数。种子细小，不规则扁卵形或近三棱状卵形，长0.3～0.6 mm，宽0.3～0.5 mm，棕褐色至红褐色；表面粗糙，被近透明小疣突，遇水黏性，一侧略平，顶端尖或圆或平，基端斜截，中部凹陷；种脐位于基端缺口处，黄白色。胚弯曲型，子叶缘倚且近等长于胚根，紧贴胚根，顶端形成三角状缺口；无胚乳。千粒重0.1 g。

地理分布与生态生物学特性

样本种子采自内蒙古兴安盟（阿尔山市）。分布于我国黑龙江、吉林、内蒙古、河北、山西、山东、安徽等地。日本、朝鲜、俄罗斯也有。

一年生湿中生草本。生于森林草原带的河岸、湿地、路旁、沟边或草丛。喜湿、喜光，耐水淹、耐轻度盐碱。种子繁殖。花期5～7月，果期7～8月。

主要应用价值

生态： 地被植物。

饲用： 饲用价值中等。牛、羊乐食，猪、鸡喜食。

其他应用： 有研究表明风花菜对土壤镉、砷污染具有超富集吸收作用。

1000 μm
1000 μm
100 μm
100 μm
500 μm
250 μm

沼生蔊菜 Rorippa palustris (L.) Bess.

果实与种子形态特征

短角果椭圆形或近圆柱形，直或稍弯曲，平滑无毛，顶端宿存花柱喙状，果瓣肿胀，长0.5～0.8 mm，宽2 mm，黄绿色至黄色，每室种子2行多数。种子细小，近卵圆形，扁，长0.3～0.6 mm，宽0.5～0.6 mm，棕褐色，有光泽；表面具密集的颗粒状网纹，基端有凹陷缺口，顶端斜圆，中部稍凹陷；种脐位于基端缺口处，卵形，褐色；种皮薄膜质。胚弯曲型，淡黄色，子叶缘倚于胚根；胚根短小，近子叶长的1/2；无胚乳。千粒重0.2 g。

地理分布与生态生物学特性

样本种子采自内蒙古呼和浩特市（和林格尔县）。分布于我国黑龙江、吉林、辽宁、内蒙古、河北、山西、陕西、甘肃、青海、新疆等地。北半球温暖地区皆有分布。

二年生湿中生草本。生于潮湿环境或近水处、溪岸、沟谷草场，为草甸及沼泽化草甸的伴生种，在河滩湿地能形成小面积聚群。耐寒、耐水淹、耐轻度盐碱，喜温暖湿润环境。种子繁殖。花期4～7月，果期6～8月。

主要应用价值

生态：地被植物。

饲用：饲用价值优良。幼嫩期各种家畜均喜食，牛、羊四季乐食。

其他应用：种子含油30%，可食用或供工业用。

1000 μm
500 μm
1000 μm
200 μm
200 μm
100 μm

垂果大蒜芥 Sisymbrium heteromallum C. A. Mey.

果实与种子形态特征

长角果线形，纤细，无毛，直或稍弯曲，果瓣肿胀，膜质，具3脉，长5.0～12.0 cm，宽0.8～1.2 mm，宿存花柱压扁状，含种子1行多数。种子细小，矩圆状椭圆形，稍扁，长0.9～1.2 mm，宽0.4～0.6 mm，厚0.3 mm，橘黄色至黄棕色，有光泽；表面密被细微的颗粒状网纹，一侧具弧形沟痕，顶端稍窄，基端斜截；种脐缺口明显，稍凹，具白色凸起种阜，周边种晕淡褐色；种皮薄而脆。胚弯曲型，淡黄色，子叶背倚且短于胚根；胚轴直挺，胚根三角锥形；无胚乳。千粒重0.1 g。

地理分布与生态生物学特性

样本种子采自内蒙古阿拉善盟（阿拉善左旗）。分布于我国东北、华北、西北各地。朝鲜、蒙古国、俄罗斯、印度、巴基斯坦、哈萨克斯坦也有。

一年生或二年生中生草本。生于森林草原带和草原带的山地林缘、草甸、沟谷、溪边。耐寒、耐阴，喜肥沃湿润土壤。种子繁殖。花期5～7月，果期7～8月。

主要应用价值

生态：地被植物。

饲用：饲用价值中等。牛、羊乐食。

药用：全草和种子入药，能止咳化痰、清热、解毒。

其他应用：种子可制作辛辣调味品，代芥末用。

1000 μm
200 μm
200 μm
200 μm
100 μm
100 μm

菥蓂 Thlaspi arvense L.

果实与种子形态特征

短角果圆形或倒卵状椭圆形，两侧压扁，长8.2～15.5 mm，宽8.2～13.5 mm，淡黄色，稍具光泽，边缘有宽近3 mm的窄翅，顶端深凹缺，凹处宿存花柱，中部具横向脉棱，具假隔膜，开裂，每室2～8粒种子。种子倒卵形或宽卵形，稍扁平，长1.5～2.1 mm，宽1.2～1.4 mm，厚0.5～0.7 mm，红褐色至暗褐色；表面具同心指纹状条棱，棱间具细密横纹，棱脊具小瘤状凸起，顶端圆，基端歪斜；种脐位于基端唇状凹陷处，稍凸出，黄白色，从种脐到中部具窄沟。胚弯曲型，子叶缘倚且长于胚根；无胚乳。千粒重2.2 g。

地理分布与生态生物学特性

样本种子采自内蒙古呼和浩特市（大青山）。分布于我国东北、华北、西北及西南各地。亚洲其他地区、欧洲、非洲北部也有分布。

一年生中生草本。生于山地草甸、沟谷、田埂、路边。耐寒、耐瘠薄。种子繁殖。花期5～7月，果期7～8月。

主要应用价值

生态： 地被植物。

饲用： 饲用价值中等。牛、羊乐食。

药用： 全草入药，能和中开胃、清热解毒。种子入药（药材名：菥蓂子），能清肝明目、强筋骨，也入蒙药（蒙药名：恒日格-额布斯），功能同上。

其他应用： 种子油供工业用。幼嫩植株可食用。

2000 μm

1000 μm

2000 μm

1000 μm

500 μm

500 μm

500 μm

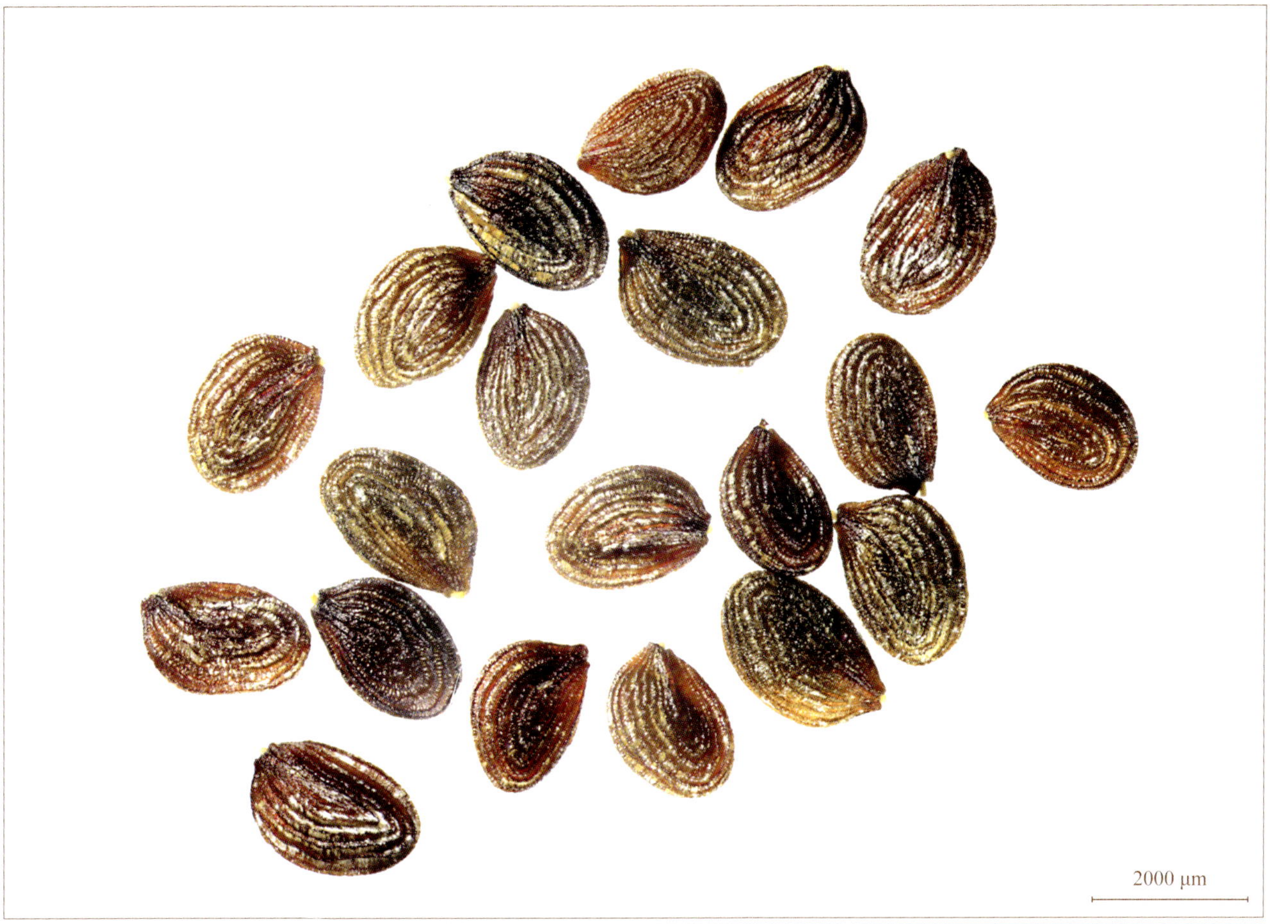

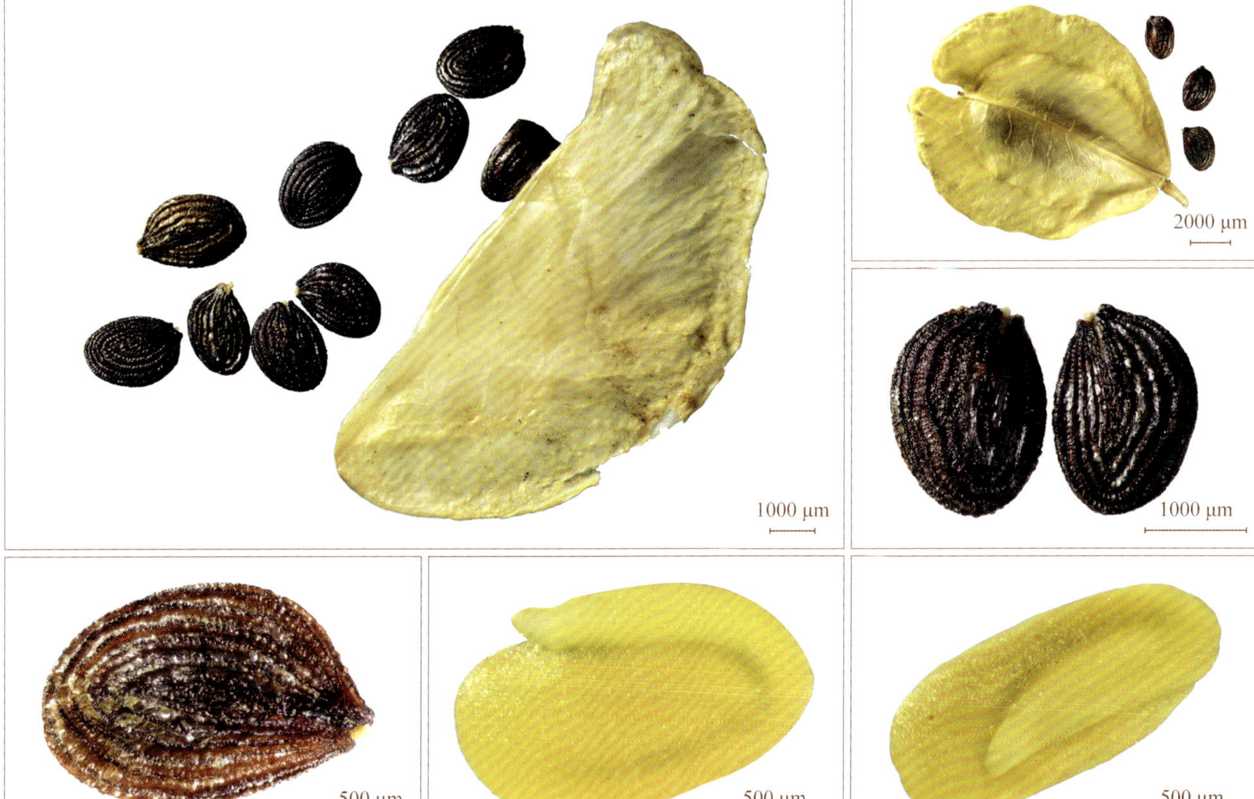

景天科 Crassulaceae

果实多为蓇葖果，蓇葖果皮膜质或革质。种子细小，长椭圆形，种皮有皱纹、狭翅或细小的乳头状凸起，或有沟槽，胚乳不发达或无。

八宝 Hylotelephium erythrostictum (Miq.) H. Ohba

果实与种子形态特征

蓇葖果5蓇葖并生于同一果蒂，分果狭披针形，长约3.2 mm，黄褐色；果皮与种皮分离，成熟时沿腹缝线开裂，含种子多数。种子细小，长椭圆形或倒卵形，长1.0～1.1 mm，宽0.4～0.5 mm，黄棕色至褐色；表面具较明显的纵向沟纹，沟脊黑褐色，顶端圆，基端收窄成壶口状，四周具狭翅；种脐位于基端，圆形，棕色，凸。胚近抹刀型，充满整个种子，乳白色，肉质；子叶2，椭圆形，并合；胚轴圆柱形，胚根圆凸，朝向种脐；无胚乳。千粒重0.1 g。

地理分布与生态生物学特性

样本种子采自内蒙古赤峰市（巴林右旗）。分布于我国黑龙江、吉林、辽宁、河北、内蒙古、山西、陕西等地。日本也有。

多年生中生肉质草本。生于山地林缘及沟谷。耐寒，耐旱性较强。种子繁殖。花果期8～10月。

主要应用价值

生态： 地被植物。可作为坡地、山谷、林缘、道路两侧生态修复配植用种。北方地区多用于城市园林绿化。花浅红白色，观赏效果较好。

药用： 全草入药，有清热解毒、散淤消肿之效。

1000 μm
200 μm
200 μm
200 μm
200 μm
100 μm
100 μm

长药八宝 Hylotelephium spectabile (Bor.) H. Ohba

果实与种子形态特征

蓇葖果5个直立并生于同一果蒂，分果狭椭圆形，长4.2 mm，黄褐色或浅粉色，顶端宿存直或稍弯的短花柱；果皮与种皮相分离，成熟时沿腹缝线开裂，含种子多数。种子小，倒卵状椭圆形，长1.2～1.4 mm，宽0.4～0.5 mm，黄色或黄褐色；表面具纵向沟纹，顶端凸，具半圆形膜质短卷翅，基端稍尖，具短狭翅，下部稍窄，有时近中部稍缢缩；种脐位于基端，椭圆形，棕色，外凸。胚抹刀型，充满整个种子，乳白色，肉质；子叶2，椭圆形，并合；胚轴圆柱形，胚根圆凸，朝向种脐；无胚乳。千粒重0.1 g。

地理分布与生态生物学特性

样本种子采自内蒙古赤峰市（宁城县）。分布于我国吉林、辽宁、河北、内蒙古等地。

多年生中生肉质草本。生于夏绿阔叶林带的山地山坡及路边。耐寒、耐旱、耐贫瘠。花期8～9月，果期9～10月。

主要应用价值

生态：地被植物。可作为石质山地草原、矿山生态修复配植用种。

饲用：多汁饲用植物。羊采食，大畜不食。

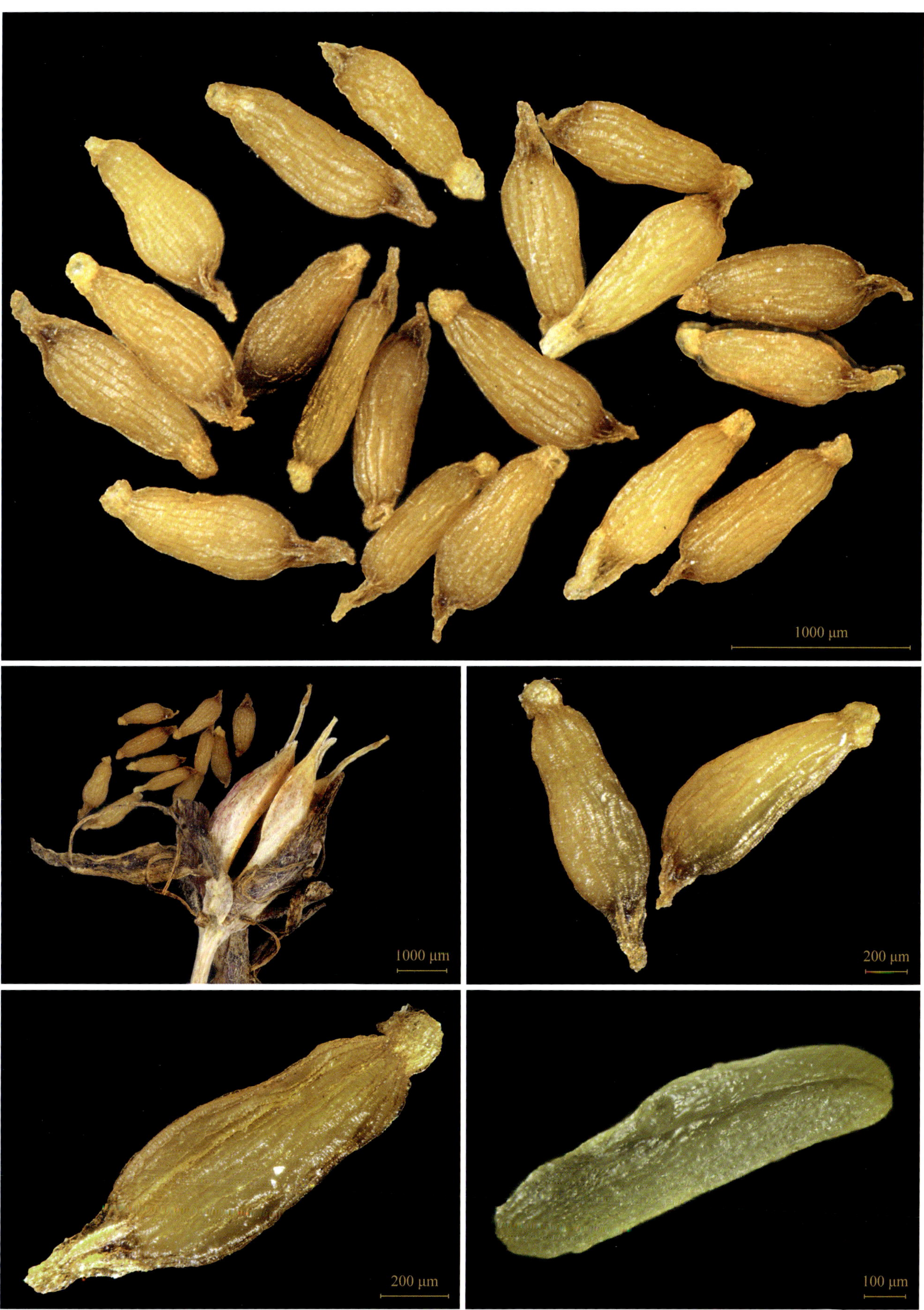
1000 μm
1000 μm
200 μm
200 μm
100 μm

钝叶瓦松 Orostachys malacophylla (Pall.) Fisch.
（Hylotelephium malacophyllum）

果实与种子形态特征

蓇葖果卵形，5个并生于同一果蒂，分果矩圆形，先端渐尖，成熟时黄褐色；果皮与种皮相分离，成熟时沿腹缝线开裂，含种子多数。种子细小，宽椭圆形或矩圆形，长0.7～0.9 mm，宽0.3～0.4 mm，黄色或黄褐色，稍具光泽；表面具不明显纵向网纹，顶端膜质短翅半圆形，基端短翅斜截且小于顶端的，侧面具狭翅；种脐位于基端，椭圆形，棕色，外凸；种皮薄膜质，紧贴胚。胚包围型，充满整个种子，乳白色，肉质；子叶2，矩圆形，并合；胚轴和胚根圆柱形，朝向种脐；无胚乳。千粒重0.1 g。

地理分布与生态生物学特性

样本种子采自内蒙古呼和浩特市（大青山）。分布于我国黑龙江、吉林、辽宁、河北、内蒙古、山西等地。日本、朝鲜、蒙古国、俄罗斯也有。

二年生旱生肉质草本。生于森林带和草原带的山地、丘陵岩石缝、砾石质山坡、平原沙地，为草原及草甸常见的伴生种。耐寒、耐瘠薄，耐旱性较强。当年只生长莲座状叶，次年抽茎开花。种子繁殖。花期7～9月，果期9～10月。

主要应用价值

生态：地被植物。可作为石质山地草原、矿山生态修复配植用种。

饲用：多汁饲用植物。羊乐食。

药用：全草入药，有止血、活血、敛疮之效，也入蒙药（蒙药名：萨产-额布斯），能清热解毒、止泻。

其他应用：叶可制成叶蛋白后食用。提取草酸供工业用。

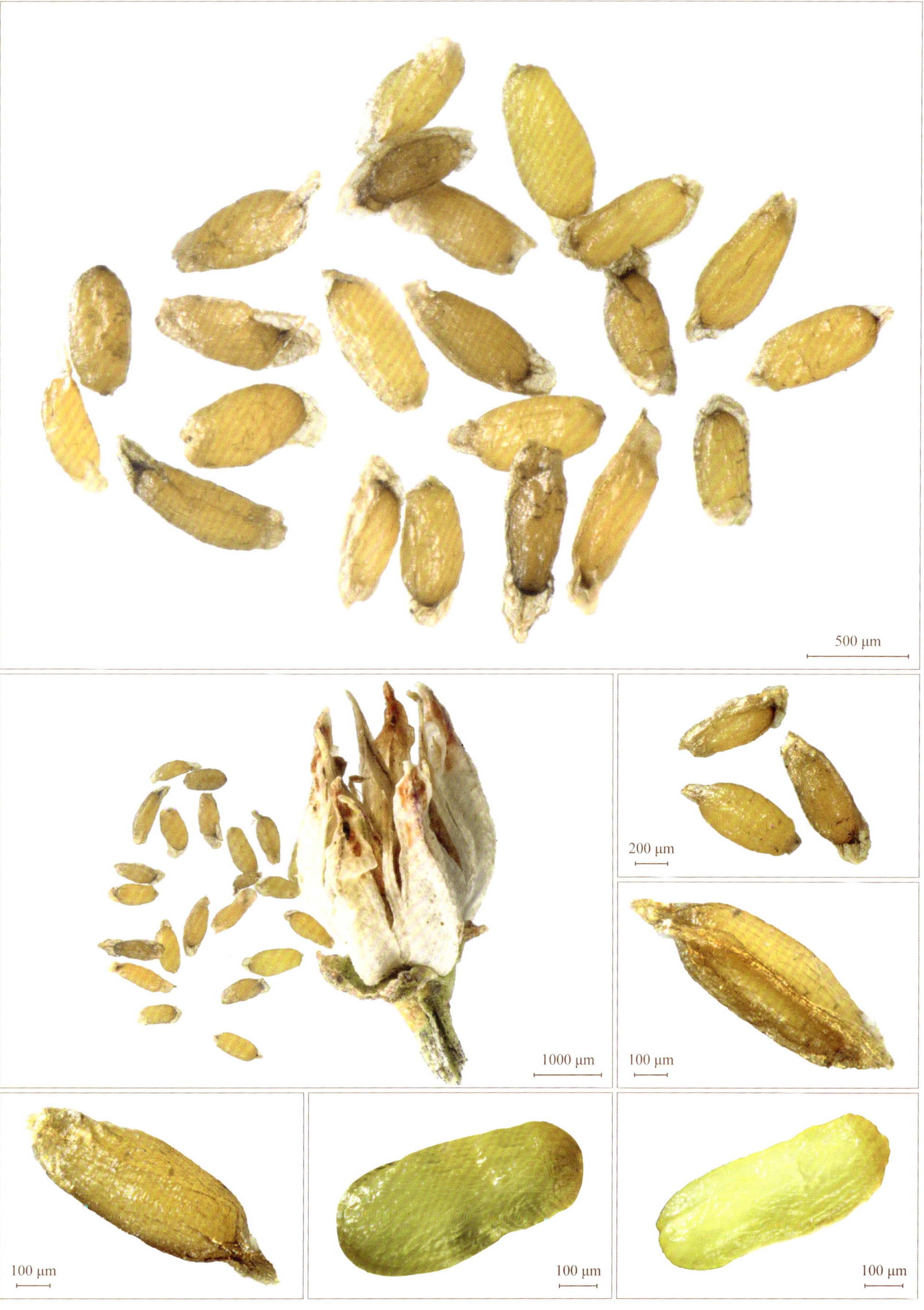
500 μm
1000 μm
200 μm
100 μm
100 μm
100 μm
100 μm

费菜 Phedimus aizoon (L.) 't Hart.

果实与种子形态特征

蓇葖果，5蓇葖星芒状排列生于同一果蒂，分果狭披针形，先端具短而外翻的喙，黄褐色，基端宽；果皮与种皮分离，成熟时沿腹缝线开裂，含种子多数。种子细小，长椭圆形，长0.9～1.1 mm，宽0.4～0.5 mm，黄棕色；表面具纵向沟纹，沟脊黑褐色，两侧具狭翅，其中一侧狭翅稍宽；种脐位于基端，椭圆形，棕色，外凸；种皮薄膜质，紧贴胚。胚抹刀型，充满整个种子，乳黄色，肉质；子叶2，圆形，并合；胚轴和胚根圆柱形，顶端圆凸，朝向种脐；无胚乳。千粒重0.1 g。

地理分布与生态生物学特性

样本种子采自内蒙古呼和浩特市（大青山）。分布于我国黑龙江、吉林、辽宁、内蒙古、河北、山西、陕西、河南等地。

多年生中生肉质草本。生于石质山地疏林、灌丛、林间草甸及草甸草原，为偶见伴生植物。耐寒，耐旱性较强。根茎和种子繁殖。花期6～7月，果期8～9月。

主要应用价值

生态：地被植物。可作为石质山地草原、矿山生态修复配植用种。

药用：根或全草入药，有止血散淤、安神镇痛之效。

1000 μm

小丛红景天 Rhodiola dumulosa (Franch.) S. H. Fu

果实与种子形态特征

蓇葖果5个直立并生，纺锤状披针形或线状披针形，长6.2～8.8 mm，顶端宿存花柱稍弯，成熟时沿腹缝线开裂。种子纺锤状长圆形或狭倒卵形，长1.5～2.0 mm，宽0.5～0.8 mm，黄褐色至褐色，表面具纵线纹，边缘处具不明显凸起，背腹面圆拱，边缘具狭翅，一侧不明显；顶端翅稍长，匙状，基端翅稍短，斜截；种脐位于基端，椭圆形，稍凸。胚线型，黄色，肉质；子叶2，半圆形，并合；胚根圆凸，朝向种脐；无胚乳。千粒重0.1 g。

地理分布与生态生物学特性

样本种子采自内蒙古阿拉善盟（贺兰山）。分布于我国吉林、河北、内蒙古、山西、陕西、甘肃、青海等地。缅甸、不丹也有。

多年生旱中生肉质草本。生于草原带和荒漠带的山地阳坡、石质山坡或山脊岩石缝。耐寒、耐旱，喜光照充足的环境。根颈肉质粗壮，分枝，丛生，分蘖性强。种子繁殖。花期7～8月，果期9～10月。

主要应用价值

生态：地被植物。可作为草原区矿山生态修复配植用种。

药用：全草入药，有养心安神、调经活血、明目之效。根入蒙药（蒙药名：乌兰-矛钙-伊德），能清热、滋补、润肺。

1000 μm
500 μm
500 μm
500 μm
500 μm
500 μm
500 μm

绣球花科 Hydrangeaceae

果实为蒴果，室背或顶部开裂；种子多数，细小条状；胚线型，直生，胚乳油脂质。

小花溲疏 Deutzia parviflora Bge.

果实与种子形态特征

蒴果近球形或倒卵形，长3.5～6.5 mm，宽4.8～5.3 mm，黄绿色或棕褐色，被稀疏星状毛，顶端圆凸，基端具果梗，果皮革质，3～5瓣裂，含种子多数。种子披针形，带翅长2.0～2.8 mm，宽0.7～0.8 mm，种体长约1.5 mm，宽约0.5 mm，黄色至黄褐色，稍有光泽；表面具不规则纵向条形皱褶，基端具白色或黄色鳍状翅，顶端具三角形翅，两侧具窄翅，黄色或黄褐色；种脐位于基端，圆形；种皮薄膜质，半透明。胚线型，棒状，直生，乳黄色，肉质；胚乳丰富，白色，油脂质，包被胚。千粒重0.08 g。

地理分布与生态生物学特性

样本种子采自内蒙古赤峰市（宁城县）。分布于黑龙江、吉林、辽宁、内蒙古、河北等地。朝鲜、俄罗斯也有。

中生阔叶落叶灌木。生于阔叶林带的山坡林缘。喜光，耐寒、耐阴。花期6月，果期7～8月。

主要应用价值

生态：水土保持地被植物。可作为坡地、山谷道路两侧生态绿化配植用种。

1000 μm
1000 μm
500 μm
500 μm
500 μm
500 μm
200 μm
200 μm

东陵绣球（东陵八仙花）Hydrangea bretschneideri Dippel

果实与种子形态特征

蒴果卵球形，长4.0～4.5 mm，宽2.3～2.8 mm，萼片宿存，上部圆凸锥形，下部半圆形，与萼筒近等长，2～5室，顶端开裂，含种子多数。种子狭椭圆形或长圆形，两端具长0.5 mm左右的鳍尾状狭翅，不连翅长0.8～1.0 mm，稍扁，中部圆鼓，淡褐色至褐色，稍具光泽；表面具纵向脉纹，顶端翅分叉外翻，基端翅束状；内种皮薄膜质，红褐色，紧贴胚乳。胚线型，棒状，白色透明，肉质；子叶2，长椭圆形，并合；下胚轴和胚根圆柱形，基端钝圆，朝向种脐；胚乳丰富，黄色，油脂质，包被胚。千粒重0.1 g。

地理分布与生态生物学特性

样本种子采自内蒙古呼和浩特市（大青山）。分布于我国辽宁、内蒙古、山西、河北、宁夏、甘肃、陕西、青海等地。

中生落叶灌木。生于阔叶林带的山地林缘、灌丛。耐寒、耐阴，喜暖。对土壤要求不严。种子繁殖。花期6～7月，果期8～10月。

主要应用价值

生态：水土保持地被植物。可作为园林绿化配植用种。

其他应用：观赏性好，宜作庭院观赏植物。蜜源植物。

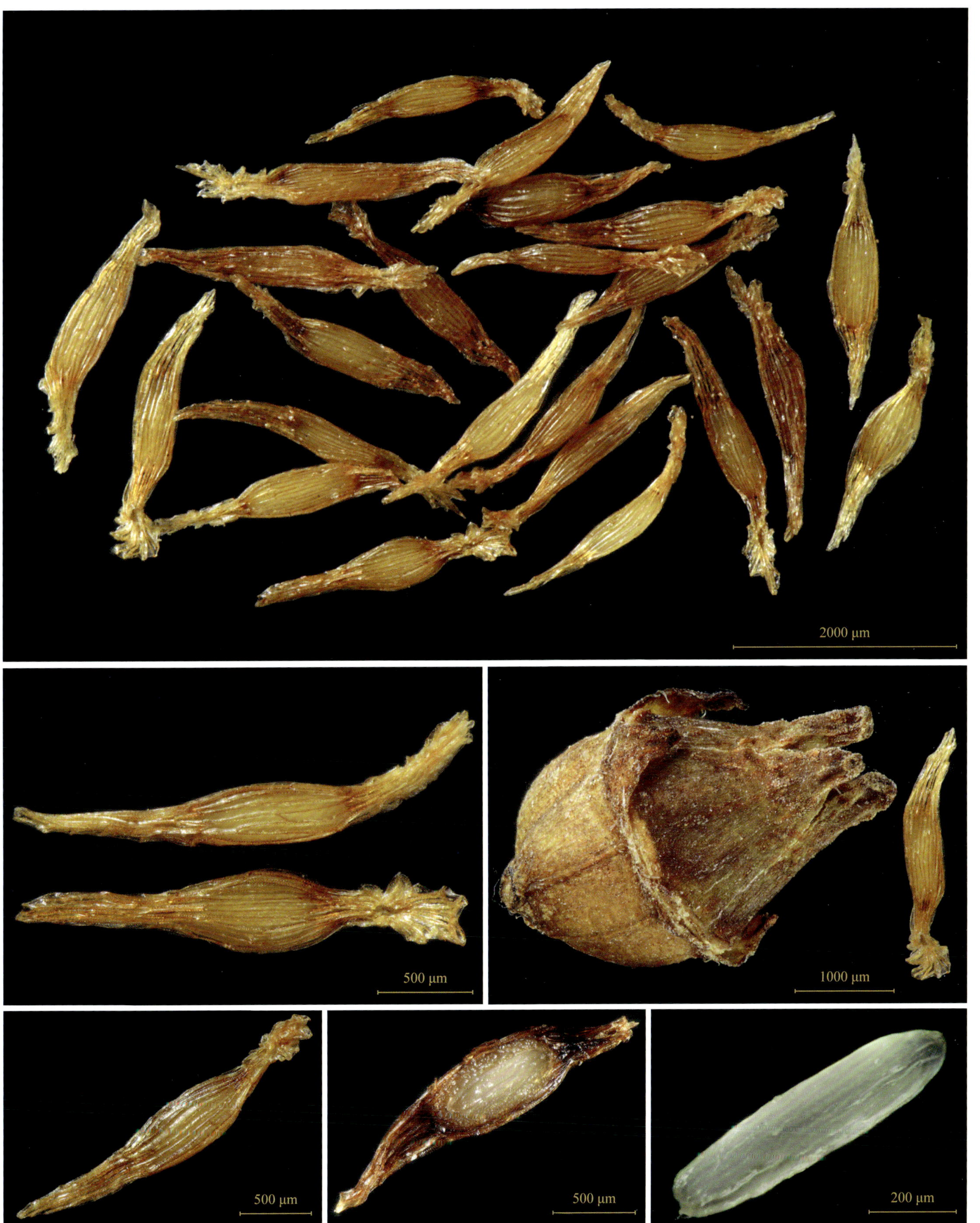
2000 μm
500 μm
1000 μm
500 μm
500 μm
200 μm

山梅花 Philadelphus incanus Koehne

果实与种子形态特征

蒴果卵形，长4～7 mm，宽3～7 mm，表面粗糙，萼片宿存，基部具果梗，外果皮纸质，内果皮木栓质，成熟时顶端4瓣开裂，含种子多数。种子椭圆状披针形，稍扁，长1.8～2.6 mm，宽约0.5 mm，棕黄色至黄褐色；表面具纵向条纹，两端具短翅，基端翅稍厚，开展，黄色鱼鳍状，顶端翅薄，白色流苏状；种脐位于基端翅中央，圆形，褐色；内种皮薄膜质，红棕色，紧贴胚乳。胚线型，棒状，白色透明，肉质；子叶2，椭圆形，并合；下胚轴和胚根圆柱形，基端钝圆，朝向种脐；胚乳丰富，黄色，油脂质，包被胚。千粒重0.1 g。

地理分布与生态生物学特性

样本种子采自甘肃兰州市（北山林场）。分布于我国甘肃、陕西、山西等地。欧美国家引种栽培。

中生落叶灌木。生于海拔1200～1700 m的山地林缘或灌丛。耐寒、耐热，怕涝，对土壤要求不严。种子繁殖。花期5～6月，果期7～8月。

主要应用价值

生态：水土保持地被植物。可作为园林绿化配植用种。

其他应用：花多、花期较长、观赏性好，常作庭院观赏植物。蜜源植物。

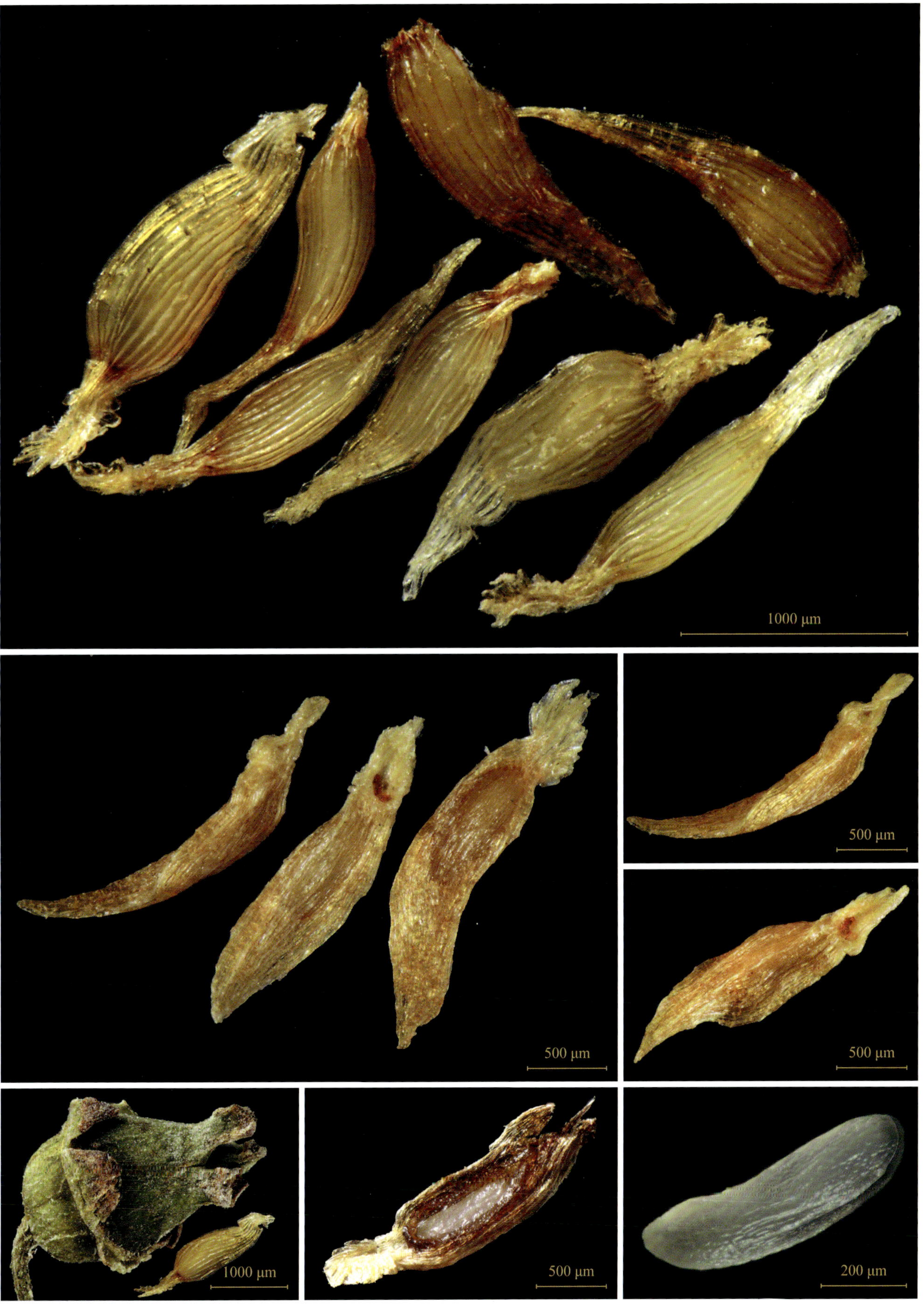
1000 µm
500 µm
500 µm
500 µm
1000 µm
500 µm
200 µm

虎耳草科 Saxifragaceae

果实多为蒴果或浆果；种子细小，具翅或无；胚小型，胚乳丰富。

山溪金腰 Chrysosplenium nepalense D. Don

果实与种子形态特征

蒴果卵球形，长约2.6 mm，2果瓣近等大，具短喙尖，瓣裂，含种子数粒。种子长卵球形至椭球形，长0.7～0.8 mm，宽0.3～0.4 mm，光滑无毛，红褐色，有光泽；表面有时具细小瘤突和细线纹，两端钝尖，具狭翅，有1条由顶端至基端的纵向钝肋棱，黑褐色，肋上具不明显的细横纹；种脐位于基端，圆形，褐色；种皮薄，革质，紧贴胚乳。胚线型，棒状，黄褐色，肉质；子叶2，长椭圆形，并合；胚轴和胚根圆柱形，朝向种脐；胚乳丰富，脂质。千粒重0.1 g。

地理分布与生态生物学特性

样本种子采自西藏日喀则市（亚东县）。分布于我国西藏及西南地区。缅甸北部、不丹、尼泊尔和印度北部均有。

多年生中生草本。生于海拔1550～5850 m的林下、草甸或石隙。耐寒、耐阴，喜湿，适应性强。种子繁殖。花果期5～7月。

主要应用价值

生态：地被植物。可作为高寒草甸生态修复配植用种。

500 μm

梅花草 Parnassia palustris L.

果实与种子形态特征

蒴果卵球形，长9.0～9.3 mm，宽6.3～6.8 mm，黄褐色至褐色，具紫褐色斑点，4瓣开裂，含种子多数。种子细小，长卵形、弯月形或矩圆形，长1.0～1.3 mm，宽0.4～0.6 mm，黄褐色，有光泽；同一平面四周具膜质狭翅，表面具整齐的梯形网纹；种脐位于基端翅基部中央，圆形，褐色；种皮薄膜质，黄褐色半透明，紧贴胚。胚包围型，乳白色，肉质；子叶2，长椭圆形，并合；胚轴和胚根圆柱形，朝向种脐；无胚乳。千粒重0.05 g。

地理分布与生态生物学特性

样本种子采自内蒙古赤峰市（巴林右旗）。分布于我国黑龙江、吉林、辽宁、河北、山西、内蒙古、宁夏、新疆等地。欧洲、亚洲温带和北美洲也有。

多年生湿中生草本。生于森林带和草原带的山地林下、沼泽化草甸，零星生长。耐寒、耐阴，喜湿。根茎和种子繁殖。花期7～8月，果期9～10月。

主要应用价值

生态：地被植物。可作为沼泽化草甸及低湿地生态修复配植用种。

药用：全草入药，能清热解毒、止咳化痰，也入蒙药（蒙药名：孟根-地格达），能破痞、清热。

其他应用：蜜源植物。可作为栽培观赏植物。

2000 μm
500 μm
500 μm
200 μm
200 μm

瘤糖茶藨子 Ribes himalense var. ruculosum (Rihder) L. T. Lu

果实与种子形态特征

浆果球形，直径6～9 mm，多汁，红色或成熟后变为紫黑色，无毛，顶端宿存花萼，成熟时从果梗脱落，含种子多数。种子椭圆形或近三棱状卵形，长2.5～3.3 mm，宽1.8～2.1 mm，红褐色至紫褐色，有光泽；表面有不明显的蜂窝状纹突，顶端稍扁，有狭翅，基端圆，侧面平或凹，具稍凸的紫黑色棱脊，腹背侧圆拱；种脐位于腹面一侧基端，棕褐色；种皮胶质，紧贴胚乳不易分离。胚矮型，偏生于近基端一侧，乳白色，脂质；子叶2，并合；胚乳丰富，包被胚，白色，蜡质，含油脂，充满种子。千粒重5.1 g。

地理分布与生态生物学特性

样本种子采自内蒙古阿拉善盟（贺兰山）。分布于我国内蒙古、河北、山西、陕西、宁夏、甘肃、青海等地。

中生落叶灌木。生于森林带和草原带的山谷云杉林和高山栎林下及林缘，也进入荒漠带山地石砾质山坡和沟谷、灌丛。耐寒、耐阴。花期5～6月，果期8～9月。

主要应用价值

生态：水土保持植物。可作为坡地、道路两侧生态修复配植用种。

其他应用：在庭院中栽培供观赏。果实可食用。

2000 μm

东北茶藨子 Ribes mandshuricum (Maxim.) Kom.

果实与种子形态特征

浆果球形，直径7～9 mm，红色，无毛，含种子多数。种子圆形或卵圆形，长2.8～3.2 mm，宽2.1～2.8 mm，黄褐色至茶褐色；表面的一层糖黏性物和黄色果皮中的维管束不易分离，顶端圆或收窄圆凸，基端圆或稍平截，腹面平展或中部稍脊状隆起，背面圆拱；种脐位于腹面一侧基端，棕褐色；种皮胶质，紧贴胚乳。胚矮型，生于近基端，乳白色，蜡质；子叶2，并合；胚乳丰富，包被胚，白色，蜡质，含油脂，几乎充满种子。千粒重4.1 g。

地理分布与生态生物学特性

样本种子采自内蒙古乌兰察布市（凉城县）。分布于我国黑龙江、吉林、辽宁、内蒙古、河北、山西、陕西、甘肃等地。朝鲜、俄罗斯也有。

中生落叶灌木。生于森林带和草原带的山坡、河岸林下或杂木林中。耐寒、耐阴。花期5～6月，果期8～9月。

主要应用价值

生态：水土保持植物。可作为坡地、道路两侧生态修复配植用种。

药用：果实入药，可清热。

其他应用：果实可食用及供加工酿酒。栽培观赏树种。

2000 µm
1000 µm
500 µm
500 µm
500 µm
500 µm

英吉里茶藨子 **Ribes palczewskii** (Jancz.) Pojark.

果实与种子形态特征

浆果球形，直径7～9 mm，红色，光亮无毛，多汁，味酸甜，含种子多数。种子卵圆形，长2.2～2.5 mm，宽1.5～2.1 mm，黄褐色；表面有一层糖黏性物不易分离，顶端稍圆或平截或斜截，基端圆或收窄圆凸，稍弯向腹面，腹面平展或中部稍脊状隆起，背面圆拱；种脐位于基端腹面一侧，棕褐色；种皮胶质，不易剥离。胚矮型，棒状，生于近基端，乳白色，脂质；子叶2，并合；胚乳丰富，包被胚，蜡质，含油脂，灰白色，几乎充满种子。千粒重3.9 g。

地理分布与生态生物学特性

样本种子采自内蒙古兴安盟（阿尔山市）。分布于我国黑龙江、内蒙古。蒙古国、俄罗斯也有。

中生落叶灌木。生于森林带的山地林下、水边杂木林及灌丛。耐寒、耐阴。花期5～6月，果期8～9月。

主要应用价值

生态：水土保持植物。可作为山地生态修复配植用种。

其他应用：果实可食用及供加工酿酒。栽培观赏树种。

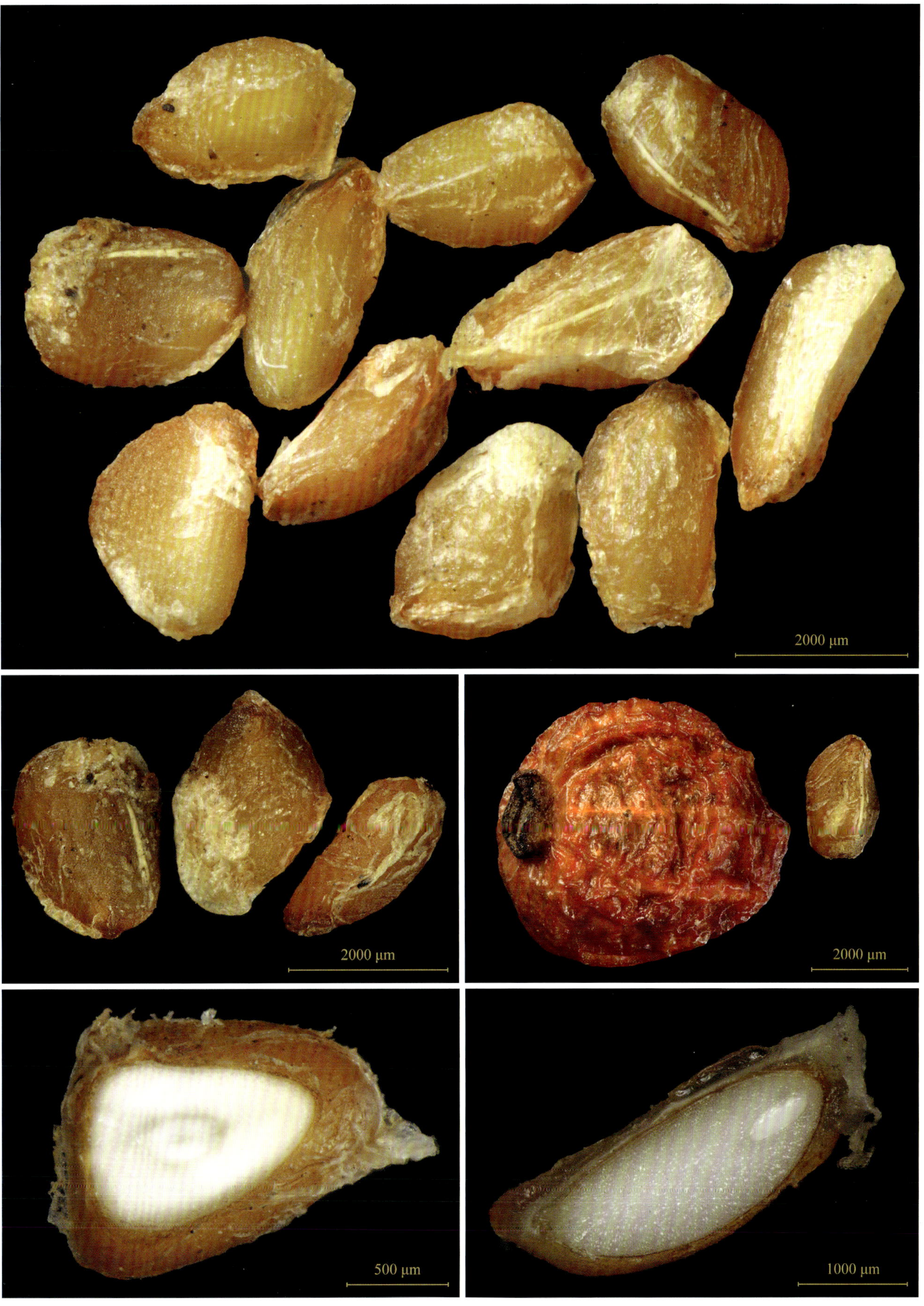
2000 μm
2000 μm
2000 μm
500 μm
1000 μm

美丽茶藨子 Ribes pulchellum Turcz.

果实与种子形态特征

浆果球形，直径5～8 mm，未成熟时黄色，成熟后橙红色至红色，果皮肉质，含种子多数。种子半月形或倒卵形，扁，长2.5～3.3 mm，宽1.2～1.9 mm，厚1.2～1.6 mm，黄褐色，有光泽；表面胶质不易分离且凹凸不平，腹侧平，背侧圆拱；种脐位于基端，圆形，棕褐色；种皮胶质，紧贴胚乳。胚矮型，偏生于近基端一侧，乳白色，脂质；子叶2，白色，并合，胚根圆凸；胚乳丰富，包被胚，白色，蜡质，含油脂，几乎充满种子。千粒重3.3 g。

地理分布与生态生物学特性

样本种子采自内蒙古赤峰市（巴林右旗）。分布于我国黑龙江、吉林、河北、山西、内蒙古、陕西、甘肃、青海等地。蒙古国、俄罗斯也有。

中生灌木。生于森林草原带和草原带的石砾质山坡、沟谷，是山地灌丛的伴生植物。耐寒、耐阴。花期5～6月，果期8～9月。

主要应用价值

生态：山地护坡植物。可作为坡地、道路两侧生态修复配植用种。

其他应用：在庭院中栽培供观赏。果实可食用。木材可制作手杖等。

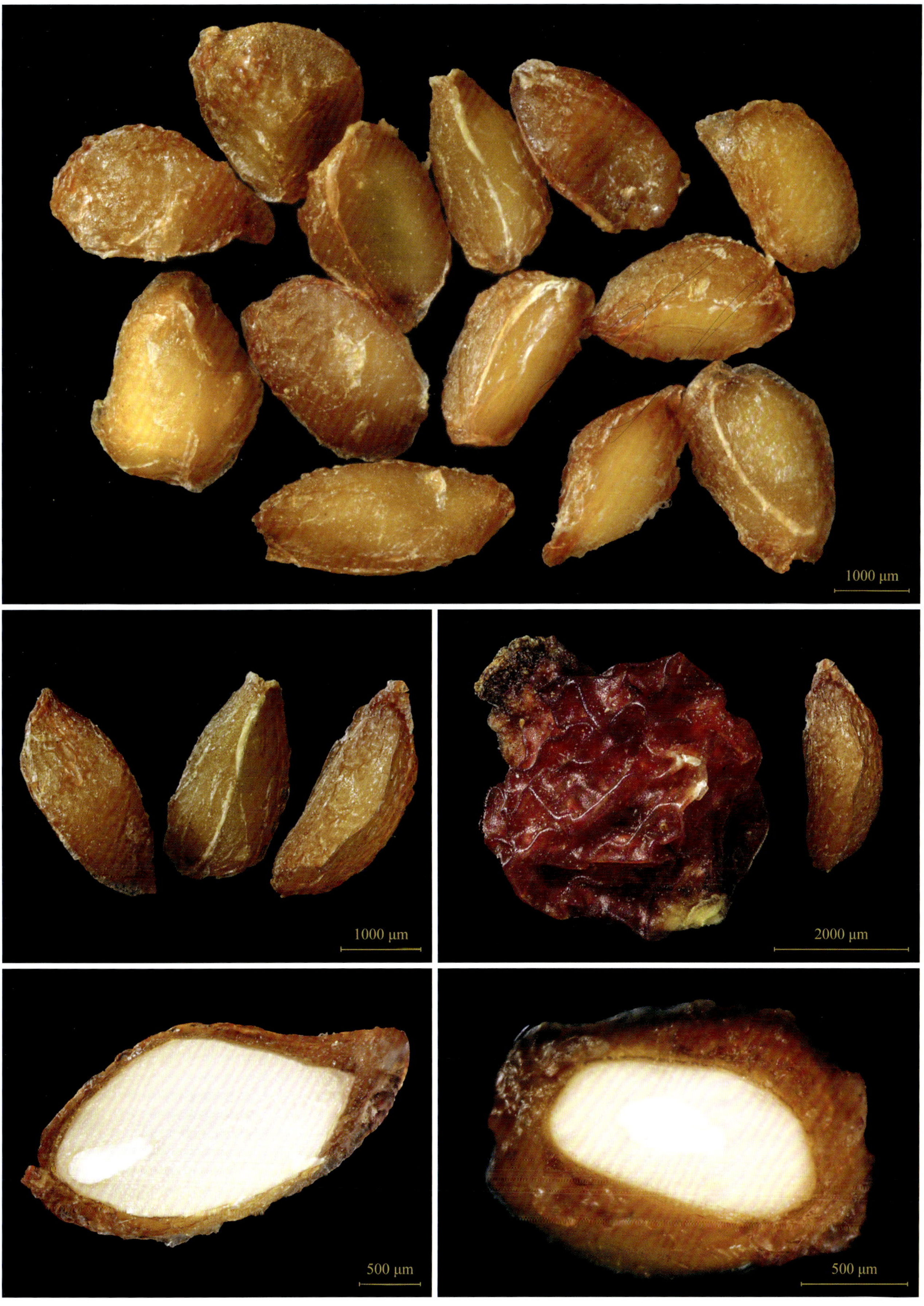
1000 μm
1000 μm
2000 μm
500 μm
500 μm

悬铃木科 Platanaceae

果实为聚合果，由多数狭长倒锥形的小坚果组成，小坚果基部围以长节毛；种子线形，胚具不等形线型子叶，胚乳薄。

二球悬铃木 *Platanus acerifolia* (Aiton) Willd.

果实与种子形态特征

多数小坚果组成聚合果，球形，直径25.1～35.3 mm，土黄色或黄褐色，常2个串生，少单生或3个串生，每果球含小坚果多数。小坚果狭长倒圆锥形或狭楔形，长10.2～11.5 mm，棕黄色至黄褐色，具3～4条棱线，棱间稍凹陷，表面有细密的纵向线纹和细小颗粒，顶端具残存花柱，凸尖，花柱下为半球形顶盖，下部渐狭，基端围有灰白色或黄褐色至棕褐色的长硬节毛，节毛短于果，含种子1粒；果脐细小，三角状，凹陷，褐色。种子线形，长3～4 mm。胚线型，棒状，脂质；子叶线型，不等形；胚根短圆锥形，朝向果脐；胚乳稀薄或无。千粒重（不带毛）4.9 g。

地理分布与生态生物学特性

样本种子采自辽宁沈阳市。原产欧洲，为外来物种，1902年由法国人带入上海，我国东北等地引种栽培。世界各地广泛栽培。

中生高大落叶乔木。喜生于气候温暖、排水良好的土壤环境。喜光，耐寒、耐旱、耐瘠薄、耐湿，稍耐盐碱，对土壤要求不严。花期5～7月，果期7～9月。

主要应用价值

生态：地被植物。可作为草原区矿山生态修复配植用种。

其他应用：抗二氧化硫和氟化氢等，对光化学烟雾、臭氧、苯、苯酸、乙醚、硫化氢等有害气体具有较好的抗力。对城市环境适应性极强，多作行道树。木材可制家具。

5000 µm
5000 µm
2000 µm
2000 µm
2000 µm
500 µm

蔷薇科 Rosaceae

果实为蓇葖果、瘦果、梨果或核果，少为蒴果。多数种子以瘦果存在，无包被或包在花托或花萼中。种子具肥厚的胚，子叶肉质，背部常隆起，稀对褶或呈席卷状；通常无胚乳，少数具少量胚乳。

龙牙草 *Agrimonia pilosa* Ldb.

果实与种子形态特征

瘦果倒卵圆形，包于宿存的杯状花托的倒圆锥形萼筒内，长6.1～7.3 mm，宽3.0～3.6 mm，黄绿色或棕褐色，萼筒表面具10条纵肋，疏被淡褐色柔毛；顶端有数层倒钩状刺，幼时直立，成熟时靠合，基端具弯扭的短果柄。种子卵球形，直径2.5～3.2 mm，褐色，表面有细网纹，顶端凸尖，基端圆凸，顶基两端有一不明显的纵棱；种脐位于基端，凸起，黄褐色；种皮膜质，与果皮不易剥离。胚包围型，乳白色，蜡质，充满种子；子叶2，椭圆形，并合；胚根短圆锥形，朝向基端；无胚乳。千粒重14.3 g。

地理分布与生态生物学特性

样本种子采自内蒙古赤峰市（喀喇沁旗）。我国各地均有分布。亚洲其他地区、欧洲也有。

多年生中生草本。散生于森林带和草原带的山地林缘草甸、河边、低湿地草甸、路旁。喜湿，耐阴。根茎和种子繁殖。花期6～7月，果期8～9月。

主要应用价值

生态：地被植物。

饲用：饲用价值中等。青草羊、马采食，牛乐食。

药用：全草入药，能收敛止血、益气补虚。冬芽与根茎有驱虫功效。

其他应用：全株含鞣质，可提取栲胶，也可作农药，能防治蚜虫、小麦锈病等。

2000 μm
2000 μm
1000 μm
1000 μm
1000 μm

山桃 **Amygdalus davidiana** (Carr.) de Vos ex Henry.
（**Prunus davidiana**）

果实与种子形态特征

核果近球形，直径23.5～35.0 mm，淡黄色，表面密被短柔毛，果梗短而深入果洼，果肉薄而干，成熟时不开裂，含果核1粒。果核球形或近球形，长17.8～20.6 mm，宽14.5～17.4 mm，淡黄色或黑褐色；表面具纵、横沟纹和空穴，顶端圆或稍凸，基端钝圆或稍平，果缝稍深，有薄片状隔；核壳坚硬，木质，与果肉分离；果脐位于基端，凹陷，圆形，直径约0.9 mm，棕褐色。种子与果核同形，种皮薄，紧贴胚。胚抹刀型，乳白色，蜡质，充满种子；子叶2，椭圆形，并合；胚轴和胚根短圆锥形，朝向顶端；胚乳少，薄层。千粒重1208 g。

地理分布与生态生物学特性

样本种子采自内蒙古鄂尔多斯市（准格尔旗）。分布于我国黑龙江、辽宁、内蒙古、河北、山西、陕西、宁夏、甘肃等地。

中生落叶小乔木。生于草原带的向阳山坡、荒野疏林。耐寒、耐旱、耐盐碱。种子繁殖。花期3～4月，果期7～8月。

主要应用价值

生态：水土保持树木。可作为北方地区造林、生态修复配植用种。

药用：种仁入药，能破血行淤、润燥滑肠。

其他应用：在华北地区主要作桃、梅、李等果树的砧木。可栽培供观赏。木材可制作各种细工及手杖。果核可制作玩具或念珠。种仁可榨油食用。

10 000 μm
2 000 μm
2 000 μm
2 000 μm
5 000 μm
5 000 μm

蒙古扁桃 **Amygdalus mongolica** (Maxim.) Ricker
（**Prunus mongolica**）

果实与种子形态特征

核果宽卵球形，长12.2～16.5 mm，宽10.1～12.3 mm，顶端具急尖头，表面密被柔毛，果梗短，果肉薄，成熟时开裂，离核，含果核1粒；果疤位于基端，扁椭圆形，稍凸，棕褐色。果核椭圆形或卵形，稍扁，长11.3～14.5 mm，宽8.9～9.5 mm，厚6.7～7.9 mm，黄褐色；表面具纵向的浅弧状沟纹或点状凹陷，顶端凸尖，基端平截皱缩，常不对称；核壳坚硬，骨质，与种皮粘连，果脐稍凸。种子与果核同形，基端平截。胚抹刀型，乳黄色，蜡质，充满种子；子叶2，椭圆形，并合；胚轴和胚根短圆锥形，朝向顶端；胚乳极少或无。千粒重241 g。

地理分布与生态生物学特性

样本种子采自内蒙古呼和浩特市（大青山）。分布于我国内蒙古、宁夏、陕西、甘肃等地。

旱生落叶灌木。生于海拔1000～2400 m荒漠带和荒漠草原带的低山丘陵坡麓、石质坡地及干河床，为这些地区春季的景观植物。耐寒、耐旱、耐贫瘠。种子繁殖。花期5月，果期8月。

主要应用价值

生态：水土保持植物。可作为荒漠地区荒山绿化造林、保持水土、生态修复建群或伴生用种配植。

饲用：饲用价值良。荒漠及荒漠草原区重要的灌木型饲草，叶及嫩枝羊、马、骆驼乐食，山羊喜食。

药用：种仁可代郁李仁入药。

10 000 μm
2 000 μm
2 000 μm
2 000 μm
2 000 μm
2 000 μm
2 000 μm
2 000 μm

山杏 Armeniaca sibirica (L.) Lam.
（Prunus sibirica）

果实与种子形态特征

果实球形，稍扁，直径20.0～25.0 mm，黄色或橘红色，有时具红晕，被短柔毛，果肉薄而干燥，成熟时沿腹缝线开裂，含果核1粒；果疤位于基端，凹陷，椭圆形，棕褐色。果核扁球形，两侧压扁，长17.5～20.3 mm，宽15.8～17.0 mm，厚9.0～9.3 mm，黄褐色；表面粗糙平滑，顶端扁圆凸，基端一侧偏斜，不对称，背棱增厚有纵沟，沟缘形成2条平行的锐棱，腹棱翅状锐利，近基部处凸起；核壳坚硬，木质，易与果肉和薄种皮分离。种子（种仁）斜卵形或卵形，棕褐色，表面具多条纵纹，顶端尖，基端平。胚抹刀型，乳白色，蜡质，充满种子；子叶2，椭圆形，扁平，并合；胚根短圆凸，朝向顶端；无胚乳。千粒重239.8 g。

地理分布与生态生物学特性

样本种子采自内蒙古赤峰市（巴林右旗）。分布于我国黑龙江、吉林、辽宁、内蒙古、河北、山西、陕西、甘肃等地。日本、朝鲜也有。

旱中生灌木或小乔木。生于海拔700～2000 m的干燥向阳山坡、覆沙地、丘陵草原或森林草原带边缘，常作为建群种形成山地灌丛或灌丛化草原。耐寒、耐旱、耐贫瘠，适应性强。种子繁殖。花期5月，果期7～8月。

主要应用价值

生态：水土保持植物。适应北方干旱地区气候条件，可作为荒山绿化造林、保持水土、生态修复用种。

饲用：饲用价值良。叶、当年生枝条各种家畜采食，山羊乐食。

药用：种仁入药。

其他应用：可作砧木，是选育耐寒品种的优良原始材料。种仁可榨油、制作杏仁饮料及腌制食用。

5000 μm
5000 μm
2000 μm
5000 μm
5000 μm
5000 μm

假升麻 **Aruncus sylvester** Kostel. ex Maxim.

果实与种子形态特征

蓇葖果椭圆形，无毛，3～5个，并立，长约2.3 mm，宽约0.9 mm，有光泽，花萼宿存，成熟后由腹缝线顶端2裂，通常含2粒种子；果皮黄色，革质，与种皮相分离。种子小型，近纺锤形或三棱状狭披针形，稍扁，长1.6～2.1 mm，宽0.4～0.6 mm，黄褐色或褐色；表面具蜂窝状网纹，两侧具棱状狭翅，顶端翅钝三角形，基端翅截平或斜截平；种脐位于基端，点状，黄色；种皮薄膜质，紧贴胚。胚抹刀型，乳白色，蜡质，充满种子；子叶2，长椭圆形，分离；胚轴和胚根短圆锥形，朝向种脐；无胚乳。千粒重0.08 g。

地理分布与生态生物学特性

样本种子采自内蒙古兴安盟（阿尔山市）。分布于我国黑龙江、吉林、辽宁、内蒙古、甘肃、陕西、西藏等地。日本、朝鲜、欧洲等也有。

多年生中生草本。生于森林带的山地针叶林下、林缘、山沟、林缘草甸。耐寒、耐阴。种子繁殖。花期6～7月，果期8～9月。

主要应用价值

生态：地被植物。

药用：根或全草入药，能补虚、收敛、解热。

其他应用：嫩茎鲜嫩可食。

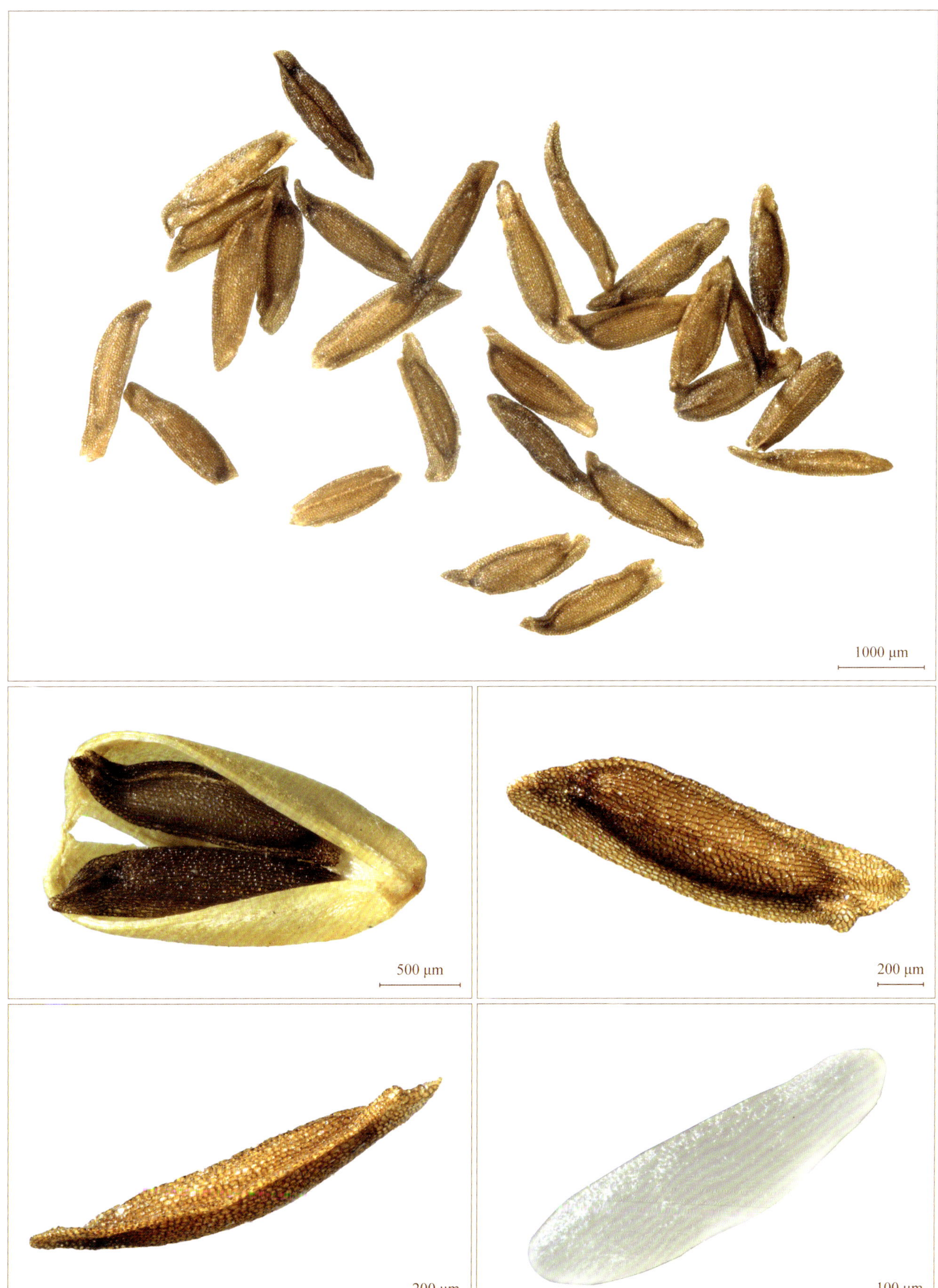
1000 μm
500 μm
200 μm
200 μm
100 μm

阿尔泰地蔷薇 Chamaerhodos altaica (Laxm.) Bge.

果实与种子形态特征

瘦果长卵形，无毛，包藏于宿存花萼筒内，含种子多数。种子卵形，水滴状，长1.2～1.6 mm，宽0.6～0.7 mm，灰黄色或灰青色；表面具黄色或黑色细小密集的斑点状皱缩纹或不规则的疣状凸起，基端凸尖，稍上翘，背面弓圆，腹面稍凸，两侧向腹面斜削，种脊狭棱线形至基端；果脐位于近顶端1/3棱脊端，圆形，凸起，白黄色，种脐上端有种瘤稍凸起；果皮稍木质，种皮薄膜质，紧贴胚。胚抹刀型，白色，蜡质；子叶2，卵圆形，并合，下胚轴和胚根短圆锥形；无胚乳。千粒重0.4 g。

地理分布与生态生物学特性

样本种子采自内蒙古包头市（固阳县）。分布于我国内蒙古、河北、新疆等地。蒙古国、俄罗斯、哈萨克斯坦等也有。

旱生石生垫状半灌木。生于草原带的山地、丘陵砾石质坡地与丘顶，可形成占优势的群落片段。耐寒、耐旱、耐贫瘠。种子繁殖。花果期5～7月。

主要应用价值

生态：地被植物。可作为草原区丘陵砾石质坡地、矿山生态修复配植用种。

饲用：饲用价值良。羊、马乐食。

1000 μm
200 μm
200 μm
200 μm
200 μm

毛地蔷薇（灰毛地蔷薇） Chamaerhodos canescens J. Krause

果实与种子形态特征

瘦果披针状卵圆形，无毛，包藏于宿存花萼筒内，表面粗糙，被疣状凸起，内里具长柔毛。种子斜卵形或卵形，水滴状，长1.2～1.8 mm，宽0.6～0.9 mm，黄褐色；表面具黑色斑块和不规则网纹状凸起，黑色斑块多集中在种脐周围，上部圆，下部渐狭，两侧稍向腹面斜削，种脊狭棱线形隆起至顶端；种脐位于近棱线1/3处，圆形，凸起，白色，周围种晕灰白色；种皮薄膜质，淡褐色，紧贴胚。胚抹刀型，白色，蜡质；子叶2，卵圆形，并合，下胚轴和胚根短圆锥形；无胚乳。千粒重0.4 g。

地理分布与生态生物学特性

样本种子采自内蒙古赤峰市（翁牛特旗）。分布于我国黑龙江、吉林、辽宁、内蒙古、河北、山西等地。

多年生旱生草本。生于森林草原带和草原带的砾石质、沙砾质草原及沙地。耐寒、耐旱、耐贫瘠。种子繁殖。花期6～7月，果期7～9月。

主要应用价值

生态：地被植物。可作为草原区砾石质、砂砾质草地和沙地生态修复配植用种。

饲用：饲用价值良。羊、马乐食。

1000 μm
500 μm
1000 μm
200 μm
200 μm

地蔷薇 Chamaerhodos erecta (L.) Bge.

果实与种子形态特征

瘦果卵圆形，包藏于宿存花萼筒内，黄褐色，粗糙，表面及内里具刚毛和腺毛及不规则网纹，成熟后顶端4瓣开裂，含种子多数。种子长卵形，水滴状，长1.3～1.5 mm，宽0.6～0.8 mm，黄褐色至淡褐色；表面具密集的细小颗粒状凸起和黑色细小斑点，背面圆拱，两侧向腹面稍斜至种脊，种脊狭棱线形；种脐位于近顶端棱脊侧，圆形，凸起，白黄色，种瘤不明显；种皮薄膜质，棕色，紧贴胚。胚抹刀型，白色，蜡质；子叶2，卵圆形，并合，胚轴和胚根短圆锥形；无胚乳。千粒重0.5 g。

地理分布与生态生物学特性

样本种子采自内蒙古呼和浩特市（大青山）。分布于我国黑龙江、吉林、辽宁、内蒙古、河北、山西、陕西、宁夏、甘肃、青海、新疆等地。蒙古国、朝鲜、俄罗斯也有。

一年生或二年生中旱生草本。生于草原带的砾石质山坡、丘陵坡地和丘顶、砂砾质草原，可成为优势种。耐寒、耐旱、耐贫瘠，不耐水淹。种子繁殖。花果期7～9月。

主要应用价值

生态：地被植物。可作为草原区丘陵砾石质坡地、沙地生态修复先锋配植用种。

饲用：饲用价值良。羊、马乐食。

药用：全草入药，能祛风湿。

1000 μm
200 μm
1000 μm
200 μm
200 μm
500 μm

西北沼委陵菜 Comarum salesovianum (Stepn.) Asch. et Gr.（Farinopsis salesoviana）

果实与种子形态特征

瘦果小型，矩圆状卵形或长圆卵形，埋藏于花托的长柔毛内，长1.7～2.3 mm，宽1.0～1.3 mm，黄棕色或灰棕褐色。种子长卵形，两侧稍压扁，顶端稍弯向一侧，长1.6～2.1 mm，宽1.0～1.1 mm，厚0.61～0.81 mm，黄色或黄褐色；表面具黄色透明小腺点及白色蜡质粉末，背腹面中部具狭棱；种脐位于腹面近中部，长椭圆形，凸起，黄褐色，有种瘤；种皮薄膜质，紧贴胚。胚抹刀型，乳白色，油脂质，充满种子；子叶2，扁椭圆形，分离；胚根短圆锥形，朝向顶端；无胚乳。千粒重0.8 g。

地理分布与生态生物学特性

样本种子采自内蒙古阿拉善盟（贺兰山）。分布于我国内蒙古、宁夏、甘肃、青海、西藏等地。蒙古国、俄罗斯及中亚也有。

多年生中旱生半灌木。生于荒漠带的山地沟谷、溪岸，常形成密集的小群落。耐寒、耐阴。种子繁殖。花期7～8月，果期8～9月。

主要应用价值

生态：水土保持植物。可作为荒漠带沟谷、溪岸等水条件较好地区的生态修复用种。

饲用：饲用价值中等。骆驼乐食，山羊采食。

5000 μm
1000 μm
2000 μm
500 μm
500 μm

灰栒子 Cotoneaster acutifolius Turcz.

果实与种子形态特征

梨果倒卵形或椭圆形，直径7.0～9.0 mm，紫褐色或紫黑色，通常含2小果核；果疤位于基端，近圆形，凹陷，棕褐色。果核倒卵形，长4.9～5.5 mm，宽3.5～4.4 mm；表面具粗糙的纵棱和颗粒状凸起，上部3/4稍宽，黄褐色，下部1/4稍窄，红褐色，有光泽，顶端钝尖，基端平截，合面稍平，背面圆拱；核壳骨质，坚硬，与种皮分离。种子长卵形，扁，长约4 mm，宽2 mm，厚约0.6 mm，棕黄色；种脐位于基端，圆凸。胚抹刀型，乳白色，蜡质；子叶2，长卵形，并合；胚轴短，胚根圆锥形，朝向种脐；胚乳稀薄，乳白色半透明，胶质，包被胚。千粒重21.5 g。

地理分布与生态生物学特性

样本种子采自内蒙古乌兰察布市（凉城县）。分布于我国内蒙古、河北、山西、陕西、宁夏、甘肃、青海、西藏等地。蒙古国也有。

旱中生灌木。生于草原带的山地石质山坡、林缘、沟谷及杂木林。耐寒、耐旱、耐贫瘠，抗风蚀。种子繁殖，有深度休眠特性。花期6～7月，果期8～9月。

主要应用价值

生态：水土保持植物。可作为北方地区山地生态修复用种。

药用：果实入蒙药（蒙药名：牙日钙），能燥“黄水”。

2000 μm
2000 μm
1000 μm
1000 μm
1000 μm
1000 μm
1000 μm
2000 μm
2000 μm
2000 μm

蒙古栒子 Cotoneaster mongolicus Pojark.

果实与种子形态特征

梨果倒卵形，长5.8～7.2 mm，宽5.6～7.1 mm，红色或紫红色，稍被蜡粉或无，含2果核。果核倒卵形，基端钝尖，长4.3～5.0 mm，直径3.5～3.9 mm；背部横向近1/2处具1条暗褐色或黑褐色浅沟纹，浅沟纹以上部分光滑，有光泽，黄褐色，以下部分粗糙，棕黄色或灰褐色，具沟槽，合面光滑，上端近心形，下端渐窄，中部具1条纵向凸棱；核壳骨质，与种皮相分离。种子椭圆形，扁，腹面平，背面圆拱，腹面中央由基端至顶端具1条纵棱；种脐位于基端，圆形，棕褐色；种皮棕黄色，紧贴胚。胚抹刀型，乳白色，蜡质；子叶2，长卵形，并合；胚根短圆锥形，朝向种脐；胚乳极少，薄层，白色半透明，胶质，包被胚。千粒重18.9 g。

地理分布与生态生物学特性

样本种子采自内蒙古阿拉善盟（贺兰山）。分布于我国内蒙古。蒙古国也有。

中生落叶灌木。生于草原带山地与丘陵的石质坡地，也见于沙地。耐旱、耐贫瘠。种子繁殖，有深度休眠特性。花期6～7月，果期8～9月。

主要应用价值

生态：水土保持植物。可作为北方山地生态修复用种。

饲用：饲用价值中等。骆驼乐食。

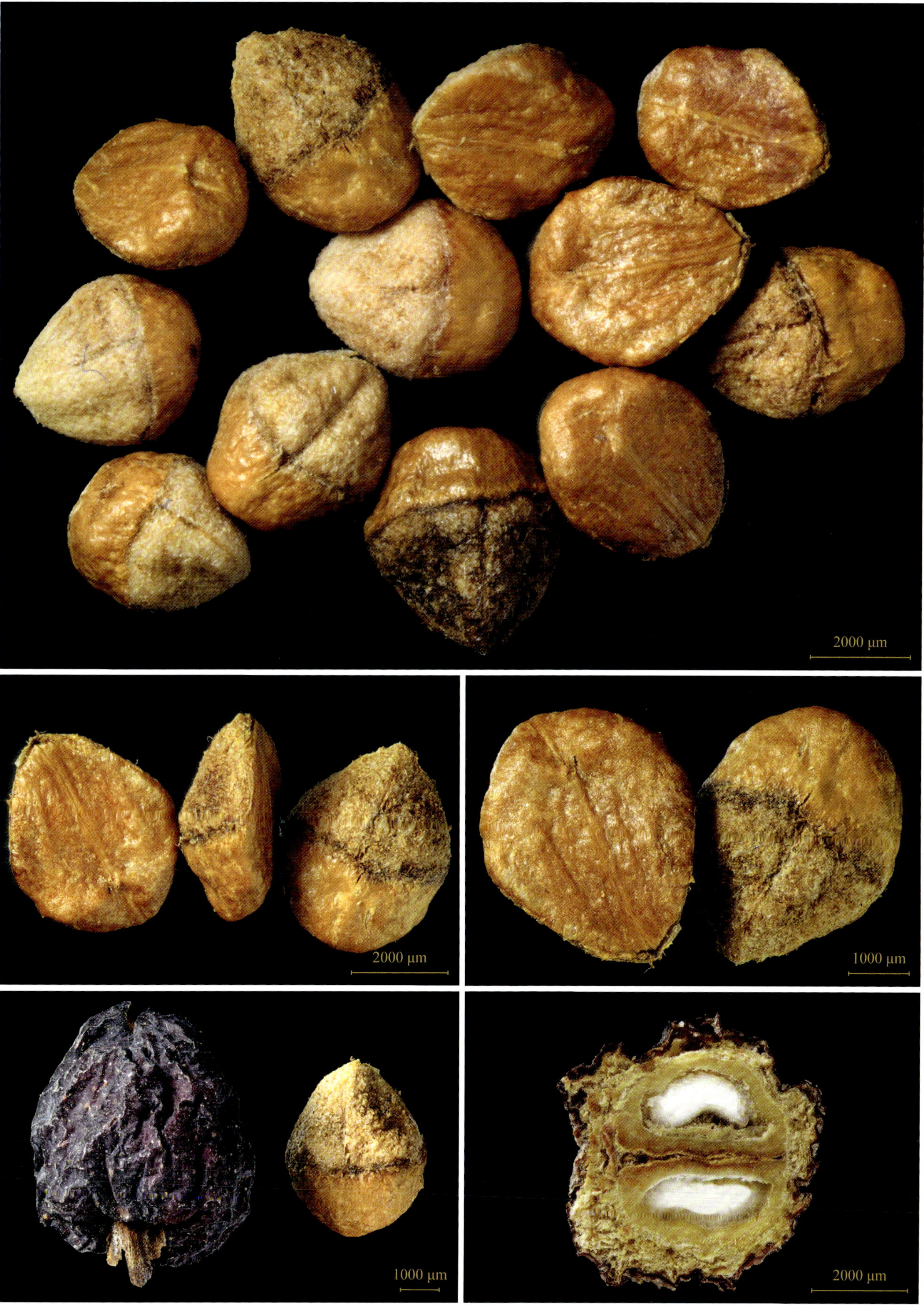
2000 µm
2000 µm
1000 µm
1000 µm
2000 µm

水栒子 Cotoneaster multiflorus Bunge

果实与种子形态特征

梨果近球形或倒卵形，直径6.8～8.2 mm，鲜红色，含1～2果核，常有1核不发育；果疤位于基端，近圆形，凹陷，棕褐色。果核倒卵形，长4.0～4.5 mm，宽3.5～4.0 mm；顶端凸尖，基端平截，背面圆拱，上部2/3～3/4具粗糙的纵棱和颗粒状凸起，棕黄色至黄褐色，下部近1/3光滑，黄色，有光泽，腹面平，合面近舌状心形，中部有一纵向细裂缝或细棱脊；核壳骨质，坚硬，与种皮分离。种子椭圆形，扁，长3.0～3.5 mm，宽2.5～3.0 mm，厚约0.5 mm，黄色。胚抹刀型，乳白色，蜡质；子叶2，椭圆形，并合；胚轴短，胚根圆锥形，朝向种脐；胚乳稀薄，乳白色半透明，胶质，包被胚。千粒重13.6 g。

地理分布与生态生物学特性

样本种子采自内蒙古巴彦淖尔市（乌拉山）。分布于我国黑龙江、辽宁、内蒙古、河北、山西、陕西、宁夏、甘肃、青海、西藏等地。俄罗斯及中亚、西亚也有。

中旱生落叶灌木。生于草原带的山地灌丛、林缘、沟谷。耐寒、耐旱、耐贫瘠，对土壤要求不严。种子繁殖，有深度休眠特性。花期6～7月，果期8～9月。

主要应用价值

生态：水土保持植物。可作为北方地区山地生态修复用种。

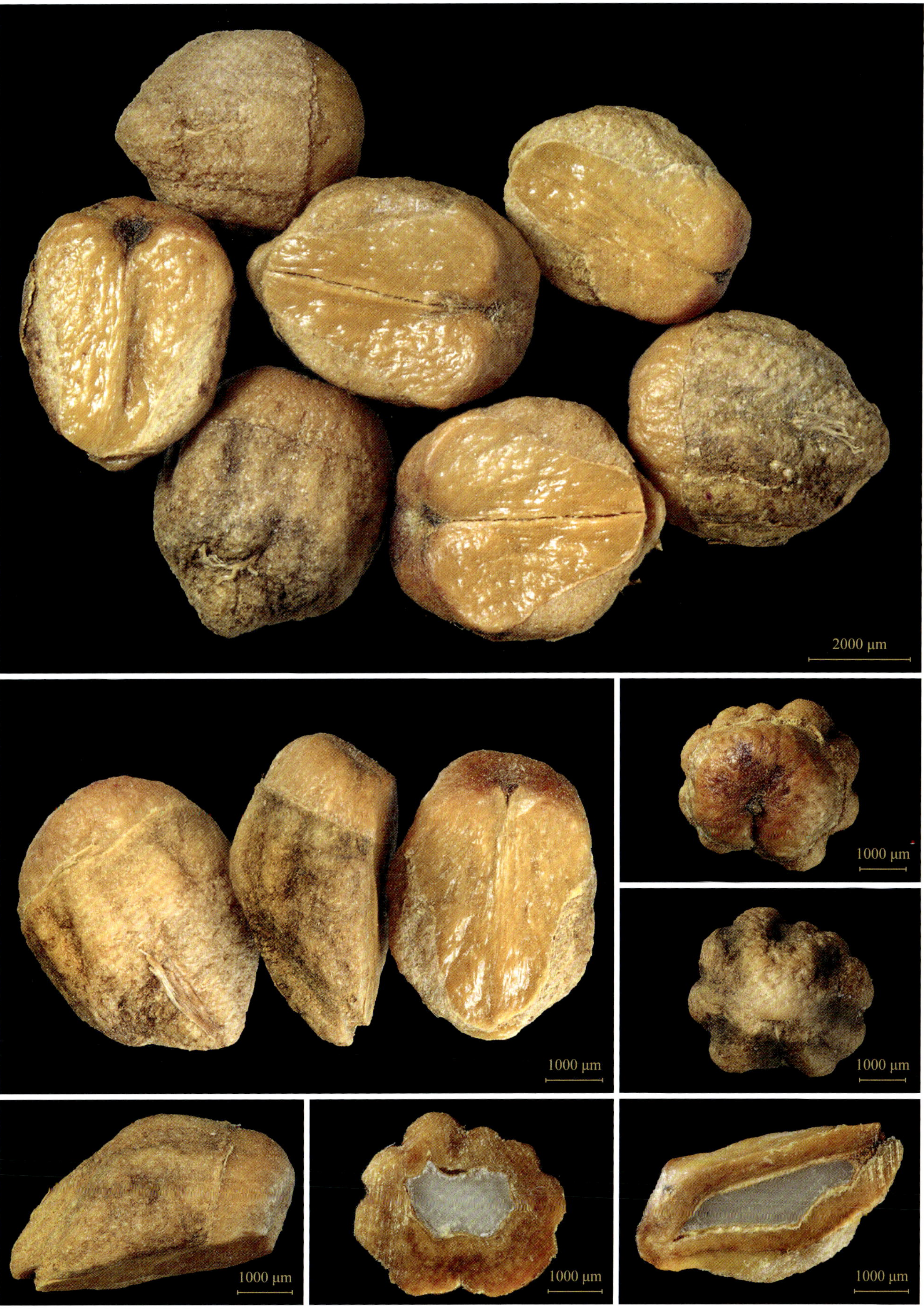
2000 μm
1000 μm
1000 μm
1000 μm
1000 μm
1000 μm
1000 μm

准噶尔栒子 Cotoneaster soongoricus (Regel et Herd.) Popov

果实与种子形态特征

梨果卵形至椭圆形，长6.8～9.8 mm，直径6.8～7.8 mm，红色或暗红色，被稀疏柔毛，含1～2果核。果核倒卵形，长4.1～4.7 mm，直径3.4～4.1 mm，黄褐色；顶端钝尖，基端稍平，中部有小凸尖，下部近1/4处向内缢缩，红褐色，光滑，稍具光泽，缢缩处具较密的白色柔毛，上部3/4粗糙，具纵向棱突和颗粒；核壳骨质，坚硬，与种皮分离，成熟后不开裂。种子卵形，扁，腹面平，中央由基端至顶端具1条纵棱，背面圆拱；种脐位于基端，圆形，凹陷，棕褐色；种皮薄膜质，棕黄色，紧贴胚乳。胚抹刀型，乳白色，蜡质；子叶2，卵形，并合；胚轴和胚根短圆锥形，朝向种脐；胚乳稀薄，乳白色半透明，胶质，包被胚。千粒重22.6 g。

地理分布与生态生物学特性

样本种子采自内蒙古阿拉善盟（贺兰山）。分布于我国山西、内蒙古、宁夏、甘肃、新疆、西藏等地。

中生落叶灌木。散生于草原带山地的石质山坡。耐寒、耐贫瘠，适应性强。种子繁殖。花期6～7月，果期8～9月。

主要应用价值

生态：水土保持植物。可作为北方地区山地生态修复用种。

2000 μm
2000 μm
2000 μm
1000 μm
2000 μm
2000 μm

光叶山楂 **Crataegus dahurica** Koehne ex Schneid.

果实与种子形态特征

梨果近球形，直径6～8 mm，红色或橘红色，顶端萼片脱落后呈瓶口状，边缘外折，可见内部果核，含2～4果核；果疤位于基端，圆形，黄色，内果皮骨质。果核不规则椭圆形或卵形，长约5 mm，宽约3 mm，厚约3 mm，黄色或灰黄色；表面粗糙，具颗粒状凸起和棱纹，疏被长柔毛，腹面隆起成脊状，两侧斜削，或腹面稍平，仅顶端具不明显隆起，背面圆拱，脊两面有不规则深凹痕。种皮膜质，白色。胚抹刀型，白色，脂质；子叶2，椭圆形，下胚轴和胚根短圆锥形；胚乳少，淡黄色，油脂质，包被胚。千粒重43.2 g。

地理分布与生态生物学特性

样本种子采自内蒙古呼伦贝尔市（鄂温克族自治旗）。分布于我国黑龙江、内蒙古。蒙古国、俄罗斯也有。

中生落叶阔叶灌木或小乔木。生于森林带和森林草原带的河岸林间草甸、灌丛、沙丘坡。耐寒、耐荫蔽、耐旱。种子繁殖。花期6月，果期8月。

主要应用价值

生态：水土保持树种。可作为河岸、沙丘造林树种。

其他应用：果可食用。可栽培作观赏植物。蜜源植物。

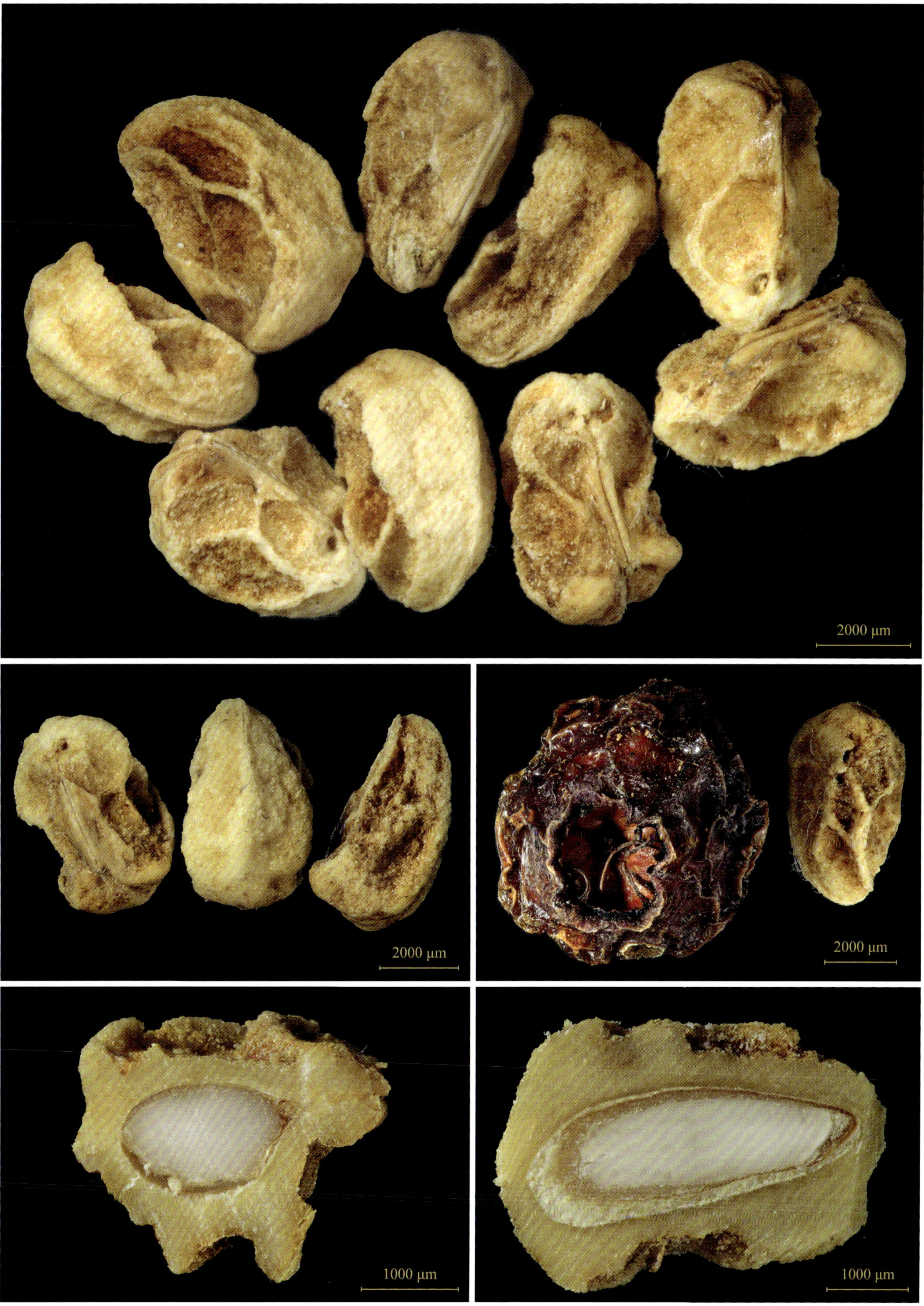
2000 μm
2000 μm
2000 μm
1000 μm
1000 μm

毛山楂 Crataegus maximowiczii Schneid.

果实与种子形态特征

梨果近球形，直径7～8 mm，红色，幼时被柔毛，后脱落无毛，宿存萼片边缘外折，含3～5果核；果疤位于基端，圆形，黄色，内果皮骨质，常为空壳或瘪粒种子。果核椭圆形，长5.0～5.5 mm，宽2.8～3.2 mm，厚约3 mm，黄色；表面粗糙，具颗粒状凸起，有不规则棱纹和浅凹痕，背面稍平，圆弓状隆起，腹面平脊状，两侧斜削，顶端两侧边棱状隆起或不明显。种子多败育。胚抹刀型，白色，脂质；子叶2，椭圆形，下胚轴和胚根短圆锥形；胚乳少，淡黄色，油脂质，包被胚。千粒重41.6 g。

地理分布与生态生物学特性

样本种子采自内蒙古赤峰市（巴林右旗）。分布于我国黑龙江、吉林、辽宁、内蒙古、山西。日本、朝鲜、俄罗斯也有。

中生落叶灌木或小乔木。生于森林带和森林草原带的山地林缘、沟谷灌丛。耐寒、耐阴，适应性强。种子繁殖。花期5～6月，果期8～9月。

主要应用价值

生态：水土保持树种。可作北方山地丘陵造林树种。

其他应用：果可食用。可栽培作观赏植物。蜜源植物。

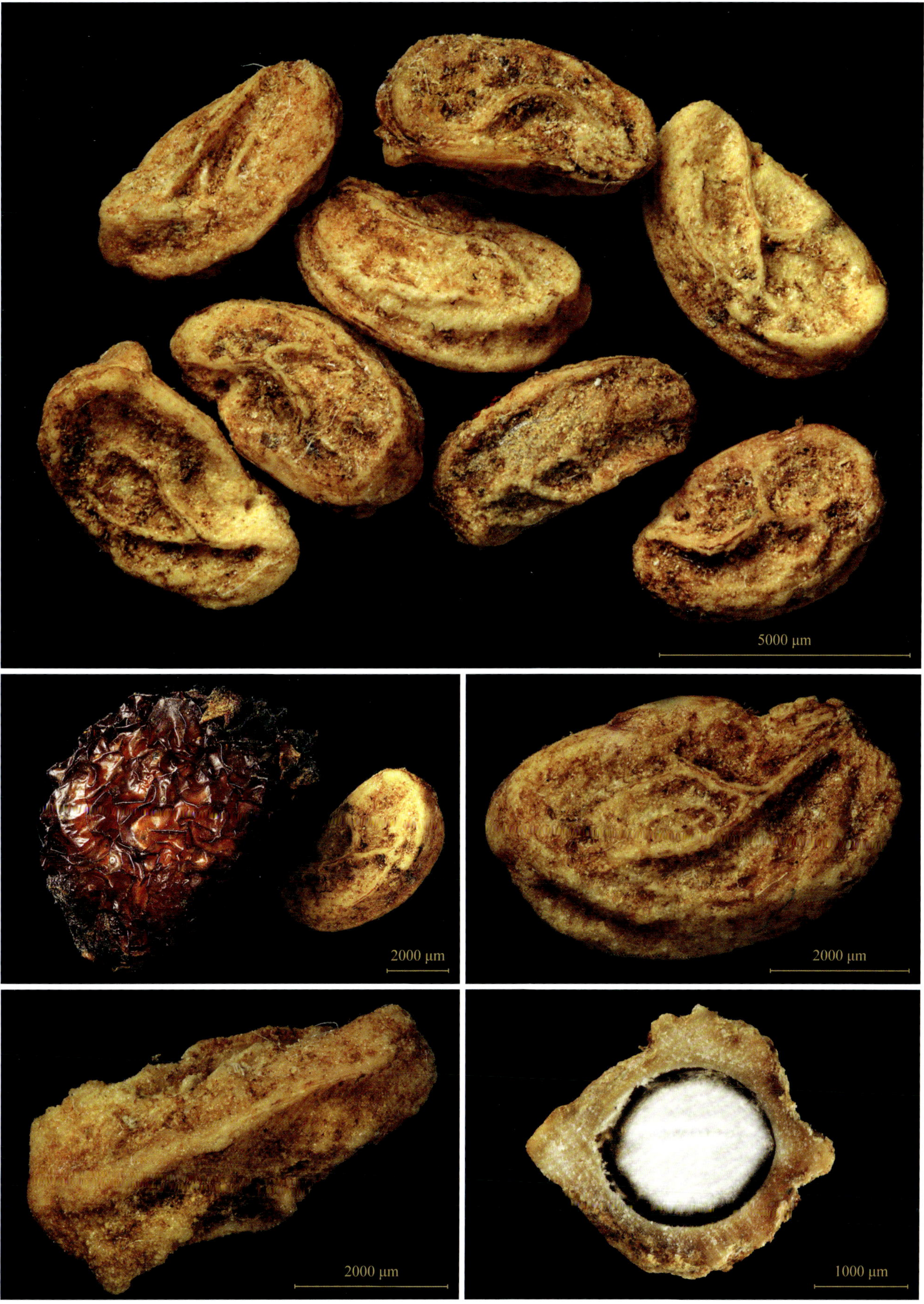
5000 μm
2000 μm
2000 μm
2000 μm
1000 μm

金露梅 Dasiphora fruticosa (L.) Rydb.

果实与种子形态特征

瘦果小型，10粒左右聚生于干燥的花托上，长卵圆形，两侧稍压扁，长1.3～1.5 mm，宽0.7～0.9 mm，厚0.6 mm左右，棕褐色；表面粗糙，被黄白色长绢毛，背面圆拱，有1条稍隆起的狭棱脊，腹面稍平，中部有一种瘤状凸起，果脐圆形，稍凹，黄褐色，周围密生1圈黄白色长毛，有数条放射状皱缩棱；果皮纸质，与种皮分离。种子与果同形，种皮薄膜质，褐色，紧贴胚。胚抹刀型，乳白色，蜡质，富含油脂，充满种子；子叶2，近卵形，分离；胚轴和胚根短圆锥形，朝向顶端；胚乳少，稀薄，包裹胚。千粒重0.22 g。

地理分布与生态生物学特性

样本种子采自内蒙古乌兰察布市（凉城县）。分布于我国黑龙江、吉林、辽宁、内蒙古、河北、山西、陕西、甘肃、新疆、青海、西藏等地。亚洲其他地区、欧洲等北温带山区也有。

中生落叶灌木。生于海拔1000～4000 m的山坡草地、砾石坡、灌丛及林缘。适应区域较广，耐寒性强，耐旱，喜湿、喜光，对土壤要求不严。种子繁殖。花期6～8月，果期8～10月。

主要应用价值

生态：水土保持植物。可作为干旱地区石砾质山坡生态修复配植用种。

饲用：饲用价值中等。嫩枝叶牛、羊、骆驼乐食。

药用：花、叶入药，有健脾、化湿、清暑、调经之效。

其他应用：适宜作观赏灌木，或作矮篱。叶与果实含鞣质，可提取栲胶。嫩叶可代茶叶饮用。

2000 μm
500 μm
2000 μm
500 μm
500 μm
500 μm
500 μm
200 μm

银露梅 Dasiphora glabra (G. Lodd.) Soják

果实与种子形态特征

瘦果小型，10粒左右聚生于干燥的扁球形花托上，长卵圆形，两侧稍压扁，长0.8～1.3 mm，宽0.4～0.6 mm，厚0.5 mm左右，黄棕色至棕褐色；表面粗糙，被白色长柔毛，背面圆拱，中部有狭棱脊，腹面稍平；果脐位于基端，圆形，稍凹，黄色，有数条放射状皱缩棱，周围密生白色长毛；果皮纸质，与种皮分离。种子与果同形，种皮薄膜质，黄褐色。胚抹刀型，乳白色，蜡质，富含油脂，充满种子；子叶2，长卵形，分离；胚轴和胚根短圆锥形，朝向顶端；胚乳少，稀薄，包裹胚。千粒重0.15 g。

地理分布与生态生物学特性

样本种子采自内蒙古呼和浩特市（武川县）。分布于我国内蒙古、河北、山西、陕西、甘肃、青海及西南等地。朝鲜、俄罗斯也有。

中生落叶灌木。生于森林带和草原带的山地灌丛、山坡草地。适应区域较广，较耐寒，耐旱，喜湿、喜光，对土壤要求不严。种子繁殖。花期6～8月，果期8～10月。

主要应用价值

同金露梅。

1000 μm
1000 μm
1000 μm
500 μm
200 μm
200 μm

蛇莓 Duchesnea indica (Andr.) Focke

果实与种子形态特征

瘦果卵形或半圆状卵形，两侧稍压扁，长1.3～1.5 mm，宽0.4～0.5 mm，厚0.4 mm左右，黄褐色或紫褐色，有光泽；表面粗糙，具细皱纹、凸脉纹和瘤状凸起，两端圆或有一端稍窄，背面圆拱，腹面稍平，背腹中部有棱脊；果脐位于腹面中部隆起的下端，椭圆形，凹陷，黄褐色，周围具黄色胶质物，果皮与种皮分离。种子与果同形，种脐位于近基端，深褐色；种皮薄膜质，淡褐色，紧贴胚。胚抹刀型，乳黄色，胶脂质，充满种子；子叶2，卵形，并合；胚轴和胚根短圆锥形，朝向顶端；无胚乳。千粒重0.3 g。

地理分布与生态生物学特性

样本种子采自内蒙古通辽市（库伦旗）。分布于我国辽宁以南及华北各地，内蒙古、河北等地有栽培。亚洲其他地区、欧洲等也有。

多年生中生草本。生于山坡、河岸、草地、潮湿地方。耐阴，喜光，喜湿润肥沃的土壤环境。种子繁殖，也能利用根茎和匍匐茎进行营养繁殖。花期6～8月，果期8～10月。

主要应用价值

生态：地被植物。

饲用：饲用价值良。牛、羊、猪、禽乐食。

药用：全草入药，能清热解毒、活血化淤、收敛止血。

1000 μm
500 μm
200 μm
200 μm
500 μm

蚊子草 Filipendula palmata (Pall.) Maxim.

果实与种子形态特征

瘦果月牙形、镰状披针形或长椭圆形，稍扁，长4～6 mm，宽约1 mm，黄色或黄褐色；表面粗糙，具不规则颗粒状凸起，顶端宿存花柱或脱落，基端有短柄，两侧缝线有睫毛状白色硬糙毛，成熟后不开裂，含1粒种子。种子长椭圆形，长3.0～4.2 mm，宽约0.7 mm，淡黄褐色，顶端尖，基端圆凸；种脐位于基端，圆形，褐色；种皮膜质，紧贴胚乳。胚抹刀型，蜡质，黄色或白色；子叶2，椭圆形，并合；胚轴和胚根短圆锥形，顶端钝圆；胚乳胶质。瘦果千粒重0.36 g。

地理分布与生态生物学特性

样本种子采自内蒙古呼伦贝尔市（鄂伦春自治旗）。分布于我国黑龙江、吉林、辽宁、内蒙古、河北、山西等地。日本、朝鲜、俄罗斯、蒙古国也有。

多年生中生草本。生于森林带和草原带的山地河滩沼泽草甸、河岸杨柳林及杂木灌丛，也散生于林缘草甸及针阔混交林下。耐寒、耐湿、耐阴。根茎和种子繁殖。花期7月，果期8～9月。

主要应用价值

生态：地被植物。

药用：叶入药，具发汗功效。

其他应用：全株含鞣质，可提取栲胶。

2000 μm
2000 μm
2000 μm
2000 μm
500 μm

路边青（水杨梅）Geum aleppicum Jacq.

果实与种子形态特征

聚合瘦果刺球状；瘦果长椭圆形，稍扁，长3.3～4.5 mm，宽1.1～1.5 mm，黄棕色；表面被白色长硬毛，两侧有窄边棱，顶端宿存有小钩的长花柱，在上部1/4处扭曲，成熟后自扭曲处脱落，脱落部分下部被疏柔毛，花柱宿存部分无毛，含1粒种子。种子长倒卵形，稍扁，长2.6～3.4 mm，宽1.0～1.3 mm，厚0.5 mm左右，褐色，有光泽；表面具皱缩纹和不明显的细网纹，一侧平，另一侧圆拱；种脐位于基端，凸尖，棕褐色；种皮膜质，与果皮易分离。胚抹刀型，乳白色，蜡质，充满种子；子叶2，长椭圆形，并合；胚轴短，胚根圆锥形，朝向种脐；无胚乳。千粒重1.4 g。

地理分布与生态生物学特性

样本种子采自内蒙古赤峰市（喀喇沁旗）。分布于我国黑龙江、吉林、河北、内蒙古、山西、甘肃、新疆、青海、西藏等地。俄罗斯、北欧等也有。

多年生中生草本。生于森林带和草原带的林缘草甸、河滩沼泽草甸、河边。耐寒，喜湿。种子繁殖为主，也能根茎繁殖。花期6～7月，果期8～9月。

主要应用价值

生态：地被植物。可作为荒山绿化、水土保持、生态修复林下伴生用种。

药用：全草入药，能清热解毒、利尿、消肿止痛、解痉，主治跌打损伤、腰腿疼痛、疔疮肿毒、痈疽发背、痢疾、小儿凉风、脚气、水肿等。

其他应用：全株含鞣质，可提取栲胶。种子含干性油，可制作肥皂和油漆。

2000 µm
2000 µm
1000 µm
1000 µm
1000 µm
500 µm
500 µm

山荆子 Malus baccata (L.) Borkh.

果实与种子形态特征

梨果近球形，直径8.0～10.0 mm，红色或黄色，柄洼及萼洼稍微陷入，萼片脱落，长果梗宿存，含种子多数。种子半月形或尖卵形，长4.0～4.7 mm，宽1.9～2.2 mm，黄褐色，有光泽；表面具纵向细条纹，有3狭棱翅，背面圆拱，腹面稍拱，上端渐尖并稍弯向腹面，中部以下圆粗，棱翅汇聚于基端，浅2裂；种脐位于基端，凸起，圆形，棕褐色；外种皮坚硬，木质，有光泽，内种皮薄膜质，淡褐色，紧贴胚。胚抹刀型，乳白色，肉质，几乎充满种子；子叶2，椭圆形，并合；胚轴和胚根短圆锥形，朝向顶端。胚乳少，多集中在胚根附近。千粒重6.5 g。

地理分布与生态生物学特性

样本种子采自内蒙古赤峰市（克什克腾旗）。分布于我国黑龙江、吉林、辽宁、内蒙古、河北、山西、陕西、甘肃、新疆等地。朝鲜、蒙古国、俄罗斯等也有。

中生落叶小乔木或乔木。生于海拔50～1500 m的山坡杂木林、林缘及河流两岸谷地、山谷阴处灌木丛，为河岸杂木林优势种，也见于森林草原带的沙地。耐寒、耐阴，稍耐旱。种子繁殖。花期5～6月，果期9月。

主要应用价值

生态：水土保持植物。可作为北方山地造林、生态修复配植用种。

其他应用：花果均可观赏，可作园林绿化观赏树种。蜜源植物。

2000 μm
2000 μm
1000 μm
1000 μm
1000 μm

花叶海棠 **Malus transitoria** (Batal.) C. K. Schneid.

果实与种子形态特征

梨果近球形或倒卵形，直径5.6～7.8 mm，黄绿色带红晕，干后变黑色，疏被茸毛，成熟后脱落，两端凹陷，果梗细长宿存，梗洼隆起，含2～4粒种子。种子三角状尖卵形，长4.8～5.2 mm，宽1.9～2.2 mm，黄褐色至红褐色，有光泽；表面具纵向细条纹，边缘有纵钝棱，背面圆拱，腹面平或稍内弯，上端渐尖并稍弯向腹面，中部以下圆粗，基端圆凸稍收窄；种脐位于基端中部，稍凸，圆形，褐色；种皮坚硬，软骨质，内种皮薄，紧贴胚。胚抹刀型，乳白色，蜡质，充满种子；子叶2，卵圆形，并合；胚轴和胚根近棱形，胚根朝向种脐；胚乳少，稀薄，多集中在胚根附近。千粒重20.1 g。

地理分布与生态生物学特性

样本种子采自内蒙古阿拉善盟（贺兰山）。分布于我国内蒙古、宁夏、陕西、甘肃等地。

中生落叶灌木或小乔木。生于山坡杂木林及山沟丛林、黄土丘陵区平原或丘坡。耐阴、耐贫瘠，稍耐旱，适应性强，对土壤要求不严。种子繁殖。花期6月，果期9月。

主要应用价值

生态：水土保持植物。可作为北方黄土丘陵区生态造林用种。

其他应用：树型优美、花果均可观赏，可作庭院、街道、公园观赏树种。蜜源植物。

1000 μm
1000 μm
1000 μm
1000 μm
500 μm
1000 μm

稠李 Padus avium Mill.（Prunus padus）

果实与种子形态特征

核果卵球形，浆果状，顶端有尖头，直径7.0～9.0 mm，红褐色至黑色，光滑，果梗无毛，萼片脱离，含1粒种子；果疤圆形，中部凹，棕褐色。果核宽卵形，长5.5～7.3 mm，宽5.0～5.6 mm，黄褐色；表面具不规则弯曲雕纹，腹侧有纵向细沟槽，背侧槽宽，有细沟，顶端收窄或圆凸，基端凸起；核壳坚硬，木质，与种皮分离。种子卵球形，种皮薄膜质，紧贴胚。胚抹刀型，乳黄色，蜡质，几乎充满种子；子叶2，椭圆形，并合；胚轴短，胚根锥形，朝向顶端；胚乳稀薄，乳白色，包被胚。千粒重56.2 g。

地理分布与生态生物学特性

样本种子采自内蒙古呼和浩特市（大青山）。分布于我国黑龙江、吉林、辽宁、内蒙古、河北、山西、陕西、甘肃、新疆、青海等地。蒙古国及欧洲也有。

中生落叶小乔木。生于河溪两岸、山麓洪积扇、山谷，也常见于草原沙地。耐阴，喜潮湿环境，也适应北方半干旱气候。花期5～6月，果期8～9月。

主要应用价值

生态：水土保持植物。可作为北方地区造林用种。

饲用：饲用价值中等。叶及嫩枝牛、羊、马采食，干叶各种家畜乐食。

其他应用：果实可食用。种子可榨油供工业用。木材可作为建筑、家具用材。树皮含鞣质，可提取栲胶。园林栽培供观赏。

5000 μm
2000 μm
2000 μm
2000 μm
2000 μm
2000 μm
2000 μm
2000 μm

绵刺 Potaninia mongolica Maxim.

果实与种子形态特征

瘦果长卵圆形，稍扁，包于密被白色长柔毛的萼筒内，长2.6～3.0 mm，宽1.3～1.5 mm，棕黄色，表面具长柔毛和纵向条纹，含1粒种子。种子倒卵形，长1.8～2.7 mm，宽1.2～1.4 mm，厚0.8 mm左右，灰褐色或淡褐色；表面密被结晶状颗粒物，顶端圆凸，基端凸尖，上部近2/3稍粗，卵形，下部1/3渐窄，圆锥形；种脐位于基端，圆形，褐色；种皮柔韧，革质。胚抹刀型，乳黄色，肉质；子叶2，卵形，并合；胚轴短粗，胚根圆锥形，朝向种脐；无胚乳。千粒重1.1 g。

地理分布与生态生物学特性

样本种子采自内蒙古阿拉善盟（阿拉善左旗）。分布于我国内蒙古西部及甘肃等地的荒漠区。蒙古国也有。荒漠区特有物种。国家二级重点保护野生植物。《世界自然保护联盟濒危物种红色名录》评定保护级别为易危（VU）。

超旱生小灌木。生于戈壁、覆沙碎石质荒漠、山前洪积扇和山间谷地，常形成群落。高度耐旱、耐盐碱，耐寒、耐沙埋，抗风蚀。对干旱气候具有特殊的适应性，生长缓慢，对恶劣环境胁迫有极强的适应能力，在极度干旱季节生长微弱，处于“假死”休眠状态，当获得一定水分时，又能恢复正常生长，并可开花结实。自然条件下，萌发率和结实率低，自然更新主要靠埋枝萌蘖和劈根繁殖，形成环状集群，雨水好的年份也能种子繁殖。花期6～9月，果期8～10月。

主要应用价值

生态：荒漠重要地被植物。可作为荒漠区生态治理及矿山修复配植用种。

饲用：饲用价值良。青鲜时骆驼最喜食，羊、马、驴喜食，叶枯黄后通常不食。

其他应用：第三纪古地中海植物区系孑遗植物，被称作“植物活化石”，对古地质研究、植物学分类和演变分析有着较为重要的科学意义。有一定观赏价值，株形苍劲，有“三瓣蔷薇”之美誉，园林造景中可制作成盆景。

2000 μm
500 μm
500 μm
1000 μm
500 μm
200 μm
500 μm
500 μm

星毛委陵菜 Potentilla acaulis L.

果实与种子形态特征

瘦果椭圆状卵球形，两侧稍压扁，长1.4～1.7 mm，宽1.2～1.5 mm，厚0.6 mm左右，暗棕黄色或棕褐色；表面具指纹状凸脉纹，斜纵向或“人”字形均匀排列，两端圆或有一端稍窄，腹面平或稍斜截，背面圆拱，两侧脉纹在腹面汇聚于腹缝线，稍隆起；果脐位于腹面侧中部，椭圆形，凹陷，黄褐色；外果皮纸质，内果皮木栓质，黄白色，与种皮分离。种子与果同形，顶端稍弯向腹面；种脐位于基端，深褐色；种皮薄膜质，紫褐色，紧贴胚。胚抹刀型，乳白色，胶脂质，富含油脂，充满种子；子叶2，倒卵形，并合；胚轴和胚根短圆锥形，朝向顶端；无胚乳。千粒重0.5 g。

地理分布与生态生物学特性

样本种子采自内蒙古乌兰察布市（四子王旗）。分布于我国黑龙江、内蒙古、河北、山西、陕西、甘肃、青海、新疆。朝鲜、蒙古国、俄罗斯也有。

多年生旱生草本。生于典型草原带的沙质草原、砾石质草原，在过度放牧草原能形成优势种群，为放牧退化草原指示植物。耐寒、耐旱、耐贫瘠、耐践踏，适应性强，对土壤要求不严。根茎和种子繁殖。花期5～7月，果期7～8月。

主要应用价值

生态：地被植物。可作为砂砾质退化草原生态修复用种。

饲用：饲用价值低。春季羊少量采食，牛、马很少采食。

500 μm
500 μm
500 μm
1000 μm

蕨麻（鹅绒委陵菜） Potentilla anserina L.（Argentina anserina）

果实与种子形态特征

瘦果卵形，小，长1.8～2.3 mm，宽1.2～1.5 mm，棕褐色或褐色，无光泽；表面粗糙，具颗粒状小瘤，两端圆或有一端稍窄，腹部平或稍凹，有一浅槽，背部圆宽，有1条纵棱脊或不明显；果脐位于腹面一侧近下部，椭圆形，稍凹陷，棕黄色，果皮与种皮分离。种子与果同形，顶端窄尖，基端圆凸；种脐位于基端，褐色；种皮薄膜质，紧贴胚。胚抹刀型，乳白色，胶脂质，富含油脂，充满种子；子叶2，卵形，并合；胚轴和胚根短圆锥形，朝向顶端；无胚乳。千粒重0.5 g。

地理分布与生态生物学特性

样本种子采自内蒙古锡林郭勒盟（阿巴嘎旗）。分布于我国黑龙江、内蒙古、河北、山西、陕西、甘肃、宁夏、新疆、青海等地。广泛分布于亚洲、欧洲、美洲等地。

多年生湿中生匍匐草本。生于草原区的盐化草甸、沼泽化草甸、河滩地、沟渠边，常为草原区低湿地优势种。耐盐、耐涝、耐践踏，不耐干旱，对土壤适应性强。种子繁殖，也能营养繁殖。花期5～8月，果期6～9月。

主要应用价值

生态：地被植物，可起到很好的水土保持作用。

饲用：饲用价值中等。牛、羊采食，嫩茎叶家禽乐食。

药用：根及全草入药，能凉血止血、解毒止痢、祛风湿。

其他应用：嫩茎叶可食用。块根称“蕨麻”，富含淀粉，可食用。全株含鞣质，可提取栲胶。茎叶可提取黄色染料。蜜源植物。

500 μm

白萼委陵菜（三出委陵菜） Potentilla betonicifolia Poir.

果实与种子形态特征

瘦果卵球形，两侧稍压扁，长1.0～1.2 mm，宽0.8～1.0 mm，厚0.5 mm左右，棕黄色或棕褐色，表面具稀疏浅凸脉纹，斜纵向或“人”字形稀疏排列，两端圆或有一端稍窄，腹面平或一侧稍斜截，中部有椭圆状凹陷区，边缘隆起，背面拱脉直，两侧脉纹在腹面汇聚于腹缝线，中部脊状隆起，长0.4 mm左右，中央稍凹陷，两侧稍斜削；果脐位于隆起侧下端，圆形，凹陷，黄褐色；外果皮膜质，内果皮木栓质，黄白色，与种皮分离。种子与果同形，顶端稍弯向腹侧；种脐位于基端，深褐色；种皮薄膜质，紫褐色，紧贴胚。胚抹刀型，黄色，胶脂质，富含油脂，充满种子；子叶2，倒卵形，并合；胚轴和胚根短圆锥形，朝向顶端；无胚乳。千粒重0.3 g。

地理分布与生态生物学特性

样本种子采自内蒙古锡林郭勒盟（锡林浩特市）。分布于我国黑龙江、吉林、辽宁、内蒙古、河北、山西。俄罗斯也有。

多年生旱生草本。生于草原带的石质山坡、石质丘顶及粗骨质草地。耐寒、耐旱、耐贫瘠，适应性强，对土壤要求不严。种子繁殖。花期5～6月，果期6～8月。

主要应用价值

生态：地被植物。可作为砂砾质退化草原生态修复用种。

饲用：饲用价值中等。牛、羊乐食。

药用：地上部分入药，能消肿、利水。

1000 μm
200 μm
200 μm
200 μm
200 μm
500 μm

二裂委陵菜 Potentilla bifurca L.
（Sibbaldianthe bifurca）

果实与种子形态特征

瘦果半圆状卵形，两侧稍压扁，长1.3～1.5 mm，宽0.8～1.3 mm，厚0.4～0.6 mm，棕黄色至深棕色或暗褐色；表面具细小颗粒纹和不明显脉纹，两端圆凸，一端稍窄，背面圆拱，腹面稍平；果脐位于腹面中下部，圆形，稍凹，棕褐色，果皮与种皮分离。种子与果同形，种脐位于基端，近圆形，种脊稍隆起，下端具1条黑褐色细腹沟；种皮薄膜质，黄色，紧贴胚。胚抹刀型，乳白色，肉质，富含油脂，充满种子；子叶2，圆形，并合；胚根短圆锥形，朝向顶端；无胚乳。千粒重0.5 g。

地理分布与生态生物学特性

样本种子采自内蒙古锡林郭勒盟（正蓝旗）。分布于我国黑龙江、吉林、内蒙古、河北、山西、陕西、宁夏、甘肃、新疆、青海、西藏等地。蒙古国、朝鲜、俄罗斯也有。

多年生旱生草本或亚灌木。干草原及草甸草原常见的伴生种，在荒漠草原带的小型凹地、草原化草甸、轻度盐化草甸、山地灌丛、林缘、农田、路边等生境中常零星生长，在放牧过度的草场能成为优势种。广幅耐旱植物，适应性强，耐寒、耐轻度盐碱、耐践踏。根茎和种子繁殖。花果期5～8月。

主要应用价值

生态：地被植物。

饲用：饲用价值中等。青草羊喜食，骆驼、马采食，干枯后采食性一般。

1000 μm

500 μm

委陵菜 Potentilla chinensis Ser.

果实与种子形态特征

瘦果卵球形，小，两侧稍压扁，长1.1～1.5 mm，宽0.7～1.0 mm，厚0.6 mm左右，棕黄色或棕褐色，有时稍呈紫褐色；表面具指纹状凸脉纹，斜纵向或"人"字形均匀排列，有时不明显，两端圆或有一端稍窄，腹部平窄，背部圆宽，两侧脉纹在背面汇合形成狭棱脊，在腹面汇聚于腹缝线；果脐位于腹面一侧中下部，圆形，凹陷，褐色；外果皮纸质，内果皮木栓质，乳白色，与种皮相分离。种子与果同形，顶端稍弯向一侧；种脐位于基端，深褐色；种皮薄膜质，棕黄色，紧贴胚。胚抹刀型，乳白色，胶脂质，富含油脂，充满种子；子叶2，倒卵形，并合；胚轴和胚根短圆锥形，朝向顶端；无胚乳。千粒重0.3 g。

地理分布与生态生物学特性

样本种子采自内蒙古赤峰市（阿鲁科尔沁旗）。分布于我国东北、华北、西北及西南等地。朝鲜、日本、蒙古国、俄罗斯也有。

多年生中旱生草本。生于典型草原、草甸草原，也见于山地林缘、灌丛。适应性强，耐寒、耐旱，较耐阴，对土壤要求不严。种子繁殖。花果期7～9月。

主要应用价值

生态：地被植物。可作为山地草原和典型草原生态修复用种。

饲用：饲用价值优良。青草各种家畜乐食，羊喜食，马嗜食，干草家畜均喜食。

药用：全草入药，能清热解毒、止血止痢。

其他应用：蜜源植物。全草和根可提取单宁。

500 μm
500 μm
500 μm
500 μm
200 μm

腺毛委陵菜 Potentilla longifolia Willd. ex Schlecht.

果实与种子形态特征

瘦果卵形，两侧稍压扁，长1.0～1.2 mm，宽0.8～1.0 mm，厚0.6 mm左右，黄色或黄褐色；表面具稀疏凸脉纹和细小颗粒，凸脉纹斜纵向或“人”字形稀疏排列，两端圆或有一端稍窄，腹面平，背面圆脊状，两侧脉纹在腹面汇聚于腹缝线，中部脊状隆起，长0.6 mm左右，隆起两侧小面积斜削，其下圆拱；果脐位于隆起侧下端，圆形，凹陷，黄褐色；外果皮膜质，内果皮木栓质，黄白色，与种皮分离。种子与果同形，顶端稍弯向腹侧；种脐位于基端，深褐色；种皮薄膜质，紫褐色，紧贴胚。胚抹刀型，黄色，胶脂质，富含油脂，充满种子；子叶2，椭圆形，并合；胚轴和胚根短圆锥形，朝向顶端；无胚乳。千粒重0.3 g。

地理分布与生态生物学特性

样本种子采自内蒙古锡林郭勒盟（锡林浩特市）。分布于我国黑龙江、吉林、内蒙古、河北、山西、陕西、甘肃、新疆、青海、西藏等地。朝鲜、蒙古国、俄罗斯也有。

多年生中旱生草本。生于典型草原和草甸草原，也见于山坡草地、高山灌丛、林缘及疏林下，为常见伴生种。耐寒、耐旱，适应性强。种子繁殖。花期7～8月，果期8～9月。

主要应用价值

生态：地被植物。可作为退化草原生态修复用种。

饲用：饲用价值中等。牛、羊采食，冬季干草牛、羊、马均乐食。

药用：全草入藏药，可清热解毒、止血止痢。

1000 μm
100 μm
100 μm
500 μm
500 μm

多茎委陵菜 Potentilla multicaulis Bge.

果实与种子形态特征

瘦果半圆状卵形或倒卵形，小，两侧稍压扁，长1.0～1.4 mm，宽1.0～1.2 mm，厚0.5 mm左右，暗棕色或棕褐色，稍有光泽；表面具指纹状凸脉纹和细小颗粒，脉纹斜纵向或“人”字形均匀排列，两端圆或有一端稍窄，背腹面圆拱，两侧脉纹在腹面汇聚于腹缝线，中部脊状隆起；果脐位于腹面隆起上部，圆形，凹陷，黄褐色；外果皮厚膜质，内果皮木栓质，与种皮分离。种子与果同形，顶端稍弯向腹面；种脐位于基端，深褐色；种皮薄膜质，紫褐色，紧贴胚。胚抹刀型，乳白色，胶脂质，充满种子；子叶2，卵形，并合；胚轴和胚根短圆锥形，朝向顶端；无胚乳。千粒重0.3 g。

地理分布与生态生物学特性

样本种子采自内蒙古赤峰市（敖汉旗）。分布于我国辽宁、内蒙古、河北、山西、陕西、甘肃、宁夏、青海、新疆等地。朝鲜、蒙古国、俄罗斯也有。

多年生中旱生草本。生于典型草原和草甸草原的沙质草原、沙砾质山坡，也见于耕地边、沟谷、滩地。耐寒、耐旱、耐贫瘠，适应性强，对土壤要求不严。种子繁殖。花期6～7月，果期8～9月。

主要应用价值

生态：地被植物。可作为砂砾质退化草原生态修复用种。

饲用：饲用价值中等。春季和冬季羊乐食，牛、马很少采食。

500 μm

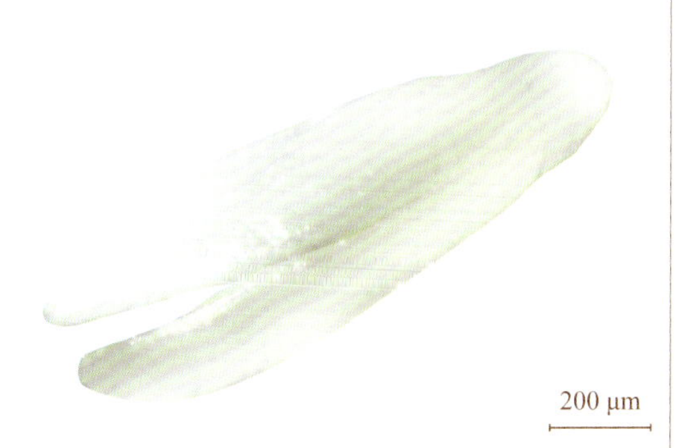

多裂委陵菜 Potentilla multifida L.

果实与种子形态特征

瘦果半圆状卵形，小，两侧稍压扁，长0.6～0.8 mm，宽0.4～0.5 mm，厚0.3 mm左右，黄色或黄褐色；表面平滑或具细皱纹和细小颗粒，两端圆或有一端稍窄，背面圆拱，腹面稍平；果脐位于腹面中下部，椭圆形，凹陷，黄褐色，有黄白色胶质物，果皮与种皮分离。种子与果同形，种脐位于基端，深褐色；种皮薄膜质，紧贴胚。胚抹刀型，乳白色，胶脂质，充满种子；子叶2，卵形，并合；胚轴和胚根短圆锥形，朝向顶端；无胚乳。千粒重0.2 g。

地理分布与生态生物学特性

样本种子采自内蒙古呼伦贝尔市（新巴尔虎左旗）。分布于我国黑龙江、吉林、辽宁、内蒙古、河北、山西、陕西、甘肃、青海、新疆、西藏等地。亚洲其他地区、欧洲、北美洲也有。

多年生中生草本。生于森林带和草甸带的山地草甸、沟谷及林缘。耐寒，喜光，适应性强。种子繁殖。花期5～8月，果期7～8月。

主要应用价值

生态：地被植物。可作为退化草甸草原生态修复用种。

饲用：饲用价值中等。春季牛、羊采食，冬季牛、羊、马乐食。

药用：全草入药，能清热利湿、止血、杀虫。外伤出血，研末外敷伤处。

500 μm
500 μm
500 μm
500 μm
200 μm
200 μm
200 μm

西山委陵菜 Potentilla sischanensis Bge. ex Lehm.

果实与种子形态特征

瘦果卵球形，两侧稍压扁，长1.3～1.5 mm，宽1.0～1.1 mm，厚0.6 mm左右，暗棕色或褐色，稍有光泽；表面具细小颗粒和脑状凸脉纹，脉纹斜纵向或“人”字形稍密集排列，两侧汇聚于腹缝线，背腹面圆拱，中部脊状隆起，近基端半侧斜削；果脐位于腹面隆起上端，圆形，凹陷，黄色；外果皮厚膜质，内果皮木栓质，与种皮分离。种子与果同形，种脐位于基端，深褐色；种皮薄膜质，紫褐色，紧贴胚。胚抹刀型，乳白色，胶脂质，充满种子；子叶2，卵形，并合；胚轴和胚根短圆锥形，朝向顶端；无胚乳。千粒重0.4 g。

地理分布与生态生物学特性

样本种子采自内蒙古锡林郭勒盟（东乌珠穆沁旗）。分布于我国内蒙古、河北、山西、陕西、甘肃、宁夏、青海等地。

多年生旱中生草本。生于草原带的山地阳坡、石质丘陵的灌丛、草原。耐寒、耐旱、耐贫瘠，对土壤要求不严。种子繁殖。花果期5～8月。

主要应用价值

生态：地被植物。可作为砂砾质退化草原、矿区生态修复用种。

饲用：饲用价值中等。春季牛、羊采食，冬季山羊、绵羊、牛、马、驴均喜食。

其他应用：良好的蜜源植物，对蜂群繁殖有一定的促进作用。

1000 μm
500 μm
500 μm
500 μm
500 μm
500 μm

朝天委陵菜（铺地委陵菜）Potentilla supina L.

果实与种子形态特征

瘦果倒卵形或倒三角形，稍扁，小，长和宽0.7～0.9 mm，厚0.4～0.6 mm，黄色或棕黄色；上半部圆拱，具横向皱褶状纹突，或呈多层狭翅状，下半部三角状收窄，光滑，基端圆凸；果脐位于基端中部，圆形，孔状；外果皮黄褐色，纸质，内果皮黄色，木栓质，与种皮分离。种子卵形，长0.6～0.8 mm，宽0.4～0.5 mm，紫褐色；种脐位于基端，深褐色；种皮薄膜质，紫褐色，紧贴胚。胚抹刀型，乳白色，油脂质，充满种子；子叶2，并合；胚根短圆锥形，朝向一侧；无胚乳。千粒重0.2 g。

地理分布与生态生物学特性

样本种子采自内蒙古赤峰市（阿鲁科尔沁旗）。分布于我国黑龙江、吉林、辽宁、内蒙古、河北、山西、陕西、甘肃、新疆、青海、西藏等地。亚洲、欧洲、北美洲广布。

一年生或二年生旱中生草本。生于草原区和荒漠区的低湿地，为草甸和盐化草甸的伴生植物，也常见于农田、路旁。耐寒，稍耐旱，轻度耐盐，适应性广，抗逆性强。种子繁殖。花果期5～9月。

主要应用价值

生态：地被植物。可作为荒地、河岸、沙地治理及轻度盐化草甸生态修复用种。

饲用：饲用价值中等。牛、羊喜食。

200 μm
200 μm
500 μm
200 μm
200 μm
1000 μm

菊叶委陵菜 *Potentilla tanacetifolia* Willd. ex Schlecht.

果实与种子形态特征

瘦果卵球形，两侧稍扁，小，长1.2～1.4 mm，宽0.7～0.9 mm，厚0.5 mm左右，黄棕色或棕褐色；两端圆或一端收窄，表面具数条纵向或斜向长短不一的弧形凸脉纹，交错或不交错，汇聚于背侧棱脊，背面圆拱，腹面平，中部短腹棱稍隆起；外果皮纸质，内果皮木栓质，白色，与种皮分离。种子与果同形，褐色；种脐位于基端，椭圆形，棕色；种皮薄膜质，紧贴胚。胚抹刀型，乳白色，胶脂质，富含油脂，充满种子；子叶2，倒卵形，并合；胚根短圆锥形，朝向顶端；无胚乳。千粒重0.3 g。

地理分布与生态生物学特性

样本种子采自内蒙古呼伦贝尔市（鄂温克族自治旗）。分布于我国黑龙江、吉林、辽宁、内蒙古、河北、山西、陕西、甘肃、青海等地。蒙古国、俄罗斯也有。

多年生中旱生草本。生于草甸草原和典型草原，为草原常见的伴生植物。耐寒、耐旱、耐贫瘠，适应性较强。种子繁殖，也能根茎繁殖。花果期7～10月。

主要应用价值

生态： 地被植物。可作为退化草原生态修复配植用种。

饲用： 饲用价值中等。青鲜时牛、羊、马采食。

药用： 全草入药，能清热解毒、消炎止血。

1000 μm
200 μm
200 μm
200 μm
200 μm
200 μm
200 μm

轮叶委陵菜 Potentilla verticillaris Steph. ex Willd.

果实与种子形态特征

瘦果半月状或肾状卵形，小，长1.5～1.9 mm，宽1.0～1.5 mm，厚0.5 mm左右，黄棕色或黄褐色；表面具不明显的凸脉纹或网状纹和小瘤状凸起，两端圆凸或一端稍凸尖，背面圆拱，有狭棱，腹面稍向内弯曲，中部三角状薄棱脊隆起；果脐位于腹面棱脊中下部，椭圆形，黄色；外果皮膜质，内果皮木栓质，与种皮分离。种子近卵形，顶端稍弯向腹面，黄色；种脐位于基端，种皮薄膜质，紧贴胚。胚抹刀型，乳白色，胶脂质，富含油脂，充满种子；子叶2，椭圆形，并合；胚轴和胚根短圆锥形，稍弯向一侧；无胚乳。千粒重0.4 g。

地理分布与生态生物学特性

样本种子采自内蒙古赤峰市（巴林右旗）。分布于我国黑龙江、吉林、内蒙古、河北、山西。朝鲜、蒙古国、俄罗斯也有。

多年生旱生草本。零星生长于山地草原和典型草原及灌丛群落，为常见的伴生种，也偶见于荒漠草原。耐旱、耐寒、耐贫瘠，对土壤要求不严。种子和根茎繁殖。花果期5～9月。

主要应用价值

生态：地被植物。可作为退化草原生态修复用种。

1000 μm
1000 μm
500 μm
200 μm
200 μm
200 μm
200 μm

东北扁核木 Prinsepia sinensis (Oliv.) Oliv. ex Bean

果实与种子形态特征

核果球形或长卵圆形，浆果状，长1.6～2.0 cm，直径1.2～1.5 cm，红色至紫褐色，萼片宿存，果肉多汁；果疤位于基端近中部，稍凹陷，扁圆形，褐色；果皮薄膜质，平滑无毛。果核倒宽卵形或近圆球形，两侧压扁，长8.9～9.7 mm，宽8.1～8.3 mm，厚3.9～4.4 mm，黄色或黄褐色；核壳坚硬，木质，厚约1 mm，表面具凸起雕纹，被细小颗粒，近基端纹沟收缩成细长条状汇聚于种脐。种仁与果核同形，种皮薄膜质，暗褐色，紧贴胚。胚抹刀型，乳白色，肉质，充满种子；子叶2，椭圆形，并合；胚轴和胚根短圆锥形，朝向种脐；无胚乳。千粒重288 g。

地理分布与生态生物学特性

样本种子采自内蒙古赤峰市（宁城县）。分布于我国黑龙江、吉林、辽宁、内蒙古。俄罗斯也有。

中生落叶灌木。生于阔叶林带的山地杂木林、林缘、山坡灌丛，为山地灌丛的伴生种。耐寒，喜光，不耐荫蔽，稍耐旱。花期5～6月，果期7～8月。

主要应用价值

生态：水土保持植物。可作为山地生态造林配植用种。

药用：种仁入药，可清热明目。

其他应用：果实可食。园林观赏植物。

10 000 μm
5 000 μm
5 000 μm
1 000 μm
2 000 μm
2 000 μm

蕤核（扁核木） Prinsepia utilis Royle

果实与种子形态特征

核果圆形或倒卵状长圆形，长1.0～1.6 cm，直径约0.8 cm，紫褐色或黑紫色，萼片宿存，果肉多汁；果疤位于基端，圆，黑色；果皮薄膜质，平滑无毛，被白粉，含2果核。果核倒宽卵形或近圆球形，两侧压扁，长8.0～8.7 mm，宽8.1～8.5 mm，厚4 mm左右，紫红色或棕褐色；表面具凸起雕纹，被细小颗粒，近基端网纹沟收缩成细长条状汇聚于种脐，基端稍尖；核壳坚硬，木质，厚约0.9 mm。种仁与果核同形，种脐位于基端，稍凹陷，圆形，棕褐色；种皮薄膜质，暗褐色，紧贴胚。胚抹刀型，乳白色，肉质，充满种子；子叶2，椭圆形，并合；胚轴和胚根短圆锥形，朝向种脐；无胚乳。千粒重254 g。

地理分布与生态生物学特性

样本种子采自内蒙古鄂尔多斯市（鄂托克前旗）。分布于我国内蒙古、山西、陕西、宁夏、甘肃、青海等地。

中生喜暖落叶灌木。生于草原带的低山丘陵阳坡或水分条件好的固定沙地，为沙地中生灌丛的伴生种。稍耐旱，耐贫瘠、耐热、耐风沙，喜光，不耐水淹。种子繁殖。花期6～7月，果期8～9月。

主要应用价值

生态：水土保持植物。可作为沙地治理用灌木树种。

药用：种仁入药，能清热、明目。

其他应用：果实、种仁可食。种子约含油32%。

5000 μm
2000 μm
1000 μm
1000 μm
2000 μm
2000 μm
2000 μm

毛樱桃 Prunus tomentosa (Thunb.) Wall.

果实与种子形态特征

核果近球形，长8.0～12.3 mm，直径约8 mm，红色或橘红色，表面疏被黄色短糙毛，含1粒种子（果核）。果核近球形或椭圆形，稍扁，长6.5～8.5 mm，直径6 mm左右，土黄色；表面稍粗糙，有细小的疣状凸起，顶端具小尖头，基端皱缩，有少量皱纹上延，两侧棱脊具纵沟，沟里有木质丝络，缝线两侧具短脉状沟和2条弧形纵沟；果脐位于基端，圆形，黄褐色；核壳木质，种皮膜质，紧贴胚。胚近抹刀型，蜡质，白色；子叶2，椭圆形，并合；胚轴和胚根极短，顶端圆凸；胚乳少，薄层，包被胚。千粒重65.5 g。

地理分布与生态生物学特性

样本种子采自内蒙古赤峰市（宁城县）。分布于我国黑龙江、吉林、辽宁、内蒙古、河北、山西、陕西、甘肃、宁夏、青海、西藏等地。日本、朝鲜也有。

中生落叶灌木。生于阔叶林带的山地灌丛。耐寒、耐旱、耐贫瘠、耐荫蔽，不耐涝，对土壤要求不严，高1.5～3.0 m。种子繁殖。花期5月，果期7～8月。

主要应用价值

生态：水土保持植物。可作为山地修复配植用种。

药用：种仁入药（药材名：郁李仁，习称大李仁），能润肠通便、下气利水。

其他应用：果实可食及供酿酒。种仁含油，可制肥皂及润滑油。观赏植物。

5000 μm
5000 μm
2000 μm
2000 μm
5000 μm
5000 μm

榆叶梅 Prunus triloba Lindl.

果实与种子形态特征

核果近球形，直径10.0～18.0 mm，顶端具短小尖头，红色，外被短柔毛，果梗长5.0～10.0 mm，果肉薄，成熟时沿腹缝线开裂，含1粒果核，易与果肉分离。果核椭圆形，两侧稍扁，长8.0～8.5 mm，宽4.8～15.8 mm，厚4.5～5.0 mm，黄褐色，顶端钝尖，基端平或向一侧偏斜，表面较平滑，两侧具腹缝线；核壳坚硬，木质；果疤位于基端，凸，近圆形，浅白色。胚折叠型，乳白色，蜡质，充满种子；子叶2，对叠，并合；下胚轴和胚根短圆锥形，朝向顶端；无胚乳。千粒重127 g。

地理分布与生态生物学特性

样本种子采自内蒙古（呼和浩特市）。分布于我国黑龙江、吉林、辽宁、内蒙古、河北、山西、陕西、甘肃等地，目前全国各地均有栽培。

中生落叶灌木。生于低至中海拔的坡地或沟旁乔灌木林下或林缘。耐寒、耐旱，适应性较强。种子繁殖。花期5月，果期6～7月。

主要应用价值

生态：水土保持植物。可作为北方地区荒山绿化、保持水土、城市园林绿化栽培观赏用种。

5000 μm
5000 μm
2000 μm
2000 μm
1000 μm
2000 μm
1000 μm

杜梨 Pyrus betulifolia Bunge

果实与种子形态特征

梨果近球形，直径5～12 mm，红褐色或褐色，有皮孔点或浅色斑点，具石细胞。种子宽卵形，长5.0～5.5 mm，宽2.8～3.3 mm，褐色；表面具黑褐色线纹和细小颗粒，下部渐窄，基端圆凸，向一侧歪斜，稍呈钩状，上部宽圆，顶端一侧稍凸，背面圆拱，腹面斜削平整，边缘锐棱状；种脐位于基端内侧，圆形，黑褐色；种皮软骨质，淡褐色，紧贴胚乳。胚抹刀型，白色，脂质，包夹胚轴；子叶2，长卵形，分离；胚轴肥厚，胚根短粗圆凸，朝向种脐；无胚乳。千粒重27.5 g。

地理分布与生态生物学特性

样本种子采自内蒙古赤峰市（宁城县）。分布于我国辽宁、河北、山西、陕西、甘肃等地，内蒙古等地有栽培。原产我国辽宁、河北等地。

中生落叶乔木。在平原或山坡向阳处均能正常生长，在轻度盐碱干旱地区生长良好。喜光，耐寒、耐旱、耐瘠薄、耐湿涝、耐盐碱，稍耐阴，对土壤要求不严。种子繁殖。花期5月，果期9～10月。

主要应用价值

生态：水土保持植物。可作为西北防护林及沙荒地造林用种及山地生态修复配植用种。

药用：果实入药，为收敛剂。

其他应用：果实可食及供酿酒。树皮含鞣质，可提取栲胶。木材坚重、细致，可作家具、雕刻等细木工用材。多作为各种栽培梨树的砧木或果园的绿篱，供园林观赏。

2000 μm
2000 μm
2000 μm
1000 μm
1000 μm

秋子梨（山梨） Pyrus ussuriensis Maxim.

果实与种子形态特征

梨果近球形，直径2～5 cm，黄绿色至黄色，有褐色斑点，具石细胞，基部微下陷，萼片宿存，果梗短粗。种子倒卵形，长6.5～7.5 mm，宽4.8～5.2 mm，褐色；表面具黑褐色线纹和细小颗粒，上部宽圆，顶端一侧稍凸，下部窄，两侧渐薄，边缘锐棱状，基端凸尖，稍向一侧歪斜，背面圆拱，腹面2/3～4/5斜削平整，边缘锐棱状；种脐位于基端边棱内侧，窄椭圆形，棕褐色；种皮软骨质，褐色，紧贴胚。胚抹刀型，白色，脂质，包夹胚轴；子叶2，长卵形，分离；胚轴肥厚，胚根短粗圆凸，朝向种脐；无胚乳。千粒重41.2 g。

地理分布与生态生物学特性

样本种子采自内蒙古赤峰市（宁城县）。分布于我国黑龙江、吉林、辽宁、内蒙古、河北、山西、陕西、甘肃等地，北方各地均有栽培。朝鲜、俄罗斯也有。

中生落叶乔木。生于阔叶林带的山地及溪谷杂木林，喜生于土层深厚、肥沃潮湿的土壤，也能生长在寒冷干燥的山区。喜光，耐寒、耐旱、耐瘠薄。种子繁殖。花期5月，果期9～10月。

主要应用价值

生态：水土保持植物。可作为北方防护经济林营造用种。

药用：果实入药，可燥湿健脾、和胃止呕、止泻，也入蒙药（蒙药名：阿格力格-阿力玛），能清“巴达干”热、止泻。

其他应用：果实可食及供酿酒。木材坚重、细致，可作家具、雕刻等细木工用材。多作为各种栽培梨树的抗寒砧木，供园林观赏。

5000 µm
5000 µm
5000 µm
2000 µm
2000 µm

刺蔷薇 *Rosa acicularis* Lindl.

果实与种子形态特征

蔷薇果椭圆形、长椭圆形或梨形，长20～35 mm，直径10～15 mm，红色，光滑无毛，先端收缩成颈部，顶端宿存直立开张的萼片，含多粒瘦果（种子）。瘦果卵形或不规则椭圆形，长4.0～4.5 mm，宽1.6～2.5 mm，厚2.0～2.5 mm，黄褐色，有光泽；表面光滑，顶端窄凸，基端略宽，有时具短绒毛，背部圆拱，腹部稍平，两侧各具1条纵浅沟；果脐位于基端，圆形，有脐沟，褐色；果皮木质，与种皮分离；种皮膜质，棕黄色，紧贴胚乳。胚抹刀型，乳白色，蜡质，几乎充满种子；子叶2，倒卵形，并合；下胚轴和胚根短圆锥形，朝向顶端；胚乳薄层状，半透明，胶质，包被胚。千粒重6.4 g。

地理分布与生态生物学特性

样本种子采自内蒙古赤峰市（克什克腾旗）。分布于我国黑龙江、吉林、辽宁、内蒙古、河北、山西。日本、朝鲜、蒙古国、俄罗斯也有。

中生落叶灌木。生于针叶林带和草原带的山地林下、林缘和山地灌丛。耐寒性极强，稍耐旱，耐阴，喜光。种子繁殖，有休眠特性。花期6～7月，果期8～9月。

主要应用价值

生态：水土保持植物。可作为林缘锁边灌木。

其他应用：可作庭院观赏植物。蜜源植物。

2000 µm
1000 µm
500 µm
1000 µm
1000 µm
1000 µm

美蔷薇 **Rosa bella** Rehd. et Wils.

果实与种子形态特征

蔷薇果椭圆形，长18～23 mm，直径8～13 mm，鲜红色，具明显的颈部，顶端宿存直立萼片，表面密被腺毛，含多粒瘦果（种子）。瘦果卵形或不规则椭圆形，长5.3～6.0 mm，宽2.2～2.5 mm，厚2.0～2.5 mm，黄褐色，稍有光泽；表面具皱褶纹，顶端窄凸，稍弯，基端略宽，背部圆拱，腹部稍隆起并具1条纵沟，两侧中上部斜削或稍凹，呈三棱状；果脐位于基端，圆形，有脐沟，褐色；果皮木质，与种皮分离；种皮膜质，棕黄色，紧贴胚乳。胚抹刀型，乳白色，蜡质，几乎充满种子；子叶2，椭圆形，并合；下胚轴和胚根短圆锥形，朝向顶端；胚乳薄层状，半透明，胶质，包被胚。千粒重7.7 g。

地理分布与生态生物学特性

样本种子采自内蒙古乌兰察布市（兴和县）。分布于我国吉林、内蒙古、河北、山西等地。

中生落叶灌木。生于落叶阔叶林区和草原带的山地林缘、沟谷及黄土丘陵，可形成优势灌丛。耐寒、耐阴，适应性强，喜温暖潮湿环境。种子繁殖。花期6～7月，果期8～9月。

主要应用价值

生态：水土保持植物。

饲用：饲用价值中等。春夏季叶及嫩枝牛、羊采食。

药用：花入药，能理气、活血、调经、健胃。果实入药，能养血活血。

其他应用：花可提取芳香油制作玫瑰酱和调味品。

2000 µm
2000 µm
1000 µm
1000 µm
1000 µm
1000 µm

山刺玫 Rosa davurica Pall.

果实与种子形态特征

蔷薇果近球形或卵形，直径10～15 mm，红色，平滑无毛，成熟后粗糙有皱褶，顶端宿存直立萼片，含多粒瘦果（种子），果梗长3～4 mm。瘦果卵形或不规则椭圆形，长4.2～5.3 mm，宽和厚2.2～2.8 mm，黄褐色，有光泽；表面光滑，顶端有小凸尖，下部略宽或具短果柄，背部圆拱，腹部稍隆起，两侧稍平展；果脐位于基端，圆形，有时具短绒毛，有脐沟，并向顶端延伸，褐色；果皮木质，与种皮分离；种皮膜质，棕黄色，紧贴胚乳。胚抹刀型，乳白色，蜡质，几乎充满种子；子叶2，椭圆形，并合；下胚轴和胚根短圆锥形，朝向顶端；胚乳稀薄，半透明，胶质，包被胚。千粒重7.4 g。

地理分布与生态生物学特性

样本种子采自内蒙古赤峰市（喀喇沁旗）。分布于我国黑龙江、吉林、辽宁、内蒙古、河北、山西。朝鲜、日本、蒙古国、俄罗斯也有。

中生落叶灌木。生于落叶阔叶林带和草原带的山地林下、林缘、石质山坡，亦见于河岸沙质地，多呈团块状分布。喜暖、喜光，耐旱，不耐水淹，根蘖性较强。种子繁殖。花期6～7月，果期8～9月。

主要应用价值

生态：水土保持植物。

药用：花和果实入药，能健脾胃、助消化，果实也入蒙药（蒙药名：吉日乐格-扎木日），能清热解毒、清“黄水”。根入药，能止咳祛痰、止痢、止血。

其他应用：果实含多种维生素、果胶、糖分及鞣质等，可食。花味清香，可制成玫瑰酱、作点心馅或提取香精。根、茎皮和叶含鞣质，可提取栲胶。可栽培供园林观赏。

2000 μm
1000 μm
1000 μm
1000 μm
1000 μm

黄刺玫 Rosa xanthina Lindl.

果实与种子形态特征

蔷薇果近球形，直径8～12 mm，深红色或黑红色，平滑无毛，顶端宿存反折萼片，含多粒瘦果（种子）。瘦果有楔形、三角状长卵形、棱柱状椭圆形等多种，长4.0～5.6 mm，宽3.5～4.5 mm，厚2.5～3.5 mm，棕褐色或有紫红色斑块，有光泽；表面光滑，顶端钝尖或凸尖，基端略宽，平截，背腹常具不规则棱脊，形成多个不规则斜削面；果脐位于基端，脐沟被稀疏白色长柔毛，顶端具一簇浓密长柔毛，基端有短绒毛；果皮硬骨质，与种皮分离；种皮薄膜质，黄褐色。胚抹刀型，白色，蜡质，几乎充满种子；子叶2，椭圆形，并合；下胚轴和胚根短圆锥形，朝向顶端；胚乳稀薄，胶质，包被胚。千粒重20.2 g。

地理分布与生态生物学特性

样本种子采自内蒙古呼和浩特市（大青山）。分布于内蒙古、河北、山西、陕西、甘肃、青海等地。

中生落叶灌木。生于落叶阔叶林区和草原带的山地，也散见于石质山坡。喜光、耐寒、耐旱、耐贫瘠、耐轻度盐碱，不耐涝，适应性强，抗病虫害。种子繁殖。花期5～6月，果期7～8月。

主要应用价值

生态：水土保持植物。可作为山地生态环境治理配植用种，防护效果强。

药用：花入药，能理气、活血、调经、健脾。果实入药，能养血活血。

其他应用：果可食、制作果酱及供酿酒。花可提取芳香油。茎皮含纤维素。叶可作纸浆原料。北方园林造景中常用的观赏花木，适宜在草坪林缘、路边丛植，也可作绿篱。

2 000 μm
10 000 μm
1 000 μm
1 000 μm
1 000 μm
1 000 μm

山莓 Rubus corchorifolius L. f.

果实与种子形态特征

多数小核果组成聚合果，卵球形，直径10～15 mm，红色，具细柔毛。小核果长半圆形或卵形，长1.6～2.0 mm，宽1.0～1.4 mm，棕黄色或淡黄色；表面粗糙，具蜂窝状凹穴，背面圆拱，腹面平展，背腹有棱脊与凹穴棱相连，两端渐窄；果脐位于腹面近基端棱脊线上部，卵形，稍凹；果皮硬骨质，与种皮分离。种皮薄膜质，淡褐色，紧贴胚。胚抹刀型，乳白色，蜡质，充满种子；子叶2，椭圆形，并合；胚轴和胚根短，圆凸，胚根朝向基端；胚乳稀薄。千粒重1.8 g。

地理分布与生态生物学特性

样本种子采自内蒙古赤峰市（宁城县）。分布于我国黑龙江、吉林、辽宁、内蒙古、河北、山西、陕西、甘肃、宁夏、新疆等地。日本、朝鲜、缅甸、越南等也有。

中生落叶灌木。生于阔叶林带的向阳山坡、灌丛、林间草甸、溪边或沟谷。耐寒、耐阴，喜光，喜潮湿荫蔽环境，不耐干旱。种子繁殖。花期4～7月，果期8～9月。

主要应用价值

生态：地被植物。可作为林缘、沟谷生态修复配植用种，用于增加生物多样性。

饲用：饲用价值良。叶及嫩枝牛、羊等乐食。

药用：果实入药（药材名：悬钩子），能解酒、止渴、祛痰、解毒。根入药，具活血、解毒、止血功效。

其他应用：果实含糖、苹果酸、柠檬酸及维生素C等，可食、制作果酱及供酿酒。根皮、茎皮、叶可提取栲胶。

2000 μm
2000 μm
5000 μm
500 μm
500 μm
500 μm

华北覆盆子 **Rubus idaeus** var. **borealisinensis** T. T. Yu et L. T. Lu

果实与种子形态特征

浆果状小核果近球形，多数组成球状或近椭球状聚合果，多汁液，直径1.0～1.5 cm，红色或橙黄色，稍具光泽，含种子1～2粒，被短绒毛。小核果半圆形，长1.8～2.2 mm，宽1.5～1.8 mm，棕黄色或淡黄色；表面具洼孔状凹穴，背面圆拱，腹面平展或稍凹，具浅沟，有棱脊与凹穴棱相连，近基端稍收窄；果脐位于腹面近基端2棱脊线中部，卵形，稍凹；果皮硬质。种皮薄膜质，淡褐色，紧贴胚。胚抹刀型，乳白色，蜡质，充满种子；子叶2，椭圆形，并合；胚轴和胚根短，圆凸；胚乳少。千粒重2.5 g。

地理分布与生态生物学特性

样本种子采自内蒙古乌兰察布市（凉城县）。分布于我国内蒙古、山西、河北。为中国特有种。

中生落叶灌木。生于海拔1250～2500 m草原带的山地林缘、山谷阴处、山坡杂木林或草甸。耐寒、耐阴。种子繁殖。花期6～7月，果期7～9月。

主要应用价值

生态：地被植物。可作为林缘、沟谷生态配植用种，用于增加生物多样性。

饲用：饲用价值良。叶及嫩枝牛、羊等乐食。

药用：果代覆盆子入药，有明目、补肾作用。茎、枝入药，能祛风湿。

其他应用：果可食用及制果酱。

2000 μm

1000 μm

1000 μm

库页悬钩子 Rubus sachalinensis Lévl.

果实与种子形态特征

多数小核果组成聚合果，卵球形，直径8～15 cm，红色，具绒毛。小核果长半圆形或卵形，长1.8～2.2 mm，宽1.5～1.8 mm，棕黄色或淡黄色；表面具蜂窝状凹穴，密被黄白色绒毛，背面圆拱，腹面平展稍凹，背腹有棱脊与凹穴棱相连，基端稍收窄；果脐位于腹面近基端棱脊线上部，卵形，稍凹；果皮硬质。种皮薄膜质，淡褐色，紧贴胚。胚抹刀型，乳白色，蜡质，充满种子；子叶2，椭圆形，并合；胚轴和胚根短，圆凸，朝向种脐；胚乳少。千粒重2.8 g。

地理分布与生态生物学特性

样本种子采自内蒙古兴安盟（阿尔山市）。分布于我国黑龙江、吉林、内蒙古、河北、甘肃、青海、新疆。日本、朝鲜、蒙古国及欧洲也有。

中生落叶灌木。生于森林带和草原带的山地林下、林缘灌丛、林间草甸或沟谷。耐寒、耐阴。种子繁殖。花期6～7月，果期8～9月。

主要应用价值

生态：地被植物。可作为林缘、沟谷生态修复配植用种，用于增加生物多样性。

饲用：饲用价值良。叶及嫩枝牛、羊等乐食。

药用：果实代覆盆子入药。茎、枝入药，能祛风湿。

其他应用：果实可食及制作果酱。

2000 μm
1000 μm
1000 μm
500 μm
500 μm

石生悬钩子 Rubus saxatilis L.

果实与种子形态特征

小核果2～5个离生，球形，直径1.0～1.5 cm，红色，果皮硬质。果核较大，长半圆形或长圆形，长3.5～4.0 mm，宽2.5～2.8 mm，棕黄色，有时稍带果肉浸染的淡红色；表面具蜂窝状凹穴，背面圆拱，腹面稍平展，有棱脊与凹穴棱相连，腹面2棱脊稍粗；果脐位于腹面近基端棱脊线上部，卵形，稍凹。种皮薄膜质，淡褐色，紧贴胚。胚抹刀型，乳白色，蜡质，充满种子；子叶2，椭圆形，并合；胚轴和胚根短，圆凸，朝向种脐；胚乳稀薄或无。千粒重2.6 g。

地理分布与生态生物学特性

样本种子采自内蒙古呼伦贝尔市（鄂温克族自治旗）。分布于我国黑龙江、吉林、辽宁、内蒙古、河北、山西、新疆。蒙古国及欧洲、北美洲也有。

多年生中生草本。生于森林带的山地林下、林缘草甸、稀疏杂木林或石质山坡。耐寒、耐荫蔽，适应性强。根茎和种子繁殖。花期6～7月，果期7～8月。

主要应用价值

生态：地被植物。可作为山地生态修复林下配植用种，用于增加生物多样性。

饲用：饲用价值中等。叶及嫩枝牛、马、羊等乐食。

药用：果实代覆盆子入药。茎、枝入药，能祛风湿。

其他应用：果实可食及制作果酱。

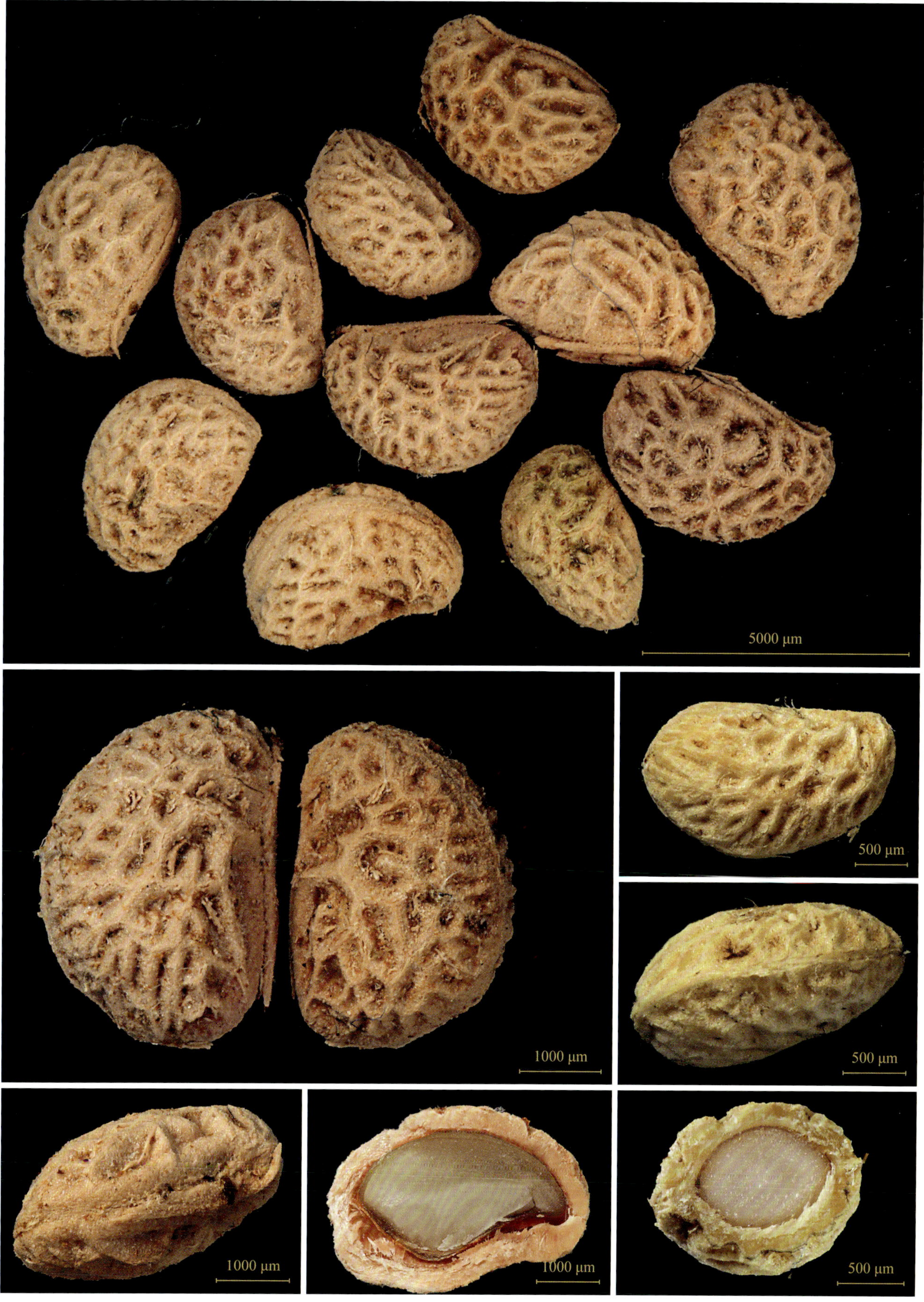
5000 μm
1000 μm
500 μm
500 μm
1000 μm
1000 μm
500 μm

地榆 Sanguisorba officinalis L. var. officinalis

果实与种子形态特征

瘦果宽卵形或四棱状椭圆形，长2.5～3.1 mm，宽1.4～2.3 mm，棕褐色或黑褐色，表面粗糙皱缩，具4条翼状纵向棱脊，被稀疏短柔毛，包于宿存的萼筒内，基部具褐色短果梗；外果皮薄膜质，内果皮薄纸质，棕黄色，与种子分离，成熟后不开裂，含1粒种子。种子近卵圆形，水滴状，长2.0～2.5 mm，宽1.2～1.5 mm，黄褐色或紫红色，顶端有尖头，基端圆凸或平截，一侧具纵棱；种脐位于基端，圆形，凸起，白黄色；种皮薄膜质，紧贴胚。胚抹刀型，直生，乳白色，蜡质；子叶2，矩圆形，分离；胚轴和胚根短圆锥形，朝向顶端；胚乳极少，稀薄。千粒重3.0 g。

地理分布与生态生物学特性

样本种子采自内蒙古呼和浩特市（大青山）。分布于我国黑龙江、吉林、辽宁、内蒙古、河北、山西、新疆等地。遍布欧亚大陆及北美洲。

多年生中生草本。生于森林草原带和草原带的林缘草甸、山地草甸、低地草甸，为林缘草甸优势种或建群种，是在森林草原地带起重要作用的杂类草。生态幅较宽，耐寒、耐湿、耐阴，喜肥沃潮湿、排水良好的沙壤质土壤。种子繁殖。花期7～8月，果期8～9月。

主要应用价值

生态：地被植物。可作为草甸草原、草甸生态修复用种。

饲用：饲用价值良。春夏季牛、羊采食，干草各类家畜乐食。

药用：根入药，能凉血止血、消肿止痛，并有降压作用。

其他应用：全株含鞣质，可提取栲胶。根含淀粉，可酿酒。种子油可制肥皂和供工业用。全草可作农药，其水浸液防治蚜虫、红蜘蛛和小麦秆锈病有效。

500 μm
500 μm
500 μm
500 μm
1000 μm

小白花地榆 *Sanguisorba tenuifolia* var. *alba* Trautv. et C. A. Mey.

果实与种子形态特征

瘦果宽卵形或宽椭圆形，长2.9～3.4 mm，宽1.9～2.3 mm，棕褐色，具4条翼状纵向脊棱，被稀疏短柔毛，包于宿存的萼筒内；外果皮棕黄色或棕褐色，薄膜质，内果皮棕黄色，薄纸质，与种子分离，成熟后不开裂，含1粒种子。种子宽卵形，水滴状，长2.5～2.8 mm，宽1.7～2.2 mm，黄褐色，顶端有短尖头，一侧具纵棱；种脐位于基端，圆形，稍凸或平，黄色；种皮薄膜质，紧贴胚。胚抹刀型，乳白色，蜡质，含油脂，充满种子；子叶2，矩圆形，分离；胚轴和胚根短圆锥形，朝向顶端；胚乳极少，稀薄。千粒重3.7 g。

地理分布与生态生物学特性

样本种子采自内蒙古呼伦贝尔市（鄂温克族自治旗）。分布于我国黑龙江、吉林、辽宁、内蒙古。日本、朝鲜、蒙古国、俄罗斯也有。

多年生中生草本。生于森林带的湿地、草甸、林缘及林下。耐湿、耐阴、耐寒。花期7～8月，果期8～9月。

主要应用价值

同地榆。

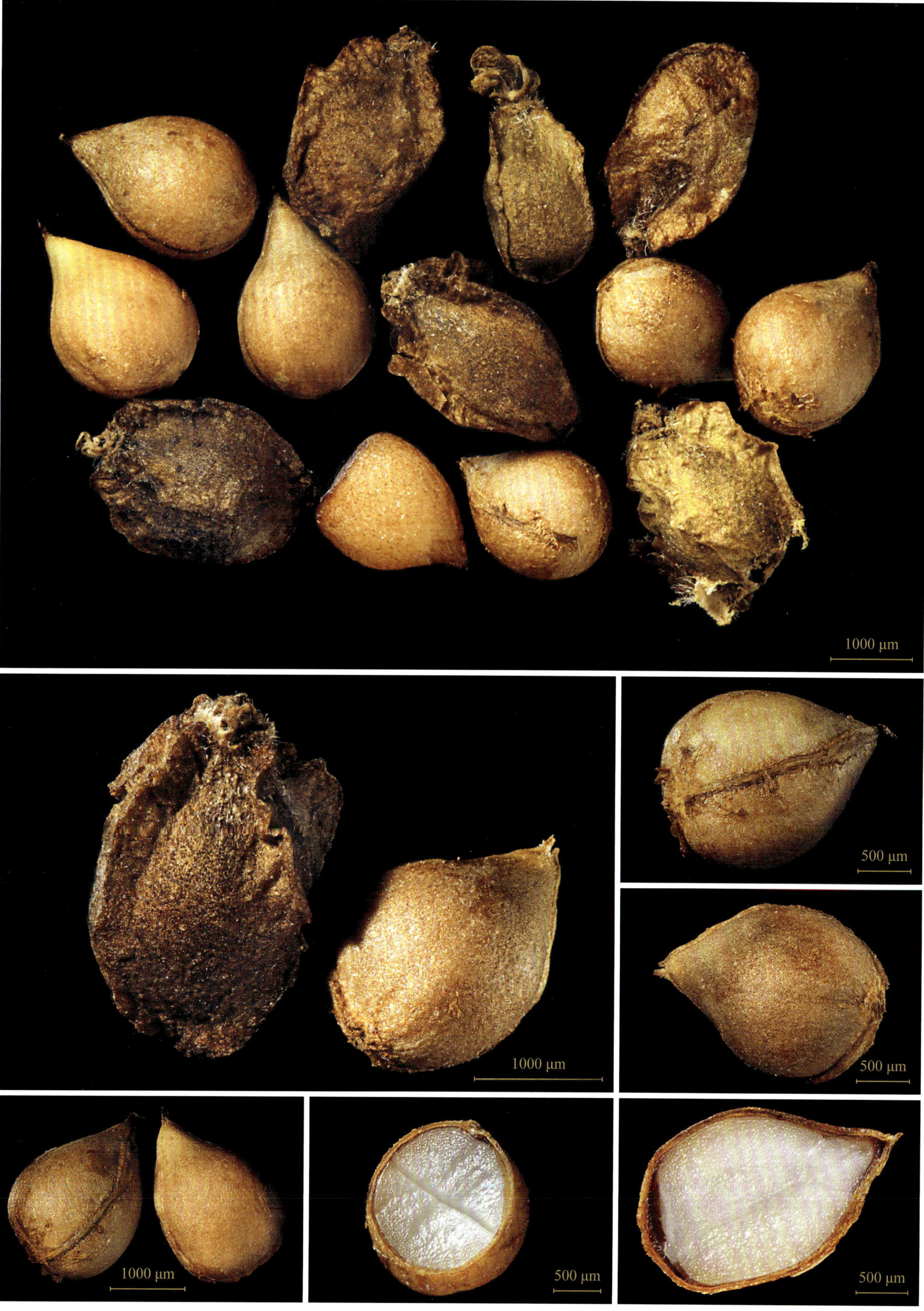
1000 μm
1000 μm
500 μm
500 μm
1000 μm
500 μm
500 μm

楔叶山莓草 **Sibbaldia cuneata** Hornem. ex Ktze.

果实与种子形态特征

瘦果卵圆形或稍斜卵形，长1.3～1.6 mm，宽1.1～1.3 mm，黄绿色或绿褐色，光滑无毛，具数条不明显纵棱或条纹和细小颗粒状凸起，顶端凸尖，基端至背部圆拱，腹面稍平缓，背腹中部有细棱脊；果脐位于腹面近基部棱脊端，圆形，稍凹，褐色，至棱脊中部有翼状隆起的种脊，黄色或淡褐色；果皮稍厚，中果皮木栓质，与种皮分离。种子与果同形，种脐位于近基部棱脊端，圆形，白色；外种皮纸质，淡黄色，内种皮膜质，黄色或褐色，紧贴胚。胚抹刀型，白色，脂质；子叶2，卵圆形或椭圆形，并合；下胚轴和胚根短圆锥形，朝向顶端；胚乳稀薄，包被胚。千粒重0.5 g。

地理分布与生态生物学特性

样本种子采自青海果洛藏族自治州（年保玉则）。分布于我国青海、西藏等地。俄罗斯、阿富汗等也有。

多年生旱生草本。生于海拔3400～4500 m的高山草地、路旁、岩石缝。耐寒、耐旱、耐贫瘠，对土壤要求不高。种子和根茎繁殖。花期6～8月，果期8～10月。

主要应用价值

生态：地被植物。可作为高寒草地生态修复配植用种，也可用于矿山生态修复、公路护坡。

饲用：饲用价值中等。牦牛、羊乐食。

药用：叶入药，能降血糖血脂、镇痛抗炎、祛痰平喘。

1000 μm
500 μm
500 μm
500 μm
500 μm
500 μm

窄叶鲜卑花 Sibiraea angustata (Rehd.) Hand.-Mazz.

果实与种子形态特征

蓇葖果卵形，直立聚生于同一果梗上，长4～5 mm，宽约2 mm，黄棕色或黄褐色，表面光亮，具小瘤状凸起，顶端有稍向外弯的花柱，宿存萼片和果梗被短柔毛，成熟后沿腹缝线及背缝线顶端开裂，含2粒种子。种子椭圆状纺锤形，稍扁，长2.4～3.1 mm，宽0.5～0.6 mm，黄色至黄褐色，具3条狭棱翅，在顶端汇聚成扁圆柱状短尾，棱间平，有梯形细纹，基端凸或稍斜截；种脐位于基端，点状，黄色。胚抹刀型，白色，蜡质；子叶2，椭圆形，并合；下胚轴和胚根短圆锥形，朝向种脐；胚乳少或不明显。千粒重1.0 g。

地理分布与生态生物学特性

样本种子采自青海果洛藏族自治州。分布于我国甘肃、青海、西藏等地。

中生落叶灌木。生于海拔3000～4000 m的山坡、灌丛或山谷砂石滩。喜光，耐寒、耐旱、耐瘠薄，对土壤要求不严，在中性和微酸性土壤上均能生长。种子繁殖。花期6月，果期8～9月。

主要应用价值

生态：水土保持植物。可作为山地生态修复配植用种。

药用：叶和嫩枝入藏药（藏药名：柳茶），用于清胃热、疏散风寒和健脾胃。

其他应用：叶和嫩枝可作茶用。

1000 µm
1000 µm
1000 µm
500 µm
500 µm
500 µm
500 µm

珍珠梅 Sorbaria sorbifolia (L.) A. Braun

果实与种子形态特征

蓇葖果矩圆形，长3.5～4.0 mm，宽2.8～3.3 mm，黄色，宿存萼片反折，深褐色，密被白色长柔毛，沿腹缝线开裂，含种子多数。种子纺锤状披针形，长2.1～3.3 mm，宽0.4～0.8 mm，黄褐色，两端渐尖，上部收缩，偏薄，边缘具狭翅，表面具4条纵向肋棱，汇聚于顶端，棱间具网状凸纹，基端平凸或斜截；种脐位于基端，圆形。胚抹刀型，近棒状，白黄色，脂质；子叶2，长椭圆形，胚根锥形；胚乳少或不明显。千粒重0.4 g。

地理分布与生态生物学特性

样本种子采自内蒙古呼伦贝尔市（鄂伦春自治旗）。分布于我国黑龙江、辽宁、吉林、内蒙古等地。朝鲜、日本、蒙古国也有。

中生落叶灌木。散生于森林带和森林草原带的山地林缘，有时可形成群落片段，也见于林下、路边、沟边及林缘草甸。耐阴、耐寒、耐瘠薄、耐轻微盐碱，对土壤要求不严，有较强的抗污染能力。种子繁殖。花期7～8月，果期8～9月。

主要应用价值

生态：水土保持植物。可作为高大阔叶林配植用种或单独用于绿化造林，也可作为城市风景树栽培供观赏。

药用：茎皮、枝条和果穗入药，能活血散淤、消肿止痛。

1000 μm
1000 μm
1000 μm
500 μm
500 μm

花楸树 Sorbus pohuashanensis (Hance) Hedl.

果实与种子形态特征

小梨果近球形或宽卵形，直径6～8 mm，红色或橘红色，光滑，有时被白粉，闭合花萼宿存，2～5室，每室含1～2粒种子；果皮软骨质，果疤圆形，褐色。种子近椭圆形或卵圆形，长3.5～4.0 mm，宽1.3～1.6 mm，棕褐色，表面具细密纵向条纹和细小颗粒状凸起，背面拱，腹面平，腹面两侧边缘具隆起的棱，基端凸尖，稍向上翘；种脐位于腹面一侧棱近基端，圆形；种皮膜质，淡褐色。胚抹刀型，白色，油脂质；子叶2，肥厚，椭圆形；下胚轴和胚根圆柱形，稍弯；胚乳稀薄，脂质，集中在子叶部位。千粒重2.2 g。

地理分布与生态生物学特性

样本种子采自内蒙古赤峰市（宁城县）。分布于我国内蒙古、黑龙江、吉林、辽宁、陕西、甘肃、河北、山西等地。

中生落叶乔木。生于森林带和草原带的山地阴坡、溪涧和疏林。耐阴、耐寒，喜湿润的酸性或微酸性土壤，不耐盐碱、不耐旱。种子繁殖。花期5～6月，果熟期9～10月。

主要应用价值

生态：水源涵养、水土保持植物。可作为退化林、低质林改造用种。

药用：果实、茎、皮入药，能清热止咳、补脾生津。

其他应用：木材可作家具用材。果实富含维生素，可制酱及供酿酒。可栽培供观赏。

1000 μm
1000 μm
500 μm
1000 μm
500 μm
500 μm
500 μm
500 μm

蒙古绣线菊 Spiraea mongolica Maxim.（Spiraea lasiocarpa）

果实与种子形态特征

蓇葖果5个聚生于同一果梗，直立开张，矩圆形，萼片宿存，黄绿色；蓇葖果矩圆形，长约4 mm，宽0.80～1.25 mm，无毛，密被颗粒状凸起，顶端钝圆，边缘具喙，沿腹缝线稍有短柔毛或无，成熟后沿腹缝线开裂，含种子多数。种子纺锤形或半椭圆形，长1.8～2.7 mm，宽0.3～0.5 mm，黄色或褐色，表面具细密网纹，两端形成鱼尾状短尾，黄白色，两侧棱直或斜；种脐位于基端，点状，深褐色，种皮薄膜质。胚抹刀型，白色，蜡质；子叶2，长椭圆形，分离，下胚轴和胚根短圆柱形；无胚乳。千粒重0.8 g。

地理分布与生态生物学特性

样本种子采自内蒙古呼和浩特市（大青山）。分布于我国内蒙古、河北、山西、陕西、甘肃、青海、西藏等地。

旱中生落叶灌木。生于草原带和荒漠带的山地石质山坡、灌丛、草地、山谷多石砾地及山谷。耐寒、耐旱，适应性强，对土壤要求不严。种子繁殖。花期5～7月，果期7～9月。

主要应用价值

生态：水土保持植物。可作为石质山坡生态修复配植用种。

饲用：饲用价值良。春夏季叶及嫩枝牛、羊、马乐食。

药用：花入蒙药（蒙药名：塔比勒干纳），能治伤、生津。

500 µm
1000 µm
200 µm
200 µm
1000 µm
500 µm
500 µm
500 µm

土庄绣线菊 Spiraea pubescens Turcz.
（Spiraea ouensanensis）

果实与种子形态特征

蓇葖果5个聚生于同一果梗，宽矩圆形，萼片宿存，褐色，果梗黄色；蓇葖卵圆形，长约2 mm，宽约1 mm，沿腹缝线有短柔毛，表面被颗粒状凸起，顶端钝圆，边缘具喙，成熟后沿腹缝线开裂，含种子多数。种子纺锤形、椭圆形或卵圆形，长1.3～1.6 mm，宽0.4～0.6 mm，表面具梯形脉纹，黄色或褐色，一侧边缘具白色窄膜质翅，两端略窄形成匙状短尾，白色；种脐位于基端，点状，深褐色，种皮薄膜质。胚近抹刀型，白色，蜡质；子叶2，宽椭圆形，并合，下胚轴和胚根短圆锥形；无胚乳。千粒重0.7 g。

地理分布与生态生物学特性

样本种子采自内蒙古呼和浩特市（大青山）。分布于我国内蒙古、河北、辽宁、山西、陕西、甘肃、宁夏等地。朝鲜、蒙古国、俄罗斯也有。

中生落叶灌木。生于草原带和森林带的山地灌丛、林缘、杂木林，也零星生长于草原带的沙地，在蒙古栎林下可成为优势层片。耐寒、耐旱，适应性强，对土壤要求不严。种子繁殖。花期5～6月，果期7～8月。

主要应用价值

生态：水土保持植物。可作为沙地生态修复配植用种。

饲用：饲用价值良。春夏季叶及嫩枝牛、羊、马乐食。

药用：全草入蒙药（蒙药名：哈登-切），用于治疗咽喉肿痛、跌打损伤。

其他应用：少数民族代茶植物。可栽培作园林观赏植物。

1000 µm
1000 µm
500 µm
200 µm
200 µm
500 µm

绣线菊（柳叶绣线菊） Spiraea salicifolia L.

果实与种子形态特征

蓇葖果3～5个聚生于同一果梗，常具反折萼片；蓇葖卵圆形或长椭圆形，长4～5 mm，宽1.0～1.5 mm，沿腹缝线有短柔毛，顶端具外弯的花柱尖，成熟后沿腹缝线1/3处开裂，含种子多数。种子条状纺锤形，稍扁，长2.1～2.8 mm，宽0.3～0.5 mm，黄色至褐色，表面具鳞片状凸起和蜂窝状网纹，两端形成扁或尖的翼状短尾，有棱和多条纵向细棱纹；种脐位于基端，点状，褐色；外种皮粗糙，近革质，内种皮薄膜质。胚近抹刀型，白色，蜡质；子叶2，长椭圆形，并合，下胚轴和胚根短圆柱形；无胚乳。千粒重0.3 g。

地理分布与生态生物学特性

样本种子采自内蒙古呼伦贝尔市（额尔古纳市）。分布于我国黑龙江、吉林、辽宁、内蒙古、河北等地。蒙古国、日本、朝鲜、俄罗斯也有。

湿中生落叶灌木。生于森林草原带的河流沿岸、湿草甸、山坡林缘和山沟湿草原。适应性强，耐阴、耐湿，对土壤要求不严。种子繁殖。花期6～8月，果期8～9月。

主要应用价值

生态：水土保持植物。可作为沿河低地造林树种和观赏灌木。

饲用：饲用价值中等。春季嫩枝叶牛、羊采食。

其他应用：蜜源植物。

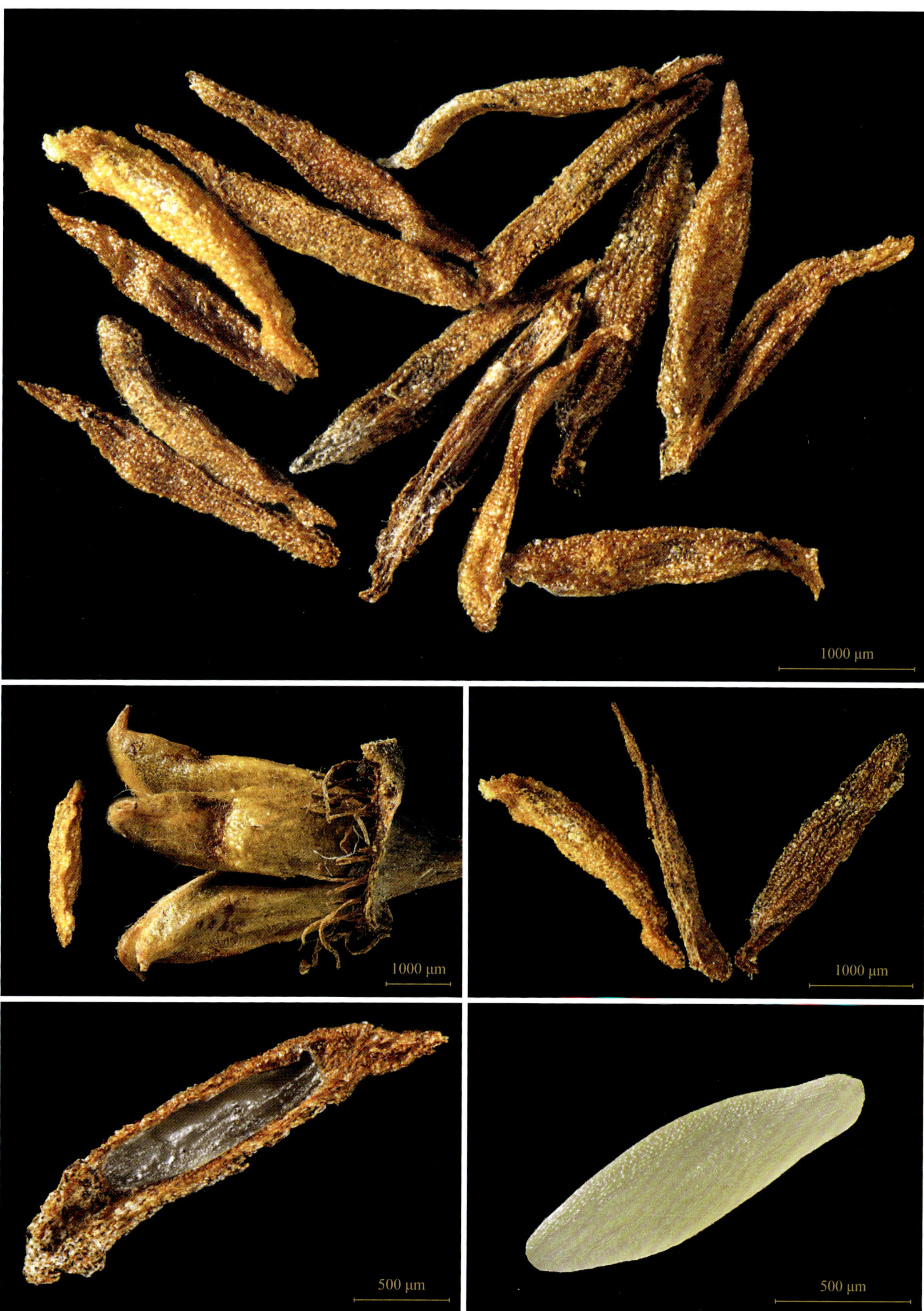
1000 μm
1000 μm
1000 μm
500 μm
500 μm

主要参考文献

《新疆植物志》编辑委员会. 2019a. 新疆植物志(第一卷)[M]. 乌鲁木齐: 新疆科学技术出版社.

《新疆植物志》编辑委员会. 2019b. 新疆植物志(第二卷)[M]. 乌鲁木齐: 新疆科学技术出版社.

《新疆植物志》编辑委员会. 2019c. 新疆植物志(简本·上)[M]. 乌鲁木齐: 新疆科学技术出版社.

蔡杰, 张挺, 刘成, 等. 2013. 野生植物种子采集技术规范[J]. 植物分类与资源学报, 35(3): 221-233.

曹董玲, 张学杰, 刘玫. 2019. 独行菜族8属(十字花科)植物果实及种子微形态研究[J]. 植物研究, 39(5): 673-682.

陈明忠, 孙坤, 张明理, 等. 2011. 国产藜科14种植物种皮微形态特征比较研究[J]. 植物资源与环境学报, 20(1): 1-9.

陈默军, 贾禛修. 2001. 中国饲用植物[M]. 北京: 中国农业出版社.

陈彦生. 2016. 陕西维管植物名录[M]. 北京: 高等教育出版社.

崔治家, 晋玲, 朱田田, 等. 2014. 甘肃省麻黄属野生种质资源及保护利用[J]. 中兽医医药杂志, 33(4): 24-28.

杜燕. 2022. 中国珍稀濒危植物种子[M]. 昆明: 云南科技出版社.

杜燕, 杨湘云. 2014. 青藏高原特色植物种子[M]. 昆明: 云南科技出版社.

范小妮, 刘庆超, 刘庆华, 等. 2010. 唐松草种子形态特征及萌发特性[J]. 西北农业学报, 19(1). 198-200.

关广清, 张玉茹, 孙国友. 2000. 杂草种子图鉴[M]. 北京: 科学出版社.

郭巧生, 王庆亚, 刘丽. 2008. 中国药用植物种子原色图鉴[M]. 北京: 中国农业出版社.

郭琼霞. 1998. 杂草种子彩色鉴定图鉴[M]. 北京: 中国农业出版社.

郭学民, 刘挨枝, 王华芳. 2013. 胡杨种子微形态结构特征及其耐旱性[J]. 河北科技师范学院学报, 27(1): 23-26.

郭亚亚, 王树林, 车昭碧, 等. 2020. 132种植物种子大小、生活型、传播方式的关系[J]. 石河子大学学报(自然科学版), 38(1): 83-90.

郭正刚, 王根绪, 沈禹颖, 等. 2004. 青藏高原北部多年冻土区草地植物多样性[J]. 生态学报, 24(1): 149-155.

国家林业局国有林场, 林木种苗工作总站. 2000. 中国木本植物种子[M]. 北京: 中国林业出版社.

韩保强, 张建平, 胡晓华, 等. 2013. 反枝苋种子形态与组分研究[J]. 种子, 32(5): 1-3, 7.

贺新强, 李法曾. 1995. 中国滨藜属种子形态及其分类学意义[J]. 植物研究, 15(1): 65-71, 139-140.

洪军, 陈志宏, 李新一, 等. 2017. 我国牧草种质资源收集保存现状与对策建议[J]. 中国草地学报, 39(6): 99-105.

胡正海, 吴美枢, 田兰馨. 1988. 中国药用植物种子的形态鉴别(上)[M]. 西安: 西北大学出版社.

江丹丹, 周晶, 常朝阳. 2015. 中国绣线菊属植物种子形态及其分类学意义[J]. 植物科学学报, 33(5): 579-594.

孔航辉, 高乞, 罗艳, 等. 2013. 国产乌头属(毛茛科)的种子形态及其系统学意义[J]. 植物分类与资源学报, 35(3): 241-252.

李贵芬, 李昕蔓, 刘朝华, 等. 2021. 不同种源蒙古栎种子形态指标比较与分析[J]. 现代农业科技, (11): 114-116.

李俊祯, 马骥. 2005. 麻黄及其近缘种种子微形态的特征研究[J]. 中医药学刊, (5): 815-816.

李旻辉, 伊乐泰, 斯琴巴特尔. 2021. 中国中药资源大典·内蒙古卷[M]. 北京: 北京科学技术出版社.

李伟强, 刘小京, 毛任钊, 等. 2006. 植物种子二形性(多形性)研究进展[J]. 生态学报, 26(4): 1234-1242.

李云祥, 甄占萱, 那淑芝, 等. 2005. 野罂粟种子形态、品质与萌发规律的研究[J]. 种子, 24(6): 4-6.

刘成, 亚吉东, 郭永杰, 等. 2020. 西藏种子植物分布新资料[J]. 生物多样性, 28(10): 1238-1245.

刘果厚, 田靖. 2000. 绵刺的生物学特性及其保护[J]. 西北植物学报, 20(1): 123-128.

刘建泉, 王零, 王多尧, 等. 2010. 濒危植物蒙古扁桃种子的形态与萌芽过程及成苗生长状态的研究[J]. 西部林业科学, 39(1): 36-42.

刘培亮, 卢元, 杜诚, 等. 2022. 陕西省维管植物名录(2021版)[J]. 生物多样性, 30(6): 48-52.

刘生龙, 高志海, 王理德, 等. 1994. 民勤红砂岗地区绵刺分布和繁殖方式及濒危原因调查[J]. 西北植物学报, 14(6): 111-115.

刘文平, 王东. 2011. 紫堇属(*Corydalis* DC.)植物的种子形态及其分类学意义[J]. 植物科学学报, 29(1): 11-17.

刘长江. 1989a. 种子的形态鉴定 Ⅰ 形态鉴定方法[J]. 种子, (3): 42, 51-53.

刘长江. 1989b. 种子的形态鉴定 Ⅱ 检索表的编制与使用[J]. 种子, (4): 47-49.

刘长江. 1989c. 植物种子形态分类研究术语 Ⅰ: 种子各组成部分[J]. 种子, (6): 53-54.

刘长江. 1990. 植物种子形态分类研究术语[Ⅱ][J]. 种子, (1): 66-69.

刘长江, 林祁, 贺建秀. 2004. 中国植物种子形态学研究方法和术语[J]. 西北植物学报, 24(1): 178-188.

刘志民, 李荣平, 李雪华, 等. 2004. 科尔沁沙地69种植物种子重量比较研究[J]. 植物生态学报, 28(2): 225-230.

刘志民, 李雪华, 李荣平, 等. 2003. 科尔沁沙地70种植物繁殖体形状比较研究[J]. 草业学报, 12(5): 55-61.

卢立娜, 贺晓, 李青丰, 等. 2013. 华北驼绒藜种子发育生理与形态特征比较研究[J]. 种子, 32(9): 1-5.

马德滋, 刘惠兰, 胡福秀. 2007. 宁夏植物志(第二卷)[M]. 银川: 宁夏人民出版社.

马骥, 李俊祯, 晁志, 等. 2003. 64种荒漠植物种子微形态的研究[J]. 浙江师范大学学报(自然科学版), 26(2): 1-7.

马骥, 李新荣, 李俊祯, 等. 2005a. 西北荒漠区6种珍稀濒危植物的种子微形态特征[J]. 中国沙漠, 25(2): 133-138.

马骥, 李新荣, 张景光, 等. 2005b. 我国种子微形态结构研究进展[J]. 浙江师范大学学报(自然科学版), 28(2): 121-127.
祁生贵, 吴学明, 苏旭, 等. 2005. 青海省东部地区黄花铁线莲种子特征和萌发率的研究[J]. 青海草业, 14(1): 21-23, 54.
钱仁卷, 郑坚, 胡青荻, 等. 2017. 中国铁线莲属观赏种质资源研究进展[J]. 中国农学通报, 33(21): 75-81.
全国畜牧总站. 2018a. 草种检验用书种子图鉴(第1册)[M]. 北京: 中国农业出版社.
全国畜牧总站. 2018b. 草种检验用书种子图鉴(第2册)[M]. 北京: 中国农业出版社.
王洪峰, 董雪云, 穆立蔷. 2022. 黑龙江省野生维管植物名录[J]. 生物多样性, 30(6): 25-30.
王锡琳, 许彦平, 李文奇, 等. 2004. 宁夏常见园林植物种子图志[M]. 银川: 宁夏人民出版社.
吴叶慧, 杨锦荣, 赵利清. 2021. 小柱芥属植物分类及地理分布研究[J]. 广西植物, 41(3): 464-469.
吴征溢. 1983a. 西藏植物志(第1卷)[M]. 北京: 科学出版社.
吴征溢. 1983b. 西藏植物志(第2卷)[M]. 北京: 科学出版社.
徐春波, 王勇, 赵来喜, 等. 2013. 我国牧草种质资源创新研究进展[J]. 植物遗传资源学报, 14(5): 809-815.
薛光华, 柴燕, 范伟功. 1999. 新疆田间杂草种子图鉴[M]. 乌鲁木齐: 新疆科技卫生出版社.
燕玲, 李红, 段淳清, 等. 2004. 13种野生观赏植物种子特性的研究[J]. 干旱区资源与环境, 18(5): 151-158.
杨锋, 郭建英, 刘海龙, 等. 2023. 内蒙古荒漠药用种子植物资源多样性研究[J]. 生物资源, 45(2): 153-163.
杨菁. 1992. 中国药用植物种子的形态鉴别(上)评介[J]. 西北大学学报(自然科学版), (4): 464.
杨期和, 杨和生, 刘惠娜. 2013. 植物种子的传播方式及其适应性[J]. 嘉应学院学报, 31(5): 50-59.
尹祚栋, 牟真. 1990. 干旱半干旱地区主要乔灌木种子形态特征及生理生态特性的研究[J]. 甘肃林业科技, (2): 16-20.
尤海舟, 郭福忠, 金长谦, 等. 2020. 胡桃楸不同种源种子形态、质量及苗期生长研究[J]. 江苏农业科学, 48(2): 155-158.
张建茹. 2016. 小檗科植物种子和叶表皮微观形态及其分类学意义[D]. 咸阳: 西北农林科技大学硕士学位论文.
张建茹, 曾妮, 常朝阳. 2016. 中国小檗科5属植物种子形态研究[J]. 植物研究, 36(4): 491-502.
张君芳, 王艳莉, 李子珍, 等. 2022. 甘肃省野生铁线莲属植物分布特征及观赏性评价[J]. 中国野生植物资源, 41(4): 71-79.
张南平, 康帅, 连超杰, 等. 2020. 我国药用种子鉴定与分类研究进展[J]. 中国药事, 34(1): 71-76.
张小彦, 焦菊英, 王宁, 等. 2009. 种子形态特征对植被恢复演替的影响[J]. 种子, 28(7): 67-72.
赵新风, 朱艳芬, 徐海量, 等. 2009a. 塔里木河下游21种荒漠植物繁殖体形态特征及对环境的适应[J]. 西北植物学报, 29(2): 283-290.
赵新风, 朱艳芬, 徐海量, 等. 2009b. 塔里木河下游主要荒漠植物繁殖体的形状、大小与质量比较[J]. 生态学杂志, 28(3): 411-416.
赵一之, 赵利清, 曹瑞. 2020a. 内蒙古植物志(第一卷)[M]. 呼和浩特: 内蒙古人民出版社.
赵一之, 赵利清, 曹瑞. 2020b. 内蒙古植物志(第二卷)[M]. 呼和浩特: 内蒙古人民出版社.
赵友文, 夏必文, 胡召彬, 等. 2015. 农田杂草种子原色图鉴[M]. 合肥: 安徽科学技术出版社.
中国科学院内蒙古宁夏综合考察队. 1980. 内蒙古自治区及其东西部毗邻地区天然草场[M]. 北京: 科学出版社.

中国科学院内蒙古宁夏综合考察队. 1985. 内蒙古植被[M]. 北京: 科学出版社.
中国科学院植物研究所. 2024. 中国数字植物标本馆[EB/OL]. https://www.cvh.ac.cn/index.php. [2024-5-30]
中华人民共和国生态环境部, 中国科学院. 2020. 中国生物多样性红色名录: 高等植物卷[EB/OL]. https://www.mee.gov.cn/xxgk2018/xxgk/xxgk01/202305/t20230522_1030745.html [2023-5-19]
钟国跃, 刘翔. 2021. 中国藏药资源特色物种图鉴[M]. 北京: 北京科学技术出版社.
朱文泉, 杨玉林. 1990. 5种落叶松种子形态特征及其区分方法的初步研究[J]. 辽宁林业科技, (2): 6-11.
朱宗元, 梁存柱, 李志刚. 2011. 贺兰山植物志[M]. 银川: 宁夏人民出版社.
宗柏含. 2019. 种子形态特征对植被恢复演替的影响分析[J]. 种子科技, 37(2): 112.

中文名索引

F

G

H

J

K

L

M

N

P

Q

R

S

T

W

X

Y

Z

拉丁名索引

U

V

X

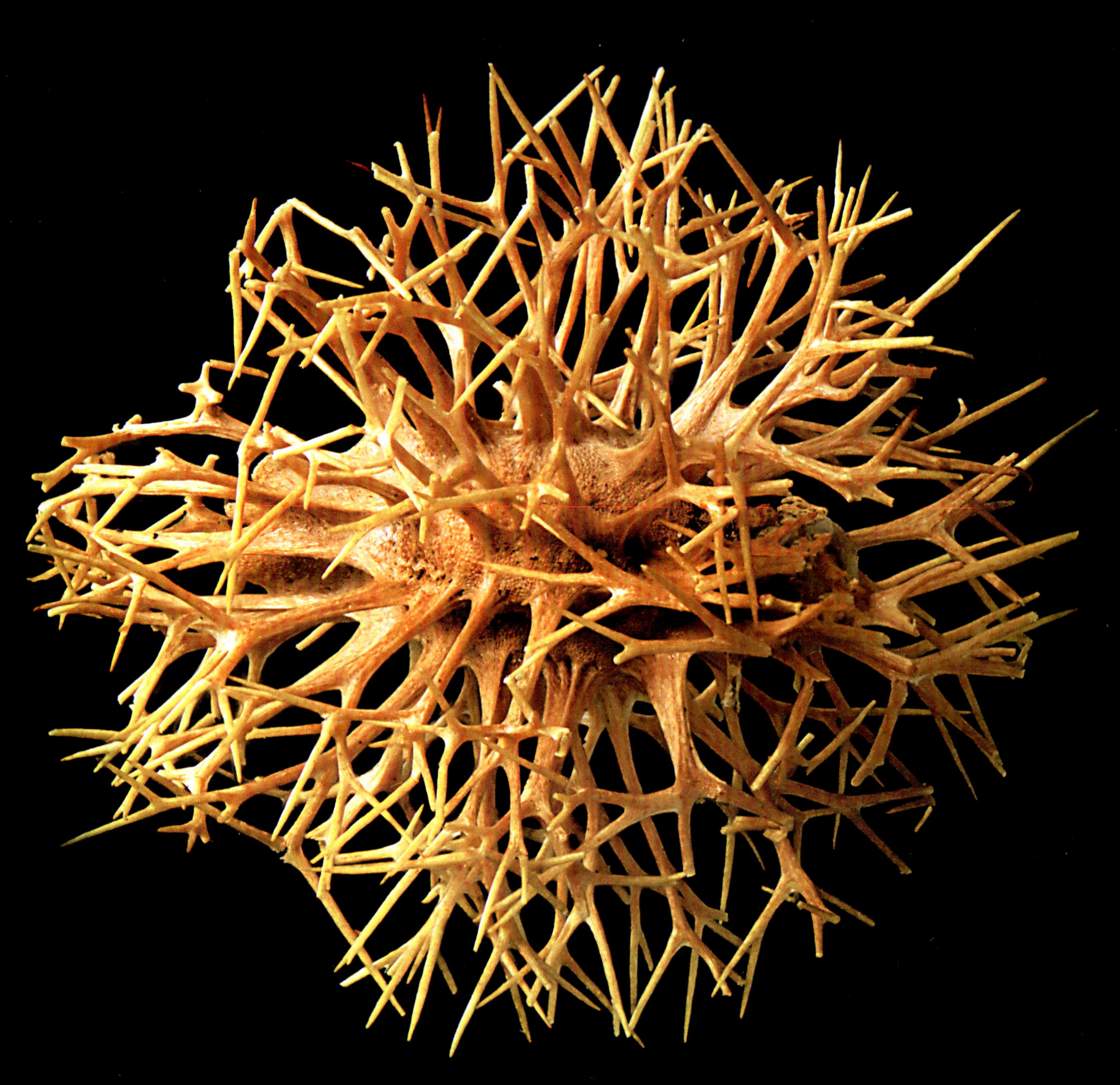